循环流化床锅炉设备与运行

路春美　程世庆　王永征　韩奎华　赵建立　编著

（第二版）

中国电力出版社

CHINA ELECTRIC POWER PRESS

内 容 提 要

本书是在《循环流化床锅炉设备与运行》的基础上修订而成的，是为适应循环流化床锅炉迅速发展的需要而编写的，主要对循环流化床锅炉的结构特点、工作原理、流体动力学特性、传热与燃烧特性、燃烧污染物排放与控制特性、启动运行与变负荷特性等进行了介绍，对循环流化床锅炉的主体结构、关键部件、主要辅助设备，如气固分离装置、返料装置、布风装置、给料装置、点火装置和冷渣装置等进行了分析，同时对循环流化床锅炉炉衬、受热面的防磨措施、灰渣利用特性等进行了探讨。书中结合基本原理和实际需要给出了一定的计算实例，有较强的工程实用性。

本书可供从事循环流化床锅炉安装、调试、运行、管理等工作的技术人员学习和参考，也可作为大专院校相关专业师生的参考书。

图书在版编目（CIP）数据

循环流化床锅炉设备与运行/路春美等编著. —2 版. —北京：中国电力出版社. 2008.9（2018.3 重印）
ISBN 978-7-5083-7760-5

Ⅰ. 循…　Ⅱ. 路…　Ⅲ. 流化床-循环锅炉-锅炉运行
Ⅳ. TK229.5

中国版本图书馆 CIP 数据核字（2008）第 122408 号

中国电力出版社出版、发行
（北京市东城区北京站西街 19 号　100005　http://www.cepp.sgcc.com.cn）
北京雁林吉兆印刷有限公司印刷
各地新华书店经售

*

2003 年 9 月第一版
2008 年 9 月第二版　　2018 年 3 月北京第十四次印刷
787 毫米×1092 毫米　16 开本　15 印张　364 千字
印数 45001—46000 册　　定价 58.00 元

循环流化床燃烧技术是近几十年来发展起来的一种高效、低污染的清洁燃烧技术，在国内外得到迅速发展和推广应用。特别是随着能源与环境问题的日益突出，循环流化床锅炉在我国得到了极为广泛的应用。为满足从事循环流化床锅炉运行、安装、调试、管理等方面工作人员的学习需要，山东大学清洁煤燃烧课题组部分教师结合多年来的教学科研工作和工程实践经验，编写了《循环流化床锅炉设备与运行》一书，全面介绍了循环流化床锅炉的基本知识和实用技术。

《循环流化床锅炉设备与运行》一书自 2003 年 9 月首次出版、发行以来，受到了广大读者的热心关注和大力支持，多次被选为循环流化床锅炉运行厂家和建设单位、施工单位技术人员用培训教材。目前已印刷七次，发行 3 万余册，在循环流化床锅炉技术的推广应用中起到了重要作用。

随着循环流化床锅炉技术的快速发展和大力推广应用，一些新的技术和新的问题不断出现，为了能够尽可能迅速地反映循环流化床锅炉的技术发展现状和实际应用中出现的问题，山东大学清洁煤燃烧课题组有关教师路春美、程世庆、王永征、赵建立、韩奎华对本书进行了修编，山东大学热能工程专业研究生牛胜利、甄天雷、刘兆萍协助完成了书中文字录入与校对工作。

本次修编的主要内容包括以下几个方面：

结合循环流化床锅炉技术的最新发展，补充更新了有关生产厂家的技术资料和技术数据；对循环流化床锅炉的点火方式、点火新技术进行了补充完善；针对循环流化床锅炉运行过程中经常出现的问题（如床底渣及飞灰含碳量偏高的问题、煤斗易发生堵煤现象、燃烧过程中熄火、燃烧爆炸事故等）进行分析，阐明问题出现的原因与发生的条件，并提出了相应的处理方法；针对燃烧污染物控制方面的要求，对脱硫剂方面的内容进行了完善，补充了选择性催化还原、选择性非催化还原等脱硝技术方面的内容；同时对原书稿中的个别疏漏之处一并加以修正。

在本书的修编过程中得到了济南锅炉集团有限公司、山东电力研究院、山东电力工程咨询院、济南北郊热电厂、济南金鸡岭热电厂、济南明湖热电厂、济南开发区热电厂、华能白杨河电厂、华电南定电厂、华能里彦电厂、鲁能运河电厂等单位有关技术人员的大力支持和帮助，在此表示衷心的感谢。

本书可供循环流化床锅炉运行、安装、调试、管理等方面的工程技术人员使用，亦可供相关专业的大专院校师生参考。

限于作者的水平，书中疏误之处在所难免，恳请读者批评指正。

作者

2008 年 6 月于山东大学南校区

煤炭是我国的主要能源，近年来，我国一次能源消费结构中煤炭所占的比例一直保持在74％以上，煤炭燃烧造成的环境污染，已成为国际上十分关注的问题。循环流化床燃烧技术是近几十年来发展起来的一种高效、低污染清洁燃烧技术，在国内外得到了迅速发展和商业推广。随着循环流化床锅炉在我国的广泛应用，从事循环流化床锅炉运行、安装、调试、管理等工作的人员队伍迅速扩大，作者在与现场人员的工作接触或对有关人员的培训中发现，他们迫切希望有一本循环流化床锅炉方面的专门书籍，全面介绍循环流化床锅炉的基本知识和实用技术，以满足他们日常工作中学习的需要。为此，山东大学陈祖杰教授、路春美教授，济南锅炉集团有限公司总工程师殷国昌研究员共同分析了读者的需求，一起策划并确定了编写宗旨和总体结构；山东大学清洁煤燃烧课题组的部分教师，结合自己多年的科研、教学和工程实践经验共同编写了本书。

本书共分九章，第一、二、三章分别介绍了循环流化床锅炉的基本原理和特点、流体动力学特性以及循环流化床锅炉的燃烧与传热特性；第四、五章着重分析了循环流化床锅炉的主体结构、关键部件与主要辅助系统；第六章讨论了循环流化床锅炉的燃烧污染物排放特性与主要控制措施；第七、八章专门探讨了循环流化床锅炉的启动、运行、调试特性及炉衬、受热面的磨损与防护措施；第九章叙述了循环流化床锅炉灰渣的综合利用问题。

本书由山东大学路春美教授、程世庆副教授、王永征副教授等共同编写，其中第六、七、八、九章与第五章的第五节由路春美负责编写，第一、二、四、五章由程世庆负责编写，第三章由王永征负责编写。山东大学研究生李官鹏、张雷、毕见重、韩奎华、赵建立同学帮助搜集了大量资料，并分别整理了第一、二、六、八、九章的书稿，杨冬、田园、高攀等同学协助完成了书中部分图表、公式、文字的录入工作。

本书由济南锅炉集团有限公司殷国昌研究员、山东大学陈祖杰教授担任主审，他们逐章逐节仔细审阅了书稿，与作者进行了反复讨论，并提出了很多宝贵意见，在此表示深切的感谢！

作者还要感谢山东省电力科学研究院的张庆国高工和程新华高工，以及济南锅炉集团有限公司、山东烟台开发区华鲁热电厂等单位，他们为本书的编写提供了大量的参考资料。

由于水平所限，书中疏漏和不妥之处在所难免，恳请读者批评指正。

作　者

2003 年 5 月于山东大学南校区

主 要 符 号 表

A

A 灰分；入炉颗粒中小于 1mm 的份额，%

A_{ar} 煤的收到基灰分，%

A_b 布风板有效面积，m^2

A_j 煤灰的碱度

A_{zs} 折算灰含量，g/MJ

Ar 阿基米德数

B

B 给煤量，锅炉的燃料消耗量，kg/h

B_j 计算燃料消耗量，kg/h

C

c_r 燃料比热容，kJ/(kg·℃)

c_D 阻力系数

C_{fh} 飞灰含碳量，%

c 标准状况下的气体浓度，mg/m^3

c_0 脱硫前 SO_2 在标准状况下的浓度，mg/m^3

c_1 脱硫后 SO_2 在标准状况下的浓度，mg/m^3

D

d 颗粒直径，mm

d_{max} 颗粒最大允许粒径，mm

d_{or} 小孔直径，mm

d_p 颗粒平均直径，mm

d_c 碳粒子的直径，cm

D 锅炉负荷，kg/h

$D_{b:l}$ 饱和蒸汽量，kg/h

D_{gq} 过热蒸汽量，kg/h

D_{ps} 锅炉机组排污水量，kg/h

DT   变形温度，℃

E

E_c 比冲蚀能量，J/mm^3

E_m 比熔化能量，J/mm^3

F

f 风帽小孔面积，m^2

F 测点处管道截面积，m^2

F_T 风道的截面积，m^2

FT   流动温度，℃

G

G 烟气量，m^3/h

G_A 灰渣量，kg/h

G_b 料层重量，N

G_s 固体颗粒流率；循环物料流率，kg/(s·m^2)

H

Δh 床层高度，m

H_0 静止料层厚度，m

H_d 被磨材料的硬度

H_{mf} 临界状态下的床层高度，m

H_P 颗粒的硬度

h 比焓，kJ/kg

h_r 燃料的物理热，kJ/kg

K

K 排放系数，修正系数

M

m_{Ca} 单位时间内钙的需要量，kg/h

m_S 单位时间内硫的燃烧量，kg/h

m_{SO_2} 单位时间内 SO_2 的生成量，kg/h

M_{zs} 折算水分，%

N

n 风帽数量，压降减小系数；转速

N_{ar} 收到基氮的含量，%

P

p 全压，压头，Pa

p_{amp}　当地大气压，Pa

p_d　动压，Pa

p_s　静压，Pa

p_{st}　工作状态下管道的静压，Pa

p_0　标准状态下气体的压力，Pa

p_v　平均动压值，Pa

Δp　风道中的压力损失；分离器阻力，Pa

Δp_b　床层压降；床层阻力，Pa

Δp_{fr}　固定床因摩擦阻力带来的压降，Pa

Δp_d　布风板阻力，Pa

Δp_{d0}　流动密封阀压降，Pa

Δp_{d1}　主床布风板压降，Pa

Δp_{h0}　流动密封阀料层压降，Pa

Δp_{h1}　主床返料管以下料层压降，Pa

Δp_{CB}　循环床压降，Pa

Δp_{EA}　回送装置阀部分的压降，Pa

Δp_{SP}　分离器压降，Pa

Δp_{CE}　料腿的压力，Pa

P　功率，kW

Q

q_g　空气流量，m³/h

q_V　风机流量；气体流量，m³/s

$Q_{net,ar}$　收到基低位发热量，MJ/kg

Q_{gr}　煤的高位发热量，MJ/kg

Q_{net}　煤的低位发热量，MJ/kg

Q_r　送入锅炉的热量，kJ/kg

q_1　锅炉机组的有效利用率，%

q_2　排烟热损失，%

q_3　化学未完全燃烧损失，%

q_4　机械未完全燃烧损失，%

q_5　散热损失，%

q_6　灰渣的物理热损失，%

Q_1　锅炉机组有效利用热，kJ/kg

Q_2　排烟带走的热损失，kJ/kg

Q_3　化学未完全燃烧热损失，kJ/kg

Q_4　机械未完全燃烧损失，kJ/kg

Q_5　锅炉散热损失，kJ/kg

Q_6　灰渣物理热损失，kJ/kg

Q_w　外部热源加热空气时带入锅炉的热量，kJ/kg

Q_{gl}　锅炉机组总的有效利用热量，kJ/h

Q_{mf}　临界流化流量，m³/h

Q_{qt}　其他利用热量，kJ/h

q_4^{ca}　粗颗粒煤粒产生的固体未完全燃烧损失，%

R

R　循环倍率；Ca/S摩尔比

Re　雷诺数

Re_t　终端沉降雷诺数

Re_{mf}　临界流化风速对应的雷诺数

S

S_{zs}　煤的折算含硫量，g/MJ

s_1　横向节距，mm

s_2　纵向节距，mm

ST　软化温度，℃

T

t_0　进风温度，℃

T　烟气的绝对温度，K

T_b　床温，℃

t_r　燃料的温度，℃

t_{lk}　冷空气温度，℃

U

u_0　表观气流速度，m/s

u_{01}　上准则气速，m/s

u_{02}　下准则气速，m/s

u_g　气体流速，m/s

u_h　颗粒水平流速，m/s

u_m　最低允许流化风速，m/s

u_{mb}　鼓泡风速，m/s

u_{mf}　临界流化风速，m/s

u_{or}　小孔风速，m/s

u_p　颗粒速度，m/s

u_{pl}　密相气力输送向稀相气力输送的转变速度，m/s

u_{re}　气固相对速度，m/s

u_t　终端速度，m/s

V

V_{daf}　干燥无灰基挥发分含量，%

V^0　标况下的理论空气量，m³/kg

V_y　标况下的实际烟气量，m³/kg

V_y^0　标况下的理论烟气量，m³/kg

$V_{k,t}$ 标况下锅炉燃烧所需要的空气量，m^3/h

$V_{y,t}$ 标况下锅炉燃烧产生的烟气量，m^3/h

希腊字母

α 过量空气系数；原子量；夹角

α_{fh} 煤灰中飞灰所占份额，%

α_{hz} 锅炉排渣率

α_l 锅炉炉膛的过量空气系数

α_{py} 排烟过量空气系数

α_t 流化床中的过量空气系数

$\Delta\alpha$ 漏风系数

$\Delta\alpha_l$ 炉膛漏风系数

$\Delta\alpha_{ky}$ 空气预热器的漏风系数

α''_l 炉膛出口过量空气系数

β 过量空气系数（用于空气计算）；夹角

β'_{ky} 空气预热器入口过量空气系数

β''_{ky} 空气预热器出口过量空气系数

δ 磨损速率，$\mu m/h$

ε 空隙率；相对耐磨性

ε_b 静止料层的堆积空隙率

ε_{mf} 临界床层空隙率

$\bar{\varepsilon}$ 平均床层空隙率

η 转化率；开孔率；分离效率，%

$\eta(d_i)$ 分级效率，%

η 锅炉机组的反平衡效率，%

ζ 阻力系数

μ 气体的动力黏度，$kg/(s \cdot m)$

v_g 气体的运动黏度，m^2/s

ρ 材料密度，kg/m^3

ρ_b 静止料层的堆积密度，kg/m^3

ρ_g 气体密度，kg/m^3

ρ_{g0} 标况下的气体密度，kg/m^3

ρ_p 颗粒密度，kg/m^3

τ_c 碳粒子的燃尽时间，s

ξ 布风板阻力系数

ϕ_p 球形度参数

上标

0   理论值；表观；初始；标准状态

$'$ 入口

$''$ 出口

ca   冷渣

oa   溢流渣

da   沉降灰

fa   飞灰

下标

ar   收到基

ad   空干（分析）基

bq   饱和蒸汽

d   干燥基

daf   干燥无灰基

gq   过热蒸汽

gs   给水

hz   灰渣

k   空气

ky   空气预热器

l   炉膛

mf   临界流化

ps   排污水

py   排烟

or   小孔

qt   其他

r   燃料

y   烟气

第二版前言
第一版前言
主要符号表

第一章 循环流化床锅炉的工作原理及其特点 1

第一节 循环流化床锅炉的工作原理 ………………………………………… 1
第二节 循环流化床锅炉的特点 …………………………………………… 5
第三节 循环流化床锅炉的应用与发展 …………………………………… 8

第二章 循环流化床流体动力学特性 10

第一节 流化颗粒的分类 …………………………………………………… 10
第二节 临界流态化速度及床层阻力特性 ………………………………… 11
第三节 颗粒的终端速度 …………………………………………………… 16
第四节 循环流化床的宏观流体动力学特性 ……………………………… 18

第三章 循环流化床锅炉内的燃烧与传热 25

第一节 煤在循环流化床锅炉内的燃烧过程 ……………………………… 25
第二节 循环流化床锅炉的燃料及燃烧计算 ……………………………… 28
第三节 循环流化床锅炉的燃烧特性 ……………………………………… 40
第四节 循环流化床锅炉的炉内传热 ……………………………………… 43

第四章 循环流化床锅炉主体结构及其关键部件 48

第一节 循环流化床锅炉的主要型式 ……………………………………… 48
第二节 循环流化床锅炉主要热力参数的确定 …………………………… 57
第三节 炉膛 ………………………………………………………………… 65
第四节 气固分离器 ………………………………………………………… 69
第五节 固体物料返料装置 ………………………………………………… 77
第六节 过热器和尾部受热面 ……………………………………………… 83
第七节 循环流化床锅炉的炉墙、膨胀与密封 …………………………… 85
第八节 布风装置 …………………………………………………………… 87

第五章 循环流化床锅炉的辅助系统 93

第一节 点火装置 …………………………………………………………… 93
第二节 炉前碎煤、给煤设备及系统 ……………………………………… 95

第三节　灰渣冷却与处理装置 ……………………………………………… 102

第四节　风、烟系统 ………………………………………………………… 111

第五节　循环流化床锅炉的 DCS 系统 …………………………………… 116

第六章　循环流化床内主要污染物的排放与控制　123

第一节　概述 ………………………………………………………………… 123

第二节　硫氧化物的生成与控制机理 ……………………………………… 126

第三节　影响循环流化床脱硫效率的主要因素 …………………………… 132

第四节　氮氧化物的生成及控制机理 ……………………………………… 136

第五节　影响氮氧化物排放的主要因素 …………………………………… 139

第六节　同时降低硫氧化物和氮氧化物排放的主要措施 ………………… 142

第七节　其他污染物的生成与控制 ………………………………………… 143

第七章　循环流化床锅炉的启动与运行　146

第一节　循环流化床锅炉的冷态试验 ……………………………………… 146

第二节　循环流化床锅炉的烘炉、点火启动与停运 ……………………… 152

第三节　循环流化床锅炉的变工况运行特性 ……………………………… 162

第四节　循环流化床锅炉的运行调节 ……………………………………… 169

第五节　循环流化床锅炉运行中的常见问题及处理方法 ………………… 176

第八章　循环流化床锅炉的磨损及预防　188

第一节　循环流化床锅炉的磨损与原因分析 ……………………………… 188

第二节　影响磨损的主要因素分析 ………………………………………… 196

第三节　防磨的主要技术措施 ……………………………………………… 201

第九章　循环流化床锅炉灰渣利用　213

第一节　循环流化床锅炉灰渣的基本特性 ………………………………… 213

第二节　循环流化床锅炉灰渣的综合利用 ………………………………… 217

参考文献 ……………………………………………………………………… 227

第一章

循环流化床锅炉的工作原理及其特点

第一节 循环流化床锅炉的工作原理

一、流态化过程

流态化是固体颗粒在流体作用下表现出类似流体状态的一种现象。固体颗粒、流体以及完成流态化的设备称为流化床。流体作为流化介质，一般有气体和液体两大类，在锅炉燃烧中，流化介质为气体，固体煤颗粒以及煤燃烧后的灰渣（床料）被流化，称为气固流态化。流化床锅炉与其他类型燃烧锅炉的根本区别在于燃料处于流态化运动状态，并在流态化过程中进行燃烧。

当气体通过颗粒床层时，该床层随着气流速度的变化会呈现不同的流动状态。随着气流速度的增加，固体颗粒分别呈现出固定床、起始流态化、鼓泡流态化、节涌、湍流流态化及气力输送等状态。

在流速较低时，气流仅是在静止颗粒的缝隙中流过，这时称为固定床，如图 1-1（a）所示。

当气体速度增加到一定值时，颗粒被上升的气流托起，床层开始松动，气体对颗粒的作用力与颗粒的重力相平衡，通过床层任意两个截面的压力降与在此两截面间单位面积上颗粒和气体的重量之和相等，这时床层开始进入流态化，如图 1-1（b）所示，对应的气流速度称为最小流化速度或称为临界流态化速度。

当气流速度超过最小流化速度时，除了非常细而轻的颗粒床会均匀膨胀外，一般床料内将出现大量气泡，气泡不断上移，聚集成较大的气泡穿过料层并破裂，此时气—固两相强烈混合，犹如水被加热至沸腾状，这样的床层称为鼓泡流化床。鼓泡流化床床层有明显的床层表面，如图 1-1（c）所示。鼓泡流态化状态下，整个流化床分两个区域：一个是下部的密相区又称沸腾段，它有明显的床层表面；另一个是上部的稀相区（床层表面至流化床出口区域），称为自由空间或悬浮段。

当气流速度达到一定数值，颗粒将被夹带流动，此时对应的气流速度称为该颗粒的终端速度。在该状态下，床层表面基本消失，颗粒夹带变得相当明显，如果不及时向床内补充颗粒，床中颗粒最终将全部被吹空。在该状态下，由于存在某些颗粒的大量返混，床层底部颗粒浓度较大，上部空间颗粒浓度要小很多，可以观察到不同大小和性质的颗粒团（乳化相）和气流团（气泡相）的紊乱运动，此时床层呈现湍流床状态，见图 1-1（e）。

当气流速度进一步增大，颗粒就由气体均匀带出床层，我们称这种状态为颗粒气体输送的稀相流化床，如图 1-1（f）所示。此时气流速度大于颗粒的终端速度，床内颗粒浓度上下基本均匀分布。在湍流和稀相流态化状态下，有大量的颗粒被携带出床层、炉膛。为了稳定操作，必须用分离器把这些颗粒从气流中分离出来，然后再返回床层，这样就形成了循环流化床。

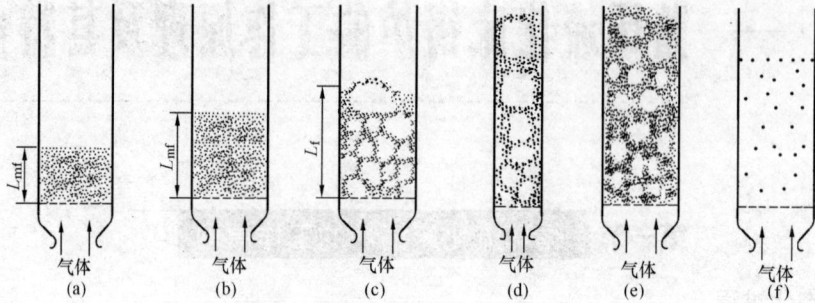

图 1-1　不同气流速度下固体颗粒床层的流动状态
(a) 固定床；(b) 起始流态化；(c) 鼓泡流化床；(d) 节涌；
(e) 湍流流态化；(f) 具有气力输送的稀相流态化

上述流态化状态仅仅对单一尺寸颗粒而言。对于燃煤流化床锅炉，由于床内为一定尺寸范围的宽筛分颗粒，在床的下部形成主要由较大颗粒组成的湍流流化床，而较细颗粒则由气流携带进入输送状态，经分离器和返料器构成颗粒的循环。另外某些小颗粒在上行过程中产生凝聚、结团，以及与壁面的摩擦碰撞而沿壁面回流，从而形成循环流化床的内部循环。

二、宽筛分颗粒流态化时的流体动力特性

从直观形态看，密相气体流态化与处于沸腾状态的液体非常相像，并且在许多方面具有与液体一样的特性。主要有以下几点：

（1）在任一高度的静压近似于在此高度以上单位床截面内固体颗粒的重量。

（2）无论床层如何倾斜，床表面总是保持水平，床层的形状也保持容器的形状。

（3）床内固体颗粒可以像流体一样从底部或侧面的孔口中排出。

（4）密度高于床层表观密度（如果把颗粒间的空体积也看做颗粒体积的一部分，这时单位体积的燃料质量就称为表观密度）的物体在床内会下沉，密度小的物体会浮在床面上。

（5）床内颗粒混合良好，因此，当加热床层时，整个床层的温度基本均匀。

三、循环流化床锅炉的工作过程

流化床燃烧是床料在流化状态下进行的一种燃烧，其燃料可以为化石燃料、工农业废弃物和各种生物质燃料。一般粗重的粒子在燃烧室下部燃烧，细粒子在燃烧室上部燃烧。被吹出燃烧室的细粒子采用各种分离器收集下来之后，送回床内循环燃烧。图 1-2 给出了循环流化床锅炉的工作过程。

在燃煤循环流化床锅炉的燃烧系统中，燃料煤首先被加工成一定粒度范围的宽筛分煤，然后由给料机经给煤口送入循环流化床密相区进行燃烧，其中许多细颗粒物料将进入稀相区继续燃烧，并有部分随烟气飞出炉膛。飞出炉膛的大部分细颗粒由固体物料分离器分离后经返料器送回炉膛，再参与燃烧。燃烧过程中产生的大量高温烟气，流经过热器、再热器、省煤器、空气预热器等受热面，进入除尘器进行除尘，最后由引风机排至烟囱进入大气。循环流化床锅炉燃烧在整个炉膛内进行，而且炉膛内具有很高的颗粒浓度，高浓度颗粒通过床层、炉膛、分离器和返料装置，再返回炉膛，进行多次循环，颗粒在循环过程中进行燃烧和传热。

锅炉给水首先进入省煤器，然后进入汽包，后经下降管进入水冷壁。燃料燃烧所产生的热量在炉膛内通过辐射和对流等传热形式由水冷壁吸收，用以加热给水生成汽水混合物。生成的汽水混合物进入汽包，在汽包内进行汽水分离。分离出的水进入下降管继续参与水循环；分离出的饱和蒸汽进入过热器系统继续加热变为过热蒸汽。

锅炉生成的过热蒸汽引入汽轮机做功，将热能转化为汽轮机的机械能。一般 125MW 及以上机组锅炉将布置有再热器，这些机组中的汽轮机高压缸排汽将进入锅炉再热器进行加热，再热后的蒸汽进入汽轮机中、低压缸继续做功。

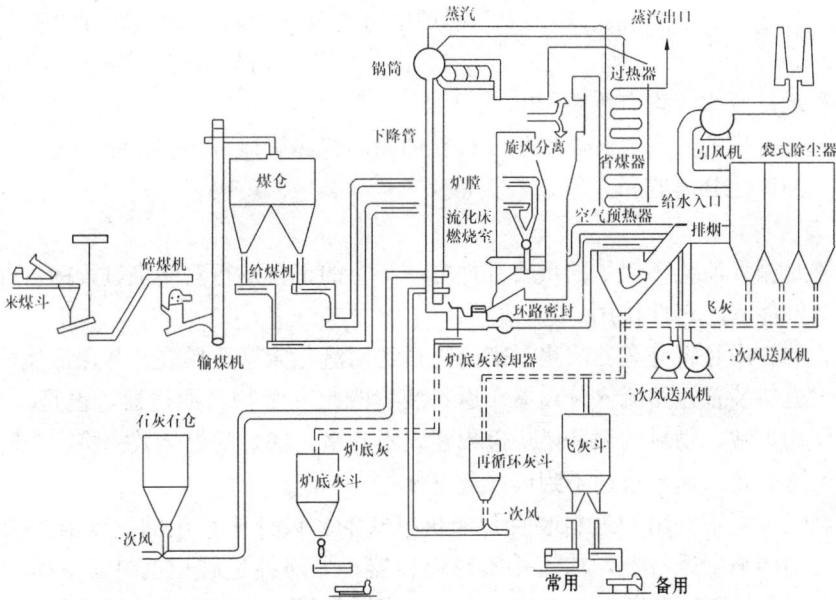

图 1-2　循环流化床锅炉的工作过程

四、循环流化床锅炉的基本构成

循环流化床锅炉可分为两个部分。第一部分由炉膛（流化床燃烧室）、气固分离设备（分离器）、固体物料再循环设备（返料装置、返料器）和外置换热器（有些循环流化床锅炉没有该设备）等组成，上述部件形成了一个固体物料循环回路。第二部分为尾部对流烟道，布置有过热器、再热器、省煤器和空气预热器等，与常规火炬燃烧锅炉相近。

图 1-3 为典型循环流化床锅炉燃烧系统的示意。燃料和脱硫剂由炉膛下部进入锅炉，燃烧所需的一次风和二次风分别从炉膛的底部和侧墙送入，燃料的燃烧主要在炉膛中完成。炉膛四周布置有水冷壁，用于吸收燃烧所产生的部分热量。由气流带出炉膛的固体物料在分离器内被分离和收集，通过返料装置送回炉膛，烟气则进入尾部烟道。

1. 炉膛

炉膛的燃烧以二次风入口为界分为两个区。二次风入口以下为大粒子还原气氛燃烧区，二次风入口以上为小粒子氧化气氛燃烧区。燃料的燃烧过程、脱硫过程、NO_x 和 N_2O 的生

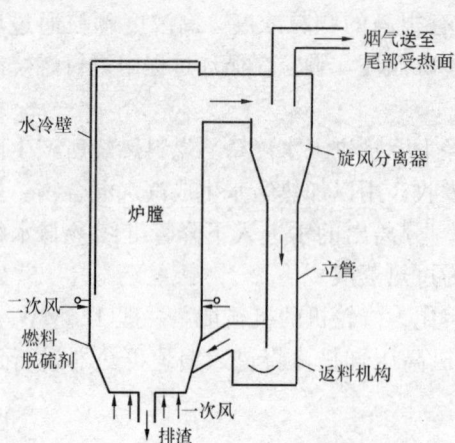

图 1-3 典型的循环流化床锅炉燃烧系统示意

成及分解过程主要在燃烧室内完成。燃烧室内布置有受热面，它完成大约 50% 燃料释热量的传递过程。流化床燃烧室既是一个燃烧设备，也是一个热交换器和脱硫、脱氮装置，集流化过程、燃烧、传热与脱硫、脱硝反应于一体，所以流化床燃烧室是流化床燃烧系统的主体。

2. 分离器

循环流化床分离器是循环流化床燃烧系统的关键部件之一。它的形式决定了燃烧系统和锅炉整体布置的形式和紧凑性，它的性能对燃烧室的空气动力特性、传热特性、物料循环、燃烧效率、锅炉出力和蒸汽参数，对石灰石的脱硫效率和利用率，对负荷的调节范围和锅炉启动所需时间以及散热损失和维修费用等均有重要影响。

国内外普遍采用的分离器有高温耐火材料内砌的绝热旋风分离器、水冷或汽冷旋风分离器、各种形式的惯性分离器和方形分离器等。

3. 返料装置

返料装置是循环流化床锅炉的重要部件之一。它的正常运行对燃烧过程的可控性、对锅炉的负荷调节性能起决定性作用。

返料装置的作用是将分离器收集下来的物料送回流化床循环燃烧，并保证流化床内的高温烟气不经过返料装置短路流入分离器。返料装置既是一个物料回送器，也是一个锁气器。如果这两个作用失常，物料的循环燃烧过程建立不起来，锅炉的燃烧效率将大为降低，燃烧室内的燃烧工况变差，锅炉将达不到设计蒸发量。

流化床燃烧系统中常用的返料装置是非机械式的。设计中采用的返料器主要有两种类型：一种是自动调整型返料器，如流化密封返料器；另一种是阀型返料器，如"L"阀等。自动调整型返料器能随锅炉负荷的变化，自动改变返料量，不需调整返料风量。阀型返料器要改变返料量则必须调整返料风量，也就是说，随锅炉负荷的变化必须调整返料风量。

4. 外置换热器

部分循环流化床锅炉采用外置换热器。外置换热器的作用是，使分离下来的物料部分或全部（取决于锅炉的运行工况和蒸汽参数）通过它，并将其冷却到 500℃ 左右，然后通过返料器送至床内再燃烧。外置换热器内可布置省煤器、蒸发器、过热器、再热器等受热面。

外置换热器的实质是一个细粒子鼓泡流化床热交换器，流化速度是 0.3~0.45m/s，它具有传热系数高、磨损小的优点。采用外置换热器的优点如下：①可解决大型循环流化床锅炉床内受热面布置不下的困难；②为过热蒸汽温度和再热蒸汽温度的调节提供了很好的手段；③增加循环流化床锅炉的负荷调节范围；④增加同一台锅炉对燃料的适应性；⑤节约锅炉受热面的金属消耗量。

其缺点是它的采用使燃烧系统、设备及锅炉整体布置方式比较复杂。

德国鲁奇型 FW 型和 Alstom-CE 型循环流化床燃烧系统均采用了外置换热器。我国目前开发的 220t/h 以下的循环流化床锅炉均没有采用，大型循环流化床锅炉拟采用。

第二节　循环流化床锅炉的特点

一、循环流化床锅炉的典型工作条件

循环流化床锅炉的典型工作条件可归纳为表 1-1。

表 1-1　　　　　　　　　　　循环流化床锅炉的工作条件

项　　目	数　　值	项　　目	数　　值
床层温度（℃）	850～950	床层压降（kPa）	6～12
流化速度（m/s）	4～8	炉内颗粒浓度（kg/m³）	150～600（炉膛底部）
床料粒度（μm）	100～700		3～40（炉膛上部）
床料密度（kg/m³）	1800～2600	Ca/S 摩尔比	1.5～3
燃料粒度（mm）	0～13	壁面传热系数［W/（m²·K）］	130～250
脱硫剂粒度（mm）	0～2		

二、循环流化床燃烧过程的特点

循环流化床燃烧是一种在炉内使高温运动的烟气与其所携带的湍流扰动极强的固体颗粒密切接触，并具有大量颗粒返混的流态化燃烧反应过程；同时，在炉外将绝大部分高温的固体颗粒捕集，并将它们送回炉内再次参与燃烧过程，反复循环地组织燃烧。显然，燃料在炉膛内燃烧的时间延长了。在这种燃烧方式下，炉内温度水平因受煤中灰的变形温度和脱硫最佳温度的限制，一般在 850℃左右。这样的温度远低于普通煤粉炉中的温度水平。这种"低温燃烧"方式好处很多，炉内结渣及碱金属析出均比煤粉炉中要改善很多，对灰特性的敏感性减低，也无需很大空间去使高温灰冷却下来，氮氧化物生成量低，可在炉内组织廉价而高效的脱硫工艺等。从燃烧反应动力学角度来看，循环流化床锅炉内的燃烧反应在动力燃烧区（或过渡区）内。由于相对来说循环流化床锅炉内的温度不高，并有大量固体颗粒的强烈混合，这种情况下的燃烧速率主要取决于化学反应速率，也就是决定于温度水平，而物理因素不再是控制燃烧速率的主导因素。循环流化床锅炉内燃烧的燃尽度很高，通常性能良好的循环流化床锅炉燃烧效率可达 98%～99%，甚至更高。

从图 1-3 可看出，循环流化床锅炉内的固体物料（包括燃料、残炭、灰、脱硫剂和惰性床料等）经历了从炉膛、分离器和返料装置返回炉膛的循环运动，整个燃烧过程以及脱硫过程都是在循环运动的动态过程中逐渐完成的。

在循环流化床锅炉中，大量的固体物料在强烈的湍流下通过炉膛，通过人为操作可改变物料循环量，并可改变炉内物料的分布规律，以适应不同的燃烧工况。在这种组织方式下，炉内的热量、质量和动量传递过程十分强烈，从而使整个炉膛高度及水平方向上的温度分布非常均匀。同时，强烈的动量质量传递使循环流化床内的颗粒产生磨损和碎裂，进一步强化了燃烧。

三、循环流化床锅炉的优点

循环流化床锅炉独特的流体动力特性和结构使其具有许多独特的优点。

1. 燃料适应性广

这是循环流化床锅炉的主要优点之一。在循环流化床锅炉中，按质量百分比计，新加入燃料仅占床料的 1%～3%，其余是未燃尽焦炭和不可燃的固体颗粒，如脱硫剂、灰渣或砂。

这些炽热物料为新加入燃料提供了稳定充足的点火热源。循环流化床锅炉的特殊流体动力特性使得气—固和固—固混合非常好，因此燃料进入炉膛后很快与大量灼热床料混合，燃料被迅速加热至高于着火温度，而床层温度没有明显降低。循环流化床锅炉既可燃用优质煤，也可燃用各种劣质燃料。不同设计的循环流化床锅炉，可以燃烧高灰煤、高硫煤、高灰高硫煤、高水分煤、低挥发分煤、煤矸石、煤泥、石油焦、尾矿、煤渣、树皮、废木头、垃圾等。

2. 燃烧效率高

国外循环流化床锅炉，燃烧效率一般高达 99%。我国自行设计、投运的流化床锅炉效率也可高达 95%～99%。该炉型燃烧效率高的主要原因是煤粒燃尽率高。煤粒燃尽率分三种情况分析：较小的颗粒（<0.04mm）随烟气一起流动，在飞出炉膛前就完全燃尽了，在炉膛高度有效范围内，它们燃烧的时间是足够的；对于较大一些的煤粒（>0.6mm），其终端速度高，只有当通过燃烧或相互摩擦而碎裂，其直径减小时，才能随烟气逸出，较大颗粒则停留在燃烧室内燃烧；对于中等粒度的颗粒，循环流化床锅炉通过分离装置将这些颗粒分离下来，送回燃烧室进行循环燃烧，给颗粒燃尽提供了足够时间，以达到燃尽的目的。运行锅炉的实测数据表明，该型锅炉的炉渣可燃物仅有 1%～2%，锅炉效率可达 88%～90%。

3. 高效脱硫

流化床低温燃烧的特点使其能够与多数天然石灰石的最佳燃烧脱硫温度相一致。普通鼓泡流化床锅炉添加石灰石后有较好的炉内脱硫效果，循环流化床锅炉的脱硫比鼓泡流化床锅炉更有效。循环流化床锅炉在结构设计合理、运行操作适当以及添加合适品种和粒度的石灰石等条件下，脱硫剂化学当量比（钙硫比）为 1.5～2.5 时，可以达到 90% 的脱硫效率，而鼓泡流化床锅炉和其他燃烧方式的锅炉则很难达到该指标。

与燃烧过程不同，脱硫反应进行得较为缓慢。为了使氧化钙（石灰石煅烧后的产物）充分转化为硫酸钙，烟气中的二氧化硫气体必须与脱硫剂有充分长的接触时间和尽可能大的反应比表面积。事实上，脱硫剂颗粒的内部还不能完全反应，越小的颗粒越能得到高的利用率。鼓泡流化床锅炉中，气体在燃烧区域的平均停留时间为 1～2s，在循环流化床锅炉中则为 3～4s。循环流化床锅炉中石灰石颗粒粒径通常为 0.1～0.3mm，而鼓泡流化床锅炉中则为 0.5～1mm。0.1mm 颗粒的反应比表面积是 1mm 颗粒的数十倍，再加上石灰石颗粒也参与循环，可反复使用，因此，无论是脱硫剂的利用率还是二氧化硫的脱除率，循环流化床锅炉都比鼓泡流化床锅炉优越。

4. 氮氧化物（NO_x）排放低

氮氧化物排放低是循环流化床锅炉另一个非常吸引人的特点。运行经验表明，循环流化床锅炉的 NO_x 排放范围为 50～150ppm 或 40～120mg/MJ。循环流化床锅炉 NO_x 排放低的主要原因是：一低温燃烧，燃烧温度一般控制在 850～950℃ 左右，此时空气中的氮一般不会生成 NO_x；二分段燃烧，抑制燃料中的氮转化为 NO_x，并使部分已生成的 NO_x 得到还原。

5. 燃烧强度高，炉膛截面积小

炉膛单位截面积的热负荷高是循环流化床锅炉的主要优点之一。循环流化床锅炉的截面热负荷约为 3～6MW/m²，接近或高于煤粉炉。同样热负荷下鼓泡流化床锅炉需要的炉膛截面积要比循环流化床锅炉大 2～3 倍。

6. 燃料预处理及给煤系统简单

循环流化床锅炉的给煤粒度一般小于13mm，因此与煤粉锅炉相比，燃料的制备破碎系统大为简化。此外，循环流化床锅炉能直接燃用高水分煤（水分可达到30%以上），当燃用高水分燃料时也不需要专门的处理系统。循环流化床锅炉的炉膛截面积较小，同时良好的混合使所需的给煤点数量大大减少。在循环流化床锅炉中，燃料还可以加入返料管内，这样在进入炉膛前经历一个预热过程，既有利于燃烧，也简化了给煤系统。

7. 负荷调节范围大，调节速度快

当负荷变化时，只需调节给煤量、空气量和物料循环量，不必像鼓泡流化床锅炉那样采用分床压火技术。一般而言，循环流化床锅炉的负荷调节比可达（3～4）：1。此外，由于截面风速高和吸热控制容易，循环流化床锅炉的负荷调节速率也很快，一般可达每分钟4%～5%。

8. 易于实现灰渣综合利用

循环流化床的燃烧过程属于低温燃烧，同时炉内优良的燃尽条件使得锅炉的灰渣含碳量低，低温燃烧的灰渣易于实现综合利用，如灰渣作为水泥掺和料或建筑材料。同时低温燃烧也有利于灰渣中稀有金属的提取。脱硫后含有硫酸钙的灰渣还可以用来制作膨胀水泥。

四、循环流化床锅炉存在的问题

经过十多年不断深入的研究、实践和改进，我国的循环流化床锅炉已经进入稳步发展阶段。早期普遍存在的磨损、结渣、出力不足等问题现在已经基本得到解决。但随着锅炉自身的发展以及锅炉容量的增大，用户对锅炉可靠性、可控性、自动化程度等要求越来越高，同时也出现了一些新的问题。

循环流化床锅炉自身的缺点有：①N_2O排放较高。流化床燃烧技术可有效地抑制NO_x、SO_x的排放，但是，又产生了另一个环境问题，即N_2O的排放问题。N_2O俗称笑气，是一种对大气臭氧层有着非常强的破坏作用的有害气体，同时具有干扰人的神经系统的作用。近年来的一系列研究结果表明，流化床低温燃烧是产生N_2O的最大污染源，因此，控制循环流化床锅炉氮氧化物的排放必须同时考虑到NO_x和N_2O。②厂用电率高。由于循环流化床锅炉独有的布风板、分离器结构和炉内料层的存在，烟风阻力比煤粉炉大得多，通风电耗也相应较高，因此，一般认为循环流化床锅炉厂用电率比煤粉炉高。

目前我国运行的循环流化床锅炉还存在以下诸方面的问题：①炉膛、分离器以及回送装置及其之间的膨胀和密封问题。特别是锅炉经过一段时间运行后，由于选型不当和材质不合格，加上锅炉的频繁启停，导致一些部位出现颗粒向炉外泄漏现象。②由于设计和施工工艺不当导致的磨损问题。炉膛、分离器以及返料装置内由于大量颗粒的循环流动，容易出现材料的磨损、破坏问题。一些施工单位对循环流化床内某些局部部位处理不当，出现凸台、接缝等，导致从这些部位开始磨损，然后磨损扩大，导致炉墙损坏。③炉膛温度偏高以及石灰石选择不合理导致的脱硫效率降低问题。早期设计及运行的循环流化床锅炉片面追求锅炉出力，对脱硫问题重视不够，炉膛温度居高不下，石灰石种类和粒度的选择没有经过仔细的试验研究，导致现有循环流化床锅炉脱硫效率不高，许多锅炉脱硫系统没有投入运行，缺乏实践经验的积累。④飞灰含碳量高的问题。只要循环流化床锅炉燃烧系统设计合理、运行调整良好，其底渣含碳量通常很低，至于飞灰含碳量较高，仅对于比较难于燃烧的煤种和在负荷比较低时。提高炉膛温度是降低飞灰含碳量的有效手段，但受到石灰石最佳脱硫温度的限制。⑤灰渣综合利用率低的问题。一般认为，循环流化床锅炉的灰渣利于综合利用，而且利用价值很高。但由于各种原因，我国循环流化床锅炉的灰渣未能得到充分利用，或者只进行了一些低值利用，需要进一步做工作。

循环流化床锅炉的优点，非常适合我国现阶段对节能和环境保护的要求，近年来得到迅速发展。但循环流化床锅炉发展历史还比较短，还存在或出现这样那样的问题。相信经过我国各科研单位、制造厂、用户的共同协作，充分发挥各自的优势，一定能解决尚存在及以后可能出现的问题。

第三节 循环流化床锅炉的应用与发展

1921 年 12 月德国人温克勒（Friz Winkler）发明了第一台流化床，温克勒所发明的流化床使用粗颗粒床料。1938 年 12 月麻省理工学院的刘易斯（Warren, K Lewis）和吉里兰（Edwin, R Gilliland）发明了快速流化床。直到 20 世纪 50 年代末期，鼓泡流化床一直占主要地位。循环流化床真正成为具有工业实用价值的新技术是在 60 年代。60 年代末，德国鲁奇公司（Lurgi）发展并运行了 Lurgi/VAW 循环流化床氢氧化铝焙烧反应器。随后由于分子筛、高活性、高选择性催化剂的出现，提升管流化催化裂化反应器很快又取代了鼓泡流化床而得到推广应用。1979 年芬兰奥斯龙（Ahlstrom）公司生产了 20t/h 的循环流化床锅炉，1982 年德国鲁奇公司的第一台 50t/h 的商用循环流化床锅炉投入运行，这标志着作为煤燃烧设备的循环流化床锅炉进入商业化阶段。1995 年，250MW 的循环流化床锅炉（700t/h、16.3MPa、565/565℃）在法国 Gardanne 电站投运，是循环流化床锅炉技术实现大型化的重要标志。

目前，循环流化床已被广泛地应用于石油、化工、冶金、能源、环保等工业领域。表 1-2 汇总了应用循环流化床的主要工艺过程。

表 1-2 　　　　　　　　　　**应用循环流化床的主要工艺过程**

	工艺过程	规模	温度（℃）		工艺过程	规模	温度（℃）
气相加工	费—托合成	工业化	320～360	固相加工	页岩燃烧	工业化	约 700
	流化床催化裂化（FCC）	工业化	450～540		煤燃烧	工业化	约 850
	丁烯氧化脱氢制丁二烯	中试	355～365		生物质及木材燃烧气化	工业化	800～900
	裂解木质素	中试	650～930		硫酸盐分解		950～1050
					煤气化	中试	850～1150
					硼酸热分解	中试	约 250
					FCC 催化剂再生	中试	640～800
固相加工	氢氧化铝焙烧	工业化	约 1000	气体净化	电解氧化铝废气	工业化	约 70
	水泥生料预焙烧	工业化	约 850		煤粉锅炉排气（SO₂）	工业化	约 100
	黏土的焙烧	工业化	约 650		焚烧炉废气（HCl、HF、SO₂）	工业化	150～250
	磷酸矿石焙烧	工业化	630～850			中试	400～950
	AlF₃ 的合成	工业化	约 530		煤气		
	SiCl₄ 的合成	工业化	约 400				
	碳酸盐分解	工业化	约 850				

我国对流化床技术的研究开始于 20 世纪 40 年代末，一度处于世界领先地位，主要用于

化工材料的合成和冶金材料的焙烧。50 年代末中国科学院化工冶金研究所开始对循环流化床进行研究。此后，60 年代中期开始流化床锅炉的研究，并相继投运了大量流化床锅炉（早期称沸腾炉）。但循环流化床锅炉的起步却较晚，1981 年国家计委下达了"煤的流化床燃烧技术研究"课题，清华大学与中国科学院工程热物理研究所分别率先开展了循环流化床燃烧技术的研究，标志着我国循环流化床锅炉的研究和产品开发技术正式启动。

1986 年中国科学院工程热物理研究所与济南锅炉集团有限公司合作成功研制了 35t/h 循环流化床锅炉，并于 1988 年 11 月在济南明水热电厂带负荷运行并并网发电，成为国家"七五"科技攻关成功的一个重要标志性成果。接着他们研制的 75t/h 循环流化床锅炉于 1991 年 11 月在锦西热电厂投运供热，使我国热旋风筒分离循环流化床技术向前跨越了一个容量等级。

"八五"期间，国家经贸委组织 75t/h 循环流化床锅炉完善化示范工程，济南锅炉集团有限公司和杭州锅炉厂相继完成了自己的任务，进一步推动了循环流化床技术的完善和改进。清华大学与四川锅炉厂放弃了早期研发的平面流分离器式循环流化床锅炉技术，跟踪国际上最新出现的水冷方形分离器，成功地开发了水冷异形分离循环流化床锅炉，并取得了专利。这种炉型的 75t/h 锅炉于 1996 年投运，为我国循环流化床锅炉技术的发展提供了一种新炉型。

"九五"期间，在国家科技攻关计划下，国内三大锅炉制造集团（东方锅炉集团股份有限公司、哈尔滨锅炉厂有限责任公司、上海锅炉厂有限公司）分别与国内大专院校、科研单位紧密合作，开发研制出具有自主知识产权的 420t/h（125MW）带中间再热的循环流化床电站锅炉。

同时我国也在大力引进、消化、吸收国外大型循环流化床锅炉的先进经验。北京锅炉厂于 1990 年起，采用德国 Babcock 公司技术，生产了一批 75t/h 中温分离的循环流化床锅炉。哈尔滨锅炉厂有限责任公司于 1992 年与美国 PPC 公司（奥斯龙技术）合作设计并生产国内首台 220t/h 循环流化床锅炉，1999 年与阿尔斯通（Alstom）能源系统（原德国 EVT 公司）签订了 220~410t/h 循环流化床锅炉技术引进合同。东方锅炉集团股份有限公司 1992 年起参与电力工业部内江高坝电厂 410t/h 循环流化床锅炉示范项目的引进工作，其技术为原芬兰 Ahlstrom 公司的。该项目于 1996 年进入商业运行，1998 年完成验收工作。1994 年东方锅炉集团股份有限公司与美国福斯特惠勒（Foster-Wheeler）公司签订了 50~100MW 容量等级的循环流化床锅炉许可证技术转让合同，技术引进依托工程的首台 220t/h 锅炉于 1997 年投运。上海锅炉厂也与美国 Alstom-CE 公司开展了 50~135MW 循环流化床锅炉的设计制造技术的引进工作。

目前我国采用不同的分离器及循环模式，开发了具有中国特点的循环流化床锅炉，形成了 20、35、65、75、130t/h 系列循环流化床锅炉产品，并取得了较为丰富和成熟的工程实践经验。到目前为止，我国运行的循环流化床锅炉主力机组是 35t/h 和 75t/h 锅炉，已经积累了比较丰富的设计、制造和运行经验；220t/h 和 410t/h 容量范围的大型循环流化床锅炉也已广泛投入运行。

另外，我国引进 Alstom 公司的 1025t/h 常压循环流化床锅炉及相应的关键配套设备，已在四川白马电厂建立 300MW 循环流化床示范工程；国家电力公司热工研究院也设计了 300MW 循环流化床锅炉，标志着我国循环流化床锅炉朝着大型化方向发展。

第二章

循环流化床流体动力学特性

第一节 流化颗粒的分类

流化特性与固体颗粒的粒径、密度及气体的黏度和密度密切相关。如细颗粒鼓泡床与粗颗粒鼓泡床的流化状态存在明显的差异，如表 2-1 所示。因此，一般不能将某一流化系统所得的结果直接用于另一性质不同的流化系统中，有必要将气固系统进行合理分类。

表 2-1　　　　　　　　　　　　　细颗粒床与粗颗粒床的一般区别

特　征	细 颗 粒 床	粗 颗 粒 床
气　泡	多为均匀的小气泡	大气泡、上升时发生聚并
乳化相	有环流	颗粒间相互运动、部分环流
稳定性	不易腾涌	易腾涌

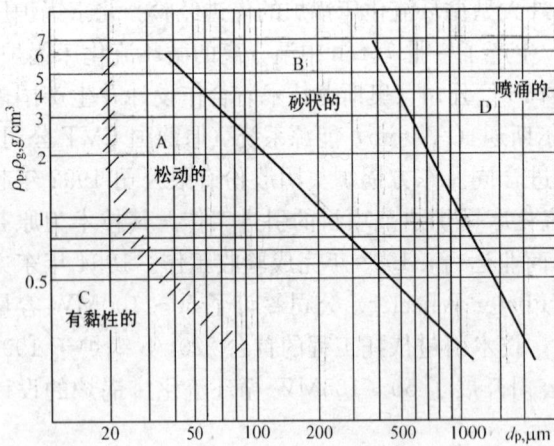

图 2-1　Geldart 的颗粒分类

吉尔达特（Geldart）等人对常温常压空气流化条件下的典型固体颗粒的气固流态化特性进行了分析，提出了一种分类方法。依据颗粒平均粒径 d_p 和颗粒与气体的密度差（$\rho_p - \rho_g$）将颗粒分为 A、B、C、D 四类，如图 2-1 所示。

（1）A 类：这类颗粒粒度较小，一般为 $20 \sim 90 \mu m$，并且密度差较小（$\rho_p < 1400 \mathrm{kg/m^3}$），在鼓泡床床层呈明显的均匀膨胀的流态化。换言之，$u_{mb}/u_{mf} > 1$，存在最大气泡的极限尺寸，且大多数气泡在床内的上升速度高于颗粒间的气流速度。这类颗粒通常容易流态化，并且在开始流化到开始形成气泡之间一段很宽的气速范围内床层能均匀膨胀。

（2）B 类：这类颗粒具有中等粒度和中等密度，典型的粒度范围为 $90 \sim 650 \mu m$，具有良好的流化性能。与 A 类颗粒最明显的区别是在起始流化时即发生鼓泡，$u_{mb}/u_{mf} = 1$。床层膨胀不明显，不存在最大气泡的极限尺寸，且大多数气泡的上升速度高于颗粒间的气流速度。

流化床中常用的石英砂即属于典型的 B 类颗粒，此类颗粒在流化风速达到临界流化速度后即发生鼓泡现象。

（3）C 类：这类颗粒粒度很小，一般均小于 $20\mu m$，颗粒间的相互作用力很大，属于很难流态化的颗粒，由于这种颗粒相互黏着力大，因此当气流通过这种颗粒组成的床层时，往往会出现沟流现象。

（4）D 类：这类颗粒通常具有较大的粒度和密度，并且在流化状态时颗粒混合性能较差，大多数燃煤流化床锅炉内的床料及燃料颗粒均属于 D 类颗粒。由于化工领域流化床多集中在 C、A、B 类颗粒，因而以前对 D 类颗粒的流化性能研究很少。近年来的一些研究结果表明，D 类颗粒的流化性能与 A、B 类颗粒有较大区别，如气泡速度低于乳化相间隙的气流速度，即所谓的慢速气泡流型。

人们对四类颗粒的各种特性进行了统计，如表 2-2 所示。应当指出，划分 A 类与 B 类颗粒是以 u_{mb}/u_{mf} 为基础的。A 类与 C 类的划分纯属经验关系。B 类与 D 类的划分是基于气泡上升速度与密相中气流速度的相对大小。另外，由于图 2-1 仅是在室温和常压下得到的，因而没有考虑气体物性变化的影响。随压力及温度的变化，气体的密度和黏度均会发生明显的变化而使分界线变动。也有人用 Ar 数 $\left[Ar=\dfrac{d_p^3\rho_g\ (\rho_p-\rho_g)\ g}{\mu^2}\right]$ 考虑气流的密度和黏度对颗粒进行分类。

表 2-2　　　　　　　　　　　　　　　四类颗粒的主要特征

颗粒类型	A	B	C	D
粒度（$\rho_p=2500\mathrm{kg/m^3}$）	$20\sim90\mu m$	$90\sim650\mu m$	$<20\mu m$	$>650\mu m$
沟流程度	很小	可忽略	严重	可忽略
可喷动性	无	在浅床时	无	有
最小鼓泡速度 u_{mb}	$>u_{mf}$	$=u_{mf}$	无气泡	$=u_{mf}$
气泡形状	平底圆帽		仅为沟流	
固体混合	高	中	很低	低
气体返混	高	中等	很低	低
粒度对流体动力特性的影响	明显	很小	未知	未知

第二节　临界流态化速度及床层阻力特性

一、临界流态化速度

流化床操作条件下气流速度必须大到一定程度才能将颗粒托起，使床层中颗粒从固定状态转变到流化状态时的空床风速（表观气流速度）称为临界流态化速度或最小流态化速度 u_{mf}。临界流态化速度是流态化操作的最低气流速度，实际燃煤流化床锅炉中，要达到稳定的流态化，使锅炉安全稳定运行，其运行的最低风速应当大于临界流态化速度。另外由于燃煤粒度范围较宽，一些大颗粒不容易流化，因而为了防止大颗粒沉积发生结渣，实际运行风速应当更大一些。

临界流化速度的大小一般借助经验公式作近似计算或通过实验进行测定。在开始流化状

态，存在的力平衡方程为

$$\Delta p_b A_b = A_b H_{mf} (1 - \varepsilon_{mf}) (\rho_p - \rho_g) g \tag{2-1}$$

式中　Δp_b——床层压降；

$\quad\quad A_b$——床层面积；

$\quad\quad H_{mf}$——临界流化状态下的床层高度；

$\quad\quad \varepsilon_{mf}$——临界床层空隙率；

$\quad\quad \rho_p$——颗粒密度，kg/m^3；

$\quad\quad \rho_g$——气体密度，kg/m^3。

对式（2-1）进行整理得

$$\frac{\Delta p_b}{H_{mf}} = (1 - \varepsilon_{mf}) (\rho_p - \rho_g) g \tag{2-2}$$

在固定床状态下，因摩擦阻力带来的压降 Δp_{fr} 可用厄贡（Ergun）公式进行计算，即

$$\frac{\Delta p_{fr}}{H_{mf}} = 150 \frac{(1 - \varepsilon_{mf})^2}{\varepsilon_{mf}^3} \frac{\mu u_0}{(\phi_p d_p)^2} + 1.75 \frac{1 - \varepsilon_{mf}}{\varepsilon_{mf}^3} \frac{\rho_g u_0^2}{\phi_p d_p} \tag{2-3}$$

开始流态化时 $\Delta p_b = \Delta p_{fr}$，$u_{mf} = u_0$，联立求解方程式（2-2）和式（2-3），得到求解 u_{mf} 的二次方程为

$$\frac{1.75}{\varepsilon_{mf}^3 \phi_p} \left(\frac{d_p u_{mf} \rho_g}{\mu} \right)^2 + \frac{150 (1 - \varepsilon_{mf})}{\varepsilon_{mf}^3 \phi_p^2} \left(\frac{d_p u_{mf} \rho_g}{\mu} \right) = \frac{d_p^3 \rho_g (\rho_p - \rho_g) g}{\mu^2} \tag{2-4}$$

引入雷诺数 Re_{mf} 和阿基米德数 Ar，则公式（2-4）变为

$$\frac{1.75}{\varepsilon_{mf}^3 \phi_p} Re_{mf}^2 + \frac{150 (1 - \varepsilon_{mf})}{\varepsilon_{mf}^3 \phi_p^2} Re_{mf} = Ar \tag{2-5}$$

$$Re_{mf} = \frac{d_p u_{mf} \rho_g}{\mu}, \quad Ar = \frac{d_p^3 \rho_g (\rho_p - \rho_g) g}{\mu^2} \tag{2-6}$$

式中　ϕ_p——颗粒球形度；

$\quad\quad d_p$——颗粒平均直径，采用比表面平均直径，m；

$\quad\quad \mu$——气体的动力黏度，$kg/(s \cdot m)$。

对于非常小的粒子，式（2-4）可简化为

$$u_{mf} = \frac{d_p^2 (\rho_p - \rho_g) g}{150 \mu} \frac{\varepsilon_{mf}^3 \phi_p^2}{1 - \varepsilon_{mf}}, \quad Re_{mf} < 20 \tag{2-7}$$

对于非常大的粒子，则有

$$u_{mf} = \sqrt{\frac{d_p (\rho_p - \rho_g) g}{1.75 \rho_g} \varepsilon_{mf}^3 \phi_p}, \quad Re_{mf} > 1000 \tag{2-8}$$

浙江大学根据宽筛分石煤燃料的冷态和热态试验结果，并结合国外燃煤流化床的试验数据，提出了准则关系式，即

$$Re_{mf} = 0.0882 Ar^{0.528}, \quad Ar = (2 \sim 700) \times 10^4 \tag{2-9}$$

式（2-9）中定性尺寸为

$$d_p = \phi_p \Sigma X_i d_i$$

$$Re_{mf} = \frac{u_{mf} d_p}{\nu_g}$$

$$Ar = \frac{d_p^3 \rho_g (\rho_p - \rho_g) g}{\mu^2}$$

式中 ϕ_p——颗粒的球形度，对石煤和矸石类燃料 ϕ_p 可取 0.6，对烟煤 ϕ_p 可取 0.54；

Re_{mf}——与临界流化风速对应的雷诺数；

ν_g——气体的运动黏度；

Ar——阿基米德数。

式（2-9）的计算值与实测值误差在 ±10% 之内。目前在《层状燃烧及沸腾燃烧工业锅炉热力计算方法》标准中得到应用。

重新整理式（2-9）后，可得到

$$u_{mf} = 0.294 \frac{d_p^{0.584}}{\nu_g^{0.056}} \left(\frac{\rho_p - \rho_g}{\rho_g} \right)^{0.528} \tag{2-10}$$

从式（2-10）可看出，临界流化速度不仅与颗粒的粒度和密度有关，还与流化气体的物性参数（密度和黏度）有关，当运行床温变化时，气体的密度和黏度都发生变化，临界流化风速也将发生改变。

【例 2-1】 一流化床锅炉燃用烟煤，料层灰渣的颗粒密度 $\rho_p = 2238 \text{kg/m}^3$，颗粒筛分结果如表 2-3 所示。

表 2-3   某流化床锅炉燃料颗粒筛分结果

筛孔尺寸 d_i（mm）	0	0.13	0.25	0.375	0.5	1.2	2	3	5	7	8
筛余质量（g）	0	0.89	12.7	4.51	6.7	1.56	18.33	37.65	11.2	6.46	0
平均直径（mm）	0	0.18	0.306	0.43	0.775	1.55	2.46	3.87	5.92	7.483	
重量份额 X_i	0	0.89	12.7	4.51	6.7	1.56	18.33	37.65	11.2	6.46	0
$X_i d_i$	0	0.002	0.039	0.019	0.052	0.024	0.451	1.457	0.663	0.483	

$\Sigma X_i d_i = 3.19 \text{mm}$，取颗粒球形系数 ϕ_p 为 0.54，则平均粒径 $d_p = \phi_p \Sigma X_i d_i = 0.54 \times 3.19 = 1.72 \text{mm}$，在此粒径下的堆积密度 $\rho_b = 1022 \text{kg/m}^3$，空气在 20℃ 时的密度 $\rho_g = 1.205 \text{ kg/m}^3$，运动黏度 $\nu_g = 15.06 \times 10^{-6} \text{ m}^2/\text{s}$，烟气在 890℃ 时的密度 $\rho_g = 0.301 \text{ kg/m}^3$，运动黏度 $\nu_g = 150.5 \times 10^{-6} \text{m}^2/\text{s}$，试求 20℃ 冷态临界流化速度和 890℃ 热态临界流化速度的数值是多少？

解 20℃ 冷态临界流化速度为

$$u_{mf} = 0.294 \frac{d_p^{0.584}}{\nu_g^{0.056}} \left(\frac{\rho_p - \rho_g}{\rho_g} \right)^{0.528} = 0.294 \times \frac{0.00172^{0.584}}{(15.06 \times 10^{-6})^{0.056}} \times \left(\frac{2238 - 1.205}{1.205} \right)^{0.528} = 0.708 \text{ (m/s)}$$

890℃ 热态临界流化速度为

$$u_{mf} = 0.294 \frac{d_p^{0.584}}{\nu_g^{0.056}} \left(\frac{\rho_p - \rho_g}{\rho_g} \right)^{0.528} = 0.294 \times \frac{0.00172^{0.584}}{(150.5 \times 10^{-6})^{0.056}} \times \left(\frac{2238 - 0.301}{0.301} \right)^{0.528} = 1.294 \text{ (m/s)}$$

由此例可见，热态临界流化速度为冷态临界流化速度的 1.8 倍多。那么冷态时床料可以流态化的床层热态时能否流态化呢？回答是肯定的，由于体积流量与绝对温度成正比，本例题热态时体积流量为冷态时的（890＋273）/（20＋273）＝3.97 倍，床层截面积一定时热态空气流速为冷态时流速的 3.97 倍，也就是说冷态时能够流化的床层，热态时一定可以流化。热态时所需体积流量仅为冷态时的 1.8/3.97＝45%，也就是说由冷态流态化变为热态后风量可以减少，实际运行时还有燃煤量增加也需风量增加。

临界流态化速度也可以通过试验进行确定。通过操作气流的速度，测量床层的压降，得到床层的压降—流速曲线。

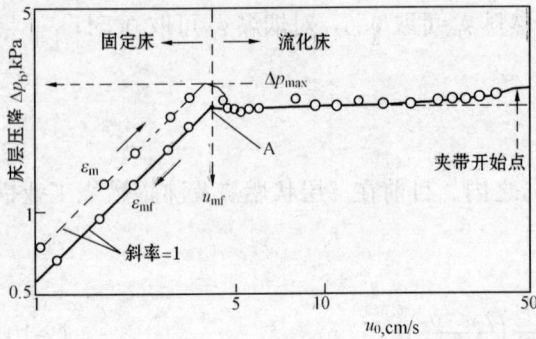

图 2-2 均匀粒度床料的床层压降—流速特性

对均匀颗粒组成的床层，当通过床层的气体流速很低时，床层处于固定床状态，随着风速的增加，床层压降成正比例增加，当风速达到一定数值时，床层压降达到最大值 Δp_{max}，如图 2-2 所示。该值略高于整个床层的静压，如果继续增加气流速度，固定床会突然"解锁"，床层压降降至床层的静压，此时对应的气流速度即为临界流化速度。当气流速度超过临界流化速度后，床层就会出现膨胀或鼓泡现象，进入流化床状态。进一步增加气流速度，在较宽的范围内，床层的压降几乎维持不变，这与流化床的准流体特性相关。上述从低气流速度上升到高气流速度的压降—流速特性试验称为"上行"试验法。由于床料初始装入床层时，属于人为的堆积，内部堆积状态差别较大，"上行"试验测得的数据往往有很大差异，实际临界流化风速往往采用从高气流速度向低气流速度进行，通常称其为"下行"试验法。

如果床层是由宽筛分颗粒组成的，当气流速度增加后，一些细颗粒很容易在大颗粒之间的空隙中起到较好的润滑作用，并促使大颗粒松动。另外由于细颗粒容易流化，在床层尚未整体流化前，床内的小颗粒就已经部分流化。图 2-3 示出了宽筛分物料的床层—压降曲线，由图可以看出，与均匀颗粒床层相比，宽筛分颗粒床层从固定床转变为流化床没有明显的"解锁"现象，而是比较平滑的过渡。在固定床状态和完全流态化状态，宽筛分床层与均匀颗粒床层的压降曲线相同。对固定床状态和流化床状态下的压降曲线分别延伸，两曲线的交点对应的气流速度即为临界流态化速度。

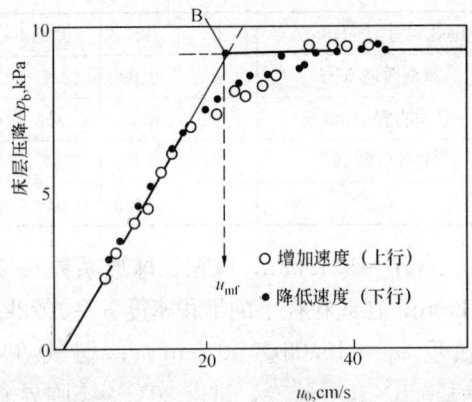

图 2-3 宽筛分床料的床层压降—流速特性

对于实际运行的流化床，为使床层达到充分流化，运行流化风速通常为临界流化风速的 2~3 倍左右。循环流化床锅炉正常运行时的气流速度比临界流态化速度高的多，但在低负荷时，由于燃煤量和通风量减少，气流速度降低，如果运行不当，可能导致运行风速小于临界流化速度，而导致锅炉结焦停炉。可见，临界流化风速是一个十分重要的基本参数。在锅炉设计和运行中，应保证在最低负荷下的运行风速大于最低允许流化风速，保证布风板上全部风帽小孔之上的料层均处于流化状态。

二、床层阻力特性

所谓流化床层阻力特性，就是指流化气体通过料层的阻力压降 Δp_b 与按床截面计算的冷态流化速度（或称为表观速度）u_0 之间的关系，如图 2-4 所示。由图 2-4 可见，在料层开始流化之前，压降 Δp_b 随着流化风速 u_0 的增加而急剧增大。料层开始流化后，Δp_b 随着 u_0

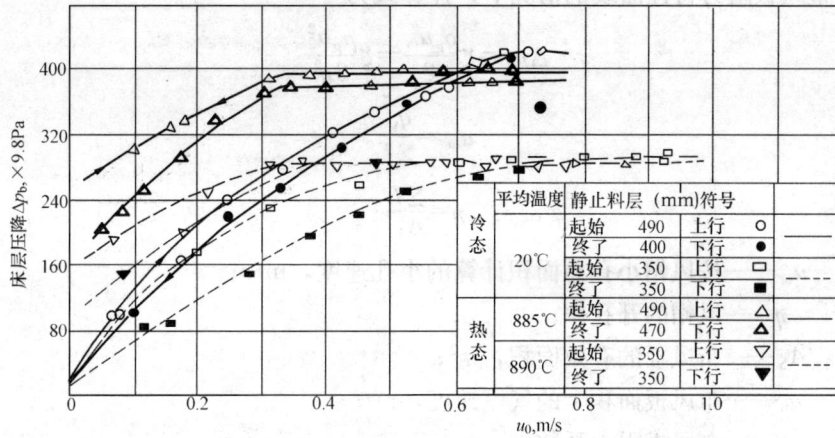

图 2-4　典型鼓泡流化床锅炉的冷、热态床层阻力特性曲线

的增加而基本维持不变；对于颗粒堆积密度一定、厚度一定的料层，其床层阻力是一定的；当料层厚度固定后，料层温度对料层阻力影响不大。因而我们可以利用流化床层的这些特性来判断料层的厚度和所要配备的风机压头的大小（送风机压头≥风道阻力＋布风板阻力＋料层阻力）。

在理想状态下，流化后的流化床层阻力 Δp_b 应等于单位面积布风板上的料层重量，即

$$\Delta p_b = \frac{G_b}{A_b} = H_0 (\rho_p - \rho_g) g (1 - \varepsilon_b) \tag{2-11}$$

$$\varepsilon_b = 1 - \frac{\rho_b}{\rho_p} \tag{2-12}$$

式中　Δp_b——流化后的流化床层阻力，Pa；

　　　　G_b——料层重量，N；

　　　　A_b——布风板的有效面积，也就是流化床的横截面积，m^2；

　　　　ρ_p，ρ_g——颗粒和气体的密度，kg/m^3；

　　　　ε_b——静止料层的堆积空隙率；

　　　　ρ_b——静止料层的堆积密度，kg/m^3。

因为 ρ_g 远小于 ρ_p，故式（2-11）可转换为

$$\Delta p_b = H_0 \rho_b g (1 - \varepsilon_b) \tag{2-13}$$

在实际情况下，$\Delta p_b < H_0 \rho_b g$，可写成

$$\Delta p_b = n H_0 \rho_b g \tag{2-14}$$

式中　n——压降减小系数，$n<1$。

在一般运行情况下，n 值在 $0.76 \sim 0.82$ 之间，而且热态和冷态的数据较为接近。

锅炉运行中的静止料层厚度 H_0 可按式（2-15）确定，即

$$H_0 = \frac{\Delta p_T - \Delta p_d}{n \rho_b g} \tag{2-15}$$

式中　Δp_d——布风板阻力，可以按冷态试验时的送风量从布风板阻力特性曲线中查到；

　　　　Δp_T——布风板阻力 Δp_d 与流化床层阻力 Δp_b 之和，对有溢流的鼓泡流化床，其值等于布风板以下风室的静压。

〰 15 〰

在没有布风板阻力特性曲线的情况下，计算式为

$$\Delta p_d = \zeta \frac{\rho_g u_{or}^2}{2} = \zeta \frac{\rho_g u_0^2}{2\eta^2} \tag{2-16}$$

$$u_{or} = \frac{q_V}{\Sigma f} \tag{2-17}$$

$$\eta = \frac{\Sigma f}{A_b} \tag{2-18}$$

以上三式中　u_{or}——按风帽小孔总面积计算的小孔速度，m/s；

　　　　　　η——风帽的开孔率；

　　　　　　A_b——布风板的有效面积，m^2；

　　　　　　u_0——布风板面积上的气流速度，m/s；

　　　　　　ζ——布风板阻力系数；

　　　　　　q_V——风量；

　　　　　　Σf——风帽小孔总面积。

试验表明，对石煤流化床锅炉有帽头侧水平孔的大风帽布风板，可取 $\zeta=2.0$；对无帽头的小孔下倾 15° 的小风帽（帽身直径 40mm，帽间距 70mm）布风板，实测得 $\zeta=1.84$。

第三节　颗粒的终端速度

一、概述

流化床中不同粒径的颗粒的携带速度及在上部稀相空间中的颗粒浓度在流化床的设计中至关重要。由于未燃尽炭粒从下部密相区被携带出去，有相当份额的炭粒燃烧将发生在上部稀相空间。所以，了解颗粒携带的机理，确定一定风速下颗粒的携带量，是确定炉膛传热计算的基础，也是提高流化床锅炉燃烧效率以及保证锅炉负荷的重要依托，对循环流化床锅炉分离和回送装置的设计也是至关重要的。

颗粒在静止空气中做初速为零的自由落体运动时，当下落速度增至某一数值时，颗粒受到的阻力、重力和浮力三力将达到平衡，而后，颗粒将匀速向下运动，这一临界速度称为终端速度，用 u_t 来表示。该速度值也可以这样理解：对上升系统，当气流速度大到一定数值，恰好将固体颗粒浮起并维持静止不动时的气流速度。尺寸和密度较大的颗粒具有较高的终端速度。

当气流通过由不同粒径的颗粒混合物所组成的流化床层时，一些终端速度小于床层表观气流速度 u_0 的细粒子将陆续被上升气流带走，这一过程称为夹带。但对于燃煤流化床锅炉这一特殊的流化系统，由于颗粒为宽筛分，而且颗粒之间存在气泡，在气泡及小颗粒的作用下，一些终端速度 u_t 大于床层表观气流速度 u_0 的粒子也会被夹带向上，这些大的颗粒经过一定的高度后将陆续返回床层，只有那些终端速度 u_t 低于表观气流速度 u_0 的粒子才能被一直夹带出去。另外由于循环流化床中的颗粒在上升过程中存在聚集、碰撞等，也会导致一些颗粒回落。因此存在一个分离高度（在鼓泡流化床中称为输送分离高度，TDH），在该高度以上，气流中的粒子浓度较低，但浓度比较均匀，这部分区域称为稀相空间。而下部颗粒浓度较大，并沿高度方向浓度逐渐降低，该部分区域称为密相区。循环流化床中，虽然上部空

间中的颗粒浓度也较高，密相床层与上部稀相空间的分界线模糊不清，但仍然存在这种上稀下浓的分布。

二、终端速度的计算

对球形颗粒，由匀速下降时的受力平衡可得终端速度的表达式为

$$u_t = \sqrt{\frac{4}{3} \times \frac{(\rho_p - \rho_g) d_p g}{\rho_g c_D}} \tag{2-19}$$

$$Re_t = \frac{\rho u_t d_p}{\mu}$$

式中　c_D——阻力系数，它为雷诺数 Re_t 的函数。

（1）层流区（$Re_t < 2$）。此时可由 Stokes 定理来近似计算 u_t。亦即 $c_D = \dfrac{24}{Re_t}$，代入式 (2-19)，得到

$$u_t = \frac{(\rho_p - \rho_g) g d_p^2}{18\mu} \tag{2-20}$$

（2）过渡区（$Re_t = 2 \sim 500$）。$c_D = \dfrac{18.5}{Re_t^{0.6}}$，可得到

$$u_t = \frac{0.153 (\rho_p - \rho_g)^{0.7} g^{0.71} d_p^{1.14}}{\rho_g^{0.29} \mu^{0.43}} \tag{2-21}$$

（3）湍流区（$Re_t = 500 \sim 150000$）。$c_D = 0.44$，则

$$u_t = 1.74 \sqrt{\frac{(\rho_p - \rho_g) d_p g}{\rho_g}} \tag{2-22}$$

对于非球形颗粒，上述各式需要用球形度参数 ϕ_p 来加以修正，阻力系数 C_D 由表 2-4 给出，也可按下面修正式计算：

层流　　　　$u_t = k_1 \dfrac{(\rho_p - \rho_g) g d_p^2}{18\mu}$，其中 $k_1 = 0.8341g \dfrac{\phi_p}{0.065}$ \qquad (2-23)

湍流　　　　$u_t = 1.74 \sqrt{\dfrac{(\rho_p - \rho_g) d_p g}{k_2 \rho_g}}$，其中 $k_2 = 5.31 - 4.88\phi_p$ \qquad (2-24)

过渡区仍可用式 (2-24) 计算。

表 2-4 　　　　　　　　　　　非球形颗粒阻力系数 c_D

ϕ_p	Re_t				
	1	10	100	400	1000
0.670	28	6	2.2	2.0	2.0
0.806	27	5	1.3	1.0	1.1
0.846	27	4.5	1.2	0.9	1.0
0.946	27	4.5	1.1	0.8	0.8
1.000	26.5	4.1	1.07	0.6	0.46

【例 2-2】　用例 2-1 燃煤流化床条件计算终端速度 u_t 的数值是多少？

解　（1）20℃终端速度 u_t：

先假定属湍流区，则应用式 (2-24) 计算 u_t，然后再校核 Re 数值，烟煤的 ϕ_p 取 0.54，计算得 $k_2 = 2.67$，则

$$u_t = 1.74 \sqrt{\frac{(2238 - 1.205) \times 0.00172 \times 9.8}{2.67 \times 1.205}} = 5.96 \ (\text{m/s})$$

$Re = \dfrac{0.00172 \times 5.96}{15.06 \times 10^{-6}} = 680$，说明与假设一致，计算结果正确。

（2）890℃终端速度 u_t：

先假定属过渡区，应用式（2-24）计算 u_t，然后再校核 Re 数值，同样 k_2 取 2.67，则

$$u_t = 1.74 \sqrt{\frac{(2238 - 0.301) \times 0.00172 \times 9.8}{2.67 \times 0.301}} = 11.92 \ (\text{m/s})$$

$Re = \dfrac{0.00172 \times 11.92}{150.5 \times 10^{-6}} = 136$，与假设一致，计算结果正确。

此例说明，热态 u_t 约为冷态 u_t 的 2 倍，而热态 u_0 约为冷态 u_0 的 4 倍，在相同通风量情况下流化床热态时容易带出颗粒。而在相同的气流速度下，热态时夹带的颗粒量要少。

第四节　循环流化床的宏观流体动力学特性

　　循环流化床内的气固两相流动属于典型的垂直气固两相流动系统，其流态化流动的特征依赖于运行工况条件，而最直观地反映流化床运行状况的参数是流化风速。随着流化风速的增加，流化床将由鼓泡床、湍流床向快速床转变，为了保证床料数量，在湍流床和快速床区域，需要采用分离器把气体大量夹带的固体颗粒分离下来送回床层，实现物料循环，从而构成了循环流化床。

　　鼓泡流态化具有明显的床层表面，并且整个流化床存在两个区域，一个是密相区域称沸腾段，另一个为稀相区称自由空间或悬浮段。颗粒的空间滞留量沿床高向上不断衰减，很显然，增加自由空间高度使夹带离开流化床的颗粒量得以减少，并且存在着所谓的输送分离高度（TDH）。当自由空间高度超过 TDH 后，颗粒的夹带量基本维持不变，由于气泡运动的作用，被夹带进入自由空间的颗粒几乎包括床内存在的各种尺度的颗粒，较大的颗粒全部落回床内，而较小的颗粒则可能被带出床外。

　　进一步提高运行气流速度，床层将转变为湍流床状态，此时密相床层与自由空间的界线变得模糊不清，形成一个飞溅区，颗粒的夹带亦明显加剧。如进一步提高流化风速将形成快速流态化。在快速流化床状态，颗粒被气流夹带的量很大，因此，为了维持稳态运行，必须连续不断地以较高的速率补充新鲜颗粒以弥补床料的损失。

　　当气流速度继续增大时，床内所有颗粒均被夹带向上流动，颗粒不再出现返混，流化床操作被打破，进入气力输送状态。

　　一般认为循环流化床处于快速流态化状态。循环流化床的动力学特性包括其流态化特征、颗粒浓度（或空隙率）、颗粒以及气体速度等参数沿炉膛轴向及径向的分布特性。这些参数不仅受操作气流速度和颗粒循环流率的影响，而且受床层尺寸、进出口结构、循环系统结构、二次风位置、循环物料入口位置、分离器效率及返料机构的压降等因素的影响。目前这些参数还无法通过理论公式进行计算，相关的经验关系式也很少。本文只做一些定性的讨论。

一、循环流化床中的流态化特征

　　在气固流态化中，定义气固相对速度（或称为滑移速度）为气体和固体颗粒绝对速度的

差，即

$$u_{re} = u_0/\bar{\varepsilon} - G_s/[\rho_p(1-\bar{\varepsilon})] \qquad (2\text{-}25)$$

式中 u_{re}、u_0、G_s、ρ_p 和 $\bar{\varepsilon}$——气固相对速度、表观气流速度、固体颗粒流率、颗粒密度和床层平均空隙率。

快速流化床是介于湍流流化床和气力输送状态之间的一个流型，其区别于鼓泡床和气力输送的最主要特征是气固之间存在非常高的相对速度。图 2-5 示出了各种流动状态下气固相对速度与床层密度 $(1-\bar{\varepsilon})$ 之间的关系。在快速床区，即 AB 段内，相对速度随 $(1-\bar{\varepsilon})$ 增大单调减小，随循环物料量增大而增大，相对速度 u_{re} 是床层密度与循环物料量二者的函数。

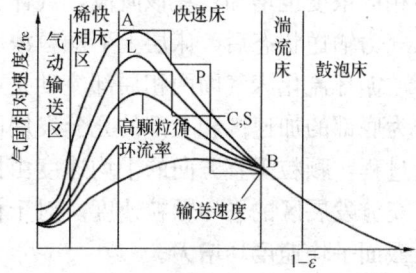

图 2-5　气固相对速度与 $(1-\bar{\varepsilon})$ 之间的关系

快速流化床与鼓泡流化床的另外一个明显不同是：鼓泡流态化（密相区）中气相为离散相（气泡），乳化相为连续相；而快速流态化中气相为连续相，乳化相为离散相。在这种两相流中，颗粒会形成絮状物，且聚集成的絮状物颗粒群的气固流动特性与单颗粒的特性有显著的不同。

在快速流化床中，颗粒与气流之间存在一个很大的速度差，由于此速度差使得气流产生了对颗粒的曳力，颗粒被气流携带上行，也由于这个速度差，颗粒的上方形成一个尾涡区，从而使两颗粒相互接近。由于两颗粒组成的颗粒组的有效表面积小于两颗粒的表面积之和，所以受到的总曳力小于两个单颗粒的曳力之和。这个颗粒组合进一步减速，从而进入另一个颗粒的尾涡。这一过程持续进行，当每一个新颗粒进入后，都会使絮状物重量增加，运动速度减小。在典型的快速流化床中可观察到不均匀的颗粒絮状物在非常稀相的上升气固流中随机地作上行或下行运动。

从流动特征来看，快速床中存在大量成絮团状的颗粒返混回流，这种运动状态表现为高速度、高浓度、高固体颗粒流量。其突出的表现在于存在一种环状流动，即在床层中心区以上升流为主，在壁面附近则以颗粒下降流为主，因而在中心区域的气固滑移速度要比壁面附近低。

对循环流化床锅炉而言，由于燃用宽筛分物料，且粒度范围很宽，其流态化特征往往同时具有鼓泡床、湍流床、快速床和气力输送的流态特征，下部为鼓泡床状态或湍流床状态，上部为快速流态化及气力输送状态。

二、循环流化床中的颗粒浓度分布

图 2-6 示出了循环流化床中的颗粒浓度分布，并与其他形式的流态化进行对比。可以看出，流化床的上部和下部区域，颗粒浓

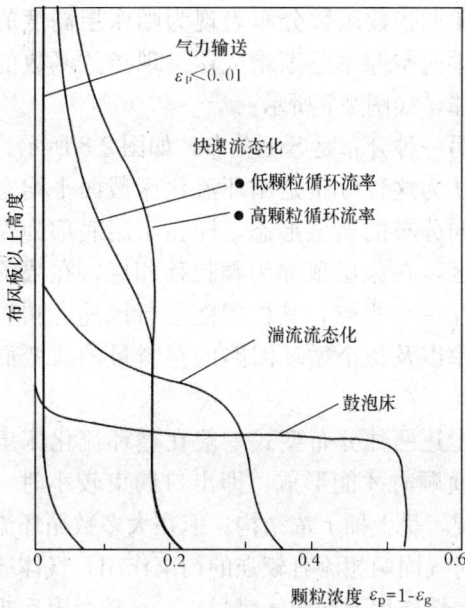

图 2-6　各种流态化形式的颗粒浓度分布

度差别较大。上部区域为稀相区，下部为密相区。当运行工况发生变化时，这个结构不会发生变化，只是稀相、浓相的比例及其在空间的分布发生相应的变化。在鼓泡床阶段，密相区浓度很大，成为连续相，气体往往以气泡形式存在，成为分散相。在快速床阶段，密相区颗粒浓度降低，稀相区浓度增大，沿床高方向颗粒浓度趋于平均，当固体颗粒循环量增加时，稀相区浓度也增加。在该阶段，气体变成连续相，而固体颗粒则成为分散的絮状物。床层进入气力输送状态后，床层上下颗粒浓度将更加趋于一致。

循环流化床气固两相局部流动是不均匀的。从床内颗粒的速度分布来看，循环流化床可分为底部的加速区和上部的充分发展区两部分。沿床高方向，尤其在床层底部，颗粒处于加速过程，颗粒垂直方向的平均速度由接近于零（布风板处）加速达到某一稳定的速度——上部充分发展区的平均颗粒速度。对于任一床层截面，运行风速升高或颗粒循环流率减小，颗粒截面平均速度均增大。

对于大多数循环流化床，燃烧所需的空气部分（一般为 $50\% \sim 80\%$）从床底部给入，另外一部分作为二次风从床层上方一定高度送入，这样会使气流速度沿床高方向发生变化；而由于采用宽筛分燃料，便形成了下部的密相床和上部的快速床；另外大量细的循环物料通过返料装置进入密相床，几个因素的综合效果使得下部密相区更可能成为一种湍流床状态。

在循环流化床横向截面上，小颗粒会随气流上升，其中会有部分颗粒由于碰撞而下落，但总的趋势是向上的，而大颗粒表现出不同的特点，中心处主要为上升过程，上升到一定高度之后在边壁附近趋于下落。在床层各截面上，颗粒平均速度沿轴向向上而增大，当床层足够高时颗粒速度趋于恒定。当颗粒循环率一定时，平均颗粒速度随流化风速的增大而增大，而当风速一定时，颗粒循环率对颗粒平均速度的影响较小。

循环流化床中的颗粒浓度分布也可以利用空隙率分布来衡量。在快速流态化条件下，沿床高方向上稀下浓的不均匀分布，一般可分为单调指数函数分布、S 型分布和反 C 型分布三种类型。

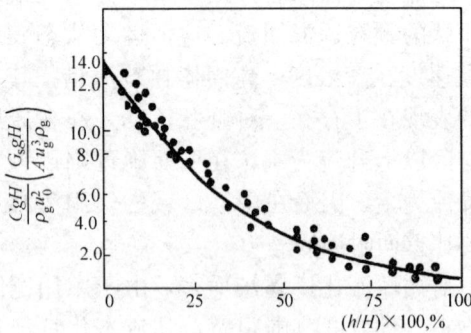

图 2-7　循环流化床颗粒浓度分布形式 I
（单调指数函数分布）

单调指数函数分布表现为随床层高度的增加，轴向空隙率逐渐增大，呈现指数函数的变化规律，如图 2-7 所示。

另一种分布是 S 型分布，如图 2-8 所示。许多人认为这种分布是循环流化床截面平均空隙率轴向分布的典型形态，即在床层底部为颗粒密相区，在床层顶部为颗粒稀相区，在浓稀相间存在一个拐点，其位置随运行风速、颗粒循环流率以及整个循环回路的存料量的改变而上下变化。

上述两种分布型式一般在循环流化床出口比较通顺时才能形成，即出口约束较小时，床层上部空隙率的轴向分布基本不受出口结构的影响，呈上稀下浓结构。但在大多数循环流化床锅炉中，采用气垫直角弯头出口，出口结构将对气固两相流有较强的约束作用，气体通过气垫弯头由垂直运动急转成水平运动，而颗粒在惯性作用下冲向气垫封头，运动受阻后折流向下，一部分颗粒被气流带出（其流量约为循环流化床的循环物料量 G_S），另一部分颗粒沿

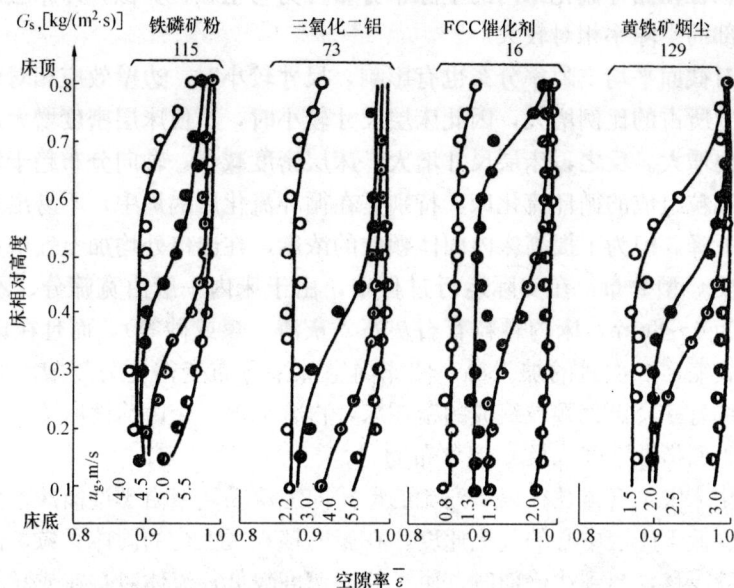

图 2-8　循环流化床颗粒浓度分布形式Ⅱ（S型分布）

床壁面向下运动，与向上运动的颗粒产生较强的动量交换，并逐渐与气固两相运动相融合，使颗粒浓度轴向分布逆转，呈现上浓下稀趋势。在远离出口的下方，折流颗粒群的影响消失，颗粒密度沿轴向呈上稀下浓分布。此时全床整体沿轴向则出现中间空隙率大、两端空隙率小的反 C 型分布，如图 2-9 所示。

运行风速对床内空隙率的分布有一定影响。运行风速升高，床内空隙率增大，床内空隙率分布趋于均匀，顶部与底部的空隙率差别变小，直至全部的空隙率都接近出口值，从而进入稀相气力输送状态。

循环物料量对空隙率的分布也产生影响，其影响结果与风速的影响正好相反。循环物料量增大时，床层各截面上平均空隙率都逐渐减小，而顶部与底部的空隙率差距加大，沿床层轴向空隙率的梯度也加大。采用较大直径的颗粒

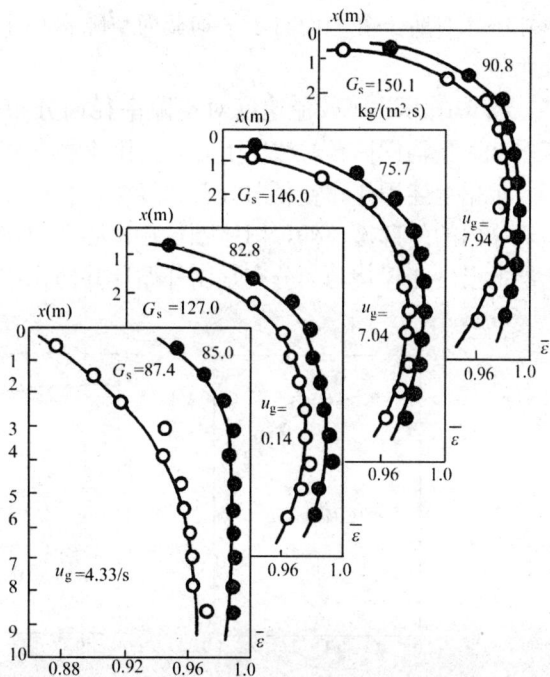

图 2-9　循环流化床颗粒浓度分布形式Ⅲ
（反 C 型分布）

时，循环流化床截面平均空隙率沿轴向变化较大，与细颗粒床相比，粗颗粒床的床层底部具有较大的颗粒密度，而在床层顶部具有更小的颗粒密度。与颗粒直径相似，当颗粒密度不同

时，密度大的颗粒在循环流化床内的空隙率分布行为与粗颗粒类似，即床层底部的空隙率相对较小，而顶部的空隙率相对较大。

床层尺寸对截面平均空隙率分布也有影响，尺寸较小时，边壁效应相对较大，边壁颗粒密集区在截面上所占的比例增大，因此床层尺寸较小时，不仅床层密度增大，而且沿轴向分布的不均匀性也增大。反之，床层尺寸增大，床层密度减小，轴向分布趋于均匀。

对于由大颗粒组成的循环流化床，特别是在循环流化床锅炉中，不易出现 S 型分布，一般成单调指数下降。但为了提高床内固体颗粒的浓度，在出口处均加上气垫直角结构，所以浓度分布变为反 C 型分布。在实际运行过程中，由于床内一般由宽筛分、不同密度的颗粒组成（如颗粒为 0~8mm，床内颗粒有石灰石、灰渣、煤或砂等），而且在床内一定高度上还可能有截面收缩，二次风的加入等，使床内空隙率分布变得更为复杂。但是一般可以认为，在床层下部有一个由大颗粒组成的密相床，再叠加上一个由前面所述的空隙率分布，则总体上讲是呈单调指数下降或反 C 型分布的。

在循环流化床中，气体往往以节涌流的形式向上流动，但由于壁面的摩擦效应，靠近壁面处的气流速度低于床层中心的气流速度。在床内核心区上行的固体颗粒，由于流体动力的作用，会向边壁漂移，当到达壁面时，由于气流速度较低，流体对颗粒或颗粒团的曳力也降低，这样颗粒在近壁面处的上升速度减小或者转而向下运动。这就导致了循环流化床内的径向空隙率分布出现不均匀性，在床层中心区的空隙率较大，而靠近壁面处空隙率较小。当截面平均空隙率大于 0.95 时，径向空隙率分布就比较平坦，一般仅在距床壁 1/4 半径距离内空隙率才有所下降。而对于平均截面空隙率小于 0.95 的床层，径向空隙率不均匀分布就比较明显。

图 2-10 示出了气流速度对空隙率径向分布的影响。从图中可以看出，气流速度增加，床层截面平均固体颗粒浓度下降，空隙率径向变化变小，曲线变得平坦。

根据上述固体颗粒径向分布的规律，在循环流化床中，除了固体颗粒通过分离器分离再送回床内的外部循环外，固体颗粒在核心和边壁处的上升和下落也构成了颗粒的床内循环，床层的温度能保持均匀分布是内外循环共同作用的结果。

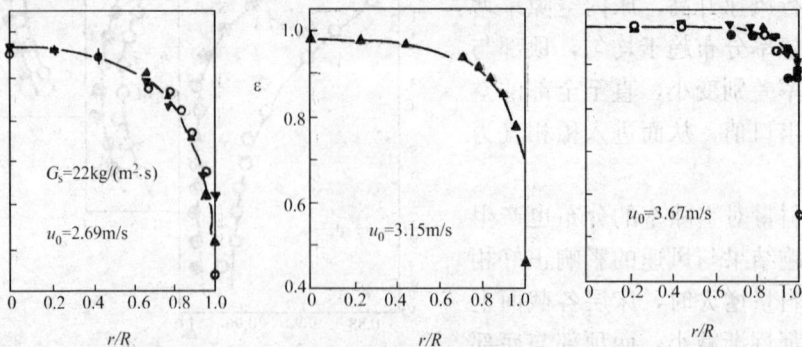

图 2-10　流化风速对固体颗粒浓度径向分布的影响

三、循环流化床的压力分布

循环流化床的压力分布反映了床内固体颗粒的载料量及气固之间的动量交换现象。是循环流化床锅炉控制的重要参数。

床层的压降可采用下式计算：

$$\Delta p = \rho_b g (1 - \bar{\varepsilon}) \Delta h \qquad (2-26)$$

式中　$\bar{\varepsilon}$——截面平均空隙率；

　　　Δh——床层高度，m。

由固体颗粒浓度的径向分布规律可知，大量的固体颗粒是在壁面附近下落的，由于这部分颗粒不需要完全被向上流动的气体支撑，压降中没有这部分颗粒的份额，但综合考虑其他几项对压降有影响的份额，上式情况与实际情况基本相符。

图 2-11 反映了单位床层高度的压降与气流速度及固体循环流率 G_S 的关系。从图中可以看出，在同一循环物料量的条件下，床层压降随运行风速的增加而下降，这意味着在同一循环物料量条件下，速度越大，床内的颗粒浓度就越小，因而床内压降和速度成反比关系。另外，相同气流速度下，随循环流率增加，床层压降增加。

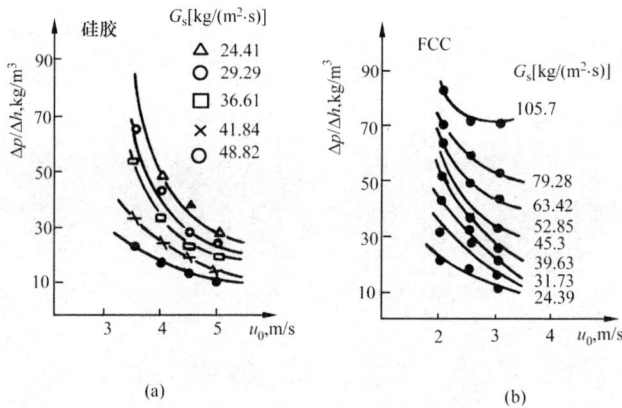

图 2-11　循环流化床内风速与压降的关系

对循环流化床内的轴向压力分布的测量表明，床层底部密相区的压力梯度比较大，而上部区域的压力梯度比较小，这一点与固体颗粒浓度分布规律十分类似。

四、循环流化床的气体速度分布

在循环流化床锅炉中，为了降低污染物的排放，减少风机能耗，一般将燃烧所需要的空气分为一、二次风送入炉内。如果不通入二次风，一般认为循环流化床中的气体是节涌流。若截面保持均匀，则沿轴向的速度分布基本上是均匀的。二次风的送入及其送入形式对炉内流体动力特性会产生较大的影响。由于二次风的加入和床层截面的变化，气体轴向速度分布出现不均匀。这种不均匀性势必导致固体颗粒运动速度的不均匀。

根据床内截面变化及二次风送入的情况，常常用截面上的平均值来计算循环流化床中的气体速度在轴向的分布。但如果要研究颗粒的横向运动以及由此产生的浓度径向分布和磨损等问题，还必须了解气体在床内截面的径向速度分布。一般而言，增大床内固体颗粒的浓度，床层中心区气流速度增大，而边壁区气流速度减小，即气流速度的径向分布不均匀性增大。截面平均气流速度增大时，虽然床层任一径向位置的气流速度都随之增大，但床中心区气流速度增大较慢，边壁区的气流速度增加较大，导致气体速度径向分布趋于平缓。

在循环流化床锅炉中，二次风可以沿径向通入，也可以沿切向通入。布风板上方是一个截面较小的密相区，在这个区域内可以不布置受热面，随后是一个渐扩段，然后是截面较大的稀相区。一般在渐扩段内加入二次风，使整个燃烧室内的运行风速沿轴向总体上保持均匀，此时二次风一般垂直于水冷壁面直接送入。这种二次风的送入方式除对气体扩散以及沿壁面下滑的颗粒有较大的影响外，还对炉内流体的动力特性产生影响，这主要反映在轴向风速的变化上。

固体颗粒的内循环对循环流化床锅炉的燃烧、脱硫起着重要作用，有人据此提出了沿切向通入二次风，并在炉膛出口处加缩口的方案，旨在提高炉内的分离效率。二次风沿切向加入，可以使部分颗粒在床内实现分离，延长颗粒在床内的停留时间，并减少离开炉膛出口的颗粒浓度，从而可减轻分离器的负担，同时还能提高循环流化床的燃烧效率和脱硫效率。有试验表明，这种内循环的流化床装置具有较好的分离性能，对工业锅炉有很大的潜力。但由于切向二次风的加入会破坏循环床内正常的颗粒下降流动，使得颗粒与管壁之间的摩擦更为激烈，可能会产生更为严重的磨损问题，目前较少采用。

第三章

循环流化床锅炉内的燃烧与传热

燃烧与传热是循环流化床锅炉运行时炉内发生的两大基本过程。通过燃烧才能把燃料的化学能转变为热能，通过传热才能把热量传递给工质，产生数量和参数符合要求的蒸汽。但循环流化床锅炉内的燃烧和传热与常规的链条炉及煤粉炉有很大的不同，正是这些不同造成了循环流化床锅炉内燃烧与传热的独有特点。

第一节　煤在循环流化床锅炉内的燃烧过程

煤的燃烧是循环流化床锅炉内发生的一个最基本而又最为重要的物理化学变化过程。由于煤燃烧过程本身的复杂性，在燃烧过程中既有热量和质量的传递效应，又伴随着各种化学反应的交叉作用，尤其是针对于循环流化床锅炉内复杂的流体动力特性，现阶段对煤在循环流化床锅炉内的燃烧特性尚未达到完全了解。因此，本节仅对煤粒在循环流化床锅炉内的燃烧过程进行简要介绍。

煤粒送入循环流化床锅炉内，迅速受到高温物料及烟气的加热。首先是水分的蒸发，接着是煤中挥发分的析出与燃烧，然后是焦炭的燃烧，其间还伴随着煤粒的破碎、磨损等现象发生。如图3-1所示，煤粒在循环流化床锅炉内大致经历四个连续变化的过程：①煤粒被加热和干燥；②挥发分的析出和燃烧；③煤粒膨胀和破裂（一级破碎）；④焦炭燃烧和再次破裂（二级破碎）及炭粒磨损。

实际上煤粒在循环流化床锅炉内的燃烧过程并不能简单地以上述步骤绝对地划分成各个孤立的阶段，往往有时几个过程会同时进行。大量的实验研究表明，挥发分的析出、燃烧过程与焦炭的燃烧过程存在着明显的重叠现象。

一、煤粒的干燥和加热

循环流化床锅炉燃用的成品煤含水分变化较大，燃用泥煤浆时其水分可超过40%。新鲜煤粒被送入循环流化床锅炉后，立即被大量灼热的不可燃床料所包围并被加热至接近床层温度。在这个过程中，煤粒被加热干燥，把水分蒸发掉。加热速率一般在 $100\sim1000\,\mathrm{^{\circ}C/s}$ 的范围内，即加热时间仅有几秒钟。

由于循环流化床锅炉内的床料绝大部分是惰性的灼热灰渣，其可燃物含量只占了很小的一部分，因此加到床内的新鲜煤粒被相当于一个大"蓄热池"的灼热灰渣颗粒所包围。并且由于床内的混合剧烈，这些灼热的灰渣颗粒迅速地把煤粒加热到着火温度而开始燃烧。在这个加热过程中，所吸收的热量只占床层总热容量的千分之几，因而对床层温度的影响很小，而煤粒的燃烧又释放出热量，从而能使床层保持在一定的温度水平。

二、挥发分的析出及燃烧

当煤粒进一步被加热升温到一定温度时，将发生煤的热分解反应而释放出挥发分。挥发

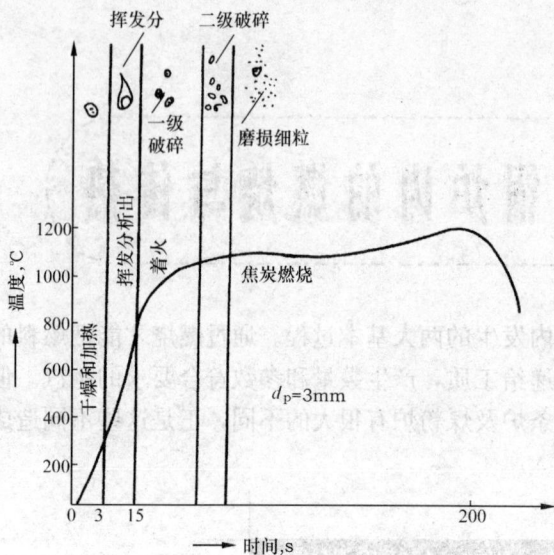

图 3-1 煤粒燃烧所经历的几个过程

分的析出过程是指煤粒受到高温加热后分解并产生大量气态物质的过程。挥发分由多种碳氢化合物（焦油和气体）组成，并在不同阶段析出。挥发分的第一个稳定析出阶段发生在温度为 500～600℃ 的范围内，第二个稳定析出阶段则发生在温度为 800～1000℃ 的范围内。煤的工业分析为煤中挥发分的含量提供了一个大致范围，但挥发分的精确含量和构成受多种因素的影响，如加热速率、初始温度和最终温度、最终温度下的停留时间、煤的粒度和种类、挥发分析出时的压力等。

煤粒中挥发分的析出时间与煤质、颗粒尺寸、温度条件和煤粒加热时间等因素有关。对于组织结构较松软的烟煤、褐煤和油页岩等燃料，当颗粒尺寸较小时，加入到循环流化床锅炉内受热后，开始时就析出绝大部分的挥发分，甚至是在瞬间完成的；而对于那些组织结构较坚硬的石煤、无烟煤和颗粒较大的烟煤等，在炉内受热后，挥发分的析出过程几乎与焦炭的燃烧过程同时进行。

挥发分析出后，达到相应的着火温度时即着火燃烧。对于细小的煤粒，挥发物的析出释放非常快，而且释放出的挥发物将细小煤粒包围并立刻燃烧，产生许多细小的扩散火焰。这些细小的煤粒燃尽所需要的时间很短，一般从给煤口进入炉床到飞出炉膛一个过程就可燃尽，无须循环返送炉内再燃烧。但对于那些不参与物料再循环也未被烟气携带出炉膛的较大颗粒煤粒，其挥发物析出就慢得多，如平均直径 3mm 的煤粒需要近 15s 时间才可析出全部的挥发物。另一方面，大颗粒煤粒在炉内的分散掺混也慢得多。由于大颗粒煤粒基本沉积于炉膛下部，此处给氧量又不足，因此，大颗粒煤粒析出的挥发物往往有很大一部分在炉膛中部燃烧。这一点，对于中小煤粒的燃烧和炉内温度场分布以及二次风口的高度设计都要引起注意。

挥发分的析出和燃烧是重叠进行的，很难把这两个过程的时间区分开来。挥发分的燃烧是在氧和未燃挥发分的边界上进行的，燃烧过程通常是由界面处挥发分和氧的扩散所控制的。对于煤粒，扩散火焰的位置是由氧的扩散速率和挥发分析出速率决定的。氧的扩散速率低，火焰离煤粒表面的距离就远。对于粒径大于 1mm 的大颗粒煤，挥发分的析出时间与煤粒在循环流化床锅炉内的整体混合时间具有相同的数量级，因此在循环流化床锅炉中，在炉膛顶部有时也能观察到大颗粒煤周围的挥发分燃烧火焰。

煤中挥发分燃烧放出的热量可占煤燃烧总放热量的 40% 左右。煤燃烧过程中挥发分的析出与燃烧改善了煤粒的着火性能：一方面大量挥发分的析出并燃烧，反过来加热了煤粒，使煤粒温度迅速升高；另一方面，挥发分的析出改变了煤粒的孔隙结构，改善了挥发分析出后焦炭的燃烧反应。

三、焦炭的着火与燃尽

焦炭的燃烧过程通常是在挥发分的析出完成后开始的，有时这两个过程也存在着一定的重叠。即在初期以挥发分的析出与燃烧为主，后期则以焦炭燃尽为主，至于二者的持续时间，则受煤种及运行工况的影响，很难确切划分。一般认为，煤中挥发分的析出时间约为 $1\sim10s$，而挥发分的燃烧时间一般小于 $1s$；而焦炭的燃尽时间比挥发分的燃烧时间大两个数量级。也就是说焦炭的燃烧过程控制着煤粒在循环流化床锅炉内的整体燃烧时间。

在焦炭燃烧过程中，气流中的氧先被传递到颗粒表面，然后在焦炭表面与碳发生氧化反应生成 CO_2 和 CO。焦炭是多孔颗粒，有大量不同尺寸和形状的内孔，这些内孔面积要比焦炭外表面积大好几个数量级。在有些情况下，氧通过扩散进入内孔并与内孔表面的碳产生氧化反应。

在不同的燃烧工况下，焦炭燃烧可在外表面或内孔孔壁发生。燃烧工况由燃烧室的工作条件和焦炭特性所决定，具体可分为三种类型。

1. 动力燃烧

在动力燃烧中，化学反应速率远低于扩散速率。无孔大颗粒焦炭在 $900℃$ 左右燃烧以及多孔大颗粒焦炭在 $600℃$ 以下燃烧可能属于该工况；对于细颗粒多孔焦炭，如果传质速率很高，可能在 $800℃$ 温度范围内燃烧才属于动力燃烧。对于多孔焦炭，氧扩散到整个焦炭颗粒，使燃烧在整个焦炭内均匀进行。因此，随着燃烧的进行，焦炭密度降低而直径不变，氧浓度在焦炭颗粒内是均匀的。动力燃烧主要发生在以下情况：

(1) 循环流化床锅炉启动过程，此时温度低，化学反应速率也低；

(2) 细颗粒燃烧，此时扩散阻力很小。

2. 过渡燃烧

在过渡燃烧中，反应速率与内部扩散速率相当。在此工况下，氧在焦炭中的透入深度有限，接近外表面处的小孔消耗掉大部分氧。这种燃烧工况常见于鼓泡流化床锅炉和循环流化床锅炉某些区域中的中等粒度焦炭，此时微孔传质速率和化学反应速率相当。

3. 扩散燃烧

在扩散燃烧中，传质速率远低于化学反应速率。由于化学反应速率很高，传质速率相对较慢的有限氧分在刚到达焦炭外表面时就被化学反应所消耗掉。这种工况常见于大颗粒焦炭，因为此时传质速率比化学反应速率低。

我国的循环流化床锅炉和鼓泡流化床锅炉所使用燃煤的粒径大部分为 $0\sim10mm$，在相同的床料粒度、床层温度和氧浓度下，循环流化床锅炉内的气固传输速率比鼓泡流化床锅炉内要高得多。随着燃烧的进行，焦炭颗粒缩小，气固传输速率增加，燃烧工况也从扩散燃烧移到过渡燃烧，最后到动力燃烧。

四、煤粒的膨胀、破碎和磨损

在循环流化床锅炉运行过程中，炉内煤粒的燃烧过程是十分复杂的。对于那些热爆性比较强的煤种，无论是大颗粒还是中等直径颗粒，在进入炉内加热干燥、挥发分析出的同时，将爆裂成中等直径颗粒或细小颗粒，甚至在燃烧过程中再次发生爆裂，如图 3-2 所示。由于大多数煤种热爆性比较强，使那些初期不参与循环的大颗粒爆裂成中等直径颗粒后参与

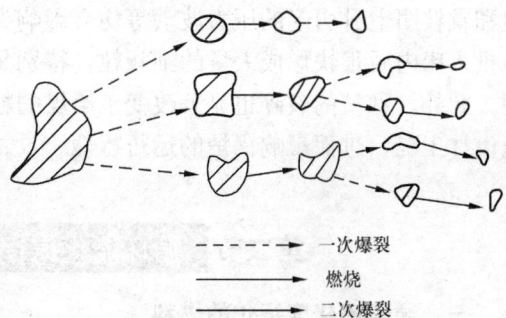

- - - - → 一次爆裂
———→ 燃烧
———→ 二次爆裂

图 3-2 煤粒燃烧过程爆裂示意

物料的外循环；同样地，中等直径的颗粒爆裂后转化成细小微粒将可能不再参与循环（分离器捕捉不到）而随烟气进入尾部烟道。特别应当注意的是，循环流化床锅炉内煤粒的燃烧，除少量细小微粒外，绝大多数处于焦炭燃烧阶段。当煤粒中的挥发分被加热析出、燃烧后，未被一次燃尽的煤粒往往转化为焦炭颗粒或外层为焦炭、内部仍为"煤"的颗粒，焦炭的燃烧要比煤燃烧困难得多，所以在炉内的停留时间要比按煤燃烧燃尽计算所需的时间长。

中等程度焦煤在挥发分的析出过程中（420～500℃）要经历一个塑性相，煤粒中的小孔被破坏，因此在挥发分开始析出时，颗粒的表面积最小。此后随着煤粒内部气相物质的析出，煤粒膨胀，由于均匀膨胀会形成球状的颗粒。

煤粒中析出的挥发分有时会在煤粒中形成很高的压力而使煤粒产生破碎，这种现象称为一级破碎。经过一级破碎，煤粒分裂成数片碎片，碎片的尺寸小于母体煤粒。

当焦炭处于动力燃烧或过渡燃烧工况时，焦炭内部的小孔增加，这样就削弱了焦炭内部的连接力。当连接力小于施于焦炭的外力时，焦炭就产生碎片，这个过程称为二级破碎。二级破碎是在挥发分析出后的焦炭燃烧阶段发生的。破碎的粒度要比磨损所产生的细炭粒大一个数量级。如果煤粒处于动力燃烧工况，即燃烧在整个焦炭颗粒内均匀进行，整个焦炭颗粒会同时产生破碎，这种二级破碎又称为穿透性破碎。

颗粒因机械作用产生细颗粒（一般小于 $100\mu m$）的过程称为磨损。细颗粒一般会逃离旋风分离器，因而构成不完全燃烧损失的主要部分。在燃烧存在的情况下磨损会加强，在焦炭颗粒中含有不同反应特性的显微组分聚集体，使得焦炭表面的氧化或燃烧不均匀，因而焦炭表面的某些部分燃烧要快一些，形成联结细颗粒之间的细连接臂，在床料的机械作用下，这些连接臂被破坏，这个过程就称为有燃烧的磨损或燃烧辅助磨损。在快速流化床锅炉中机械力与焦炭和床料间的相对速度成正比，因而焦炭的磨损速率也与这个相对速度成正比。由于快速流化床锅炉内固有的流动结构，使得其磨损速度比鼓泡流化床锅炉内高 1～4 倍。煤粒在炉内循环掺混过程中不断地碰撞磨损，使得颗粒直径变小，同时将炭粒外表层不再燃烧的"灰壳"摩擦掉，这些都有助于煤粒的燃烧和燃尽，提高燃烧效率。

事实上，对煤粒的破碎和磨损过程很难确切区分。磨损就其本质而言是一种缓慢的破碎过程，它着重于固体颗粒间的磨损作用，作用的结果是颗粒表面粗糙不平的物质以磨损成细粒的形式分离，因此影响颗粒磨损的主要因素是颗粒表面的结构特性、机械强度以及外部操作条件等，磨损的作用贯穿于整个燃烧过程。而煤粒的破碎则主要是由于自身因素引起的使粒度发生变化的过程，并且具有短时间内快速改变粒度的特点。此外，在煤粒投入床内后还会受到高温颗粒群的挤压，大颗粒内部温度分布不均匀引起的热应力，以及流化床锅炉中气泡和颗粒团上升引起的压力波动等均会影响到煤粒的破碎特性。煤粒破碎的直接结果是在煤粒投入床内后很快形成大量的细颗粒，特别是形成一些可扬析的细颗粒会影响锅炉的燃烧效率。此外，颗粒的破碎也显著改变了给煤的粒度分布，使床内密相区和稀相区的燃烧份额偏离设计工况，进而影响锅炉的运行特性。

第二节　循环流化床锅炉的燃料及燃烧计算

一、循环流化床锅炉的燃料

循环流化床锅炉（指专门设计的循环流化床锅炉，而不是说正在运行的某一特定锅炉）

几乎可以燃用所有的固体燃料，既可燃用优质煤，也可燃用各种劣质燃料。所谓的劣质燃料是指高灰分、高水分、低热值、低灰熔点的燃料，如泥煤（洗煤厂的煤泥）、油页岩、炉渣、木屑、洗矸、采煤场的煤矸石、垃圾处理厂的垃圾等，也包括难于点燃和燃尽的低挥发分的无烟煤、石油焦和焦炭等。燃料适应性广是循环流化床锅炉的主要优点之一，在此仅对循环流化床锅炉中的主要燃料——煤的特性作简要介绍。

1. 煤的成分

煤是棕色至黑色的可燃烧固体，由多种有机可燃质、无机矿物质（灰质与灰分）及水分构成。它是由植物在地下沉积后经过复杂漫长的物理、化学变化过程演变而来的。

煤中的可燃质是指由多种复杂的高分子有机化合物组成的混合物，主要包括碳、氢、氧、氮、硫元素的化合物，它们与氧气发生燃烧反应，并放出热量，故称煤中的碳、氢、氧、氮、硫元素及其化合物为可燃质。

灰质指煤中的不可燃矿物杂质，直接测定灰质含量比较困难，通常是测定煤在燃烧后形成的固体残渣量，这种残渣被称为灰分，因此灰质与灰分在组成上和数量上并不相同。

水分是煤中的不可燃杂质，常将煤中所含水分划分为外在水分与内在水分。外在水分随运输和储存条件变动很大，而内在水分含量比较稳定。

即使对于同一种煤，由于所处的条件不同，其碳、氢、氧、氮、硫、水分、灰分的质量百分含量也不相同。煤的元素成分可用四种不同的计算基数表示，分别称为收到基（旧称应用基）、空气干燥基（旧称分析基）、干燥基和干燥无灰基（旧称可燃基），每一种燃料基的元素成分均用相应的角码表示，见表3-1。表达式如下：

表 3-1　　　　　　　　　　　　　　燃料各种基及其元素成分

| 角码 | 碳 C | 氢 H | 氧 O | 氮 N | 可燃硫 S_{daf} | | 杂　质 | | 水分 M | |
					有机硫 S_o	硫化铁硫 S_p	硫酸盐硫 S_s	灰　分 A	内在水分 M_{inh}	外在水分 M_f
daf	干燥无灰基									
d	干燥基									
ad	空气干燥基									
ar	收到基									

$$C_{ar}+H_{ar}+O_{ar}+N_{ar}+S_{ar}+M_{ar}+A_{ar}=100（\%）\tag{3-1}$$

$$C_{ad}+H_{ad}+O_{ad}+N_{ad}+S_{ad}+M_{ad}+A_{ad}=100（\%）\tag{3-2}$$

$$C_d+H_d+O_d+N_d+S_d+A_d=100（\%）\tag{3-3}$$

$$C_{daf}+H_{daf}+O_{daf}+N_{daf}+S_{daf}=100（\%）\tag{3-4}$$

各燃料基之间的换算关系见表3-2。

表 3-2　　　　　　　　　　　　　　煤各种基成分的换算系数

所求基　　　给定基	收到基 ar	空气干燥基 ad	干燥基 d	干燥无灰基 daf
收到基 ar	1	$\dfrac{100-M_{ar}}{100-M_{ad}}$	$\dfrac{100-M_{ar}}{100}$	$\dfrac{100-M_{ar}-A_{ar}}{100}$

给定基 所求基	收到基 ar	空气干燥基 ad	干燥基 d	干燥无灰基 daf
空气干燥基 ad	$\dfrac{100-M_{ad}}{100-M_{ar}}$	1	$\dfrac{100-M_{ad}}{100}$	$\dfrac{100-M_{ad}-A_{ad}}{100}$
干燥基 d	$\dfrac{100}{100-M_{ar}}$	$\dfrac{100}{100-M_{ad}}$	1	$\dfrac{100-A_{d}}{100}$
干燥无灰基 daf	$\dfrac{100}{100-M_{ar}-A_{ar}}$	$\dfrac{100}{100-M_{ad}-A_{ad}}$	$\dfrac{100}{100-A_{d}}$	1

2. 煤质分析

煤质分析有元素分析和工业分析两种。元素分析是测定煤中所含的碳 C、氢 H、氧 O、氮 N、硫 S 五种元素在煤中的百分含量，为此也必须测定煤中灰分 A 和水分 M 的百分含量。工业分析是测定煤中所含的水分 M、挥发分 V、灰分 A 以及固定碳 FC，并对灰渣进行观察，判断出灰熔点。

对煤进行工业分析得到的四种成分之间的关系也可以用四种不同的基来表示，即

$$V_{ar}+FC_{ar}+A_{ar}+M_{ar}=100 \text{（％）} \tag{3-5}$$

$$V_{ad}+FC_{ad}+A_{ad}+M_{ad}=100 \text{（％）} \tag{3-6}$$

$$V_{d}+FC_{d}+A_{d}=100 \text{（％）} \tag{3-7}$$

$$V_{daf}+FC_{daf}=100 \text{（％）} \tag{3-8}$$

上面各式之间的换算关系见表 3-2。

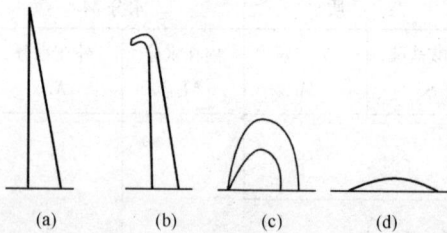

图 3-3　熔点测试示意

(a) 未加热的试样；(b) 开始变形温度 DT；
(c) 开始软化温度 ST；(d) 开始流动温度 FT

煤的灰熔点与煤中所含的矿物质成分及煤在燃烧时的气氛有关，其数值由实验测定。实验测定灰熔点时，可观察到三个不同温度下的灰锥形态，如图 3-3 中 (b) ~ (d) 所示，其中变形温度 DT 为灰角锥尖顶变圆和倾斜时所测的温度，软化温度 ST 为锥尖端弯到底边时所测的温度，流动温度 FT 为灰已熔化、沿底边开始自由流动时所测的温度。工业上一般以软化温度 ST 作为衡量灰熔融性的主要指标。

3. 煤的发热量

煤的发热量分为高位发热量和低位发热量两种。煤的高位发热量 Q_{gr} 是指 1kg 煤完全燃烧后能够产生的热量，它包括燃烧产物（烟气）中水分的汽化潜热。煤的低位发热量 Q_{net} 是指从高位发热量中扣除了水蒸气的汽化潜热后的热量。煤的发热量一般是通过实验测定的，也可用其元素分析数据进行计算（门捷列也夫公式），即

$$Q_{net,daf}=339C_{daf}+1028H_{daf}-109（O_{daf}-S_{daf}）\text{（kJ/kg）} \tag{3-9}$$

$$Q_{net,d}=339C_{d}+1028H_{d}-109（O_{d}-S_{d}）\text{（kJ/kg）} \tag{3-10}$$

$$Q_{net,ad}=339C_{ad}+1028H_{ad}-109（O_{ad}-S_{ad}）-25M_{ad}\text{（kJ/kg）} \tag{3-11}$$

$$Q_{net,ar}=339C_{ar}+1028H_{ar}-109（O_{ar}-S_{ar}）-25M_{ar}\text{（kJ/kg）} \tag{3-12}$$

式（3-9）～式（3-12）是国际上广泛使用的计算公式，但对我国煤种误差较大，可达 $800\sim1200kJ/kg$ 以上，因此一般推荐使用下式进行计算：

$$Q_{gr,ar}=339（327）C_{daf}+1298（1256）H_{daf}+63S_{daf}-105O_{daf}-21（A_d-10）\quad(3-13)$$

式（3-13）对我国煤种较适合，误差一般不超过 $600kJ/kg$。式中当 $C_{daf}>95\%$ 或 $H_{daf}\leqslant1.5\%$ 时，C_{daf} 前取括号内的系数；当 $C_{daf}<77\%$ 时，H_{daf} 前取括号内系数；只有当 $A_d>10\%$ 时，才计算灰分修正值。

煤的相同基的高位发热量与低位发热量之间存在以下关系：

对于收到基燃料，高、低位发热量的关系为

$$Q_{net,ar}=Q_{gr,ar}-（226H_{ar}+25M_{ar}）\quad（kJ/kg）\quad(3-14)$$

对于空气干燥基燃料，高、低位发热量的关系为

$$Q_{net,ad}=Q_{gr,ad}-（226H_{ad}+25M_{ad}）\quad（kJ/kg）\quad(3-15)$$

对于干燥基燃料，高、低位发热量的关系为

$$Q_{net,d}=Q_{gr,d}-226H_d\quad（kJ/kg）\quad(3-16)$$

4. 煤的分类

根据煤的碳化程度，可将煤分为泥煤、褐煤、烟煤及无烟煤四大类。表 3-3 给出了这四类煤种的元素组成。

表 3-3　　　　　　　　　　不同煤种的元素成分含量　　　　　　　　　　%

煤种	C	H	O	N	S
泥煤	60～70	5～6	25～35	1～3	0.3～0.5
褐煤	70～80	5～6	15～25	1.3～1.5	0.2～0.35
烟煤	80～90	4～5	5～15	1.2～1.7	0.3～0.4
无烟煤	90～98	1～3	1～3	0.2～1.3	0.4

工业锅炉中为了使产品系列化，将煤分成了 11 类。具体分类标准见表 3-4。

表 3-4　　　　　　　　　　工业锅炉行业煤的分类

类　　别		干燥无灰基挥发分 V_{daf}（%）	收到基低位发热量 $Q_{net,ar}$（kJ/kg）
石煤和煤矸石	Ⅰ类	—	≤5440
	Ⅱ类	—	5440～8370
	Ⅲ类	—	>8370～11300
褐　煤		>40	8370～14650
无烟煤	Ⅰ类	5～10	14650～20930
	Ⅱ类	<5	>20930
	Ⅲ类	5～10	>20930
贫　煤		10～20	≥18840
烟煤	Ⅰ类	>20	>11300～15490
	Ⅱ类	>20	>15490～19680
	Ⅲ类	>20	>19680

二、空气和烟气的计算

1. 理论空气量 V^0

燃烧 1 kg 固体燃料所需要的理论空气量 V^0 （m^3/kg）的计算式为

$$V^0 = 0.0889C_{ar} + 0.265H_{ar} + 0.0333S_{ar} - 0.0333O_{ar} \qquad (3-17)$$

式中的空气量是指在标准状态下不含水蒸气的干空气量。

对于 $V_{daf} < 15\%$ 的贫煤及无烟煤可按式（3-18）所示的经验公式计算，即

$$V^0 = 0.238 \times \frac{Q_{net,ar} + 600}{900} \qquad (3-18)$$

对于 $V_{daf} > 15\%$ 的烟煤可按式（3-19）所示的经验公式计算，即

$$V^0 = 1.05 \times 0.238 \times \frac{Q_{net,ar}}{1000} + 0.278 \qquad (3-19)$$

对于劣质烟煤可按式（3-20）所示的经验公式计算，即

$$V^0 = 0.238 \times \frac{Q_{net,ar} + 450}{990} \qquad (3-20)$$

式中 $Q_{net,ar}$——燃料的收到基低位发热量，kJ/kg。

2. 过量空气系数 α（β）

在流化床锅炉运行中实际空气消耗量总是大于理论空气量。它们二者的比值称为过量空气系数，在烟气计算时用 α 表示，在空气计算时用 β 表示。对于锅炉炉膛来说，α 的大小与燃烧设备型式、燃料种类有关。流化床锅炉炉膛的过量空气系数 $\alpha_l = 1.1 \sim 1.2$。

3. 烟气量 V_y

燃烧 1kg 固体燃料所产生的实际烟气量 V_y（m^3/kg）的计算式为

$$V_y = V_{RO_2} + V_{N_2}^0 + (\alpha - 1)V^0$$
$$= V_{RO_2} + V_{N_2}^0 + V_{H_2O}^0 + 1.0161(\alpha - 1)V^0$$
$$= V_y^0 + 1.0161(\alpha - 1)V^0 \qquad (3-21)$$

$$V_{RO_2} = 0.01866C_{ar} + 0.007S_{ar} \qquad (3-22)$$

$$V_{N_2}^0 = 0.79V^0 + 0.008N_{ar} \qquad (3-23)$$

$$V_{H_2O}^0 = 0.111H_{ar} + 0.0124M_{ar} + 0.0161V^0 \qquad (3-24)$$

式中 V_y^0——1kg 燃料在 $\alpha = 1$ 时完全燃烧生成的理论烟气量，m^3/kg；

     $V_{N_2}^0$、$V_{H_2O}^0$——理论烟气中 N_2、H_2O 在标准状态下的体积，m^3/kg；

V_{RO_2}、V_{N_2}、V_{H_2O}——实际烟气中 RO_2、N_2、H_2O 在标准状态下的体积，m^3/kg。

烟气量也可按式（3-25）近似计算，即

$$V_y = \left[(\alpha'\alpha + \alpha'')(1 + 0.006M_{zs}) + 0.0124M_{zs} \right] \frac{Q_{net,ar}}{4187} \qquad (3-25)$$

$$\alpha = \alpha_l + \Sigma\Delta\alpha \qquad (3-26)$$

式中 α'、α''——系数，见表 3-5；

     M_{zs}——折算水分，$M_{zs} = 4187\dfrac{M_{ar}}{Q_{net,ar}}$；

     α——所处烟道过量空气系数；

α_l——流化床锅炉炉膛的过量空气系数；

$\Delta\alpha$——漏风系数，见表3-7。

表3-5　　　　　　　　　　　　　系数 α'、α'' 的值

燃料种类	木　柴	泥　煤	褐　煤	烟　煤		无烟煤
				$V_{daf}\geqslant 20\%$	$V_{daf}<20\%$	
α'	1.06	1.085	1.1	1.11	1.12	1.12
α''	0.142	0.105	0.064	0.048	0.031	0.015

对于流化床锅炉，生产1t/h蒸汽所产生的烟气量还可按表3-6估算。

表3-6　　　　　　　　　　　　烟　气　量　估　算　　　　　　　　　　　m³/h

燃料类型	排烟过量空气系数	排　烟　温　度　（℃）		
	α_{py}	150	200	250
一般煤种	1.55	2300	2570	2840
矸石、石煤等	1.45	2300	2570	2840

【例3-1】　蒸发量为75t/h的循环流化床锅炉燃用Ⅱ类烟煤，其分析数据如下：$V_{daf}=38.50\%$；$C_{ar}=46.55\%$；$H_{ar}=3.03\%$；$O_{ar}=6.11\%$；$N_{ar}=0.89\%$；$S_{ar}=1.94\%$；$A_{ar}=32.48\%$；$M_{ar}=9.00\%$；$Q_{net,ar}=17.69MJ/kg$。求煤燃烧所需要的标准状态下的理论空气量 V^0 和在 $\alpha=1.5$ 时完全燃烧所产生的标准状态下的实际烟气量 V_y。

解　（1）空气量的计算。

根据煤的成分分析数据，由式（3-17）可求得理论空气量为

$$V^0=0.0889C_{ar}+0.265H_{ar}+0.0333S_{ar}-0.0333O_{ar}$$
$$=0.0889\times 46.55+0.265\times 3.03+0.0333\times 1.94-0.0333\times 6.11$$
$$=4.802\ (m^3/kg)$$

若锅炉燃煤量 $B_j=12540kg/h$，则锅炉燃烧所需要的空气量为

$$V_{k,t}=V^0 B_j=4.802\times 12540\approx 60200\ (m^3/h)$$

也可根据式（3-19）估算理论空气量，即

$$V^0=1.05\times 0.238\times\frac{Q_{net,ar}}{1000}+0.278=1.05\times 0.238\times\frac{17690}{1000}+0.278=4.699\ (m^3/kg)$$

则锅炉燃烧所需要的空气量 $V_{k,t}=V^0 B_j=4.699\times 12540\approx 58900\ (m^3/h)$，两者之间的误差为 $\frac{60200-58900}{60200}\times 100\%=2\%$。

（2）烟气量的计算。

先根据式（3-22）～式（3-24）求理论烟气中 V_{RO_2}、V_{N_2}、V_{H_2O} 的体积：

$$V_{RO_2}=0.01866C_{ar}+0.007S_{ar}=0.01866\times 46.55+0.007\times 1.94=0.8822\ (m^3/kg)$$
$$V_{N_2}^0=0.79V^0+0.008N_{ar}=0.79\times 4.802+0.008\times 0.89=3.8010\ (m^3/kg)$$
$$V_{H_2O}^0=0.111H_{ar}+0.0124M_{ar}+0.0161V^0$$
$$=0.111\times 3.03+0.0124\times 9.00+0.0161\times 4.802=0.5252\ (m^3/kg)$$

则理论烟气量 $V_y^0=V_{RO_2}+V_{N_2}^0+V_{H_2O}^0=0.8822+3.8010+0.5252=5.208\ (m^3/kg)$

实际烟气量可由式（3-21）求得

$V_y = V_y^0 + 1.0161(\alpha-1)V^0 = 5.208 + 1.0161(1.5-1) \times 4.802 = 7.648 \ (\text{m}^3/\text{kg})$

若锅炉燃煤量 $B_j = 12540 \text{kg/h}$，则锅炉燃烧产生的烟气在标准状态下为

$$V_{y,t} = V_y B_j = 7.648 \times 12540 \approx 95900 \ (\text{m}^3/\text{h})$$

也可根据表 3-6 估算烟气量。由排烟过量空气系数 $\alpha_{py} = 1.5$ 和排烟温度 $t_{py} = 150℃$，查表可得到生产 1t/h 蒸汽所产生的烟气量 $v_y \approx 2200\text{m}^3/\text{h}$，则蒸发量为 75t/h 的循环流化床锅炉产生的烟气量为

$$V_{y,t} = D v_y = 75 \times 2200 = 165000 \ (\text{m}^3/\text{h})$$

在标准状态下为 $165000 \times \dfrac{273}{273+150} \approx 106500 \ (\text{m}^3/\text{h})$

两者误差为 $\dfrac{95900-106500}{95900} \times 100\% = -11\%$

4. 漏风系数 $\Delta\alpha$

运行中的流化床锅炉，由于炉膛内外及各烟道处内外有压差存在，对负压运行的锅炉及各处烟道而言，则会有外界空气漏入炉膛和烟道内，对正压运行的锅炉炉膛，则会有烟气泄漏至大气。在额定负荷运行时锅炉炉膛及各段烟道中的漏风系数 $\Delta\alpha$ 见表 3-7。

表 3-7　　　　　　　　　　额定负荷下锅炉各段烟道中的漏风系数 $\Delta\alpha$

烟　道　名　称		漏风系数 $\Delta\alpha$
炉膛	流化床锅炉悬浮段	0.1
	循环流化床锅炉炉膛、流化床锅炉沸腾层	0.0
对流烟道	过热器	0.05
	第一锅炉管束	0.05
	第二锅炉管束	0.1
	省煤器　钢管式	0.1
	省煤器　铸铁式	0.15
	空气预热器	0.1
屏式对流烟道	包括过热器锅炉管束、省煤器等	0.1
除尘器	电除尘器、布袋除尘器、每级	0.15
	水膜除尘器　带文丘里	0.1
	水膜除尘器　不带文丘里	0.05
	干式旋风除尘器	0.05
锅炉后的烟道	钢制烟道（每 10m 长）	0.01
	砖砌烟道（每 10m 长）	0.05

5. 空气和烟气的比焓

空气和烟气的比焓值均以每千克燃料量来计算，且都从 0℃起算。

空气的比焓可按式（3-27）计算，即

$$h_k = \beta V^0 h_k^0 \tag{3-27}$$

式中　h_k——空气的比焓，kJ/kg；

β——过量空气系数；

V^0——理论空气量；

h_k^0——每标准立方米干空气及其所含的蒸汽在温度 t℃时的理论比焓，见表 3-8。

表 3-8　　在标准状态下 1m³ 空气和烟气的理论比焓（kJ/m³）及 1kg 灰的理论比焓（kJ/kg）

温度 t （℃）	$h_{RO_2}^0$	$h_{N_2}^0$	$h_{O_2}^0$	$h_{H_2O}^0$	h_k^0	h_A^0
100	170	130	132	151	132	80
200	358	260	267	305	266	168
300	559	392	407	463	403	260
400	772	527	551	626	542	357
500	994	664	699	795	684	461
600	1225	804	850	969	830	554
700	1462	948	1004	1149	978	665
800	1705	1094	1160	1334	1129	770
900	1952	1242	1318	1526	1282	882
1000	2204	1392	1478	1723	1437	1005
1100	2458	1544	1638	1925	1595	1128
1200	2717	1697	1801	2132	1753	1261
1300	2977	1853	1964	2344	1914	1426
1400	3239	2009	2128	2559	2076	1583
1500	3503	2166	2294	2779	2239	1774
1600	3769	2325	2461	3002	2403	1957
1700	4036	2484	2629	3229	2567	2206
1800	4305	2644	2797	3485	2732	2412
1900	4574	2804	2967	3690	2899	2625
2000	4844	2965	3138	3926	3066	2847
2100	5115	3128	3309	4163	3234	—
2200	5387	3289	3483	4402	3402	—

在燃料燃烧过程中，若过量空气系数 $\alpha=1$，则产生的烟气比焓值可用式（3-28）表示，即

$$h_y^0 = V_{RO_2} h_{RO_2} + V_{N_2}^0 h_{N_2} + V_{H_2O}^0 h_{H_2O} \tag{3-28}$$

实际烟气的比焓可按式（3-29）计算，即

$$h_y = V_{RO_2} h_{RO_2} + V_{N_2}^0 h_{N_2} + V_{H_2O}^0 h_{H_2O} + (\alpha-1) V_k^0 h_k + \frac{A_y}{100} \alpha_{fh} h_A \tag{3-29}$$

式中　　　　　　　h_y^0、h_y——理论烟气、实际烟气的比焓，kJ/kg；

h_{RO_2}、h_{N_2}、h_{H_2O}、h_k 及 h_A——烟气中各成分每标准立方米及每千克灰在温度 t℃时的比焓
　　　　　　　　值，见表 3-8；

α_{fh}——烟气携带出炉膛的飞灰总灰量的份额，对流化床锅炉一般取
　　　　　　$\alpha_{fh}=0.4\sim0.6$。

式中烟气的飞灰比焓，只有当 $1000\dfrac{\alpha_{fh}A_{ar}}{Q_{net,ar}}>1.43$ 时才需计算，否则可略去不计。

三、锅炉热平衡及燃料消耗量计算

(一) 热平衡方程

送入锅炉的热量应等于锅炉输出的热量，这种关系称为锅炉热平衡。用公式表示即为热平衡方程：

$$Q_r=Q_1+Q_2+Q_3+Q_4+Q_5+Q_6 \tag{3-30}$$

式中　Q_r——送入锅炉的热量，kJ/kg；

$\quad\quad Q_1$——锅炉机组的有效利用热 kJ/kg；

$\quad\quad Q_2$——排烟带走的热损失 kJ/kg；

$\quad\quad Q_3$——化学未完全燃烧损失 kJ/kg；

$\quad\quad Q_4$——机械未完全燃烧损失 kJ/kg；

$\quad\quad Q_5$——锅炉散热损失 kJ/kg；

$\quad\quad Q_6$——灰渣物理热损失 kJ/kg。

也可用式（3-31）表示，即

$$q_1+q_2+q_3+q_4+q_5+q_6=100\% \tag{3-31}$$

$$q_1=\frac{Q_1}{Q_r}\times100\%,\quad q_2=\frac{Q_2}{Q_r}\times100\%,\quad\cdots,\quad q_6=\frac{Q_6}{Q_r}\times100\%$$

1. 送入锅炉的热量

$$Q_r=Q_{net,ar}+h_r+Q_w \tag{3-32}$$

$$h_r=c_{r,ar}t_r \tag{3-33}$$

$$c_{r,ar}=c_{r,d}\frac{100-M_{ar}}{100}+\frac{M_{ar}}{100} \tag{3-34}$$

式中　$Q_{net,ar}$——燃料的收到基低位发热量 kJ/kg；

$\quad\quad h_r$——燃料的物理热，kJ/kg；

$\quad\quad Q_w$——用外部热源加热空气时带入锅炉的热量，kJ/kg；

$\quad\quad t_r$——燃料的温度，一般可取 20℃；

$\quad\quad c_{r,ar}$——燃料的收到基比热容，kJ/（kg·℃）；

$\quad\quad c_{r,d}$——燃料的干燥基比热容，对无烟煤和贫煤可取为 0.92kJ/（kg·℃），对烟煤可取为 1.09 kJ/（kg·℃），对褐煤可取为 1.13 kJ/（kg·℃），对油页岩可取为 0.88 kJ/（kg·℃）。

若燃料是经过预热的，则应计算燃料的物理热，否则只有当燃料的水分 $M_{ar}\geqslant\dfrac{Q_{net,ar}}{150}$ 时才需要计算。

Q_w 的计算公式为

$$Q_w=\beta'_{ky}(h_k^0-h_{lk}^0) \tag{3-35}$$

$$\beta'_{ky}=\beta'_{ky}-\Delta\alpha_{ky} \tag{3-36}$$

$$\beta''_{ky}=\alpha''_1-\Delta\alpha_1 \tag{3-37}$$

式中 h_k^0——锅炉进口处理论空气的比焓；

$\quad h_{lk}^0$——理论冷空气的比焓，可按冷空气温度 $t_{lk}=0℃$ 计算，即按 $h_{lk}^0=0$ 计算；

$\quad \beta'_{ky}$——空气预热器的过量空气系数；

$\quad \Delta\alpha_{ky}$——空气预热器的漏风系数；

$\quad \beta'_{ky}$——空气预热器空气出口的过量空气系数；

$\quad \alpha''_1$——炉膛出口过量空气系数；

$\quad \Delta\alpha_1$——炉膛漏风系数。

2. 排烟热损失 q_2

排烟热损失 q_2 可按表3-9估算。过量空气系数及温度如不是表中所列数值，可用插入法求得排烟热损失。

表 3-9   排 烟 热 损 失 q_2 %

燃料种类	α_{py}	排烟温度 t_{py}（℃）			
		150	200	250	300
一般煤种	1.5	6.6	9.2	11.8	14.4
	1.8	8.0	11.1	14.2	17.3
高灰分劣质煤	1.5	7.4	10.2	13.0	15.8
	1.8	8.7	12.0	15.3	18.6

3. 化学未完全燃烧损失 q_3

对于流化床锅炉和循环流化床锅炉，化学未完全燃烧损失 $q_3=0\%\sim1\%$。

4. 机械未完全燃烧损失 q_4

机械未完全燃烧损失 q_4 一般包括灰渣和飞灰所携带的未完全燃烧的可燃固体以及炉箅漏煤等损失。对于流化床锅炉，机械不完全燃烧损失是由冷渣（ca）、溢流渣（oa）、沉降灰（da）和飞灰（fa）中含有的碳组成的。冷渣和溢流渣是由流化床床层排出的粗渣；沉降灰和飞灰是由烟气带出炉膛的细灰。流化床内细颗粒的含量对上述各项碳的机械不完全燃烧损失影响很大，通常随着床内细颗粒（粒径小于0.5mm）含量的增加，冷渣和溢流渣中碳的机械不完全燃烧损失（$q_4^{ca}+q_4^{oa}$）是降低的，而细灰（$q_4^{da}+q_4^{fa}$）中碳的机械不完全燃烧损失是逐渐增加的。我国流化床锅炉大多数燃用0～13mm的宽筛分煤粒，其中小于0.5mm的细颗粒煤约占25%～30%，所以在我国大多数鼓泡流化床锅炉中碳的机械不完全燃烧损失一般为15%～20%，少数高达30%以上。因此对于鼓泡流化床锅炉，机械未完全燃烧损失通常可取为 $q_4=15\%\sim30\%$；而对于循环流化床锅炉，由于对飞出炉膛的细灰，可通过性能好的分离器捕集下来，送回炉膛内再进行循环燃烧，这样就大大降低了碳的机械不完全燃烧损失，因而循环流化床锅炉的机械未完全燃烧损失通常可取为 $q_4=2\%\sim8\%$。

5. 散热损失 q_5

锅炉的散热损失与炉型、炉墙质量、水冷壁敷设情况和管道的绝热情况等因素有关。在锅炉额定蒸发量时，其散热损失可按图3-4选用。

6. 灰渣的物理热损失 q_6

燃煤锅炉的灰渣物理热损失可按式（3-38）估算，即

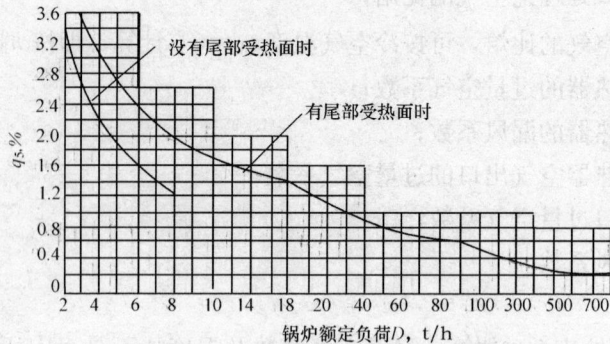

图 3-4 锅炉本体散热损失

$$q_6 = \frac{A_{ar}\alpha_{hz}h_{hz}}{Q_r} \times 100\% \tag{3-38}$$

式中　h_{hz}——灰渣在温度为 t℃时的比焓，可查表 3-8 中 h_A^0 一项，其中 t 可取 600℃；

　　　α_{hz}——锅炉排渣率，对于流化床锅炉 $\alpha_{hz}=45\%\sim75\%$，对于循环流化床锅炉 $\alpha_{hz}=30\%\sim70\%$。

7. 锅炉机组的反平衡效率 η_f

锅炉机组的反平衡效率，可按式（3-39）计算，即

$$\eta_f = 100 - (q_2 + q_3 + q_4 + q_5 + q_6) \ (\%) \tag{3-39}$$

8. 锅炉机组的有效热利用率 q_1

锅炉机组的有效利用热量份额可按式（3-40）计算，即

$$q_1 = \frac{Q_{gl}}{BQ_r} = \frac{D_{gq}\ (h_{gq}-h_{gs})\ +D_{bq}\ (h_{bq}-h_{gs})\ +D_{ps}\ (h_{ps}-h_{gs})\ +Q_{qt}}{BQ_r} \tag{3-40}$$

式中　Q_{gl}——锅炉机组总的有效利用热量，kJ/h；

　　　B——锅炉实际燃料消耗量，kg/h；

D_{gq}、D_{bq}——过热蒸汽、饱和蒸汽量，kg/h；

　h_{gq}、h_{bq}——过热蒸汽、饱和蒸汽比焓，kJ/kg；

　　　h_{gs}——锅炉机组入口给水比焓，kJ/kg；

　　　h_{ps}——锅炉机组排污水比焓，kJ/kg；

　　　D_{ps}——锅炉机组排污水量，kJ/h；

　　　Q_{qt}——其他利用热量，kJ/h。

需要说明的是，在上式中未计入再热蒸汽量。另外，当锅炉排污水量小于锅炉蒸发量的 2% 时，式中的 D_{ps} 可忽略不计。

上式中 q_1 是利用正平衡法测得的锅炉有效利用热量份额，q_1 值也即是锅炉的正平衡效率 η 的数值，也称锅炉热效率。

（二）燃料消耗量

锅炉的燃料消耗量 B 可按式（3-41）计算，即

$$B = \frac{100\ [D_{gq}\ (h_{gq}-h_{gs})\ +D_{bq}\ (h_{bq}-h_{gs})\ +D_{ps}\ (h_{ps}-h_{gs})\ +Q_{qt}]}{\eta Q_r} \tag{3-41}$$

在上面的燃料消耗量计算式中，对燃用固体燃料锅炉而言，它包括了机械未完全燃烧损失 q_4。而在进行燃烧计算时，由于机械未完全燃烧损失 q_4 存在，将使燃烧所需的空气及生成的烟气减少，为此在计算空气需要量及烟气量时，应按计算燃料消耗量 B_j 进行。计算燃料消耗量 B_j 和实际燃料消耗量 B 之间的关系式为

$$B_j = B\left(1 - \frac{q_4}{100}\right) \tag{3-42}$$

应注意在计算燃料供应和制备系统时，燃料消耗量仍应按实际燃料消耗量 B 计算。

【例 3-2】 已知循环流化床锅炉参数如下：额定蒸发量 $D_{gq} = 75t/h$，过热蒸汽压力 $p_{gq} = 5.30MPa$，过热蒸汽温度 $t_{gq} = 450℃$，给水温度 $t_{gs} = 150℃$，排烟温度 $t_{py} = 150℃$，燃料特性同例 3-1。求锅炉的热效率及燃料消耗量。

解　（1）锅炉的热效率计算。

锅炉的热效率可按式（3-39）计算。先求送入锅炉的热量和各项热损失。

1）送入锅炉的热量 Q_r 可按式（3-32）计算。由于燃料未经过预热，且燃料的水分 $M_{ar} = 9.00 < \dfrac{Q_{net,ar}}{150} = \dfrac{17690}{150} = 117.9$，所以燃料的物理热 h_r 可取为 $h_r = 0$；同时由于未采用外部热源加热空气，所以外部热源带入锅炉的热量 Q_w 可取为 $Q_w = 0$。故送入锅炉的热量 $Q_r = Q_{net,ar} = 17690kJ/kg$。

2）排烟热损失 q_2 可按表 3-9 估算。对于一般煤种，由排烟过量空气系数 $\alpha_{py} = 1.5$ 和排烟温度 $t_{py} = 150℃$，查表可得到 $q_2 = 6.6\%$。

3）化学未完全燃烧损失 q_3 可取为 $q_3 = 1\%$。

4）机械未完全燃烧损失 q_4 可取为 $q_4 = 6\%$。

5）散热损失 q_5 可从图 3-4 查得为 $q_5 = 0.7\%$。

6）灰渣的物理热损失 q_6 可按式（3-38）估算。其中锅炉排渣率 α_{hz} 可取为 $\alpha_{hz} = 50\%$，灰渣的比焓 h_{hz} 可按 $t = 600℃$ 查表 3-8 求得，$h_{hz} = 554kJ/kg$。则锅炉的灰渣物理热损失为

$$q_6 = \frac{A_{ar}\alpha_{hz}h_{hz}}{Q_r} \times 100\% = \frac{32.48\% \times 50\% \times 554}{17690} \times 100\% = 0.51\%$$

根据上述计算数据，可求出锅炉的热效率为

$$\eta = 100 - (q_2 + q_3 + q_4 + q_5 + q_6) = 100 - (6.6 + 1 + 6 + 0.7 + 0.51) = 85.19（\%）$$

（2）锅炉的燃料消耗量计算。

锅炉的燃料消耗量 B 可按式（3-41）计算。其中 $D_{gq} = 75t/h$，$D_{bq} = 0$，$Q_{qt} = 0$；另外当锅炉排污水量小于锅炉蒸发量的 2% 时，排污热量可忽略不计，即可取 $D_{ps} = 0$。则锅炉燃料消耗量计算公式中只包含了过热蒸汽有效利用热量这一项。

根据过热蒸汽压力 $p_{gq} = 5.30MPa$，过热蒸汽温度 $t_{gq} = 450℃$，查水蒸气热力性质表，可得到过热蒸汽的比焓 $h_{gq} = 3312.54kJ/kg$；根据给水温度 $t_{gs} = 150℃$，查水的热力性质表，可得到给水的比焓 $h_{gs} = 632.2kJ/kg$。把上述数据代入锅炉燃料消耗量计算公式中可得到实际燃料消耗量为

$$B = \frac{100\left[D_{gq}\left(h_{gq} - h_{gs}\right)\right]}{\eta Q_r} = \frac{100 \times \left[75 \times 10^3 \times \left(3312.54 - 632.2\right)\right]}{85.19 \times 17690} \approx 13340（kg/h）$$

而计算燃料消耗量 $B_j = B\left(1 - \dfrac{q_4}{100}\right) = 13340 \times \left(1 - \dfrac{6}{100}\right) \approx 12540（kg/h）$

一、循化流化床锅炉的燃烧区域

不同结构形式的循环流化床锅炉，其燃烧区域略有差别。对于带高温气固分离器的循环流化床锅炉，燃烧主要存在于三个不同的区域，即炉膛下部密相区（二次风口以下）、炉膛上部稀相区（二次风口以上）和高温气固分离器区。采用中温气固分离器的循环流化床锅炉只有炉膛上、下部两个燃烧区域。循环流化床锅炉的其他部分，例如立管、返料装置等，对燃烧的贡献很小，因而从燃烧的角度不再将其划为燃烧区域。

在炉膛下部的密相区，充满了灼热的物料，是一个稳定的着火热源，也是一个贮存热量的热库。新鲜的燃料以及从高温分离器收集的未燃尽的焦炭被送入该区域。由一次风将床料和加入的燃料流化。一次风量约为燃料燃烧所需风量的 $40\%\sim80\%$，燃料中挥发分的析出和部分燃烧发生在该区域。当锅炉负荷增加时，增加一次风与二次风的比值，使得能够输送数量较大的高温物料到炉膛的上部区域燃烧并参与热量交换和质量交换。当锅炉负荷低而不需要分级燃烧时，二次风也可以停掉，以满足负荷变化的要求。该区域内通常处于还原性气氛。

在炉膛上部稀相区，燃烧所需要的空气都会流经此处。被输送到这里的焦炭和一部分挥发分以富氧状态燃烧，大多数的燃烧反应也都发生在这个区域。一般而言，上部区域比下部区域在高度上要大得多。焦炭颗粒在炉膛截面的中心区域向上运动，同时沿截面贴近炉墙向下移动，或者在中心区域随颗粒团向下运动。这样焦炭颗粒在被夹带出炉膛之前已沿炉膛高度循环运动了多次，因而延长了焦炭颗粒在炉膛内的停留时间，有利于焦炭颗粒的燃尽。

在高温气固分离器区，未燃尽的焦炭颗粒被夹带出炉膛进入该区域。焦炭颗粒在此停留的时间较短，而且此处的氧浓度较低，因而焦炭在旋风分离器中的燃烧份额很小。不过，一部分一氧化碳和挥发分常常在高温旋风分离器中燃烧，使其燃烧份额略有增加。

按照燃烧模式把循环流化床锅炉中的焦炭分为以下三类，它们主要发生的燃烧区域也不完全相同。

1. 细颗粒焦炭燃烧

细颗粒焦炭的粒径一般小于 $50\sim100\mu m$，其燃烧处于动力燃烧工况。在燃用宽筛分煤粒时，其中必然会存在一部分细颗粒；另外粗颗粒煤在燃烧时经过一级、二级破碎和磨损也会产生一部分细颗粒焦炭。细颗粒焦炭的燃烧区域大部分在炉膛上部的稀相区，也会有少量在高温分离器内燃烧。部分细颗粒由于随颗粒团运动而被分离器捕集，其余部分则逃离分离器，形成锅炉飞灰，是锅炉未燃尽损失的主要部分。在实际的循环流化床锅炉中，分离效率要比理论计算值高得多。这是因为在快速流化床时进入旋风分离器的气固混合物中固体颗粒浓度比在其他常规旋风分离器中要高得多，这样细颗粒就容易以颗粒团的形式出现，易于被捕集，使分离器的分离效率提高。

在循环流化床锅炉中，固体物料除了通过炉膛、旋风分离器和再循环系统的外循环以外，也在炉膛内部产生内循环。细颗粒焦炭在中心区域随气流向上运动，在形成颗粒团和颗粒团被上升气流冲散的过程中，又在贴近炉墙区域向下运动，因此细颗粒焦炭在炉内停留的时间取决于内循环、炉膛高度和分离装置的性能。为使细颗粒焦炭充分燃尽，其停留时间必须大于燃尽所需的时间。

2. 焦炭碎片燃烧

焦炭碎片的典型尺寸为 $500\sim1000\mu m$，燃烧通常处于过渡燃烧工况。它由一级破碎和二级破碎产生。焦炭碎片在炉内的停留时间与平均床料的停留时间很接近。对于焦炭碎片，作为飞灰逃离分离器和由床层底部冷渣口排出炉膛的可能性不大，因此外循环倍率是影响焦炭碎片停留时间的主要因素。循环倍率提高，有利于焦炭碎片的燃尽。

3. 粗颗粒焦炭燃烧

粗颗粒焦炭直径大于 1mm，其燃烧处于扩散燃烧或过渡燃烧工况。这些粗颗粒一部分在炉膛下部密相区燃烧，一部分被带往炉膛上部稀相区继续燃烧。被夹带出炉膛的这些颗粒也很容易被分离器捕集后送回炉膛内再燃，因而粗颗粒在炉内的停留时间长，燃尽度高。粗颗粒一般从炉膛底部的冷渣口排出。粗颗粒炉渣的含碳量很低，由粗颗粒煤粒产生的固体未完全燃烧损失最小，其值一般为 $q_4^{ca}=1\%\sim3\%$。

二、炉膛内燃烧份额和一、二次风的分配

（一）燃烧份额

燃烧份额定义为每一燃烧区域中燃烧量占总燃烧量的比例，一般可用燃料在各燃烧区域内释放出的发热量占燃料总发热量的百分比来表示。

燃煤在炉膛内各燃烧区域的燃烧份额表示了燃煤在各燃烧区域的燃烧程度，它的分布是循环流化床锅炉设计和运行中的一个重要环节。因为循环流化床锅炉燃烧主要发生在密相区和稀相区，所以这两个区域的燃烧份额之和接近于 1，其中密相区的燃烧份额会影响到料层温度控制、炉内传热以及锅炉的连续安全运行，所以密相区燃烧份额是我们最关心的一个参数。在其他条件不变的情况下，当密相区燃烧份额增加，也就是燃煤在密相区放热份额增加时，为保持密相区出口温度不变，必然要增加密相区的吸热量，相应增加密相区的受热面积。如果密相区的受热面再无法增加，则会使密相区出口烟温提高，即带入稀相区的焓增加。如果这部分热量不能有效地被密相区受热面吸收或被烟气带走，则密相区的热量平衡就会遭到破坏，从而使密相区炉膛温度升高，出现高温结渣的问题，操作人员不得不采用提高过量空气系数 α 的办法来进行降温操作。

（二）影响燃烧份额的因素

1. 煤种的影响

鼓泡流化床锅炉在密相区的燃烧份额推荐值见表 3-10。从表中可以看出，挥发分低的无烟煤及劣质煤的燃烧份额大，而挥发分高的煤如褐煤，其燃烧份额最小，即褐煤挥发分在密相区析出后，一部分还来不及在床层中燃烧，便被带往稀相区燃烧，因此其燃烧份额小。该推荐值主要考虑了挥发分对燃烧份额的影响，如果考虑粒径和粒径分布的影响，则对较小粒径的燃煤在密相区的燃烧份额要小于表中给出的数值。

表 3-10 鼓泡流化床锅炉密相区燃烧份额推荐值

名　　称	煤矸石	I 类烟煤	褐　煤	I 类无烟煤
密相区燃烧份额	$0.85\sim0.95$	$0.75\sim0.85$	$0.7\sim0.8$	$0.95\sim1.0$

在相同的燃烧条件下（温度一、二次风比例相同），循环流化床锅炉密相区的燃烧份额远低于鼓泡流化床锅炉密相区的燃烧份额。这可以从两个方面来解释：一方面，在循环流化

床锅炉内气体流速较高而床料粒度又比鼓泡流化床锅炉细得多，这样扬析到稀相区的物料量增多，稀相区的碳颗粒在床内所占比例会有所增加，结果引起稀相区的燃烧份额上升，而稀相区碳颗粒燃烧量的增加反过来会使密相区的含碳量降低，因而降低了密相区的燃烧份额。另一方面，循环流化床锅炉内密相区的燃烧处于一个很特殊的缺氧状态，虽然床内有大量的氧气存在，然而床内的一氧化碳浓度仍维持在很高的水平上，如在密相区底部测得的氧气浓度在13%左右，而一氧化碳浓度高达近2%，表明在循环流化床锅炉的密相区内燃烧局部处于缺氧状态。密相区中产生的大量的一氧化碳将和一部分挥发分被带到稀相区燃烧。这也是循环流化床锅炉密相区中燃烧份额远低于鼓泡流化床锅炉密相区燃烧份额的一个很重要的原因。

2. 粒径和粒径分布的影响

在同样的流化速度下，粒径小的燃煤在密相区的燃烧份额会比较小。对于同样筛分范围的煤，由于细颗粒所占的份额不同，燃烧份额也会不一样。当细粒份额增加时，被扬析到稀相区燃烧的煤粒份额增多，使密相区的燃烧份额减小。在循环流化床锅炉中采用窄筛分、小粒径的燃煤时，在密相区的燃烧份额要小得多，这样在密相区不必布置埋管也能维持密相区的热量平衡。

3. 流化速度的影响

当流化速度增加时，同样粒径的燃煤颗粒在密相区的燃烧份额会减小。当前有不少循环流化床锅炉为了减少破碎的困难和降低成本，采用宽筛分煤粒，国内一般采用0~8mm或0~10mm的粒径。在密相区选用较高的流化速度时，细粒被带到稀相区燃烧，使密相区的燃烧份额降低。

4. 物料循环量的影响

物料循环量是循环流化床锅炉设计运行中的一个主要参数，它对锅炉的流体动力特性、燃烧特性、传热特性及变工况运行特性的影响很大。

物料循环量的定量表述一般采用以下三种方法。第一种方法采用循环倍率的概念，定义为循环物料量与投煤量的比值。这样比较直观，计算方便，目前已被广泛应用在循环物料量的定量描述中。但采用循环倍率的概念也有其不足之处：首先是同一容量的锅炉由于燃煤品质不同，投煤量也不相同，这样在相同的固体颗粒循环量下循环倍率也不相同；其次是在加入脱硫剂时循环倍率也采用其物料循环量与投煤量之比，则从概念上讲不尽合理；第三则是由于许多燃用优质煤的循环流化床锅炉需添加惰性物料作为循环物料，而这一部分也与投煤量相关联，因此也不尽合理。所以近来许多人采用了第二种方法：用炉膛出口单位烟气携带物料的多少，即固气比或携带率大小来直接描述。第三种确定循环倍率的方法是把循环倍率定义为床内上升段中采用循环技术与不采用循环技术时的灰量之比。目前一般采用第一种或第二种方法。

物料循环量的大小影响锅炉内的热量分配。当循环倍率提高时，一方面循环细颗粒对受热面的传热量及从密相区带走的热量增加，有利于密相区的热量平衡；另一方面，细颗粒循环再燃的机会增加，使燃烧效率提高。

5. 过量空气系数的影响

过量空气系数增加，床内含碳量会明显下降，扬析到过渡区的颗粒含碳量也会下降，因此在过渡区中燃烧量会下降。在稀相区的上部，过量空气系数增加时氧气浓度升高较多，虽然颗粒含碳量相对较低，但燃烧份额在稀相区上部仍会有所增加。在密相区中，颗粒含碳量更低，但氧气浓度更高，一定程度上氧气到达碳颗粒表面的机会要大，因此密相区中燃烧份额略有上升。

6. 密相区床层温度的影响

密相区床层温度越高，床下部燃烧份额占的比重也就越大。这是由于床层温度越高，碳颗粒反应速率会加快，并且气体扩散速率也有所增加，这样有利于气体和固体的混合，因此密相区的燃烧份额会稍有上升。而且床层温度升高以后，挥发分释放速度和反应速率会加快，因此在密相区上部和过渡区中燃烧份额会明显增加。

（三）一、二次风的配比

为了使燃料在锅炉内实现高效低污染燃烧，应保证一、二次风的合理配比。在循环流化床锅炉中，一次风从密相区的布风板送入，一次风量应能满足密相区燃料燃烧的需要，也就是说应根据燃烧份额配一次风；为减少 NO_x 和 N_2O 的生成量，密相区的实际过量空气系数应接近 1，使密相区主要处于还原性气氛。二次风从密相区和稀相区的交界处送入，以保证燃料完全燃烧，提高燃烧效率。

对于不同型式的循环流化床锅炉，由于设计工况不同，其燃烧份额和一、二次风配比也不相同。一般地，循环流化床锅炉密相区燃烧份额为 30%～70%，一次风率为 30%～70%。其中 MSFB 型锅炉的一次风率一般为 30% 左右，Lurgi 型和 Pyroflow 型锅炉的一次风率为 50% 左右，Circofluid 型锅炉的一次风率为 60% 左右；而国内循环流化床锅炉的一次风率一般为 50%～70%。

第四节　循环流化床锅炉的炉内传热

循环流化床锅炉内的传热过程是与燃烧过程同时发生的。循环流化床锅炉内的传热包括气体与固体颗粒之间的传热、颗粒与颗粒之间的传热、床层与受热面之间的传热等。燃料在燃烧过程中所放出的热量通过床层和受热面之间的换热而传递到管内的工质水，使之汽化产生蒸汽。在热量的传递过程中，存在三种基本的传热方式，即导热传热、对流传热和辐射传热。热量通过紧贴水冷壁外表面向下流动的内循环灰与水冷壁外表面的传热属于导热过程；靠近水冷壁外表面的高温粒子和气体对水冷壁外表面的热量传递属于辐射传热；而在水冷壁管的火侧有高温气固混合流，水侧有汽水混合物的两相流动，伴随着两侧流体流动发生的热量从床层传到管壁外表面和从管壁内表面传到汽水混合物的换热过程则属于对流传热。由于循环流化床锅炉内存在着复杂的气固两相流动，加之锅炉结构布置的多样化，使得循环流化床锅炉内的传热问题变得比较复杂，目前对于循环流化床锅炉炉内传热的机理尚不十分清楚。本节仅对炉内床层和受热面之间传热的特点及影响因素作简单介绍。

一、炉内传热的基本形式

对于循环流化床锅炉，炉内传热主要包括以下三种基本形式。

1. 颗粒对流换热

固体颗粒聚集成颗粒团是循环流化床锅炉内气固两相流动的一个主要特征。每一颗粒团是由数量众多的颗粒聚集而成的，颗粒团的温度与床层温度相同，这些颗粒团自成一运动主体。当它们运动到受热面附近时，与受热面之间形成很大的温差，这时热量很快地从颗粒团经过气膜以导热方式传给受热面，或者颗粒团直接碰撞受热面把携带的热量传给受热面。受热面被间断的颗粒团扫过而不是为连续的颗粒层所覆盖。颗粒在运行一段距离后就会弥散或离开壁面，壁面处又会被新的颗粒团所取代。颗粒团停留在受热面附近的时间越长，颗粒团与受热面间的温差则越小。反之，若颗粒团停留时间越短，亦即颗粒团更新频率越高，则颗粒团与受热面间的温差越大，热量传递速率就越高。在其他条件相同的情况下，颗粒尺寸减小，单位受热面上接触的颗粒数量越多，传热越激烈。此外，当床层温度升高时，床层与受热面之间的放热系数增大。通常颗粒粒径为 $40 \sim 1000 \mu m$ 时，颗粒对流放热是传热的主要方式。

2. 气体对流换热

固体颗粒与受热面接触发生导热的同时，气流也在颗粒与受热面表面间进行对流换热。一般情况下颗粒对流传热的份额要比气体对流传热的份额大得多，但在循环流化床锅炉稀相区颗粒浓度极低的情况下气体对流传热就变得重要起来。由于循环流化床锅炉内颗粒团以外的部分并非是没有颗粒的，在上升气流中还包含少量的颗粒，这些颗粒增加了气体的扰动，使颗粒间气流处于湍流前的过渡状态或湍流状态，气流的对流放热非常显著，因而在热量传递过程中所占的比例大大增加。

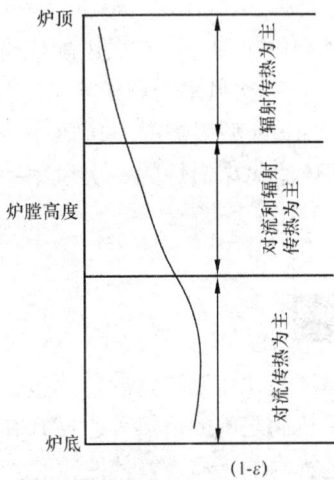

图 3-5　Pyroflow 型循环流化床锅炉沿炉膛高度主导传热方式随$(1-\varepsilon)$的变化关系

3. 辐射传热

辐射传热也是循环流化床锅炉中的主要传热方式。当床层温度高于 530℃ 以后，辐射传热越来越重要，辐射传热的份额更大。当粒子浓度减小时，由于颗粒对流传热的减小，辐射传热的份额也会增大。在循环流化床锅炉的密相区颗粒浓度较高，对受热面的辐射作用则相对减少；而在稀相区颗粒浓度较小，辐射传热所占比例增大。

在循环流化床锅炉中，沿炉膛高度方向，随着炉内两相混合物的固气比不同，不同区段的主导传热方式和传热系数均不相同。图 3-5 为循环流化床锅炉炉膛内沿炉膛高度主导传热方式随固体颗粒浓度的变化关系。由图中可以看出，沿着炉膛高度方向随着固体颗粒所占的份额$(1-\varepsilon)$的减小（浓度降低），主导传热过程由炉膛下部的颗粒对流传热为主转变为颗粒对流传热和辐射传热为主，继而转变为炉膛上部的颗粒和气体的辐射传热为主，各部分的传热系数大小如表 3-11 所示。而对于沿炉膛高度方向上的某一截面，由于边壁处颗粒浓度高于中心区域，所以床中心传热系数最小，而边壁处较大。

表 3-11　各种主导传热方式的传热系数

主导传热方式	传热系数 $[\text{W/} (\text{m}^2 \cdot \text{K})]$
固体和气体辐射	57~141
固体对流和辐射	141~340
固体对流	340~454

二、循环流化床锅炉下部密相区与受热面之间的传热

循环流化床锅炉下部密相区固体颗粒浓度较大，多属湍流流化区，流动状态类似于鼓泡流化床的流化区，其传热也类似于鼓泡流化床的传热。循环流化床锅炉密相区与受热面之间的传热包括气体对流传热、颗粒对流传热和辐射传热。由于密相区颗粒浓度很大，气体对流传热作用较小，对受热面的辐射作用相对也较小，所以颗粒对流传热是循环流化床锅炉密相区与受热面间传热的主要部分。

对于密相区与受热面之间的传热，许多学者提出了不同的观点，在此仅对大多数学者公认的颗粒团理论进行简要说明。颗粒团理论认为，可以将流化床中的物料看成是由许多"颗粒团"组成的，传热热阻来自贴近受热面的颗粒团。颗粒团在气泡作用下，在换热壁面附近周期性地更替，流化床与壁面之间的传热速率依赖于这些颗粒团的放热速率以及颗粒团与壁面的接触频率。图 3-6 为颗粒团换热模型。

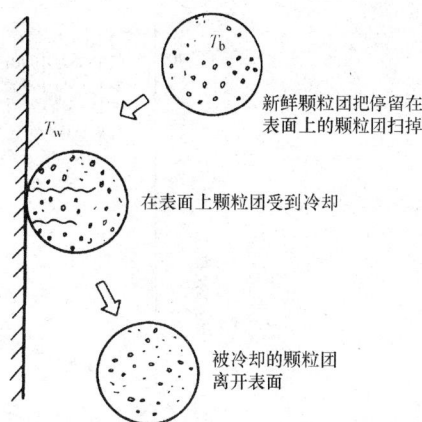

图 3-6　颗粒团换热模型

三、循环流化床锅炉上部稀相区与受热面之间的传热

在循环流化床锅炉上部的稀相区，气团悬浮体与受热面之间的传热也包含了气体对流传热、颗粒对流传热和辐射传热三种形式。在循环流化床锅炉上部稀相区极低颗粒浓度的情况下，气体对流传热变得重要起来。另外在上升气流中除颗粒团外还包含少量的分散颗粒，它们对受迫对流传热起重要的作用。颗粒团与分散颗粒交替地与壁面接触进行传热，颗粒团与壁面间的传热热阻包括与壁面的接触热阻和颗粒团本身的导热热阻两部分。在稀相区，由于颗粒浓度较小，颗粒对流传热下降，辐射传热份额变大。

四、影响循环流化床锅炉炉内传热的主要因素

由前面的分析可知，循环流化床锅炉内床层与受热面之间的传热机理十分复杂，各种因素对传热的影响又因三种不同的传热方式而有显著的差别。下面讨论主要的设计和运行参数对传热的影响。

1. 颗粒浓度的影响

在循环流化床锅炉内所发生的传热强烈地受到床内物料颗粒浓度的影响。炉内传热系数随着床内物料颗粒浓度的增加而增大，这是因为炉内热量向受热面的传递是由四周沿壁面向下流动的固体颗粒团和中部向上流动的含有分散固体颗粒的气流来完成的，由颗粒团向壁面的导热比起由分散相的对流换热要高得多。较密的床层有较大份额的壁面被这些颗粒团所覆盖，受热面在密的床层会比在稀的床层受到更多的来自物料颗粒的热交换。图 3-7 反映了截面平均颗粒浓度对传热系数的影响。由图中可以看出，颗粒浓度对炉内传热系数的影响是比较显著的。这是因为固体颗粒的热容要比气体大得多，在传热过程中起着重要的作用。

2. 流化速度的影响

随着流化速度的增加，鼓泡流化床转变为湍流流化床，再转变成快速流化床，而床层和换热表面间的传热系数在开始时随着流化速度的增加而增加，在达到一个最大值以后，再增加流化速度，对小颗粒流化床传热系数会减小，而对于大颗粒流化床传热系数基本保持不变。对于循环流化床锅炉，流化速度对炉内传热没有明显的直接影响。在一定的物料浓度下，不同的流化速度对传热系数的影响很小。这是因为，当流化速度增大时，若保持固体颗粒的循环量不变，床层内的颗粒浓度就会减小，从而造成传热系数的下降；而与此同时，由于流化速度的增加又会引起传热系数的上升。这两个相反趋势共同作用，使得当床层粒子浓度一定时传热系数在不同流化速度下变化很小。

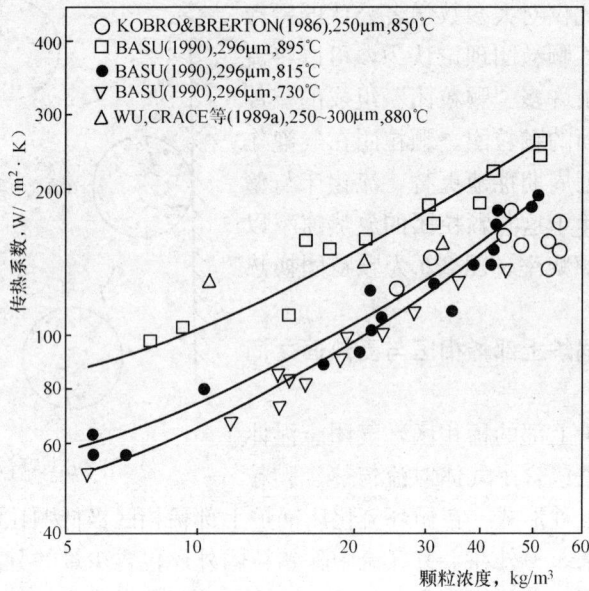

图 3-7 颗粒浓度对传热系数的影响

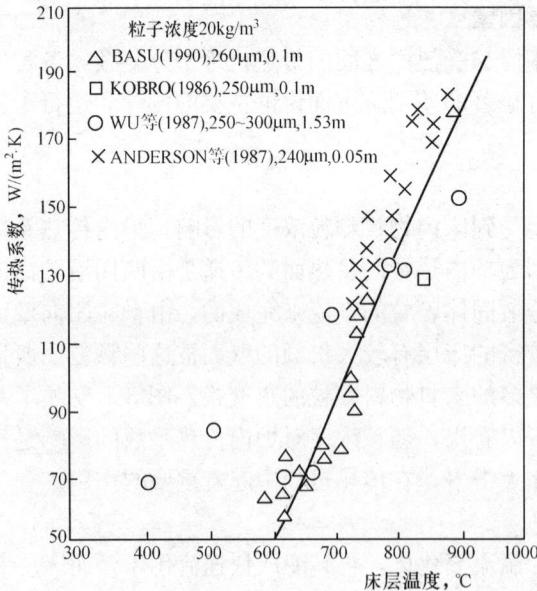

图 3-8 床层温度对传热系数的影响

3. 床层温度的影响

在较高的床层温度下，气体和颗粒的热阻力减小，气体的导热系数和辐射传热都会增大，其综合作用如图 3-8 所示。由图中可以看出，在相对高的粒子浓度（20kg/m³）时，传热系数随温度的升高线性增加。而在炉膛上部由于辐射传热起主要作用则情况不同。

4. 循环倍率的影响

循环倍率对炉内传热的影响，实质上是颗粒浓度对炉内传热系数的影响。循环倍率增大，即返送回炉内床层的物料增多，炉内物料量加大，而风速不变，颗粒在床内的停留时间基本保持不变，因而床内物料的颗粒浓度增加，传热系数增大。因此，循环倍率越大，炉内传热系数也越大，反之亦然。

5. 颗粒尺寸的影响

在鼓泡流化床锅炉中小颗粒的传热系数要比大颗粒的传热系数大，但是在循环流化床锅炉中颗粒尺寸对传热系数的影响并不非常明显。运行结果表明，在具有水冷壁的商业应用循环流化床锅炉中颗粒尺寸对传热系数无明显的直接影响。但是在宽筛分的循环流化床锅炉中，如果细颗粒所占的份额增多，则会有较多的颗粒被携带到床层的上部，增加了截面颗粒浓度，从而间接地加强了传热。

6. 肋片对传热的强化

在循环流化床锅炉中可通过采用肋片来加强壁面换热。肋片的形式可以是焊接于管子表面的竖直金属条，也可以是针肋，统称为扩展表面；而焊接到相邻管子之间的金属片与管子一起构成膜式水冷壁，这种肋片称为侧向肋。膜式水冷壁构成了锅炉包覆面，而侧向肋也增加了壁面的吸热，但侧向肋仅有一个面从炉膛吸收热量，另一面没有得到利用。在管子顶部焊接的扩展肋片则可使两面都得到利用。另外与侧向肋不同的是，扩展肋片可以相对方便地增加或移去，从而可对锅炉内的换热面积进行细调。

7. 悬挂受热面的传热

对于大容量锅炉，在锅炉壁面不能布置足够的受热面时，就需要使用流化床外部热交换器或在炉内悬挂受热面。国内不少循环流化床锅炉在炉内应用悬挂受热面，它们或者集中在炉子的一边（管屏），或者水平布置在炉子中部（Ω管）。不少研究者在试验台上测量了室温下传热系数的横向分布，发现越靠近壁面处传热系数越大，这与局部颗粒浓度的变化是一致的。但是在高温炉膛中，情况就会发生改变。在离开壁面的地方，颗粒的对流传热虽然是低的，但由于在炉子中心的角系数最大，辐射传热作用大大增强，因而总传热系数在离开壁面处稍高于或大致等于壁面处的传热系数，在颗粒浓度较低时尤其是这样。但在高颗粒浓度时则会由于颗粒对流的增强，其变化情况正相反。

第四章

循环流化床锅炉主体结构及其关键部件

第一节　循环流化床锅炉的主要型式

在 20 多年里，为了开发、完善循环流化床燃烧技术，世界上各工业国家在技术、人力、财力等各方面都作了大量投入，而走在世界前列的仍然是几个比较发达的工业国家。早期国外主要开发研制单位和生产厂家有德国鲁奇（Lurgi）公司、芬兰奥斯龙（Ahlstrom）公司、美国福斯特惠勒（Foster Wheeler）公司、德国巴布科克（Babcock）公司、美国巴特尔（Battelle）研究中心、瑞典斯图特斯维克（Studsvik）公司等，经过不断地发展和兼并、重组，目前法国阿尔斯通（Alstom）和美国的福斯特惠勒公司已成为当今世界上循环流化床锅炉生产能力最强的两个厂家。国内主要生产厂家有东方锅炉（集团）股份有限公司、哈尔滨锅炉厂有限责任公司、上海锅炉厂有限公司、济南锅炉集团有限公司、无锡华光锅炉股份有限公司等，他们有的与科研单位联合，借鉴国外先进经验，自行研发了我国独具特色的循环流化床锅炉，有的与国外大的循环流化床锅炉公司联合，合作生产大型化循环流化床锅炉。虽然开发、研制、生产循环流化床锅炉的公司、厂商较多，但从循环流化床锅炉设计结构特点上主要有以下几种型式。

一、国外循环流化床锅炉的主要型式

1. 以德国鲁奇公司为代表的鲁奇（Lurgi）型循环流化床锅炉

鲁奇公司是世界上开发循环流化床锅炉最早的公司之一。在长期大量试验和生产的基础上，该公司逐步形成了较有特色的循环流化床技术，在循环流化床锅炉研究和设计上处于领先地位。其结构如图 4-1 所示。鲁奇型循环流化床的特点主要有：

（1）循环系统内设主床燃烧室和外置鼓泡床换热器，在主床上部布置少数屏式受热面；再热器和过热器受热面布置在外置换热器和对流烟道之中，运行时，通过调节燃料量和经过外置换热器的热灰流量，控制炉膛温度和蒸汽温度。

（2）根据燃料特性差异，循环速度在 4.9～9m/s 之间变化，炉膛出口烟气中的固体物料含量在 5～30kg/m³，相应的循环倍率在 30～40 以上。

（3）采用分段送风燃烧方式，一次风从布风板下部送入燃烧室，二次风从布风板上部一定高度送入炉膛中，一、二次风量比为 4∶6，过量空气系数 $\alpha = 1.15～1.20$。这样可以做到，在燃烧室下部的密相区为低氧燃烧，形成还原气氛；在二次风口上部为富氧燃烧，形成氧化性气氛，通过合理地调节一、二次风比，可维持较理想的燃烧效率并有效地控制 NO_x 的生成量。

（4）炉膛出口布置高温旋风分离器，分离器入口处烟温约 850℃。分离器采用钢壳结

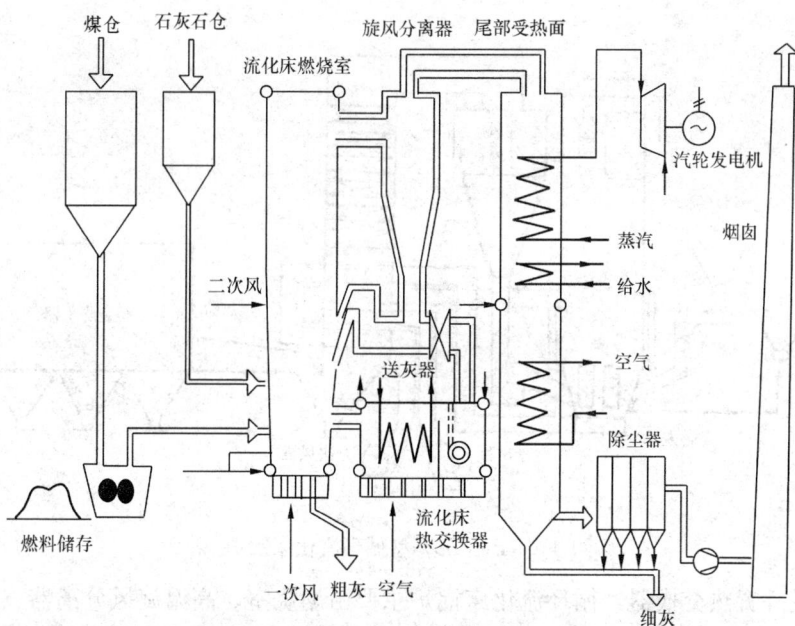

图 4-1 Lurgi 型循环流化床锅炉

构，内衬耐火和防磨衬里，分离效率可达 99%。

（5）燃煤粒度细，一般在 3mm 以下，平均粒径 200～320μm，可燃用各种燃料，定货的有烟煤、褐煤、无烟煤、次烟煤、高硫煤、木质废料、洗煤尾料等。

（6）通过高温旋风分离器下方的高温机械分配阀来调节循环物料返回量，以调节炉温和传热。

（7）负荷调节比为 3∶1 或 4∶1，负荷变化率为 5%/min，它在低负荷工况的优势显而易见。

德国 Lurgi 公司较早地开发出了采用保温、耐火及防磨材料砌装成筒身的高温绝热式旋风分离器的循环流化床锅炉，分离器入口烟温在 850℃左右。Lurgi 公司、Ahlstrom 公司以及由其技术转移的 Stein、ABB-CE、AEE、EVT 等公司设计制造的循环流化床锅炉均采用了此种形式。这种分离器具有相当好的分离性能，使用这种分离器的循环流化床锅炉具有良好的运行机动性、经济性、燃料适应性，污染物排放量也较低。但这种分离器也存在一些问题，主要是旋风筒体积庞大，因而钢耗较高，锅炉造价高，占地较大；旋风筒内衬厚、耐火材料及砌筑要求高、用量大、费用高；启动时间长、运行中易出现故障；密封和膨胀系统复杂；在燃用挥发分较低或活性较差等难以着火的煤种时，旋风筒内的燃烧导致分离后的物料温度上升，引起旋风筒内及料腿、回料阀内超温结焦。我国循环流化床锅炉制造和运营厂家通过积累的大量设计和制造经验，以及不断的运行调整，这些问题已基本得到解决。

2. 奥斯龙公司开发的百炉宝（Pyroflow）型循环流化床锅炉

奥斯龙公司从 20 世纪 70 年代初就投入大量人力、财力，建有大型试验站，专门从事开发适合各种燃料的循环流化床技术。80 年代末生产的最大循环流化床锅炉 420t/h，在我国内江工程和茂名工程上该公司中标。百炉宝循环流化床锅炉的典型结构如图 4-2 所示，主要技术特点如下：

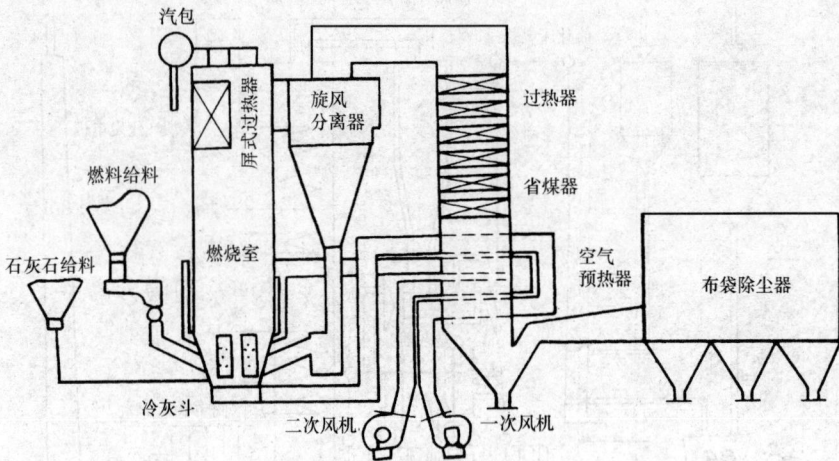

图 4-2 Pyroflow 型循环流化床锅炉

（1）不设外置热交换器，循环流化床锅炉主要由燃烧室、高温旋风分离器、回料器、对流烟道等组成。有的还配有冷渣器，采用一个直高温旋风分离器，固体粒子的回送借助于环形密封完成。

（2）燃烧室分为上、下两部分，下部分由水冷壁延伸部分、钢板外壳及耐火砖衬里组成，上部分炉膛四周为膜式水冷壁，一、三级过热器布置在炉膛顶部或尾部烟道上方，二级过热器用钢管制作，布置在炉膛中部，这是百炉宝型循环流化床锅炉独有的设计结构。

（3）采用高温旋风分离方式，最高入口烟温可达 950℃。该分离器可布置在炉前、炉两侧或炉膛与尾部烟道之间，布置方式灵活。多采用高循环倍率，分离效率可达 99%。

（4）炉底送入一次风，密相区上方送入二次风。一次风率为 40%～70%，基本占 50%。通过调节炉内的一、二次风比例进行床温控制和过热汽温粗调。燃料不仅在炉膛下部燃烧，而且还随着气流上升，在整个炉膛中燃烧，沿水冷壁高度方向上的烟气温度比较均匀。在低负荷时，物料循环量减少，燃烧集中在炉膛下部，逐步过渡到鼓泡床运行方式。

（5）可燃用多种燃料，从挥发分几乎为零的石油焦，到灰分超过 65% 的油页岩、无烟煤、废木材、泥煤、褐煤、石煤、烟煤、高硫煤、工业废料等。

（6）负荷调节比为 3∶1 或 4∶1。负荷变化速率在升负荷时为 7%/min，降负荷时为 10%/min。

（7）锅炉本体布置结构紧凑，耗钢量和厂用电比鲁奇公司的循环流化床锅炉少得多。从投运的炉子统计看，锅炉出力、参数、热效率、燃料适应性、操作控制和排放水平都达到令人满意的水平，可用率高达 98%。

因此，奥斯龙公司的百炉宝型循环流化床锅炉在世界上享有较高的信誉，市场占有率较高，该种炉型的缺点是二级过热器制造工艺难度太高，稍有缺陷，很易磨损。

为克服汽冷旋风筒制造成本高的问题，芬兰 Ahlstrom 公司提出了 Pyroflow Compact 设计构想，图 4-3 是 Pyroflow Compact 型循环流化床锅炉结构。

Pyroflow Compact 循环流化床锅炉的独特之处在于采用了方形分离器。分离器的分离

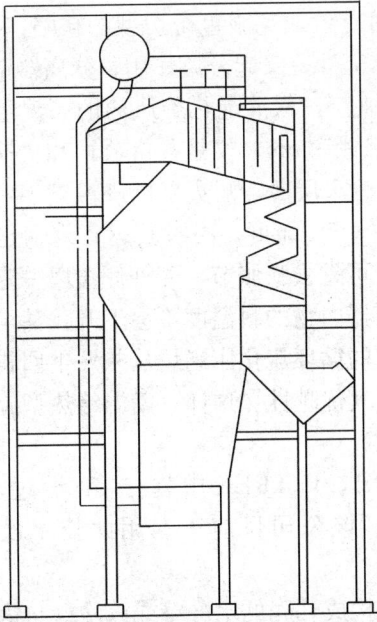

图 4-3　Pyroflow Compact 型循环流化床锅炉

机理与圆形旋风筒本质上无差别，壳体仍采用 FW 式水（汽）冷管壁式，但因筒体为平面结构而别具一格，分离器的壁面作为炉膛壁面水循环系统的一部分，因此与炉膛之间免除了热膨胀节。同时方形分离器可紧贴炉膛布置，从而使整个循环流化床锅炉的体积大为减少，布置显得十分紧凑。此外，为防止磨损，方形分离器水冷表面敷设了一层薄的耐火层，分离器又起到传热面的作用，使锅炉启动和冷却速率加快。采用有冷却的分离器，分离器内的温度可以得到有效控制，从而消除了分离器及料腿内结焦的危险。

水冷或汽冷的方形旋风分离器与绝热旋风分离器的制造成本基本相当，考虑到前者所节省的大量的保温和耐火材料，最终的实际成本有所下降。此外它还减少了散热损失，提高了锅炉效率。另外由于保温厚度的减少，可以提高启停速度，启停过程中床料的温升速率不再取决于耐火材料，而主要取决于水循环的安全性，使得启停时间大大缩短。

3. 美国福斯特惠勒（FW）公司的循环流化床锅炉

美国 FW 公司是美国三大锅炉公司（B&W，ABB-CE，FW）之一，制造锅炉已有百余年历史，在生产循环流化床锅炉以前，已有多年生产流化床（FBC）锅炉的经验。虽然该公司比鲁奇公司和奥斯龙公司开发循环流化床技术起步稍晚，但其跨步较大。为发展循环流化床锅炉技术，该公司先在技术开发中心建了容量 1.0t/h，蒸汽压力为 0.7MPa 的试验台，在 1986 年投运后，测试了大量数据，2 年后就设计制造了 140t/h，10.5MPa，510℃的循环流化床锅炉，该公司设计、生产的 300MW 机组循环流化床锅炉已投入运行，目前可生产最大容量为 460MW 超临界循环流化床锅炉。燃料各种各样，从矸石、无烟煤、石油焦、烟煤、垃圾到天然气都有。

该公司认为他们开发的循环流化床锅炉是在鼓泡床技术上的自然延伸和发展，集煤粉炉、鼓泡床炉与循环流化床的长处于一体，当锅炉为再热锅炉时，还带有整体化循环物料换热床（Integrated Recycle Heat Exchange Bed，简称 INTREX），其主体结构如图 4-4 所示。FW 循环流化床锅

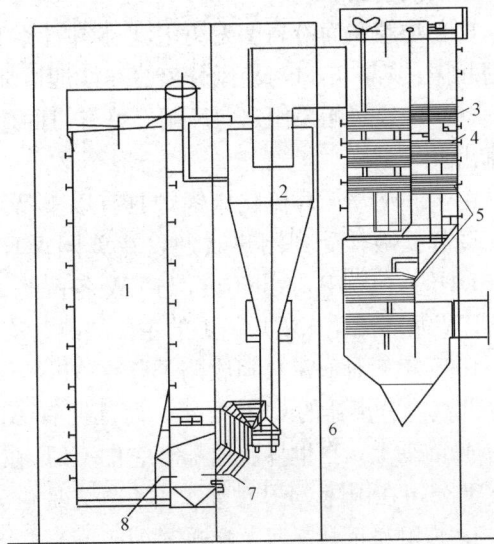

图 4-4　FW 型循环流化床锅炉

1—炉膛；2—分离器；3—过热器；4—再热器；
5—省煤器；6—钢架；7—返料装置；8—INTREX

炉的特点主要是在以下几个方面：

（1）为保持绝热旋风筒循环流化床锅炉的优点，同时有效地克服鲁奇炉型的缺陷，FW公司设计了水（汽）冷旋风分离器。这种分离器既是加热部件，又起分离作用，分离器壁面用膜式水冷或汽冷鳍片管弯制、焊装制成，焊有较密的抓钉，取消绝热旋风筒的高温绝热层，用磷酸盐烧结的刚玉（氧化铝）进行涂层，厚度在50～70mm，仅是鲁奇公司和奥斯龙公司绝热分离器衬里壁厚（350～450mm）的1/5～1/6，耐火层薄，耐火层内外温差小，冷炉启动快，适合变负荷运行。启动时间同一般煤粉炉，4～5h即可，同时其运行寿命也较长。在冷却介质为水时，分离器与炉膛水冷壁一起膨胀，可省去膨胀节。壳外侧覆以一定厚度的保温层。水（汽）冷旋风筒可吸收一部分热量，分离器内物的料温度不会上升，甚至略有下降，较好地解决了旋风筒内的结焦问题。该公司投运的循环流化床锅炉从未发生回料系统结焦的问题，也未发生旋风筒内磨损问题，充分显示了其优越性。这样，高温绝热型旋风分离循环流化床的优点得以继续发挥，缺点则基本被克服。

（2）在炉膛内设有整体化循环物料换热床（INTREX），INTREX中装有一部分过热、再热受热面。这有利于炉子大型化，可多布置受热面，该公司目前正在用此技术设计250MW机组的循环流化床锅炉。

（3）整个分离器在结构上和热膨胀方面与锅炉为一体，构成外壳的水冷壁或汽冷壁与锅炉水循环系统或过热器系统相连，结构紧凑。其优点是可充分利用空间布置受热面，简化和减少了高温管道和热膨胀点、降低造价和设备维修费。水冷（或汽冷）壁外壳可采用标准的绝热材料和外护板，有效降低辐射热损失，减少设备质量，简化了支吊系统，还可节省安装时间和成本。

（4）由分离器分离出的固体颗粒采用一个流化速度很低的（J型阀）送回主床或IN-TREX。采用J型阀可使物料在流化中利用虹吸效果自动排入主床或INTREX，不用人为调节。回料系统用溢流量来调节循环物料量。这种系统具有自平衡功能，并充当旋风分离器与主床之间的密封。

（5）炉膛截面沿高度无变化，炉膛中不装任何对流管屏，因此，磨损问题小，寿命长。炉下部密相区、顶部、出口与旋风分离器连接烟道都用抓钉固定的耐火保护层，防止磨损。

（6）床底风帽采用定向风帽，可有目的地使床内物料向一定方向流动，大颗料由排渣系统排出。

由于FW型循环流化床锅炉具有以上特点，结构紧凑，不易磨损，可靠性较高，启动快，调节灵敏，受到用户欢迎，在美国循环流化床锅炉订货中，根据FW公司的介绍，Lurgi型约占25%，Ahlstrom与FW各占约37.5%。

FW循环流化床锅炉锅炉的主要缺点是旋风分离器结构复杂，抓钉极多，制造费用较高。

1995年6月FW公司收购了芬兰Ahlstrom的Pyropower公司，这样FW公司不仅拥有自己的汽冷分离器的CFB技术，而且拥有Ahlstrom的CFB技术，在中国以外的市场份额中占40%以上，在世界各地都有它的CFB在运行。不断增长的市场份额和技术上的优势，使FW公司在国际CFB市场中占有领先地位。

4. 法国通用电气阿尔斯通（Alstom）集团公司的循环流化床锅炉

法国通用电气阿尔斯通（Alstom）集团公司采用了鲁奇的CFB技术，设计制造的125MW CFB锅炉于1990年7月在法国爱米吕希电厂投入运行，设计制造的250MW CFB于1995年11月在法国普罗旺斯电站投入运行，这是世界上第一个投运的250MW的CFB。

该锅炉为单炉膛结构，形如连接在一起的两个125MW的CFB，下部为裤衩形的双布风板结构。炉膛出来的烟气排入四只旋风分离器，左右两侧各两只，每只旋风分离器与一只外置式换热器相连，这样每个裤衩拥有两个外置式换热器。其中一只布置中间过热器控制床温，另一只布置末级再热器，用于控制再热汽温。炉膛下部的每个裤衩都有各自的送风系统，并有一台管式空气预热器和一个点火燃烧器。经管式空气预热器预热的二次风从炉膛底部分叉的周围进入炉膛，适当的炉膛深度保证二次风的有效穿透。给煤经破碎至0～10mm，从每个旋风分离器下部的回料段送入炉膛。

近年来，阿尔斯通集团又先后收购了拥有奥斯龙专利许可权的德国EVT公司和ABB-CE公司中的锅炉制造分部，使这两者的循环流化床锅炉技术和业务均由阿尔斯通集团掌握。阿尔斯通集团已成为国际上能生产250MW以上CFB产品的两个企业之一。

目前各种类型的循环流化床锅炉还在不断地进行改进和完善，正在向高参数、大型化发展。与此同时，增压循环流化床燃烧技术也在开发试验之中，增压流化床燃气—蒸汽联合循环发电，可大大提高电厂的热效率，因此循环流化床燃烧技术必将引起火力发电技术领域内一场深刻的变革。

二、国内循环流化床锅炉的结构特点

1. 东方锅炉（集团）股份有限公司

该公司作为国内生产电站锅炉的一级骨干企业之一，藉本公司开发研究鼓泡流化床锅炉的实践经验，早在20世纪90年代初期就成功地开发研制出20、35、65t/h容量等级循环流化床锅炉。为了满足我国电力事业对更大容量级循环流化床锅炉的要求，东方锅炉厂于1994年与美国FW公司签订50、100MW容量等级的循环流化床锅炉技术转让合同，技术引进范围包括整个锅炉岛系统及锅炉本体。通过对引进的大型循环流化床锅炉设计、制造、调试和控制等先进技术的消化、吸收，并结合其公司在循环流化床燃烧技术方面取得的试验研究成果，开发设计出20、35、65、75、120、220、440t/h循环流化床锅炉系列产品，并设计出了200、300MW级电站循环流化床锅炉。目前，已具备自行独立开发和承接中压、次高压、高压超高压和亚临界参数以及非标准参数系列循环流化床锅炉的技术和生产能力。

东方锅炉循环流化床锅炉的技术特点如下：

（1）汽冷式高温旋风分离器。汽冷式高温旋风分离器一般用于高参数的大容量循环流化床锅炉。其将蒸汽管道焊成膜式壁而形成分离器筒体。该型分离器不仅分离效率高，而且耐磨衬里非常薄，热惯性小，特别适合于要求锅炉运行工况快速变化的场合，易于整体布置，维护简单，费用低。

（2）风道点火器。在风室底部一次风道上并联布置风道点火器。风道点火器可供锅炉启动点火与低负荷稳燃用，具有较大的调节比，大大地缩短了锅炉启动时间，热利用率高，操作简单灵活。

（3）水冷风室。风室由水冷壁管弯制围成，管间布置有风帽，形成膜式水冷布风板。水冷风室整体膨胀性好，易于密封，耐火衬里薄，便于维护。

（4）冷渣器。多仓式选择性排灰冷渣器，可迅速冷却大渣，并可将未燃尽的炭粒和未反应完的石灰石继续燃尽或送回炉膛，提高燃料和石灰石的利用率。

（5）"J"型回料器。高压风多点布置，保证可靠回料，负荷适应范围广。有良好的自适应能力，操作简便。

（6）风播煤结构。采用增压高速风播煤，解决了正压给煤的密封难题，又能将煤均匀播散，减少给煤点。

2. 哈尔滨锅炉厂有限责任公司（HBC）

该公司是国内较早开发研制循环流化床锅炉的企业之一，从 20 世纪 80 年代末开始，就积极参与循环流化床锅炉产品的开发和研制。1990 年，开始循环流化床锅炉技术的开发研究。1991 年，分别与西安交通大学、哈尔滨工业大学合作，设计制造 35t/h 循环流化床锅炉，75 t/h 低倍率循环流化床锅炉，开始参与国内循环流化床锅炉产品的市场竞争。1992 年，与美国 PPC（奥斯龙技术）合作生产国内首台 220 t/h Pyroflow 型循环流化床锅炉，该产品获国家新产品证书。1998 年，引进美国燃烧动力公司 ABB-CP（原 CPC）获得专利的 FICIRCTM 细粒子循环流化床技术，设计 20～130t/h 循环流化床锅炉。1999 年，与 Alstom 能源系统 GMBH（原德国 EVT）签订 220～410t/h 等级（含 100MW 等级中间再热机组）循环流化床锅炉技术引进合同，获得山东兖州燃煤泥 220t/h 循环流化床锅炉合同；为河南林州电力股份有限公司开发了 130t/h 水冷异型分离器型中温中压循环流化床锅炉。2000 年，为山东新汶矿业集团开发了 130t/h 高温高压循环流化床锅炉；与国家电力公司热工研究院合作为江西分宜电厂开发了拥有自主知识产权的国内首台 410t/h 循环流化床锅炉；与 Ahlstrom 合作开发了 440t/h 中间再热（135MW）循环流化床锅炉，目前 300MW 级循环流化床锅炉也已有多台投入运行。

目前，哈尔滨锅炉厂有限责任公司已经形成了以下几种不同方式发展循环流化床锅炉燃烧技术，开发循环流化床锅炉产品：引进 Alstom 公司 220～410t/h 级（包括中间再热）循环流化床锅炉技术；引进美国 ABB-CP 35～130t/h 细粒子循环流化床锅炉技术；与国外拥有成熟循环流化床技术的锅炉制造商（包括美国 PPC、奥地利 AE 等）合作；与国内研究循环流化床燃烧的高校及科研院所合作。目前哈锅设计生产的 50MW 以上等级的循环流化床，在国内的市场占有率约为 50％。

3. 上海锅炉厂有限公司（SBWL）

该公司是国内电站锅炉行业历史最悠久，经营规模最大的制造企业之一，在国际上也享有良好的声誉和知名度。上海锅炉厂从 20 世纪 70 年代初开始自行研制流化床锅炉，至 90 年代初期开始消化吸收国内外循环流化床锅炉的关键结构、设计原理、工艺流程、制造方法，为循环流化床锅炉的大型化打下了良好的基础。90 年代中期与中国科学院热物理研究所和日本三井造船株式会社（MES）三方合作，共同开发了 130t/h 循环流化床锅炉，其中甘肃窑于矿务局的 130t/h CFB 已通过国家鉴定。

2001 年 8 月，上海锅炉厂有限公司与 Alstom 集团签订了 FLEXTECH™（原 ABB-CE 公司技术）循环流化床锅炉技术转让合同，并为上海培训了有关工程技术人员。目前该厂在自身多年开发 CFB 锅炉的经验基础上，应用引进技术，开发出 50、100、135、200MW 和 300MW 的 CFB 系列产品。

采用高温物料分离，进入尾部对流受热面的烟气中含灰量小，对流受热面不易磨损，燃烧效率高。采用汽冷旋风分离器，其吸热可有效控制旋风分离器内的温度水平，避免结焦。在外侧采用轻型保温结构，所以它的热惯性小，锅炉启停和变负荷速度快。现场施工方便。采用全水冷膜式壁以保证炉膛的严密性。采用非机械的 U 型回料装置，保证运行中料位具有自平衡能力，同时又防止烟气反窜。采用床下风道点火，具有省油、启动方便、高可靠性，油枪结构简洁可靠，系统简单，低负荷稳燃性强，无炉膛结焦、油枪磨损之忧，且可实行自动点火。

采用水冷布风板，管间布置风帽，使风室的整体热膨胀性好，结构合理，易于密封。对流烟道采用成熟可靠的汽冷包墙结构，蛇形管用支撑块固定在包墙上，使膨胀基本一致，密封性能好。受热面采用顺列布置，设置阻流板，防止形成烟气走廊。合理安装防磨板，以免磨损，结构成熟可靠。管子间隔考虑了避免积灰、搭桥，另设置吹灰器，保证管子表面洁净。采用管式空气预热器，空气入口段处加装夹层套管，可有效防止空气预热器管子结露。承受风压能力强，防止漏风。给煤管采用风播煤结构，使下煤均匀，进煤顺畅。落煤管采用不锈钢材料，以免堵煤，加装观察孔，既可观察到落煤情况，又能保证锅炉在任何工况下的给煤要求。采取安全可靠的防磨措施和主动防磨手段，对局部磨损严重，特别是在流动转向或流动受到阻碍的区域，如燃烧密相区，炉膛出口，旋风分离器，尾部受热面和固体物料冲刷部位等，采取不同的措施。设置耐磨耐火材料，在磨损量不大的部位采用了加防磨罩、热喷涂和堆焊等防磨措施。采用外置式换热器，将过热器布置在外置式换热器中，炉温控制靠调节进入外置式换热器的灰量，故而对煤种的变化适应性强，降低有害气体的排放。综上所述，SBWL采用世界上先进、成熟、可靠的设计和制造技术，使设计的循环流化床锅炉，具有较好的性能特点。

4. 济南锅炉集团有限公司

济南锅炉集团有限公司是国内最早开发CFB的生产厂家，自1986年与中国科学院工程热物理研究所共同研制生产国内第一台35t/h循环流化床锅炉以来，又相继开发了75、130、220、240和440t/h循环流化床锅炉。目前，济南锅炉集团有限公司已生产了各种不同参数的循环流化床锅炉700余台，其中75t/h循环流化床锅炉获"国家重点新产品"称号，已销售800多台，130t/h循环流化床锅炉近200台，240t/h循环流化床锅炉近150台，440t/h以上20台，约占全国中小型循环流化床锅炉总量的50%，目前正在向大型循环流化床锅炉方向发展。

济南锅炉集团有限公司生产的循环流化床锅炉的特点如下：

（1）炉膛水冷壁、流化床体、布风板和风室全部采用膜式水冷壁结构，成为一个整体，炉膛严密性好。

（2）采用高温旋风分离器做分离设备，分离效率高，飞灰含碳量低，在分离器下部设有水冷套装置，控制料腿和返料器的温度，保证循环系统稳定可靠。

（3）合理地采用非金属膨胀节和不锈钢波纹膨胀节，锅炉整体膨胀合理，密封性能好。

采用床下风道点火或床下床上联合点火的方式，使点火成功率达到100%，节约点火用油。

（4）通过对大量运行的CFB产品的调查，掌握磨损的规律，采取主动的预防措施：设计上降低烟气流速，加装防磨罩、阻流挡板，对易磨部位加防磨耐火材料或进行金属热喷涂，从而防止或减轻磨损的发生，提高连续运行周期和锅炉寿命。

（5）分散控制系统（DCS）实现对循环流化床锅炉的自动控制。

三、国产中小型循环流化床锅炉的主要技术性能

75t/h循环流化床锅炉是国产循环流化床锅炉中最具代表性的产品，国内几乎所有的A、B以及部分C级锅炉制造厂家都在积极开发自己的产品，1000多台75t/h循环流化床锅炉分布在全国各地。在商业运行中，由于各方面的原因，运行效果相差很大，从锅炉启动、锅炉运行、辅机运行以及相关技术方面表现的差异都很大。

早期投运的循环流化床锅炉存在以下几个方面的问题：

锅炉主体方面：①水冷壁及炉墙磨损严重，使锅炉最大连续运行时间很短；②锅炉内结焦，锅炉启动时和运行中均出现不同程度的结焦；③锅炉效率普遍不高，除少数锅炉热效率达到90％以外，多数锅炉效率都比较低，不能同煤粉锅炉竞争；④某些锅炉出现冷渣管堵塞现象；⑤省煤器磨损情况比较普遍；⑥锅炉整体密封性能较差，特别是密相区与稀相区的交界处。20世纪90年代末期以后投入运行的锅炉燃烧室性能都比较好，而90年代中期投运的锅炉性能稍差。

循环回路方面：①旋风分离器内衬脱落现象比较普遍，阻力与效率的矛盾比较突出；②惯性分离器的问题较多，如烧毁、脱落、磨损等都很严重，性能有待提高，材料还需要研究；③料腿有堵灰现象发生；④旋风分离器、料腿及返料系统有再燃现象。

辅机方面：①多数锅炉的给煤采用螺旋给煤机，初始选取的直径偏小，不得不加粗。这种情形在其他容量锅炉上也曾发生。②破碎系统出力设计不足，环锤破碎机的磨损严重，每年都要更换环锤。③多数用户采用16号送风机，但所配电机的功率相差较大，小的250kW，大的500kW。一、二次风总风量约$1.1 \times 10^5 m^3/h$，按照50：50分配，一次风机实际出力差别很大，高者70％，低者35％；二次风机实际出力是30％～65％，虽然可以满足燃烧用风，但对循环有非常大的影响，甚至导致实际运行呈现鼓泡床特点。

从我国20世纪90年代末期后的循环流化床锅炉的运行来看，锅炉可以达到额定出力，并能达到110％负荷能力，效率可以达到90％，在炉膛温度控制合适，并采用合适石灰石脱硫剂，钙硫比为1.5～2时，脱硫效率可以达到80％。

如济南锅炉集团有限公司生产的YG75/5.29型循环流化床锅炉，设计入炉煤粒径0～13mm，密相床层高度约为4m，循环倍率为20～25。采用床下点火技术，冷态启动时间4～6h，热态启动时间1～1.5h，压火时间约8h。测试结果表明，炉膛出口烟气氧含量为4％～5％，飞灰份额40％～60％，飞灰含碳量3％～5％，炉渣含碳量小于2％；厂用电13％。最大连续运行时间4000h，检修周期为4个月。

四、循环流化床锅炉大型化发展方向

循环流化床的运行实践已经充分证实它们能在电站锅炉范围内成功应用，现在的主要挑战是扩大机组容量，提高蒸汽参数，使其能在电站锅炉中更加具有竞争力。

Ahlstrom公司认为Pyroflow型循环流化床锅炉容量增大到400MW比较合适，容量再增加在经济上和结构布置均不理想，建议600MW机组采用增压流化床PFBC。

采用外置换热器（EHE）以及采用整体化循环物料换热床（INTREX）的循环流化床，可以解决锅炉高参数、大容量带来的水冷壁布置困难以及过热器、再热器金属材料的高温腐蚀问题，用于600MW高参数、大容量循环流化床锅炉上是有前途的。

大型循环流化床锅炉燃烧室的特点是有多个高温旋风子，并采用水冷壁屏，燃烧室呈矩形布置，这种布置方式可以增加面积容积之比，更容易布置多个旋风子，同时也使得燃料和二次风更容易扩散和渗透。

为了获得更高的电厂效率，各循环流化床公司正在研究联合循环，分析指出，一般联合循环可提高效率3.7％，而用高参数循环流化床锅炉组成的最佳联合循环，可提高效率7.0％。增压循环流化床（PFBC）尚有不少技术问题待解决，如密封、分离等，目前投运的P200型PFBC联合循环机组只是示范机组，尚未达到商业运行。因而大型循环流化床的发

展方向应为部分气化联合循环（PGCC）。PGCC是将流化床气化装置放在压力壳内，适应各煤种，在低温下将煤30％气化，余下的焦炭可送到常规循环流化床锅炉燃烧，气化效率要求不高，整套装置要比全部联合循环IGCC简单、价廉，运行操作方便，排放性能好。

总之，循环流化床锅炉作为高效清洁的燃烧技术，用户日益增加，正在向高参数、大容量方向发展，且作为蒸汽—燃气联合循环的主要设备而备受青睐。

第二节 循环流化床锅炉主要热力参数的确定

一、循环流化床锅炉的容量及负荷分配

在循环流化床锅炉中，燃料在燃烧室内燃烧，燃烧产生的热量一部分由高温烟气带至尾部受热面，但由于高温烟气不可能带走全部燃烧放热，所以必须在固体颗粒循环回路中布置受热面，吸收燃料燃烧放出的热量。

1. 锅炉容量对循环流化床锅炉整体布置的影响

随着锅炉容量的增加，炉膛容积成比例地增加，但炉膛表面积并不随容积成正比增加，而是增加较慢。因此，当锅炉容量增大时，能布置水冷壁的炉膛表面积相对减少。容量越大，炉膛表面积增加缓慢的矛盾越突出。为了维持炉膛的热平衡，炉膛内需要布置更多的受热面，如过热器管屏、再热器管屏、蒸发管屏、双面水冷壁等。对于采用外部流化床换热器的循环流化床锅炉，则可将这些受热面布置在该换热器内。

2. 蒸汽参数对各部分受热面吸热量的要求

蒸汽参数变化时，加热、蒸发、过热/再热吸热量的比例如表4-1所示。一般当锅炉容量增加时，蒸汽的压力和温度也随之提高，给水温度也提高，此时加热和过热所需热量的比例提高，而蒸发吸热量比例下降，当达到临界压力时，蒸发吸热量降低到零。在锅炉各受热面中，工质加热吸热量主要在省煤器内完成，蒸发吸热主要由水冷壁承担，而过热吸热则由过热器和再热器完成。对于不同参数的循环流化床锅炉，其受热面布置考虑的问题也不尽相同。

表 4-1　　　　　　　　　　　　工质吸热量分配

参　数			总焓增 (kJ/kg)	吸热量分配比例		
过热蒸汽压力 (MPa)	过/再热蒸汽温度 (℃)	给水温度 (℃)		加热 (%)	蒸发 (%)	过热/再热 (%)
1.3	300	105	2596.2	14.8	75.6	9.6
3.9	450	150	2697.9	17.6	62.6	19.8
5.3	450	150	2677.3	20.1	60.4	19.5
10	540	215	2845.7	19.2	53.6	27.2
14	555/555	240	2944.9	21.3	31.4	29.9/17.4

对于中参数锅炉，工质蒸发吸热量与炉内受热面的吸热量大致相当，除炉内布置水冷壁外，无需像低压锅炉那样，布置大量的对流管束。因此中压锅炉大都采用单汽包结构，加热吸热量由省煤器完成，当炉内受热面的吸热量不能完全满足蒸发吸热量的要求时，可使省煤器部分沸腾。对于高压锅炉，工质加热和过热吸热量比例增加，蒸发吸热量比例减少。同时

由于蒸汽温度提高，为了获得足够的传热温差，有必要将一部分过热器受热面布置在炉膛内。常规在炉膛内布置顶棚过热器和屏式过热器。

对于超高压锅炉，蒸发吸热量只有30%，则固体颗粒循环回路中必须布置更多的过热或再热受热面，以使烟气带走热量维持40%～44%的比例。常规可采用炉膛内布置屏式过热器的方法，或者采用外置式流化床换热器（EHE）。

3. 燃烧室内的热平衡

循环流化床锅炉燃烧室内温度一般在850～950℃之间，当燃料进入燃烧室后，在一定的烟气流速下，较粗的颗粒落入下部，细小颗粒悬浮于中部，微小的颗粒被烟气带入上部，各粒径的燃料在上、中、下部燃烧放热。热平衡就是燃料在燃烧室内沿高度上、中、下各部所释放出的热量与受热面吸收热量（含炉墙散热量）的平衡。只有达到这种平衡，炉内才有一个较均匀、理想的温度场，一般来说，循环流化床锅炉燃烧室内温度差（纵向、横向）在20℃左右，最大不超过50℃。只有在一个较理想的温度场下，炉内各部才能保证实现设计的放热系数，工质才能吸收到所需足够的热量，从而达到各部的热量平衡，保证锅炉的出力，且不会发生局部过热、物料结焦等现象。要达到炉内的热量平衡，首先在设计时必须确定进入燃烧室内的燃料在下、中、上各部的燃烧份额。如果在燃料各部位的燃烧份额分配得不合理，某处过大或某处过小，就必然会造成局部物料温度过高甚至结焦，或者局部温度太低，受热面吸收不到所需的热量，从而影响锅炉的出力。

目前，已投运的循环流化床锅炉在运行中发生结焦和达不到额定负荷的一个主要原因，正是锅炉设计时燃料燃烧份额分配得不尽合理，或燃料种类、粒径发生变化后，运行中燃烧调整不当，致使燃料燃烧份额分配未达到设计要求所造成的。例如：某台循环流化床锅炉由于煤种的变化和燃煤颗粒较粗，一、二次风配比也不合理，以至燃料燃烧份额的分配不当，实际运行下部密相区燃料燃烧份额大大超过了设计值。这样锅炉下部燃料燃烧时放出的热量不能很快地或不能完全被受热面（工质）所吸收、带走，同时又无其他的调节手段，锅炉下部密相区就出现温度过高而结焦。运行中为避免结焦，不得不采用减少给煤量或增大一次风量的方法。前者，给煤量的减少，必然使锅炉负荷降低，出力不足；后者增大一次风量一是受风机出力的限制，使床温降不下来，二是一次风的加大，强化了密相床层的燃烧，使该部分燃烧份额更大。因此，燃烧份额的确定直接影响着炉内热量的平衡。而这种燃料燃烧时放出的热量及返回物料携带的热量与受热面在各处工质吸热量之平衡是循环流化床锅炉的一个重要的特征，只有在设计时和运行中保持这种平衡，锅炉才能安全、经济、稳定运行。

4. 影响热平衡的因素

（1）受热面的不同布置方式决定了循环流化床的热量分配。目前常规的循环流化床锅炉中，在固体颗粒循环回路中的受热面布置方式有如下几种：①在炉膛内布置水冷壁受热面或水冷壁隔墙，这在早期的容量较小、参数较低的循环流化床锅炉中经常采用。②随着锅炉容量的增大，参数的提高，过热吸热量大大增大，所以出现了在炉膛内除了布置水冷壁，还要布置较多的过热器受热面，以弥补仅在尾部受热面布置过热器而造成的过热及再热吸热不足。③在固体颗粒循环回路上布置外置式流化床换热器，如Lurgi公司的锅炉。目前这些受热面布置的型式均有大量实际运行经验，证明是可行的。

从目前大容量循环流化床锅炉发展的情况来看，在固体颗粒循环回路中除了布置炉膛水冷壁外，还必须布置一部分过热或再热受热面，即上述的第二和第三种受热面布置型式，这两种型式可以说各有千秋。在炉内布置屏式过热器等必须注意磨损问题，在负荷变化时必须改变风速或固体颗粒循环物料量以改变这些受热面的传热系数，这可能会带来一些控制问题，但这种结构比较简单，像 Ahlstrom 公司的双 Ω 管型式，可以解决磨损及控制问题，优点比较明显。采用外置式流化床换热器结构上比较复杂，而且由于冷、热物料的循环必须单独控制，给系统的控制也带来了复杂性，但这种方案控制比较灵活，而且燃烧与传热分离，可以单独调节，使二者均达到最佳，如将再热器布置在流化床换热器中，汽温调节比较灵活，甚至无须喷水减温。所以这两种型式均有其优点，可根据不同的情况选用。

（2）不同型式的循环流化床锅炉有不同的热量分配。Lurgi 公司在德国杜易斯堡（Duisburg）的循环流化床锅炉能量分配如下：燃烧室内的蒸发受热面吸热 48MW，占总吸热量的 23%，流化床换热器吸热为 88MW，占总吸热量的 42%。尾部受热面吸热 35%，流化床密相区唯一的冷却介质为冷的回灰，返回流化床燃烧室内的灰温约为 400℃，加热至 850℃ 几乎需要 90MW 的热量，占燃料带入热量的 40% 多。ABB-CE 公司的 150MW 的循环流化床锅炉在德克萨斯州的 Waco 电厂受热面吸热分配如下：给水加热及蒸发吸热：燃烧室 60%，流化床换热器 20%，省煤器 20%。过热吸热为：流化床换热器 40%，对流过热器 60%。再热吸热为：流化床换热器 50%，对流再热器 50%。

（3）燃料特性对热量平衡的影响很大。首先，燃料性质决定了燃烧室的最佳运行工况，若燃用高硫燃料，如石油焦、高硫煤时，燃烧室运行温度可取 850℃，以利于最佳脱硫和脱硫剂的应用。若燃用低硫、低反应活性的燃料，如无烟煤、石煤等，燃烧室应运行在较高的床温或较高的过量空气下，或二者均较高，以利于最佳的燃烧。第二，煤的元素成分，挥发分的高低与燃烧室的运行工况相结合，决定了循环燃烧系统（燃烧室和外置式流化床换热器等组成的主循环回路）和尾部受热面的热量分配，煤的发热量高、挥发分低、灰分少，则单位质量燃料在主循环回路中的有效放热量就大。相反，在主循环回路中的放热量就小。

表 4-2 给出了不同种类燃料所对应的最佳燃烧室运行温度、燃烧室出口烟气带出热量和输入热量的比值。因为燃料中的水分、氢含量均会对主循环回路中的放热份额产生影响。从煤的燃烧反应可知，每千克碳燃烧需 $8.89m^3$ 理论空气量，生成 $8.89m^3$ 的理论烟气量；每千克氢燃烧需要 $26.5m^3$ 的理论空气量，生成 $32.1m^3$ 的理论烟气量。当尾部对流受热面进口烟气温度和排烟温度一定时，折算氢、水分低的煤种，循环燃烧系统内的放热量就增大。

表 4-2 不同燃料种类对应的最佳流化床温度和热量分配

燃料种类	燃烧室温度（℃）	燃烧室出口带出热量/输入热量（MJ/MJ）
无烟煤	850	0.4
烟煤	900	0.436
褐煤	850	0.431
废木片	850	0.571
石油焦	850	0.403

从表 4-2 中可以看出，对于劣质燃料如废木片，则应有约 60% 的热量需带至尾部对流受热面，而对于优质燃料如烟煤等，则只有 40% 的热量带至尾部对流受热面。对于不同燃料，主循环回路与尾部对流受热面的吸热量的分配示于图 4-5。从图中可以看出，当燃料质量变差时，尾部对流受热面的吸热量增加，主循环回路的吸热量下降。

例如，对于常规的次高压、高压锅炉，蒸发受热面吸热量约占 50%～60%，根据表 4-2，烟气带走的热量对于烟煤和无烟煤约为 40%～44%，这就要求在锅炉尾部布置一部分蒸发受热面，一般采用沸腾式省煤器。

外置式流化床换热器的设置可以调节主循环回路的吸热量而不影响燃烧室的燃烧工况，图 4-6 表示出了这种适应性。当然，如果无外置式流化床换热器时，也可以采用调节燃烧室的运行工况来调节主循环回路的吸热量。如当燃料水分提高时，需要降低主循环回路的吸热量，此时可以采用下述方法中的一个或几个来达到：改变床层浓度（可经过调节一二次风比例或床内载料量来达到），降低床层温度或增加过量空气等，当然这些方法会影响燃烧室的燃烧工况。

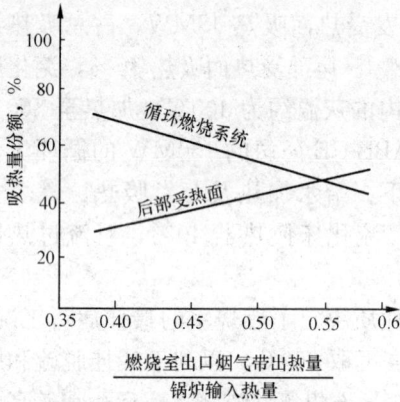

图 4-5　主循环回路与尾部
受热面吸热量分配

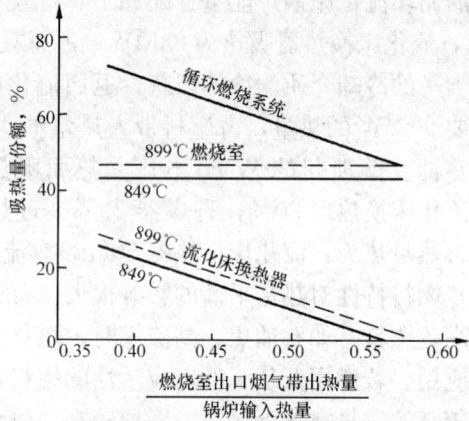

图 4-6　燃烧室与外置换热器吸热量分配

影响热量分配的因素很多，如何实现热平衡，保证锅炉安全、经济、稳定运行是目前循环流化床锅炉亟待解决的问题。根据目前国内外循环流化床锅炉的运行实践，建议如下：

进一步加强对循环流化床锅炉炉内传热、动力特性的基础研究，建立中试基地，建立和完善循环流化床传热系数数据库。

确定合理的燃料和脱硫剂颗粒粒径曲线，燃料制备系统及设备要合理选型，运行中必须达到设计要求的燃料粒径分布。

必要时增加飞灰循环系统，以使燃用含灰量较低的燃料（与设计值相差较大）时，采用飞灰回送，从而保证锅炉所需的循环量，保证锅炉出力。

可以采用烟气再循环，使再循环烟气作为一次风送入，不仅可以在低负荷满足流态化的需求，而且可控制炉内下部密相区燃料的燃烧份额。

在运行中应根据煤种和负荷的变化调整一、二次风比，使炉内温度场和浓度场更趋合理。

根据燃用燃料的特点，可通过变化排渣量、增加炉渣筛选返送系统或外加石英砂等措施，从而保证床内物料适当的浓度和浓度分布，以期达到预期的各项性能指标。

二、燃料及脱硫剂的粒径

在循环流化床锅炉中，固体颗粒在炉内起着重要的作用，因此对燃料和脱硫剂的粒径有严格的要求，而且不同尺寸的颗粒应当具有合理的分布。在我国，有许多经验证明，燃料颗粒尺寸选择不当，会使锅炉达不到出力或影响正常的燃烧。

正常运行的循环流化床锅炉中，粗颗粒趋向于聚集在密相区内，而极细的颗粒则作为飞灰被气流夹带离开分离装置，经过尾部受热面离开锅炉，而中间尺寸的颗粒则在固体颗粒循环回路中循环。但如果燃料颗粒尺寸选择得不当，则可能会破坏循环流化床内的颗粒循环，从而影响锅炉的正常运行。

对于燃料颗粒的粒度，一般认为高灰的燃料宜采用细一些的颗粒尺寸，对燃用低灰分的煤可采用较大颗粒尺寸。如 Ahlstrom 公司认为，对于生物质燃料宜采用小于 $30\sim50mm$ 的颗粒尺寸，低灰煤种颗粒最大尺寸宜小于 $10\sim20mm$，对于高灰燃料宜采用小于 $2\sim13mm$ 的颗粒。对某种灰分为 38.6% 的煤，Ahlstrom 公司提出的煤粒径为 $0\sim10mm$，最佳的分级要求应为 S 形，中间多，两头少，粒径大的不能多，因大粒径在炉膛底部易引起超温结焦和缺氧，产生较多的 CO。但不同的锅炉公司，由于炉型或参数选择上的差别，每个公司均有自己采用的颗粒尺寸范围。Lurgi 公司的循环流化床锅炉对于高灰煤种采用燃料粒度为 $150\sim250\mu m$，一般颗粒在 10mm 以下。在我国，循环流化床锅炉采用的颗粒尺寸一般为 $0\sim13mm$ 或 $0\sim8mm$。FW 公司对燃料的分级要求粒径小于 5mm 的占 80%。为了达到这一粒度，在破碎系统中选择了一种环锤式破碎机，一段破碎，破碎机中大于筛孔的大颗粒由机内排出。Ahlstrom 公司推荐的燃料粒度分布见表 4-3。

表 4-3　　　　　　　　芬兰奥斯龙公司推荐的循环流化床锅炉燃煤粒度

无烟煤粒径（mm）	0.2	0.5	1.0	2.0	3.0	4.0	5.0	6.0
筛下物（%）	7	21	44	75	88	96	98.8	100
平均粒径（mm）	重量法 1.490，比表面积法 0.589							
烟煤粒径（mm）	0.5	1	3	5	7	10	15	20
筛下物（%）	10	22	58	77	88.5	95.3	99	100
平均粒径（mm）	重量法 3.50，比表面积法 1.22							
次烟煤粒径（mm）	0.5	1	2	5	10	15	20	30	40	50
筛下物（%）	5.8	12.3	20.4	47	72	85	91	97	98.8	100
平均粒径（mm）	重量法 7.796，比表面积法 1.920									

如果燃用高灰燃料，则只要燃料颗粒尺寸选择得适当，就不需添加循环物料。而燃用低灰、低硫燃料，则有可能需添加循环物料，此时添加的循环物料的尺寸也应适当。

床内的颗粒尺寸分布对床内的固体颗粒浓度分布以及传热均有很大的影响。颗粒尺寸对炉内传热的影响极大，细颗粒有更大的传热系数。在循环流化床中，由于细颗粒在上部区域的密度比粗颗粒高，因此床内传热系数的分布更趋均匀。

脱硫剂粒径的选择对脱硫的影响很大，从脱硫反应的角度讲，CaO 与 SO_2 反应之后，在碳酸钙的表面会形成一层致密的硫酸钙，阻碍 SO_2 进一步与粒子核心的钙反应，造成石灰石耗量增高。粒径愈大，残留的钙未反应核心愈大，从降低石灰石耗量考虑，采用小粒径脱硫剂的优点是十分明显的。但这并不是说循环流化床锅炉中脱硫剂的颗粒粒径越小越好，如果颗粒过细，则细颗粒还没有完全利用之前就已从分离器中逃逸出去。采用特定的石灰石时，存在着一个最佳的石灰石粒径以使之达到最大的利用率，但这还要视石灰石的孔隙结构和分离装置的分离特性而定。一般在选择时可考虑石灰石的粒径在运行风速下能被气流夹带上升，但又能被分离器分离。一般可选择 $1\sim2mm$ 以下。美国鲁霍夫格林电厂循环流化床锅炉运行规程（1990）规定的石灰石粒度列于表 4-4。

表 4-4 鲁霍夫格林电厂石灰石粒径

美国标准筛号目	12	20	30	50	100	140	200
相当的粒径（mm）	1.75	0.841	0.595	0.297	0.149	0.106	0.074
筛下物（%）	100	80	70	42	20	10	5
平均直径（mm）	重量法 0.524，比表面积法 0.217						

三、流化风速，一、二次风配比

流化风速是循环流化床锅炉的重要特征参数。当气体和固体颗粒的特性一定时，要求一定的流化风速来保持床层的循环流化状态。如果运行风速提高，则锅炉比较紧凑，断面热负荷也较高，此时为了保证燃料和石灰石颗粒有足够的停留时间和布置足够的受热面，往往采取增加炉膛高度或提高分离器效率提高循环物料量。这样不仅磨损会增加，而且可能会增加锅炉的造价。虽然燃烧效率可以有所提高，但由于风机等的电耗增加，锅炉岛的整体效率反而可能会下降。但如果运行风速低，则会给总体燃烧及传热带来一系列的问题，从而发挥不了循环流化床锅炉的优点。这应在二者之间保持平衡，目前额定负荷时运行风速的选择一般都在 5～8m/s 左右。具体选择时必须根据燃用的燃料以及颗粒度等有所变化。计算表明：对于灰粒为 $100～400\mu m$，床温 900℃，满负荷时流化速度为 6m/s，低负荷时为 3m/s，则可始终保持稳定的循环流化状态。表 4-5 给出了几台循环流化床锅炉的运行风速，可供设计时参考。

表 4-5　　　　　　　　不同容量循环流化床锅炉的运行风速和断面热负荷

热功率（MW）	478	422	422	288	177	163	147	64
燃料	烟煤	烟煤	无烟煤	烟煤	煤屑	烟煤	褐煤	烟煤
截面热负荷（MW/m²）	3.5	3.7	3.7	3.45	3.22	2.74	2.53	5.5
风速（m/s）	5.0	5.3	5.3	4.9	4.6	4.0	3.6	7.8

早期的循环流化床锅炉，一般选择较高的流化风速，有时高达 8～12m/s。目前考虑磨损的危险性和降低风机能耗，流化风速常常较低，一般为 5～5.5m/s 左右。如 Lurgi 型、Pyroflow 型循环流化床锅炉的流化风速为 5～5.5m/s，Circofluid 型的流化风速在布风板区域为 4.5m/s，在稀相空间为 3.5m/s。如采用国内传统的平均粒径较粗的宽筛分物料，则下部布风板区域的流化风速应大于 4.5m/s，稀相空间应大于 3.5m/s。否则，可能引起下部还原区温度过高，以及循环倍率下降和物料循环不足使燃烧室稀相空间颗粒浓度过低，进而引起传热系数偏低，导致锅炉出力不足，燃烧效率降低等问题。

断面热负荷的选择与运行风速的选择是相关的，实际上只要燃料及过剩氧量确定，运行风速与断面热负荷中只要有一个参数确定后，另一个参数也随之确定。断面热负荷一般可选择为 3～5MW/m² 左右。

在循环流化床锅炉中，锅炉的截面热负荷较高，这是因为循环流化床内强烈的气固混合促进了热量的快速释放和传递而导致的。

在循环流化床锅炉中，为了降低 NO_x 的排放和降低风机的能耗，把燃烧需要的空气分成一、二次风从不同位置分别送入流化床燃烧室，在密相床内形成还原性气氛，实现分段燃烧。另外，一次风比（一次风量占总风量的份额）直接决定着密相床的燃烧份额，同样的条件下，当一次风比升高时，密相床燃烧份额增加，此时要求有较多的低温循环物料返回密相床，带走燃烧释放热量，以维持密相床温度。如循环物料量不够，就会导致流化床温度过高，无法多加煤，负荷上不去。用来冷却床层的物料可能来自分离器搜集下来的经过冷却的循环灰，或者来自沿炉膛周围膜式水冷壁落下的循环灰。一、二次风比例的确定主要取决于如下几个因素：

（1）降低 NO_x 的排放。对于高挥发分的煤种，在炉膛下部缺氧燃烧时有助于焦炭和 CO 对 NO 的还原，使 NO 还原为 N_2，从降低 NO_x 的角度来讲一次风率较小、二次风率较大为佳，但在实际设计中还必须考虑下述其他因素。

（2）采用高压风机。由于一次风通常由布风板送入，这样一次风就必须克服布风板和循环流化床底部密相区域的阻力，因而需要采用高压风机。而二次风在炉膛密相区上方给入，风机所需压头较低，可以降低总能耗。

（3）密相区的流化及燃烧。从考虑脱硝和降低能耗的角度看，二次风率较大为好，但如果二次风率过大，则密相区内颗粒的流化就有一定的问题，因为一次风必须保证密相区颗粒正常流化，而一次风率过低，密相区的截面就必须很小，这样才能保证流化，这是结构设计所不允许的。另一方面从燃烧的角度讲，必须保证在密相区有一定的燃烧份额，由于循环物料是从密相区返回的，温度较低的一次风和燃料亦从此加入，密相区本身作为一个稳定的加热源，必须有一定的燃烧份额，才能保证该区域的温度，如果燃用宽筛分燃料，则本身会有一部分大颗粒停留在密相区，必须在密相区送入足够的气体，以使这部分燃料燃烧或气化。一次风率一般选择在 50% 左右，对无烟煤则可达 60% 以上。

综合考虑上述因素，当燃用劣质燃料时，应采用较高的一次风率，燃用高挥发分燃料时可采用较低的一次风率。

四、床层温度

循环流化床床温的选定应该根据燃烧的稳定性、运行的安全性和经济性以及环境保护等方面的要求，进行综合确定。从燃烧和传热角度考虑，提高床温有利于强化燃烧和传热，有利于提高燃烧效率和锅炉效率，特别是对于一些难着火燃料（如无烟煤等）。但是床温的上限受到灰的变形温度（DT）限制。一般在流化床密相区，颗粒的表层温度比床温高 100～200℃，因此床温应该比灰的变形温度低 150～250℃，才能保证不结渣。对于多数煤种，灰的变形温度约为 1100～1200℃，故床温应在 850～950℃。另外，床温的下限应考虑焦炭的着火，焦炭着火温度约为 800℃，故床温不应低于 800℃。否则，可能燃烧不稳定，甚至导致熄火。当需要加入石灰石进行炉内燃烧脱硫时，由于石灰石的最佳脱硫温度在 850℃左右，床温应与之接近。另外，床温升高 NO_x 会增加，但床温降低 N_2O 又会增加。因此，综合上面的结果，我们可以认为，当燃用的燃料硫分较高时，为了考虑最佳的脱硫结果，同时兼顾高效燃烧的要求，床温应控制在 850～900℃左右，一般不宜超过 900℃。但如果燃用的燃料硫分较低，则可以主要从燃烧效率的角度进行考虑，在保证床层不结焦的情况下，床温可以适当提高，一般可取为 900～950℃。虽然此时 NO_x 的排放会稍高一些，但只要采用合理的分段燃烧，增加并不大，而且还可以适当降低 N_2O。

循环流化床锅炉中床温的控制目前一般采用在密相区布置受热面和布置外置式换热器两大类型。这两种方案的床温控制模式有所不同：第一种方案主要靠调节风量和返料量来调节，一是加大风量把密相区热量带入炉膛稀相区，再是改变床内的固体颗粒浓度，从而改变床内的吸热量来改变床温；第二种方案则调节进入流化床换热器和直接返回燃烧室的固体物料的比例，进而调节总循环物料的温度，来调节床温。

炉膛出口烟温应大于焦炭的着火温度，低于灰的变形温度。目前设计的循环流化床锅炉常与床温保持一致。

五、循环流量和物料平衡

循环流化床锅炉中的物料循环量是设计和运行中最重要的指标之一。它与炉内传热、受热面的结构布置、燃烧特性、燃烧效率、脱硫效率、锅炉自用电率、磨损、积灰、分离效率及分离器的布置方式等密切相关。目前常用飞灰携带率（也称固气比）和循环倍率来衡量物料循环量。飞灰携带率指每千克烟气夹带飞灰的质量；循环倍率为单位时间内锅炉外循环物料流量与给煤量的比值。一般情况下，循环倍率越高，飞灰携带率越大。

在循环流化床锅炉中，物料循环量增加会使燃料颗粒和脱硫剂在床内的总体停留时间增加，这样燃烧效率和脱硫效率会提高。由于床内固体颗粒浓度随物料循环量的增加而增加，所以物料循环量增加会使受热面的传热增加，从而增加床内受热面的吸热量，但物料循环量的增加会使床层总阻力增加，从而增加风机的压头，致使电耗增加。所以循环流化床锅炉的物料循环量必须进行综合考虑，从目前物料循环量的选择来讲，有为了燃烧效率高而选择物料循环量的，也有考虑脱硫效率较高而确定循环量的。

在循环流化床锅炉发展的早期，由于运行风速高，循环倍率也很高，一般在 $50\sim90$ 以上。随着循环流化床锅炉的发展，循环倍率有所降低，目前一般在 $10\sim40$ 左右。Lurgi 型和 Pyroflow 型锅炉的循环倍率较高，约为 $25\sim50$，而 Circofluid 型锅炉则采用较低的循环倍率，为 $10\sim20$。我国的循环流化床锅炉大多采用宽筛分的劣质煤，锅炉容量也较小，一般采用较低的循环倍率。

国外考虑较高循环倍率的原因在于：提高脱硫剂石灰石的利用率；扩大负荷调节范围和对燃料的适应范围；提高床层与受热面之间的传热系数，以解决大型锅炉难以布置受热面的问题；降低 NO_x 的排放。很明显，提高循环倍率，由于颗粒在循环次数增加，燃尽时间延长，煤的燃烧效率会提高，飞灰及灰渣含碳量将降低，锅炉效率也会提高。但理论和实践均表明，当循环倍率增加到一定程度后继续增加，燃烧效率的提高并不明显。如果考虑脱硫的要求，循环倍率的提高对提高石灰石的利用率，降低 Ca/S 是十分有效的。实践证明，当循环倍率为 $8\sim15$，Ca/S＝2.5 时，烟气中 SO_2 浓度完全可以控制在 $200mg/m^3$ 以下。因此，从提高石灰石利用角度来看，应当适当提高循环倍率。

循环倍率的变化可以改变炉膛和尾部受热面的热量分配，以保证在煤种发生变化时床温保持稳定。当燃用优质煤时，可以加大物料循环倍率，以保证不会发生高温结渣，烧劣质煤时，可以减少物料循环倍率，以避免发生低温熄火。因此，对于燃用煤种变化较大的循环流化床锅炉，设计中循环倍率的选取应该留有足够的余量。

实际上，循环倍率的高低还受到分离器效率的制约。循环倍率越高，要求的分离效率越高。对于高倍率的循环流化床锅炉，分离效率必须大于 99％，而对于低倍率的循环流化床锅炉，分离效率在 95％ 即可达到要求。因此，采用较低的循环倍率，可以降低对分离器效率的要求，采用结构简单紧凑、阻力低的分离装置，以降低锅炉造价。

总之，循环倍率应综合考虑锅炉的性能、能耗、磨损等因素进行优化选择。

在循环流化床锅炉设计和运行中，必须保持床内固体物料的平衡，以排出燃料燃烧后的灰渣，维持床内合理的物料浓度。循环流化床内的固体物料主要是燃料带入的灰分、未燃尽的炭粒和脱硫剂，对于灰分较低的煤种，另外还必须补充惰性床料。

循环流化床锅炉的灰渣排放主要有三个出口：锅炉尾部，被除尘器收集；流化床底部排渣口；返料机构（或 EHE）排放口。另外在对流竖井下的烟道转弯处可以设置临时排放口。流化床底部排渣主要排出一些不能被流化风带走的大颗粒床料。如果这部分床料不及时排出，会在布风板区域累积，造成流化质量下降，严重时影响锅炉运行。其排渣温度等于床温。返料机构（或 EHE）的排灰由系统灰平衡确定。当炉膛阻力升高至一定程度时，可进行返料机构排灰，以维持系统灰平衡，减少对尾部受热面的磨损和尾部除尘器的负荷。除尘器排灰与常规锅炉相同。

六、其他参数

1. 过量空气系数

过量空气系数对循环流化床锅炉的运行影响较大，如果选得过小，则可能燃料不能充分燃烧，使机械不完全燃烧损失增加；如果选得过大，会增加排烟热损失。一般在设计和运行时，燃烧室内的过量空气系数可确定在 1.1～1.2 左右。

2. 排烟温度

循环流化床锅炉的排烟温度是指最后一级尾部受热面的出口温度。排烟温度选取得是否适当，直接影响到锅炉的经济性和运行的安全性。

从安全运行的角度考虑，如果排烟温度选择得过低，对于燃用含硫量较高的燃料，尽管可以采用脱硫措施，但低温受热面的工作可靠性仍会降低。排烟温度升高无疑将降低锅炉的热效率。最合理的排烟温度应在高于烟气中蒸汽露点的前提下，依燃料消耗费用和受热面金属消耗的年折旧费用之和为最小。大型锅炉排烟温度一般较低，可以在 130℃ 上下，而中小容量的锅炉，从整体经济性考虑，排烟温度多数在 150℃ 左右。

3. 零压点的位置

循环流化床锅炉的零压点一般选择在炉膛内，如稀相区与密相区分界处、炉膛出口点等，也有设置在旋风分离器出口的。零压点后移，炉膛内多数处于正压区域，特别是炉膛底部压力较高，对炉膛和给料装置的气密性要求较高，一旦密封出现问题，则可能导致大量漏灰。同时要求一、二次风机的压头提高。反之零压点位置前移，引风机的压头需要提高。从我国循环流化床锅炉的制造水平来看，零压点的位置选择在炉膛内较为合适。

第三节　炉　　膛

一、燃烧份额的分布

循环流化床锅炉中的燃烧份额分布是锅炉设计中的最重要参数之一，它直接影响到受热面布置的位置、循环物料入口及一二次风的配比等。国内一些循环流化床锅炉投入运行后，发现带不上负荷，要提高负荷时密相区就超温，这实际上是由于密相区燃烧份额实际值比设计值偏大而造成的，此时设计的受热面或循环物料的冷却作用不足而使床温在额定负荷时偏高。

在循环流化床锅炉密相区中，为防止受热面的磨损，在四周均敷设耐火材料，燃料在密相区的放热一般采用循环物料来吸收，但如果燃料在密相区放热过大，或者分离器效率变差，循环物料量偏少，则会产生超温，所以密相区内燃烧份额的确定就显得特别重要。

在密相区内的燃烧份额与燃料粒径、流化风速、一二次风率、床层温度等有很大的关系。研究表明，当粒径一定时，风速增加，颗粒被吹起进入稀相区的份额增加，密相区的燃烧份额下降。当粒径增大时，停留在密相区的颗粒量会增大，密相区的燃烧份额增大。当锅炉负荷增加时，密相区的燃烧份额下降，这是由于为了维持密相区的床层温度，在低负荷时必须增加密相区的燃烧份额，而在高负荷时为了防止床层超温，必须降低密相区的燃烧份额。

在循环流化床锅炉的设计中，常常用到调节一、二次风配比来调节密相区的燃烧份额。在循环流化床锅炉中，二次风一般在稀相区给入，所以二次风不可能参与密相区的燃烧，此时一次风的比例就是密相区燃烧份额的最大值（当然此时的过量空气系数不应过大）。有时为了控制密相区的燃烧份额，就采用降低一次风率的方法来达到。

二、炉膛的主体结构

1. 炉膛形状

循环流化床炉膛与其他形式的锅炉没有明显差别。目前主要有方型（长方形和正方形）、圆型和下圆上方型炉膛结构。

立式方型炉膛是最常见的炉膛结构，其横截面形状通常为矩形，这种布置的特点在于可以方便地在炉膛中布置水冷壁受热面，另外制造工艺简单，在大型锅炉中普遍采用。

2. 炉膛的典型尺寸

炉膛的尺寸包括炉膛的长、宽、高以及截面收缩状况。

炉膛的横截面积根据选定的截面热负荷或流化风速进行确定。循环流化床锅炉的截面热负荷通常为 $3\sim5MW/m^2$，相应的流化速度为 $5\sim8m/s$。

当锅炉横截面积确定后，炉膛的截面形状可以有多种不同形式，除了早期的循环流化床锅炉外，目前总是采用矩形截面，四周为水冷壁，其长宽比的确定主要应考虑下述因素：①炉膛内受热面的布置、尾部受热面的布置、分离器的布置等的相互协调；②二次风在炉膛内应可以足够穿透；③固体颗粒（包括燃料、石灰石和循环灰）的供给以及在横向的扩散。在设计时必须注意：炉膛过深会使二次风在炉内穿透能力变弱，挥发分在炉膛内的扩散不均匀。故炉膛的深度一般不宜过大，以保证二次风的穿透，若锅炉容量较大，炉膛深度确实较大时，燃烧室下部可采取"裤衩"型结构，以保证二次风的穿透深度。

循环流化床锅炉炉膛高度是循环流化床设计的一个关键参数。炉膛越高，则锅炉的钢架就越高，因此锅炉的造价也会提高。高度的确定应综合考虑以下几个方面的要求：①保证燃料的完全燃烧，对分离器不能捕集的细颗粒在炉膛内一次通过时能够燃尽；②炉膛高度应能布置全部或大部分蒸发受热面；③炉膛高度应保证足够高的返料料腿高度，使料腿有足够的静压头，保证循环流化床锅炉正常的物料循环流动；④炉膛高度应保证脱硫所需最短气体停留时间；⑤炉膛高度应和循环流化床锅炉的尾部烟道或对流段所需高度相一致；⑥锅炉采用自然循环时，炉膛高度应保证锅炉在设计压力下有足够的水循环动力。

在具体设计时，一般可根据常规循环流化床锅炉的炉膛高度确定一个数值，布置受热面是否足够，然后考虑分离器的切割直径，再根据上述的要求考虑固体颗粒的燃尽，和其他的要求条件，使之满足上述要求即可。作为一般考虑，细颗粒的燃尽时间大约需要 $3\sim5s$，若流化速度为 $5m/s$，则燃烧室高度应不低于 $15\sim25m$。

3. 炉膛下部区域的设计

在循环流化床锅炉中，燃烧所需要的空气分成一、二次风分级送入。一次风通过布风板送入炉膛，作为流化介质并提供密相区燃烧所需要的空气。二次风通常分两层或三层在一定高度送入炉膛，提供完全燃烧所需要的空气。在二次风口以下的床层，如果截面积保持与上部区域相同，则流化风速会下降，特别是在低负荷时会产生床层流化不良（甚至不能流化）等现象，所以循环流化床锅炉的二次风口以下区域总是采用较小的横截面积，并采取向上渐扩的结构。

在设计时截面收缩可以采用两种不同的方法：第一种是下部区域采用较小的截面，在二次风口送入位置采用渐扩的锥形扩口，扩口的角度小于45°；第二种方法是在炉膛布风板上就呈锥形扩口，这有助于在布风板附近区域提高流化风速，以减少床内分层和大颗粒沉底的可能性。

作为一般的考虑，可以使床层下部和上部的流化风速相等，并且使床层下部密相区在低负荷下仍能保持稳定的流化。

4. 二次风位置及其布置

在循环流化床锅炉中采用二次风后，一般就将床层人为地分成两个区域，下部的密相区和上部的稀相区，二次风口的位置也就决定了密相区的高度。密相区的作用是使燃料部分燃烧及气化和裂解，同时也作为储热装置，这一区域体积较大的话，就有利于煤的完全裂解和增加变负荷下床内的稳定性。目前一般都采用较低的密相区以降低能耗，二次风口位置一般离布风板1.5~3m左右。二次风可以单层送入，也可以多层送入，送入口应在炉膛扩口处，以保证上部的燃烧份额。

由于目前对循环流化床中二次风射流的混合动力学缺乏全面的了解，所以二次风射流的速度及二次风口的个数的最佳参数很难给出，但综合考虑二次风的阻力及炉内的混合状况，在设计时可选择二次风速度为30~50m/s，具体的数值应综合考虑炉膛宽度、深度及二次风射流的穿透深度确定。

5. 炉膛出口

循环流化床锅炉炉膛出口对炉膛内气固两相的流体动力特性有很大的影响。采用特殊的炉膛出口结构，使炉膛顶部形成气垫，床内固体颗粒的内循环增加，则炉膛内固体颗粒浓度会呈倒C形分布。所以循环流化床锅炉的出口应以采用具有气垫的直角转弯出口为最佳，或采用直角转弯型式的出口，以增加转弯对固体颗粒的分离，从而增加床内固体颗粒的浓度，增加颗粒在床内的停留时间。

三、炉膛内的开孔

在循环流化床锅炉的炉膛中，除了一、二次风口外，还需要设置给煤口、脱硫剂进口、循环物料进口、排渣口、炉膛出口、各种观察孔、人孔、测试孔等。这些开孔除了能够送入锅炉燃烧需要的燃料、空气、脱硫剂、循环物料外，还要排出灰渣、烟气以及设置必要的温度、压力测点，以维持锅炉安全经济运行。炉膛内各种开孔的数量、大小和位置应该适当，尽量减少对水冷壁的破坏，使炉膛保持严密不漏风。

1. 给煤口

燃料通过给煤口进入循环流化床内。给煤口压力应高于炉膛压力以防止高温烟气从炉内通过给煤口反吹，通常将给煤口和上部的给料装置采用密封风进行密封。给煤点的位置一般布置在敷设有耐火材料的炉膛下部还原区，并且尽可能地远离二次风入口点，从而使煤中的细颗粒在被高速气流夹带前有尽可能长的停留时间。在有些循环流化床锅炉中，煤首先被送入返料装置，在进入炉膛前先进行预热，这种给煤方式对于高水分和强黏结性的燃料比较适合。

由于循环流化床内的横向混合比鼓泡流化床强烈的多，所以其给煤点的数量比鼓泡流化床锅炉要少，一般认为一个给煤点可以带 35～130t/h 负荷。如果燃料的挥发分含量高，反应活性高，则可以取低值，反之取高值。

2. 石灰石给料口

由于石灰石脱硫时的反应速率比煤燃烧速率低得多，而且石灰石结料量少，粒度又较小，所以其给料点的位置及数量不像给煤点那么关键，石灰石可以采用单独给料机或气力输送装置单独送入床内，也可以将其送入循环物料口或给煤口给入。目前国内中小容量的循环流化床锅炉普遍采用气力输送装置在给煤点附近将石灰石送入，大型锅炉将采用单独的石灰石给料装置。

3. 排渣口

循环流化床锅炉的排渣口设置在的床的底部，通过排渣管排出床层最底部的大渣。通过大渣的排放，可以维持床内固体颗粒存料量以及维持颗粒尺寸，不使过大的颗粒聚集于床层底部，因流化不好而影响循环流化床锅炉的流化不好安全运行。

排渣管布置在床层的最低点，一般可采用两种布置方式：一种是布置在布风板上，即去掉一定数量的风帽，代之以排渣管，排渣管的尺寸应足够大以使大颗粒物料能顺利地通过排渣管排出；第二种方式是将排渣管布置于炉壁靠近布风板处，这样就不需要在布风板上开孔布置排渣管，但在床面较大时，这种形式就比较难布置。目前多数采用第一种布置方式，并特别注意排渣管周围的风帽开孔适当加大，以使布风均匀。

排渣口的个数视燃料颗粒尺寸而定。当燃料颗粒尺寸较小，且比较均匀时，可采用较少的排渣口，因此此时沉底的大颗粒较少或近乎等于零，此时排渣口的个数可以等于给煤点数；但如果燃用的燃料颗粒尺寸较大，此时应增加排渣口，并在布风板截面上均匀布置，使可能沉底的大颗粒能及时从床层中排出。

经排渣口排出的颗粒温度较高，一般在其后面接灰渣冷却器以回收一部分热量和减轻热污染。也有一些循环流化床锅炉为了保证循环物料量采用分级（选择性）排渣装置将粗颗粒从床内排掉，将细颗粒送回床内参与循环。其工作原理为：当固体灰渣经过垂直管落下时，空气以一定速度由侧面进入，空气夹带细颗粒返回床层，粗颗粒克服上行的空气阻力通过垂直管排出。可以通过改变空气流速度度来改变送回床内的颗粒尺寸。

4. 循环物料进口

为了增加未燃烬碳和未反应脱硫剂在炉内的停留时间，返料口一般布置在二次风口以下的密相区内，在这一区域的固体颗粒浓度比较高，设计时必须考虑返料系统与炉膛循环物料入口点处的压力平衡关系。循环物料进口的数量对炉内颗粒横向分布有重要影响，通常一个回料器有一个回料口。为加强回料的均匀性，防止密集回料可能带来的磨损以及局部床温偏低问题，可以采用双腿回料器，以增加循环物料进口。

5. 观察孔、炉门、测试孔等

循环流化床锅炉中的观察孔、炉门、测试孔等可根据需要而设定。但应该提出的是，由于在循环流化床锅炉中炉膛采用膜式水冷壁结构，设置这些开孔时必须穿过水冷壁，存在一个水冷壁让管的问题，在让管时必须注意向炉膛外让管，而不能在炉膛内有任何突出的受热面，否则会引起严重的磨损问题。

以上所有孔口处，都可能存在突出的磨损问题，应采用措施，对这些区域进行特殊防磨处理。详细的处理措施可参阅本书第八章的叙述。

第四节 气固分离器

气固分离器是循环流化床锅炉的核心部件之一。其主要作用是将大量高温固体物料从气流中分离出来，送回燃烧室，保证燃料和脱硫剂多次循环、反复燃烧和反应。从运行机理上来讲，只有当分离器完成了含尘气流的气固分离并连续地把收集下来的物料回送至炉膛，实现灰平衡及热平衡，才能保证炉内燃烧的稳定与高效；就系统结构而言，分离器设计、布置得是否合理直接关系着锅炉系统制造、安装、运行、维修等各方面的经济性与可靠性。虽然分离器是 CFB 必不可少的关键环节，但它又具有相对的独立性和灵活性，在结构与布置上回旋余地很大。从某种意义上讲，没有分离器也就没有循环流化床锅炉（CFBB），CFBB 燃烧技术的发展也取决于气固分离技术的发展，分离器设计上的差异标志着不同的 CFB 技术流派。

循环流化床的气固分离器必须满足下列几个要求：①能够在高温情况下正常工作；②能够满足极高浓度载粒气流的分离；③具有低阻特性；④具有较高的分离效率；⑤与锅炉整体上适应，使锅炉结构紧凑。

一、分离器的种类

目前循环流化床锅炉 CFBB 使用的分离器主要分为两大类：旋风分离器和惯性分离器。一般来说，旋风分离器效率较高，体积大，而惯性类分离器效率稍为逊色，但尺寸小，使锅炉结构较为紧凑。按使用条件不同，分离器又可分为三大类，高温分离（800℃左右）、中温分离（400～600℃）和低温分离器（200～300℃），从对锅炉性能的影响上看，高温分离较为优越，原因是被烟气夹带的颗粒可以不间断燃烧，提高煤的燃烬程度，另外 CFBB 炉膛内的固体物料浓度较高，造成炉内的气相混合较差，CO 浓度较高，高温分离器内的二次燃烧可降低 CO 浓度，二次燃烧造成的升温还有利于 N_2O 的还原，降低 N_2O 排放浓度。按布置方式分内循环分离器和夹道循环分离器和炉外循环分离器。

（一）外循环分离器

典型的循环流化床锅炉普遍采用炉外循环分离器。炉外循环就是分离器布置于炉膛外部，返料立管和返料装置均在炉外。虽然个别循环流化床锅炉在炉外物料循环系统中采用过高温电除尘和布袋除尘设备分离物料，但由于体积太大，造价昂贵等原因已不再使用。目前外循环分离器普遍采用旋风分离器。旋风分离器的分离原理比较简单，一定速度（一般大于 20m/s）的烟气携带物料沿切线方向进入分离器后在分离器内做旋转运动，固体颗粒在离心力和重力作用下被分离下来，落入料仓或立管，经返料装置返回炉膛。

旋风分离器的特点是分离效率高，特别是对细小颗粒的分离效率远远高于惯性分离器，因此绝大多数循环流化床锅炉采用旋风分离设备作为物料分离器。但是该分离器体积比较庞大，采用炉外循环锅炉的厂房占地面积较大，另外大容量的锅炉因受分离器直径和占地面积的限制，往往需要布置多台分离器。如 220t/h 锅炉布置两台直径为 7m 的旋风分离器，400t/h 锅炉布置三台更大直径的分离器。因此该型分离器对于锅炉大型化存在难以布置的问题。根据分离器的工作条件，旋风分离器分为高温分离、中温分离和低温分离。

1. 高温旋风分离器

高温旋风分离器通过一段短烟道与炉膛连接，根据锅炉结构差异及分离器数量的多少，有的布置于炉室后侧，有的布置于前墙或两侧墙，但布置于炉后的较多。高温旋风分离器内烟气、物料温度高（为850℃左右），甚至在分离器内继续燃烧，另外物料在分离器内高速运转，故分离器内衬有较厚（80mm以上）的高温耐火材料，外设保温层隔热，耐火材料用量较大，所以该型分离器热惯性大，启动时间长。

应用绝热旋风筒作为分离器的循环流化床锅炉称为第一代循环流化床锅炉。德国Lurgi公司较早地开发出了采用保温、耐火及防磨材料砌装成筒身的该型分离器的CFB锅炉。Lurgi公司、Ahlstrom公司以及由其技术转移的公司设计制造的循环流化床锅炉均采用了此种形式。这种分离器具有相当好的分离性能，使用这种分离器的循环流化床锅炉具有较高的性能。据统计，目前除中国大陆外，有78%的CFB采用了高温绝热旋风分离器。但这种分离器也存在一些问题，主要是旋风筒体积庞大，因而钢耗较高，锅炉造价高，占地较大，旋风筒内衬厚、耐火材料及砌筑要求高、用量大、费用高；启动时间长、运行中易出现故障；密封和膨胀系统复杂；尤其是在燃用挥发分较低或活性较差的强后燃性煤种时，旋风筒内的燃烧导致分离后的物料温度上升，引起旋风筒内或料腿及返料装置内的超温结焦。

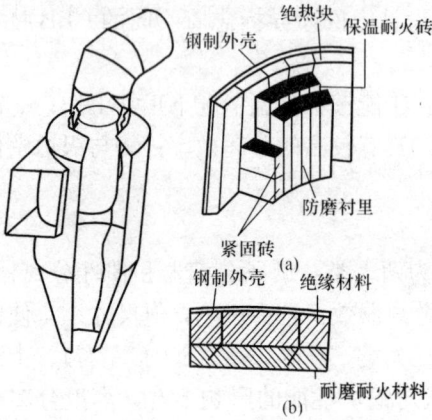

图 4-7　高温绝热式旋风分离器的筒体

旋风分离器一般由进气管、筒体、排气管、圆锥管等几部分构成。其结构尺寸包括：筒体直径、进口高度、进口宽度、排气管直径、排气管插入深度、筒体高度、总高度、排料口直径等，一般用筒体直径表示其相对大小。图4-7示出了高温绝热式旋风分离器的筒体结构，表4-6给出了目前商用循环流化床锅炉旋风分离器的主要结构尺寸与特性参数。

表 4-6　　　　　　　循环流化床锅炉旋风分离器的主要结构尺寸与特性参数

热功率(MW)　结构特性	67	75	109	124	124	207	211	230	234	327
分离器个数	2	2	2	2	1	2	2	2	2	2
筒体直径	3	4.1	3.9	4.1	7.2	7.0	6.7	6.8	6.7	7.0
单台气体流量(×10⁶m³/h)	0.175	0.19	0.285	0.325	0.54	0.55	0.55	0.6	0.61	0.85
入口流速(m/s)	43	25	41	43	23	25	27	29	30	38

进气管常采用切向进口，普通切向进口（平顶盖）结构布置方便，在循环流化床锅炉中应用具有较大的优点，因此大多采用这种方式。蜗壳式切向进口可以减小分离器的阻力，提高处理的气流量，应用也较多。排气管则有上排气与下排气两种形式，高温旋风分离器采用

上排气型式。

2. 中温旋风分离器

所谓中温分离，就是分离器入口介质温度较低，一般不高于600℃，通常布置于过热器之后。中温分离与高温分离相比，有如下几方面的特点：

（1）由于入口烟气温度较低，烟气总容积相对降低，因而旋风分离器尺寸可以减小，加之烟气颗粒浓度降低，可以提高分离器效率。

（2）由于分离器温度降低，可以采用较薄的保温层，这样可以缩短锅炉的启停时间。在保温相同的条件下，减小散热损失。

（3）采用中温分离，分离器内不会发生燃烧，也不会超温结焦。

（4）中温分离对保温材料的耐高温要求降低，可以降低成本。

（5）采用中温分离器分离下来的物料温度较低，这对抑制床层温度，防止床内发生结渣以及对负荷调整有利。

采用中温分离的最大缺点是由于分离器不像高温分离那样布置于过热器前面而是布置于过热器后面，过热器处的烟气含物料量较大，固体颗粒也较粗，增加了过热器的磨损，严重影响锅炉的安全运行。所以中温分离一般应用于低倍率循环流化床锅炉上，并且对分离器前受热面采取有效的防磨措施，以提高其使用寿命。

目前应用较多的中温旋风分离器是一种下排气分离器。采用下排气分离器是为了克服常规上排气旋风分离器结构布置与尾部烟道的布置相协调的问题。这种分离器可以缩小锅炉的外部尺寸，简化烟道布置，从而降低锅炉造价。图4-8则示出了这两种不同排气方式的分离器的布置，图4-9则示出了下排气旋风分离器的结构。

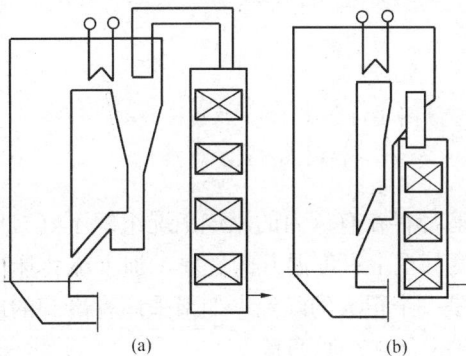

图 4-8　不同分离形式的锅炉布置
（a）上排气分离器；（b）下排气分离器

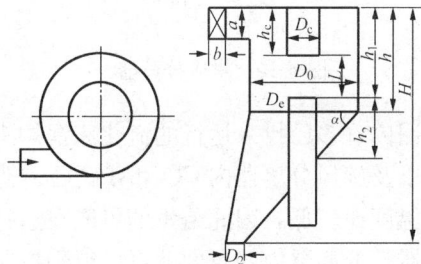

图 4-9　下排气旋风筒结构

对于低温分离器，一般布置于省煤器或空气预热器之后，分离器的工作温度一般小于300℃。采用低温分离的锅炉，实际上是飞灰回燃型鼓泡流化床锅炉，并不是真正意义上的循环流化床锅炉。

炉外物料循环所采用的旋风分离器，由于其技术成熟、分离效率高而得到普遍采用，国外95%以上的循环流化床锅炉采用旋风分离器分离循环物料。国产锅炉也在普遍采用这种分离方式。

3. 水冷、汽冷分离器

为保持绝热旋风筒循环流化床锅炉的优点，同时有效地克服该种分离器的缺陷，Foster Wheeler 公司设计出了堪称典范的水（汽）冷旋风分离器，其结构如图 4-10 所示。该分离器外壳由水冷或汽冷管弯制、焊装而成，取消了绝热旋风筒的高温绝热层，受热面管子内侧布满销钉并涂一层较薄的高温耐磨浇注料。壳外侧覆以一定厚度的保温层，内侧只敷设一薄层防磨材料，见图 4-11。水（汽）冷旋风筒可吸收一部分热量，分离器内的物料温度不会上升，甚至略有下降，较好地解决了旋风筒内侧的结焦问题。这样，高温绝热型旋风分离循环流化床的优点得以继续发挥，缺点则基本被克服。

图 4-10 水冷分离器

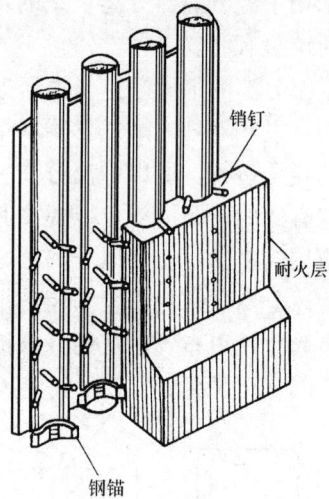

图 4-11 水（汽）冷旋风分离
器耐火材料示意

从国内许多已投入运行的流化床锅炉来看，普遍都存在有床内的燃烧工况组织不好、床温偏高以及旋风分离器内 CO 和残碳后燃造成数十度甚至上百度温升的现象，加上流化床中的结焦温度比较低，因此结焦的可能在运行中始终是一个很大的隐患。如果采用有冷却的旋风分离器，分离器内的温度就可以得到控制，从而消除了结焦的危险。

水冷或汽冷的旋风分离器与不冷却的钢板卷成的旋风筒制造成本基本相当，考虑到前者所节省的大量的保温和耐火材料，最终的实际成本有所下降。此外它还减少了散热损失，提高了锅炉效率。另外由于保温厚度的减少，可以提高启停速度，启停过程中床料的温升速率不再取决于耐火材料，而主要取决于水循环的安全性，使得启停时间大大缩短。以一台高温绝热旋风筒的 75t/h 锅炉为例，采用两根油枪床下点火，一般设计每小时耗油量为 600kg 左右，启动时间在 6h 左右。如果将分离器做成汽冷或水冷的，只要 2～3h 就足够了，这样每次启动都可以节省 1～3t 的轻柴油。

当然，任何一种设计都难以尽善尽美，FW 式水（汽）冷旋风分离器的问题是容易造成飞灰可燃物升高，制造工艺复杂，生产成本过高，缺乏市场竞争力，这使其商业竞争力下降，通用性和推广价值受到了限制。

4. 方形分离器

为克服水（汽）冷旋风筒制造成本高的问题，芬兰 Ahlstrom 公司创造性地提出了 Pyroflow Compact 设计构想，采用其独特专利技术的方形分离器。分离器的分离机理与圆形旋风筒本质上无差别，壳体采用水（汽）冷管壁式，但因筒体为平面结构而别具一格。它与常规循环流化床锅炉的最大区别是采用了方形分离器装置，分离器的壁面作为炉膛水冷壁水循环系统的一部分，因此与炉膛之间免除了热膨胀节。同时方形分离器可紧贴炉膛布置，从而使整个循环流化床锅炉的体积大为减少，布置显得十分紧凑。此外，为防止磨损，方形分离器水冷表面敷设了一层薄的耐火层，这使得分离器起到传热面的作用，并使锅炉启动和冷却速率加快。

Ahlstrom 公司的方形分离器设计推出之后，立即引起了广泛的重视，人们对该技术一直持观望态度。但经过 5 年的多台锅炉的运行实践，已被人们所接受，Foster Wheeler 公司和 Ahlstrom 公司合并后即将方形分离器循环流化床锅炉作为大型化方向予以重点发展。时至今日，Foster Wheeler 公司采用方形分离器技术的紧凑型循环流化床锅炉已有 68～1025t/h 的多台锅炉成功运行，600MW 容量的紧凑布置 CFB 已经完成设计。

1993 年清华大学取得了"水冷异型分离器"专利，并应用到 75t/h 完善化循环流化床锅炉上，取得成功。该分离器是四周用膜式水冷壁组成的方形分离器，但烟气入口和水冷壁管弯制成圆弧形段，这一结构使分离器的造价降低，有效地克服了绝热旋风分离器的后燃结焦问题和圆形水（汽）冷旋风分离器的制造成本问题。国内采用方形分离器的 220t/h、410t/h 循环流化床锅炉设计已完成。

（二）内循环分离器

内循环分离器是指布置在炉膛内的物料循环分离器，绝大多数物料在被流化上升过程中由分离器捕捉分离下来，回落到炉膛下部继续燃烧。采用内循环方法的物料分离器主要有异型槽钢分离器和百叶窗分离器。

1. 异型槽钢分离器

异型槽钢分离器布置于炉膛上部（见图 4-12），属于惯性分离器。槽钢的两边不是直角边，而是向内倾斜（见图 4-13）。异型槽钢在炉膛顶部采用错列倾斜布置，当物料随烟气上

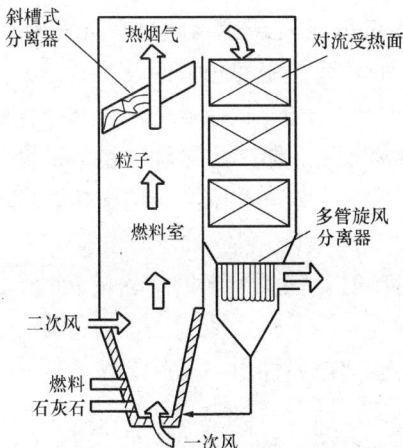

图 4-12 异型槽钢分离器布置位置

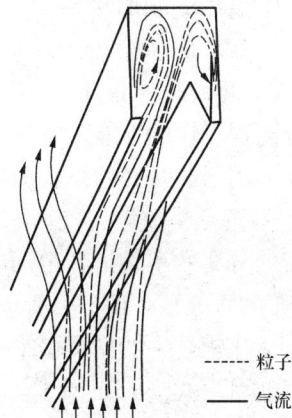

图 4-13 异型槽钢分离器示意

升时进入分离器，由于烟气和物料密度差别很大，惯性不同，一部分物料进入异型槽钢内，实现与烟气的分离，另一部分细小颗粒随烟气从第一排异型槽钢缝隙继续上升，进入第二排槽钢中再分离。由于分离器倾斜布置，大多数的物料沿异型槽钢返回炉内循环，反复燃烧。该分离器结构简单、容易布置，同时由于炉内分离，不需要回料装置，运行中不需要操作。

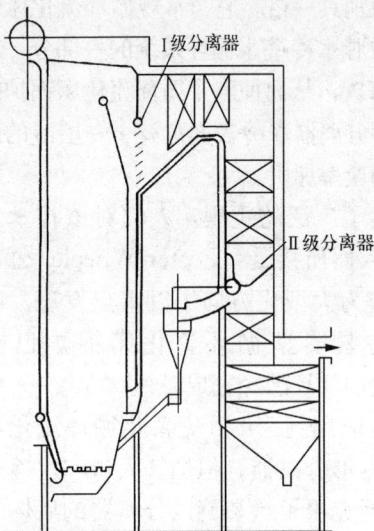

图 4-14　百叶窗分离器的布置位置
Ⅰ—百叶窗分离器；Ⅱ—旋风分离器

但由于异型槽钢分离器直接布置在炉膛内，环境温度高，物料冲刷、磨损严重，为避免分离器烧坏变形和减小磨损，必须采用优质耐热钢材制造，成本很高。另外该分离器分离效率不高，目前仅应用于小容量循环流化床锅炉上。

2. 百叶窗分离器

百叶窗式分离器是由一系列的平行叶片（叶栅）按一定倾角组装而成的，其叶片分为平板型和波纹型。波纹型叶片效率高于平板型，因此目前采用百叶窗分离器的循环流化床锅炉均采用波纹型叶片。图 4-14 示出了百叶窗分离器的布置位置。百叶窗分离器的分离原理是：从入口进入的含尘气流依次流过叶栅，当气流绕流过叶片时，尘粒因惯性的作用撞在叶栅表面并反弹而与气流脱离，从而实现气固分离，被净化的气体从另一侧离开百叶窗分离器。为了提高分离效率，此分离装置一般与其他型式的分离装置组合使用。由于百叶窗分离器布置于炉膛出口，温度在 850℃左右，属于高温分离，另外为了降低物料对叶片的磨损，因此分离器叶片一般由碳化硅或其他高温耐火材料制成。要在循环流化床锅炉中得到充分应用，尚需继续研究许多实际课题。

二、分离器的性能指标及其影响因素

CFBB 分离器的主要性能指标仍是分离效率。分离器必须具有足够高的效率，一是提供足够的循环物料，二是收集细碳粒送回炉膛再燃烧，提高燃烧效率。CFBB 循环物料的主体是 200～300mm 的颗粒，设计的分离器不但对此粒径有极高的分离效率（>99%），d_{c50} 还应尽量小，以提高碳的燃尽率。CFBB 飞灰含碳量分析发现，含碳量在某一粒径时达到峰值，随后又下降，这一峰值对应的粒径与分离器的效率是密切相关的。

（一）分离器的性能指标

评价分离器工作的性能，有各种指标，如分离效率、阻力、处理气量、投资和运行费用等。在选择分离器时，必须综合加以考虑，其中以分离效率和阻力这两项指标最为重要。

1. 分离器的分离效率

分离器的分离效率是指含尘气流在通过分离器时，捕集下来的物料量 m_c 占进入分离器的物料量 m_i 的百分数，即 $\eta = m_c/m_i \times 100\%$。

循环流化床锅炉中的循环倍率确定后，只要已知燃料性质、飞灰份额、飞灰含碳量，则分离器效率就可由式（4-1）计算，即

$$\eta = \frac{R}{R + A_{ar}\alpha_{fh}/(1-C_{fh})} \tag{4-1}$$

例如，当燃料灰分 $A_{ar}=32.48\%$，飞灰份额 $\alpha_{fh}=50\%$，飞灰含碳量 $C_{fh}=5\%$，循环倍率 R 为 20 时，要求的分离效率应该达到 99.15%。分离效率是衡量分离器分离气流中固体颗粒的能力。它除了与分离器的结构尺寸有关外，还取决于固体颗粒的性质、气体的性质和运行条件等因素。因此，分离效率不宜简单地用做比较分离器自身性能的指标，只有针对具体的处理对象和运行条件等才有意义。

为了进一步表明分离器的分离性能，还经常采用分级效率的概念。分级效率是指分离器对某一粒径颗粒的分离效率。由于分级效率 $\eta(d_i)$ 是对某一粒径 d_i 而言的，与进口物料的粗细无关，只取决于分离器及该颗粒的自身性质，因此更适于用来描述分离器的性能。

已知进口物料的粒度分布 $f(d_i)$，则分离效率与分级效率的关系可以表示为

$$\eta = \sum_0^\infty \eta(d_i) f(d_i) \text{ 或 } \eta = \int_0^\infty \eta(d_i) f(d_i) d(d_i) \tag{4-2}$$

显然，分离器的分离效率与颗粒的直径有关，粒径愈大，分离效率愈高。也可用分离粒径来评价分离器的性能。当分级效率为 100% 时的颗粒直径称为全分离粒径 d_{c100}，或称临界粒径；当分级效率为 50% 时的颗粒直径称为半分离粒径 d_{c50}，或称分割粒径。分割粒径 d_{c50} 是描述分离器的分离效率的指标，分割粒径越小，表示能分离下来的颗粒直径越小，即表示分离器的性能越好。

2. 分离器的阻力

阻力是评价分离器性能的另一重要技术指标。它表示气流通过分离器时的压力损失，是衡量分离器的能耗和运行费用的一个指标。通常，分离器的阻力 Δp_{SP} 是以分离器前后管道中气流的平均全压差来表示的。

分离器的阻力不仅取决于其自身的结构尺寸，还与运行条件等有关。为方便起见，常引入阻力系数 ζ，分离器阻力表示为

$$\Delta p_{SP} = \zeta \rho_g u^2 / 2 \tag{4-3}$$

可见，阻力与速度 u 的平方成正比。阻力系数与分离器的结构尺寸有关，结构一定，则阻力系数为一常数。

通常，分离器分离效率的提高是以阻力增加为代价的。但可以通过优化分离器的结构尺寸，保证其具有较高的分离效率而同时具有较低的阻力，即以最小的能量消耗，达到最佳的分离效果。

（二）影响分离器性能的有关因素

与传统除尘技术中的除尘器相比，循环流化床锅炉气固分离器的运行条件有很大的不同。通常，循环流化床锅炉分离器所处理的烟气流量大，温度高，颗粒浓度高，粒径也相对较大，这对分离器的分离性能产生了很大的影响。

1. 烟气入口流速对分离器性能的影响

分离器入口烟气流速 u 对分离器的分离效率和阻力都有很大影响。从理论上讲，旋风或惯性分离器的阻力都是与入口气体流量或流速的平方成正比的，但实际上略有偏差。试验研究表明，阻力与流量或流速大约成 1.5～2.0 次方的关系，与分离器的结构尺寸及测试条件等有关。通常，在没有确切试验数据的情况下，认为阻力与流速的平方成正比。

分离器的分离效率受流速的影响很大。一般来说，分离器进口流速越高，分离效率越高，阻力也越大。但当流速过高，超过一个特定值时，随进口流速的提高，分离效率反而下

降。对旋风和惯性分离器而言，对某一特定的颗粒，通常存在一个最佳的入口流速。超过这一流速，气流的湍动程度增大很多，会造成严重的二次夹带，即湍流的影响大于分离作用，致使分离效率降低。研究表明，这一最佳值与分离器的结构型式和尺寸、气固两相的物性等有关。一般取进口风速大于 18m/s，最高不超过 35m/s。

2. 温度对分离器性能的影响

循环流化床锅炉中分离器一般都在较高的温度下运行，温度对分离器性能的影响是一个较为重要的问题。这种影响是通过温度对烟气密度和烟气黏度的影响来体现的。

温度对分离效率有较大的影响。气体温度升高，则黏度增加，使得颗粒更难从气流中分离出来，因此分离效率随黏度的增加而降低。虽然气体密度对分离效率也有影响，但通常烟气密度与颗粒密度相比，前者值甚小，其影响可以忽略，除非压力或烟气密度很高，才加以考虑。因此，烟气温度升高，分离器的分离效率下降。有数据表明，某旋风分离器，当温度为 20℃时，对于粒径为 $10\mu m$ 的颗粒分离效率为 84%，而在 500℃时分离效率仅为 78%。

温度对阻力有较大的影响。气体的密度与温度成反比。由式（4-3）可知，分离器的阻力与气体密度 ρ_g 成正比，即与气体温度成反比。因此，温度升高，阻力下降。而气体黏度的影响通常可以忽略。

3. 颗粒浓度对分离器性能的影响

入口颗粒浓度对分离器性能的影响较大。气流流过分离器时所产生的阻力主要包括：气流的收缩与膨胀、器壁的摩擦、旋涡的形成以及旋转动能转化为压力能等引起的能量耗散。不同结构型式的分离器，上述部分阻力的贡献有所不同。在较低的颗粒浓度下，随浓度的增加，通常阻力是降低的。而当颗粒浓度超过某一特定值时，随浓度的增加，阻力却增加。颗粒浓度对旋风分离器阻力的影响十分复杂，是多种因素综合作用的结果。其临界浓度的数值与分离器的结构型式、尺寸以及运行条件等有关。

颗粒浓度对分离效率的影响也存在类似的规律，即存在一临界浓度值，低于该值时，随浓度的增加，分离效率增加，高于临界值后，分离效率将随浓度的增加而降低。该临界值也与旋风分离器的结构型式、尺寸和运行条件等有关。

需要说明的是，尽管分离器的分离效率会随入口颗粒浓度的增加而增加，但增长速度却远不及浓度的增加。因此，出口颗粒浓度总是随入口颗粒浓度的增加而增大的。

4. 颗粒粒度和密度对分离器性能的影响

颗粒的粒度分布是影响分离器分离效率的最重要因素之一。对于旋风和惯性分离器，颗粒所受到的分离作用力与阻力之比随颗粒粒度的增加而增大，因此大颗粒比小颗粒更容易从气流中分离。同样的道理，随颗粒密度的增加，分离效率提高。特别是当粒度较小时，密度的变化对分离效率的影响大，而当粒度较大时，密度变化对分离效率的影响变小。

颗粒粒度对分离器的阻力影响很小，可以忽略。

5. 旋风分离器结构参数对性能的影响

旋风分离器各部分参数是相互联系的，不宜孤立看待它们对分离器性能的影响，应加以兼顾，综合考虑。通常，分离器进口宽度和进口形式、中心管插入长度和直径、筒体直径等对分离器性能影响很大。

（1）分离器进口宽度和进口形式的影响。在风速一定时，随着分离器进口高宽比的增加，分离效率会略有增加，而压力损失也会增加。通常取分离器进口宽度为分离器直径与排气管直径差的一半，即 $(D-D_e)/2$，高宽比 $a/b=2\sim3$。

高温旋风分离器进口形式有切向和蜗壳两种，切向进口简单，而蜗壳进口虽结构复杂一点，但可以使气固混合物平滑进入分离器，减小了气固混合物对筒体内气流的撞击和干扰，因此，分离效率较高，而阻力损失相对较小，是一种比较理想的进口形式。

（2）中心管长度和直径的影响。由于旋转气流和颗粒在中心管与壁面之间运动，因此中心管插入深度直接影响旋风分离器性能。随着中心管长度的增加，分离效率提高，当中心管长度大约是入口管高度的 $0.4\sim0.5$ 倍时，分离效率最高，随后分离效率随着中心管长度的增加而降低。中心管插入过深会缩短排气管与锥体底部的距离，增加二次夹带机会；而插入过浅，会造成正常旋流核心的弯曲，甚至破坏，使其处于不稳定状态，同时也容易造成气体短路而降低分离效率。

中心管长度对压力损失也有影响。中心管过长、过短，压力损失都增加，而当中心管长度为入口管高度的 $0.4\sim0.5$ 倍时，压力损失最小，此时分离效率也最高。

一定范围内，排气管直径越小，旋风分离器效率越高，但压力损失也越大。一般取 $D_e/D=0.3\sim0.5$。

（3）筒体直径对分离器性能的影响。圆筒体直径对分离效率有很大影响。筒体直径越小，离心力越大，分离效率越高。筒体直径一般应根据所处理的气流量而定。在循环流化床锅炉中，由于烟气量很大，筒体直径通常很大，最大达 9m。筒体直径增大，要保证足够高的分离效率，进口流速要相应提高。但由于阻力正比于进口流速的平方，要控制阻力，进口流速也不能太高，因此限制了圆筒体直径的增加。这时可考虑几个分离器并联使用，以满足对分离效率和阻力的设计要求。并联时，每一分离器的直径减小，分离效率提高，但应当保证气流在并联的各分离器中的均匀分布，否则会使总分离效率降低。

三、分离器的选型

分离器是循环流化床锅炉的关键部件。其选型与设计通常应作为循环流化床锅炉设计的一个重要组成部分。不同类型的循环流化床锅炉，多是以采用的分离装置不同为特征的。因此，分离器的选型是与锅炉的选型紧密地联系在一起的。

原则上，分离器的选型应进行综合技术经济比较，得出最佳方案。可以根据分离器的运行条件，特别是对循环倍率和系统能耗的要求来确定所选用分离器的类型。通常，对于较低的循环倍率，采用合适的惯性分离器就可以满足对分离效率的要求，这时，可以获得较低的压力损失或系统能耗，结构简单、投资和运行维护费用低等益处。对于较高的循环倍率或较小的颗粒粒度，则往往需采用合适的旋风分离器或多级惯性分离器方能满足循环倍率对分离效率的较高要求，这时不得不以增加分离器的阻力或系统能耗等为代价。

大型循环流化床锅炉，由于结构布置上的困难，可以选用多个旋风分离器并联运行方式。

第五节　固体物料返料装置

循环流化床锅炉返料装置的基本任务是将分离器分离下来的高温固体颗粒稳定地送回压力较高的燃烧室内，并且保证气体反窜进入分离器的量为最小。返料装置是关系锅炉燃烧效率和运行调节的一个重要部件，其工作的可靠性对循环流化床锅炉的安全经济运行具有重要影响。循环流化床锅炉运行时，大量固体颗粒在燃烧室、分离器和返料装置以及外置式换热器等组成的固体颗粒循环回路中循环。一般循环流化床锅炉的循环倍率为 $5\sim20$，也就是说有 $5\sim20$ 倍给煤量的返料灰需要经过返料装置返回燃烧室再次燃烧。同时，运行中返料量（循环倍率）的大小依靠返料装置来调节。而返料量的大小直接影响到锅炉的燃烧效率、床层温度以及锅炉的负荷。

一、返料装置的作用及其分类

固体颗粒循环量决定着床内固体颗粒浓度，固体颗粒浓度对循环流化床的燃烧、传热和脱硫起很大的作用，所以保证循环物料的稳定流动是循环流化床正常运行的基础。固体物料返料装置应当满足以下基本要求：

（1）物料流动稳定。由于循环的固体物料温度较高，返料装置中又有充气，在设计时应保证物料在返料装置中流动通顺，不结焦。

（2）气体不反窜。由于分离器内的压力低于燃烧室的压力，返料装置将物料从低压区送到高压区，必须有足够的压力来克服负压差，既起到气体的密封作用而又能将固体颗粒送回床层。对于旋风分离器，如果有气体从返料装置反窜进入，将大大降低分离效率，从而影响物料循环和整个循环流化床锅炉的运行。

（3）物料流量可控。循环流化床锅炉的负荷调节很大程度上依赖于循环物料量的变化，这就要求返料装置能够稳定地开启或关闭固体颗粒的循环，同时能够调节或自动平衡固体物料流量，从而适应锅炉运行工况变化的要求。

为满足上述基本要求，返料装置一般由料腿和阀两部分组成。料腿的主要作用是形成足够的压力来克服分离器与炉膛之间的负压差，防止气体反窜；而阀则起调节和开启或关闭固体颗粒流动的作用。在各种类型的返料装置中，料腿的差别不是很大，主要的差别是在阀的部分。

返料装置中的阀有机械阀和非机械阀两大类。机械阀靠机械构件动作来达到控制和调节固体颗粒流量的目的，如球阀、蝶阀、闸阀等。但由于循环流化床锅炉中的循环物料温度较高，阀需在高温下工作，阀内流过的又是固体颗粒，机械装置在高温状态下会产生膨胀，加上固体颗粒的卡塞，同时由于固体颗粒的运动，对高温下工作的阀产生严重磨损，所以在循环流化床锅炉中很少采用机械阀。

非机械阀采用气体推动固体颗粒运动，无需任何机械转动部件。由于非机械阀无运转部件，所以它结构简单、操作灵活、运行可靠，从而广泛地应用于循环流化床锅炉。非机械阀依其功能可以分为三大类：第一类为可控式非机械阀，主要形式包括L阀、V阀、换向密封阀、J阀、H阀等（见图4-15）。这种阀不但可以将颗粒输送到主床，可以开启和关闭固体颗粒流动，而且可以控制和调节固体颗粒的流量。第二类为通流型非机械阀，主要形式包括流动密封阀、密闭输送阀、N阀等（见图4-16）。这种阀通过阀和料腿自身的压力平衡自动地平衡固体颗粒的流量，对固体颗粒流量的调节作用很小，但该类型阀的密封和稳定性能很好，可以有效的防止气体反窜。除了上述两种形式外，外置式换热器由于兼有返料阀和换热器的功能，可以看成是第三类的返料装置。

二、料腿

料腿的任务主要有：①将固体颗粒从低压区送到高压区；②防止气体向上窜气。因此它在循环系统中起着压力平衡的重要作用。

由于循环流化床锅炉中分离装置多采用旋风分离，即使少量的气体从料腿中漏入分离

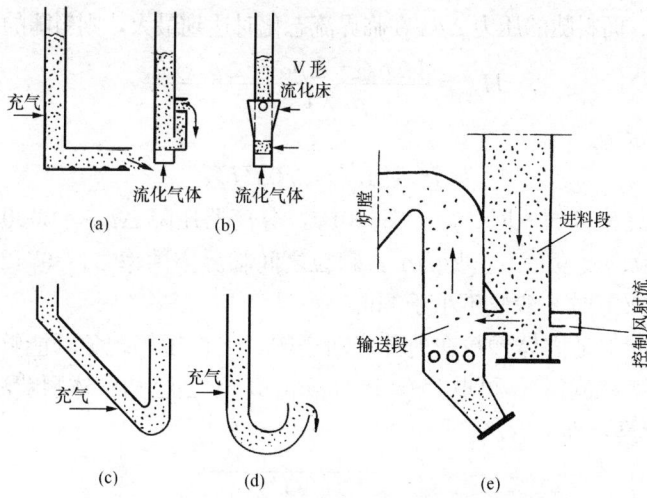

图 4-15　可控式非机械阀示意

（a）L 阀；（b）V 阀；（c）换向密封阀；（d）J 阀；（e）H 阀

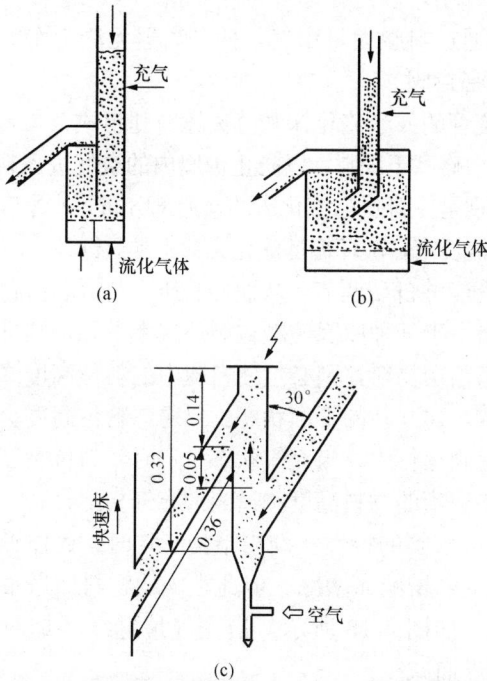

图 4-16　通流型非机械阀

（a）流动密封阀；（b）密闭输送阀；（c）N 阀

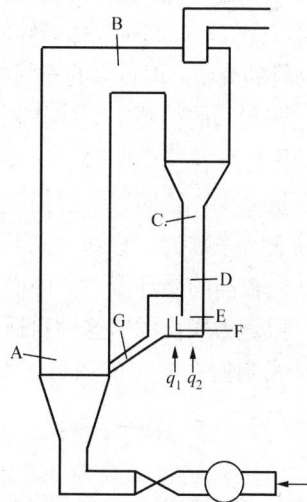

图 4-17　循环回路

器，也会对分离器内的流场造成不良影响，降低分离效率。所以在循环流化床锅炉中一般采用非流态化式（即移动床式）料腿。

　　料腿的设计主要根据循环回路的压力特性和循环物料量确定料腿的直径和高度。如图 4-17 所示的循环回路中，料腿的压力 Δp_{CE} 需平衡循环流化床的压降 Δp_{AB}、分离器压降 Δp_{BC} 和回送装置阀部分的压降 Δp_{EA}。而料腿的压力 Δp_{CE} 在临界流态化时达到最大，则料腿的最小高度为

$$H_{min} = \frac{(\Delta p_{AB} + \Delta p_{BC} + \Delta p_{EA})_{max}}{\rho_p (1 - \varepsilon_{mf}) g} \tag{4-4}$$

实际设计时，可取

$$H = (1.5 \sim 2.0) H_{min} \tag{4-5}$$

例如，当循环流化床的压降 $\Delta p_{AB} = 8000\text{Pa}$，分离器压降 $\Delta p_{BC} = 3000\text{Pa}$，回送装置压降 $\Delta p_{EA} = 500\text{Pa}$，颗粒密度 $\rho_p = 1800\text{kg/m}^3$，颗粒之间临界空隙率 $\varepsilon_{mf} = 0.42$ 时，料腿的最小高度为 1.12m。实际取值时一般应不小于 2m。

料腿的直径应能保证固体颗粒在内部流动通顺，无搭桥等现象，能够达到足够的固体颗粒流量。一般固体颗粒流速 u_p 可取为 $0.3 \sim 0.5\text{m/s}$，则当已知固体颗粒流率 G_s 时，料腿直径可用式（4-6）计算，即

$$d = \sqrt{\frac{4G_s}{\pi (1 - \varepsilon) \rho_p u_p}} \tag{4-6}$$

式中的空隙率 ε 可以采用颗粒堆积空隙率来进行计算。

三、流动密封阀

可控式非机械阀有比较好的控制和调节作用，但是在循环流化床锅炉实际运行中如果操作不当，可能导致料腿不稳定、吹空，以至通过料腿大量窜气，使分离器无法工作等。目前国内外循环流化床锅炉普遍采用通流式流动密封阀。

流动密封阀（也称 U 型阀）由一个带溢流管的鼓泡流化床和分离器料腿组成，二者之间有一个隔板，采用空气流化。流动密封阀内的压力略高于炉膛，以防止炉膛内的空气进入料腿。在料腿内可以充气，以利于固体颗粒的流动。特别是在料腿与流化床的连通部布置水平喷嘴，更有利于物料的流动。但过多的充气可能会使气流反窜，破坏循环流化床的正常运行。

流动密封阀的料腿中固体颗粒的料位高度能够自动调节，从而使其压力与流动密封阀的压降及驱动固体颗粒流动所需的压头相平衡。当由于某种原因使颗粒循环流率下降，则进入料腿中的物料量减少，若回料装置仍以原来的流率输送物料，则必然使料腿中的料位高度降低，从而导致输送流率减少，直到与循环流率相一致，建立新的平衡状态。反之，料位高度会自动升高，以适应较高的循环流率。因而，流动密封阀运行中，当充气状态一定时，料位高度可以自动适应，但是为变化的。这种自适应能力需要适当的物料高度和适当的充气相配合。

流动密封阀在一定的运行工况下，具有可控阀的特性。即当结构一定时，固体颗粒流率随充气量的增减而增减。但此类阀的物料回送量有一个最大值。如图 4-18 所示，当充气量继续增加时，输送物料量反而减少。

流动密封阀的长度方向可以用隔板分成两个或更多个分室，在隔板底部开口使固体颗粒可以在各分室中流动，开口可覆盖整个流动密封阀的宽度，其高度根据固体颗粒水平流速 u_h 确定，一般可选择 u_h 为 $0.05 \sim 0.25\text{m/s}$。根据试验结果，高度越小，流动密封阀的固体颗粒流量越小，但流动的可控性和稳定性越好。

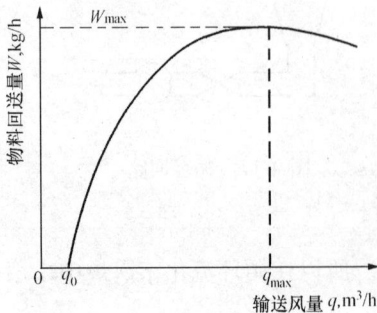

图 4-18 流动密封阀的输送特性

与料腿相比,流动密封阀的出口管中固体颗粒流速更高,但固体颗粒浓度会更低,所以其截面至少应等于料腿的截面尺寸,并且其倾斜角至少应超过堆积角(一般应大于55°)。如果循环物料量很大,为了减少炉膛内固体颗粒入口处的浓度,应该采用如图 4-19 所示的裤衩管形式。

为了防止返料器的布风板受热而发生挠曲变形,应在布风板上敷设一定厚度的耐火层和隔热层,其厚度一般为50~80mm。在回料器的四周和顶部内侧也要敷设耐火层和隔热层,其厚度应根据所输送物料的温度和耐火隔热材料的性质确定。用钢板将整个返料器密封,保证返料器有足够的刚度和密封性能。在返料器顶部还应开一个检修孔,以便在停运时捡出返料器中的小渣块。

流动密封阀易于实现大型化。只要结构上稍加改变即可输送较细或较粗的物料,只要适当改变充气量就可调节固体颗粒流量。设计合理、运行正确的流动密封阀可以非常稳定地运行。但流动密封阀的结构稍微复杂,如果设计不当,在阀内可能出现未燃尽碳的复燃,造成结焦。

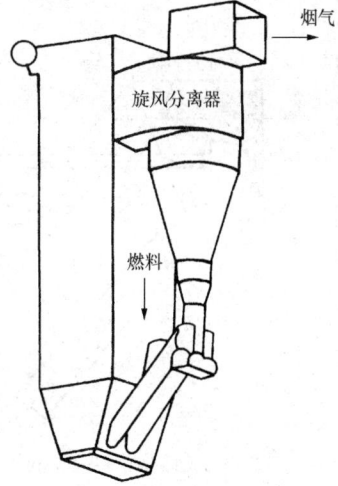

图 4-19 回料裤衩管

四、外置式流化床换热器 (EHE)

在循环流化床中,燃料燃烧产生的热量一部分由高温烟气带至尾部受热面,由尾部受热面吸热,但高温烟气不可能带走全部热量,这一般采用如下几种主要的方法解决:①在炉膛内布置水冷壁和隔墙,如 Ahlstrom 公司的循环流化床锅炉;②在炉膛内布置部分受热面,在固体颗粒循环回路上再布置外置式流化床换热器,如 Lurgi 的循环流化床方案。这两种方案均有大量的商用炉在运行,运行结果表明均是可行的。

外置式流化床换热器简称外置式换热器,主要靠调节进入外置式换热器的固体颗粒流量和直接返回燃烧室的固体物料流量的比例来调节流化床床温。这虽然在结构上增加了复杂性,但床温调节比较灵活,而且使燃烧与传热相分离,可以使二者均达到最佳状态。根据报道,如果将过热器或再热器布置在流化床换热器中,则汽温调节比较灵活,甚至无须喷水减温调节汽温。典型的Lurgi 外置式换热器的布置位置见图4-1。

外置式换热器不是循环流化床锅炉的必备部分,它本身的功能是一个受热面或者兼有回送功能的受热面。一般在外置式换热器内按温度的不同布置不同形式的受热面,各受热面之间可以用隔墙隔开,如图 4-20 所示,在外置式换热器内依次布置过热器、再热器和蒸发受热面。

从图 4-1 中可以看出,Lurgi 循环流化床方案是将分离的高温物料先分成两路,一路采用流动密封阀直接将高温物料送回床层,另一路通过分流将高温物料送入外置式换热器冷却后,然后再送回床层,外置式换热器本身也兼作返料装置。在这种方案设计中,固体物料进入外置式换热器的量采用一个机械阀来控

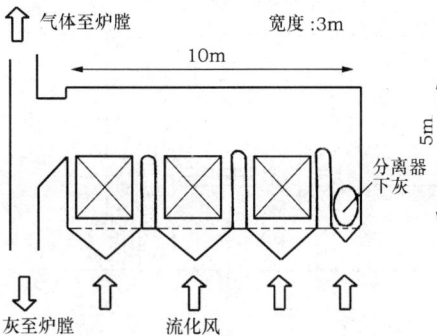

图 4-20 外置式流化床换热器结构

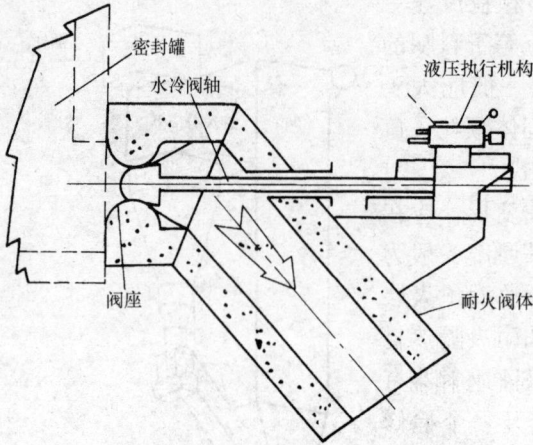

图 4-21　固体物料分流的机械阀结构

制，如图 4-21 所示。

外置式换热器实际上是一个细颗粒的鼓泡流化床，流化风速在 1m/s 左右，流化床内的固体颗粒直径为 0.1～0.5mm 左右，只要布置适当，受热面的磨损根据运行经验并不是很严重。

外置式换热器内的传热系数可以采用常规鼓泡流化床的传热系数的计算方法进行计算。

有关外置式换热器的具体结构设计，主要是考虑受热面的布置即进行上述的传热计算以及固体颗粒流动的设计。如果在外置式换热器中布置了不同种类的受热面，流化床内应采用分隔墙分隔出不同床温的区段，以达到最佳的传热效果。

在外置式换热器的设计中，由于需布置受热面，所以外置式换热器的床层面积一般都比仅作返料用的回送装置大。虽然流化风速不高，但总风量还是比较大的，所以在外置式换热器上部总是布置有空气旁通管道，将流化空气直接引入炉膛的稀相区。一方面保持外置式换热器的压力稳定，使床内流动不产生脉动；另一方面使这股热空气作为二次风或三次风使用，以提高锅炉的整体效率。

五、带有整体化循环物料换热床（INTREX）的结构及运行方式

INTREX 与 EHE 很相似，但在结构上却经过深思熟虑的开发，运行起来非常灵活，也非常可靠，图 4-22 为典型的 INTREX 布置位置，图 4-23 所示为 INTREX 的运行方式。

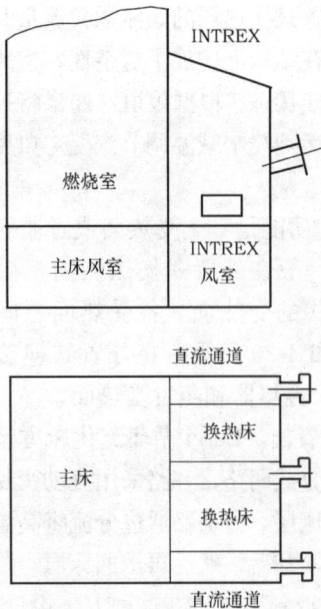

图 4-22　INTREX 布置位置

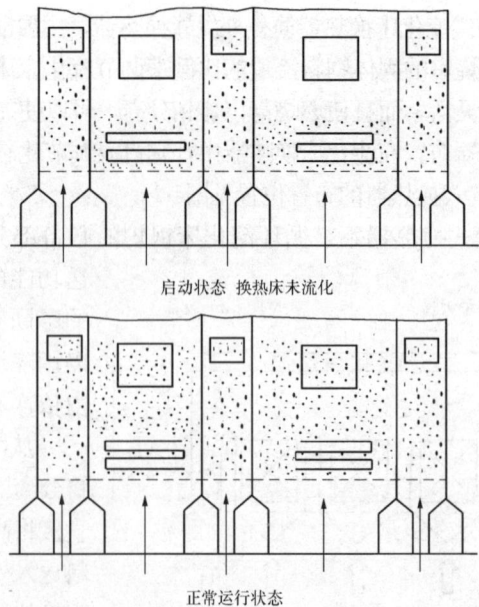

图 4-23　INTREX 运行状态

由图 4-22 的俯视图可以看出有短路流化通道三条，两个换热床中分别装设过热器受热面及再热器受热面的一部分。从图 4-22 的立面图可以看出短路流化通道各有标高较高的溢流口，两个换热床有标高略低些的溢流口，短路流化通道与换热床之间的隔墙上都有连通窗口。短路流化通道、换热床下都设有布风板、风帽，下面的风室则是分开的，可分别调节其流化风量，来使其上的物料堆积、压实或流化。

INTREX 中采用较复杂结构的目的是：

（1）启动时分离出的物料不受到冷却，直接送回主床，使升温快，启动快。

（2）启动时，还无足够蒸汽流过换热床中的过热器、再热器等受热面，须在此时保护它们不受到加热。

（3）启动后可灵活地调节流入换热床的固体物料量及短路直接流入主床的物料量，以调节主床温度。

由图 4-23 可以看出不同的运行方式。锅炉起动时，换热床中受热面还无足够的蒸汽流过，不需加热，希望物料不经换热床冷却，而短路直接流入主床，以使床料升温。此时，换热床不通风流化，使其中物料沉积、压实，堵死隔墙上的联通口，该部分物料不流动；而短路流化通道则进行通风流化，物料通过溢流口流入主床。

正常运行时，两个换热床也通风流化，隔墙上的联通口畅通，物料根据流化料位的高低，流入换热床，需要时，也可将一部分物料直接流入主床，因此调节是灵活的。此外该装置没有与气固两相流接触的调节阀，没有磨损问题，使设备运行可靠。这是 FW 公司的专利，也是大型带再热器的 FW 型 CFB 锅炉的优点之一。

第六节 过热器和尾部受热面

循环流化床锅炉中的过热器、省煤器、空气预热器等对流受热面与常规锅炉基本相同，其主要不同之处在于受热面的布置上有其一定的特殊性。在循环流化床锅炉中进入对流受热面（离开固体颗粒循环回路，相当于煤粉炉炉膛出口）的烟气温度比煤粉炉低，对流受热面的传热份额相对较小，而主循环回路内的传热份额较大，这就使得在大容量、高参数锅炉中，必须在主循环回路上布置过热或再热受热面，一般采用外置式流化床换热器或炉内布置屏式受热面。对于省煤器和空气预热器，由于流过这些受热面的固体颗粒浓度较高，应采取特殊的防磨措施，其他均与常规锅炉相同。

一、过热器和再热器

1. 屏式过热器

大型循环流化床锅炉在炉膛中可设置屏式过热器，以弥补对流受热面传热量的不足。循环流化床锅炉与常规煤粉炉屏式过热器的最大区别是考虑受热面的磨损问题。Ahlstrom 公司采用了一种 Ω 管式的受热面（见图 4-24），外形呈方形结构，这种结构可以有效地防止沿气流方向后面部分受热面的磨损。运行经验表明，这种屏式受热面可以长期运行而磨损不大。屏式受热面也可

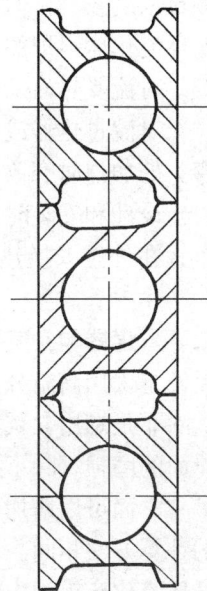

图 4-24　屏式受热面 Ω 管

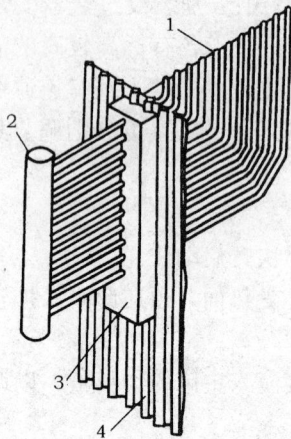

图 4-25　屏式受热面结构
1—翼形管；2—联箱；
3—穿墙结构；4—水冷壁

以采用如图 4-25 所示的结构。为了保证磨损余量，屏式受热面的管束选用厚壁管，最下面的管子附加有保护钢箍和钢板，管束穿过炉膛水冷壁的筋板处焊有套管，以使管束可以自由膨胀。为了防止屏式受热面的固有频率与燃烧室的激振频率接近时出现共振，各管屏之间采用 U 形弯管连接。

采用 Ω 管的防磨效果较好，运行安全，但其制造工艺较复杂一些，Ω 管需要定制。

2. 对流过热器及再热器

对于采用高温分离型的循环流化床锅炉，对流过热器与常规煤粉锅炉过热器相同，只是重点需要考虑磨损问题；但对于中温分离或组合分离型的循环流化床锅炉，过热器或再热器的设计有其特殊之处，主要原因是由于过热器或再热器区域的固体颗粒浓度很高，对过热器的传热和磨损有明显影响。

固体颗粒浓度的影响首先表现在传热计算上。目前的锅炉热力计算标准中，辐射换热计算考虑了固体颗粒的存在对辐射换热的影响，而在对流换热计算中，没有考虑颗粒的存在对换热的强化作用。大量试验研究表明，固体颗粒的存在对对流换热系数有很大的强化作用，许多循环流化床锅炉的运行实践也证明了这一点。但由于缺乏该方面的计算标准，目前粗略的计算方法是采用现行计算标准计算，然后将受热面减少 10%，再适当增大减温装置。

固体颗粒浓度较高带来的另一个问题是受热面的磨损。设计时应主要考虑以下几个问题。

（1）大量试验研究结果表明，磨损量与颗粒浓度成正比，与烟气流速度度的 3.6 次方成正比。由此可以看出，烟气流速度度比颗粒浓度对磨损的影响更大。尽管在对流受热面区域固体颗粒浓度较高，但只要适当降低烟速，磨损完全可以控制在与常规锅炉相同的程度上。因此循环流化床锅炉的对流受热面中，应适当增大管束横向间距，降低烟气流速。

（2）对流受热面采用顺列布置，以减少烟气紊流，降低颗粒对受热面的冲刷磨损。

（3）对流过热器或再热器前几排管子上正对烟气方向两侧加焊防磨片，蛇形管两端部、管子弯头处加焊防磨罩。

（4）设计和安装时，应使流过受热面各处的烟气流速度度相同，防止烟气走廊的形成。

布置在外置式换热器中的过热器和再热器的传热方法可以采用鼓泡流化床的传热计算公式。

二、省煤器和空气预热器

无论是采用高温分离还是中温分离，省煤器工作区域的固体颗粒浓度与常规锅炉的相差不大，除非是燃用含灰特别高的燃料。考虑循环流化床锅炉中颗粒尺寸较大，为了防止省煤器受热面的磨损，除了控制烟速及弯头处加装防磨片之外，可以采用鳍片式省煤器或膜式省煤器，一方面可以增加传热面积，另一方面可以有效地防止磨损。省煤器的传热计算与常规锅炉的计算方法相同。

循环流化床锅炉中的空气预热器与常规煤粉锅炉的相同，可以采用现行的计算标准计算。需要特别指出的是，由于循环流化床锅炉一次风压较高，为了防止漏风，应当采用管式空气预热器。另外，由于一次风和二次风风压不同，一、二次风空气预热器应当隔开，采用单独的进出口集箱。

循环流化床锅炉由于采用炉内燃烧脱硫，烟气中 SO_2 浓度很低，一方面可以减轻对环境的污染，另外对锅炉效率、尾部受热面的设计和安全运行也有很大好处。烟气的露点温度随 SO_2 浓度的升高而升高，大型锅炉中为了防止烟气在锅炉尾部结露，造成尾部受热面的积灰和腐蚀问题，不得不提高排烟温度，造成锅炉效率下降，但实际运行中仍然存在大量尾部受热面的腐蚀。循环流化床锅炉可以采用比煤粉炉更低的排烟温度，以提高锅炉效率。

第七节　循环流化床锅炉的炉墙、膨胀与密封

一、循环流化床锅炉的炉墙

循环流化床锅炉的炉墙部分包括：炉膛部分的敷管炉墙，炉膛与旋风分离器之间的烟道，旋风分离器出口处的水平烟道，旋风分离器内衬，旋风分离器下部的料腿、返料器内衬，返料器与炉膛之间的连接管路，外置换热器内部炉墙以及炉墙外护板。

循环流化床锅炉的典型特征是烟气流速较高，烟气中灰的浓度大，颗粒粒度大，对炉墙的冲刷严重。早期的循环流化床锅炉很大一部分采用常规材料作为炉墙的主要砌筑材料，如高铝质和黏土质耐火砖等，用矾土水泥耐火混凝土浇筑炉顶、卫燃带等部位。这种材料构成的炉墙往往在半年甚至三个月内就发生混凝土冲刷剥落，甚至外部护板被磨穿的现象。后来的循环流化床锅炉采用磷酸盐高铝质材料，其性能比常规材料好，但存在施工工艺复杂，冷态强度低等缺点，长期运行后发现有混凝土松懈现象，双混凝土基质材料剥落，表面只留下大颗粒骨料，某些墙体出现贯穿性裂缝现象，甚至局部倒塌。

针对循环流化床锅炉特殊的磨损问题，很多耐火材料厂家开发研制了高强度、耐磨、耐冲刷、热震稳定性好的特质耐火浇注料。其主要组成有骨料、粉料、微粉和超微粉及多种添加剂等。从磨损机理分析，耐火材料的冲刷首先从粉料部分被冲刷，骨料暴露，骨料被冲刷后继续向里冲刷粉料，如此循环往复。因此，高性能的耐火浇注料首先需要增强粉料的品质，加强粉料的结合强度。

在循环流化床锅炉炉墙施工中，需要注意以下几个方面的问题：

（1）炉膛底部卫燃带区域，为了增强耐火材料的整体性能，在水冷壁管子上焊有密密的抓钉，该区域应当选用合格的高强耐磨浇注料全部浇注，厚度约 60mm。浇注表面应当光滑，无突起和凹陷，不能出现台阶。特别是在卫燃带顶部耐火混凝土与膜式壁结合处，应当圆滑、无台阶，水冷壁边角处不允许出现棱角。下部水冷壁管特殊的凹型设计可起到防止向下流动颗粒冲刷的作用。

（2）绝热旋风筒筒体常规采用高强耐磨耐热砖砌筑，下部锥体采用高强耐磨耐热浇注料浇注。施工中，旋风筒内表面应平滑、无台阶和棱角。锥体与直筒体之间以及锥体与料腿之间留有膨胀缝，用 20～25mm 厚的硅酸铝纤维毡充填，以防止内衬膨胀开裂。

（3）炉顶、分离器前的烟道等与循环物料接触的部位，均应用高强耐磨耐热浇注料浇注。另外，为防止顶部浇注料受热时变形、坍塌，应采用水冷或汽冷管道予以支撑。

（4）其他部位，如转弯烟道、尾部受热面墙体可用强度稍低的墙体材料，但需注意留出适当的膨胀缝。

炉墙材料的性能应能保证：耐磨性小于 6cm³；耐压强度烘干后大于 60MPa，烧后大于 100MPa（必要时可要求大于 150MPa）；热震稳定性大于 25 次；抗折强度烘干后大于 9MPa，烧后大于 11MPa（必要时可要求大于 20MPa）；烧后线变化率不超过 ±0.5%。

二、循环流化床锅炉的膨胀与密封

循环流化床锅炉一般在炉膛部分、分离器部分和尾部烟道部分设有三个垂直膨胀中心，膨胀零点设在炉顶顶部，膨胀中心可以设置在各部分中心线上。锅炉深度和宽度方向上的膨胀零点一般设置在炉膛深度和宽度的中心线上，通过与水冷壁相连的刚性梁上的承剪件与钢架的导向装置相配合形成膨胀零点。垂直方向的所有受压件吊杆的位移量均是相对于膨胀零点而言的，对位移量大的吊杆需要设置预进量，以改善锅炉运行时的吊杆应力状态。各点的膨胀量均以膨胀中心为基点准确计算，作为密封系统设计的依据。

刚性梁将整个水冷壁组成刚性结构，炉膛常采用全悬吊结构，水冷壁本身及炉墙均通过水冷壁吊杆悬吊于钢架的顶部钢梁上，整体向下膨胀。

常规循环流化床锅炉燃烧室（包括四周水冷壁、炉顶）、风室均采用膜式水冷壁结构，四周水冷壁结合处双面焊接，连成一体，构成全密封结构。炉顶由前墙（或后墙）水冷壁在顶部折向形成。膜式水冷壁炉顶采用成排弯管工艺，外形美观，密封性好，同时有利于增加床内物料的内部循环。炉顶水冷壁与两侧水冷壁连接处采用塞块作为一次密封，采用柔性薄板作为二次密封，与后（前）墙水冷壁连接处采用梳形板作为一次密封，柔性薄板作为二次密封。

旋风筒通常也采用全悬吊结构，而返料器常规从底部支撑。对高温绝热旋风筒，其膨胀特性与炉膛不一致，如不采取措施，将导致循环流化床锅炉运行时炉膛和旋风筒之间的连接管道产生应力，长期运行将导致烟道开缝泄漏。因而炉膛与旋风筒之间需采用非金属膨胀节，既可消除膨胀差产生的应力，又能保证严格密封。旋风筒出口与尾部竖井烟道之间也存在膨胀不一致的问题，也可采用非金属膨胀节进行密封。料腿与返料器之间以及返料器与炉膛接口之间的胀差，可采用不锈钢多波纹膨胀节进行补偿，并达到密封的目的。由于炉膛整体向下膨胀，与炉膛连接的二次风分管与母管、给煤机与燃烧室之间也有相对膨胀，其膨胀结构也可采用不锈钢多波纹膨胀节。有外置换热器的循环流化床锅炉，外置换热器与炉膛和旋风筒的连接管路也要采用密封和膨胀节结构。

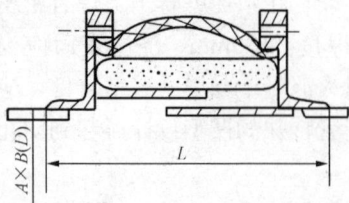

图 4-26　非金属膨胀节

典型的非金属膨胀节结构如图 4-26 所示。其内部主要由硅橡胶、聚四氟乙烯与玻璃纤维的复合材料、硅酸铝纤维绝热材料等经过特殊加工而成。当由于膨胀引起膨胀节一端产生位移时，膨胀节内部材料被压缩（或被拉伸），由于密封材料本身的可塑性，不会产生大的应力。非金属膨胀节有较好的耐高温性能，某些材料制作的非金属膨胀节可以在 1500℃ 的高温下，起到良好的密封作用，同时由于材料的可塑性好，可以吸收三维方向的较大位移量的膨胀。

在炉膛各开孔处，外侧局部采用钢板密封，与膜式壁全焊接，与连接件采用法兰或焊接结构。过热器、省煤器穿墙处采用膨胀节密封。

水冷壁四周外侧沿高度方向设置刚性梁，以增加水冷壁刚度和承受炉内压力的波动。为了防止水冷壁晃动，沿炉膛高度方向可以设置多层止推和导向装置。

风室与连接件采用焊接结构，以减少泄漏。

锅炉采用一次金属密封结构，炉顶、水平烟道和炉膛穿墙管处均采用金属罩壳密封结构，以提高锅炉整体的密封性和美观。

尾部烟道上部悬吊部分和下部支撑部分之间也需采用可膨胀设计，这些设计与常规锅炉类似，本文不再赘述。

第八节　布风装置

布风装置是流化床锅炉实现流态化燃烧的关键部件。目前流化床锅炉采用的布风装置主要有两种形式：即风帽式和密孔板式。风帽式布风装置由风室、布风板、风帽和隔热层组成。密孔板式布风装置由风室和密孔板构成。在我国流化床锅炉中使用最广泛的是风帽式布风板。图 4-27 示出了典型的风帽式布风装置结构。

由风机送入的空气从位于布风板下部的风室通过风帽底部的通道，从风帽上部径向分布的小孔流出，由于小孔的总截面积远小于布风板面积，因此从风帽小孔中喷出的气流具有较高的速度和动能，进入床层底部，将底部颗粒吹动，使风帽周围和帽头顶部产生强烈的扰动，强化了气固之间的混合，进而建立了良好的流化床工作状态。

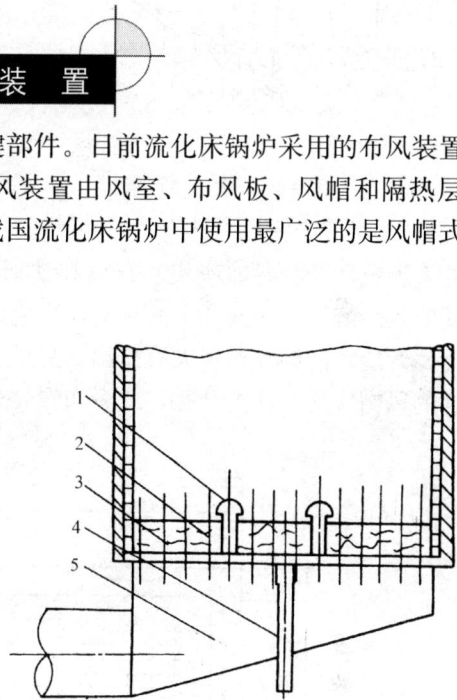

图 4-27　典型风帽式布风装置结构
1—风帽；2—隔热层；
3—花板；4—冷渣管；5—风室

对布风装置的设计要求是：①能均匀、密集地分配气流，避免在布风板上面局部形成死区；②风帽小孔出口气流具有较大的动能，能使布风板上的床料与空气产生强烈的扰动和混合；③空气通过布风板的阻力损失适当，既要保证稳定、良好的流态化，又不能消耗太多风机压头；④具有足够的强度和刚度，能支承本身和床料的重量，锅炉压火时能防止布风板受热变形，风帽不烧损，检修清理方便。

一、布风板

布风板作为布风装置重要的组成部分，其在流化床中的作用为：①支撑床料；②使空气均匀的分布在炉膛的横截面上，并提供足够的动压头，使床料均匀流化；③维持床层稳定，避免出现勾流、腾涌等流化不良现象；④及时排出沉积在布风板区域的大颗粒，避免流化分层，维持正常流态化。

布风板一般有水冷式布风板和非水冷式布风板两种。大型流化床锅炉一般采用热风点火，要求启停时间短，变负荷快。为适应这些要求，消除热负荷快速变化对流化床锅炉燃烧系统带来的不利影响，采用水冷布风板是十分必要的。水冷式布风板常采用膜式水冷壁管拉稀延伸形式，在管与管之间的鳍片上开孔，布置风帽，如图 4-28 所示。

非水冷式布风板通常由厚度为 12～20mm 的钢板或厚度为 30～40mm 的铸铁板制成。

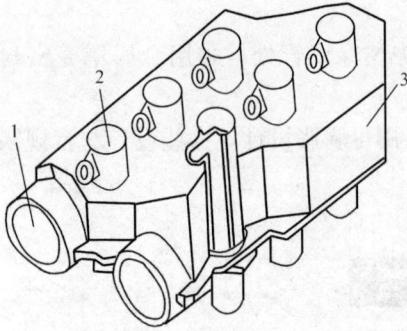

图 4-28　水冷布风板
1—水冷管；2—定向风帽；3—耐火层

布风板的截面形状及其大小取决于流化床底部段的截面，目前用得最广泛的是矩形布风板。布风板上的开孔也就是风帽的排列以均匀分布为原则，通常按等边三角形排列，节距的大小与风帽帽沿尺寸、风帽的个数及小孔出口流速等相互协调。

图 4-29 示出了一个典型的布风板结构。为便于固定和支撑，布风板每边应留出 50～100mm 的安装尺寸。当采用多块钢板拼接时，必须用焊接或用螺栓连接成整体，以免受热变形不一致，产生扭曲，使布风板产生漏风和隔热层裂缝。为了及时排除床料中沉积下来的大颗粒和杂物，如渣块、石块和铁屑等，要求在布风板上开设若干个大孔（冷渣口），以便安装冷渣管，如国产 75t/h 循环流化床锅炉通常布置 2～3 个冷渣口。冷渣管常用 $\phi108$ 的金属管道，能够顺利将大渣排出。另外为了弥补由于安装冷渣管损失的风帽开孔，冷渣管周围的风帽应适当加大开孔，或者布置特殊风帽。

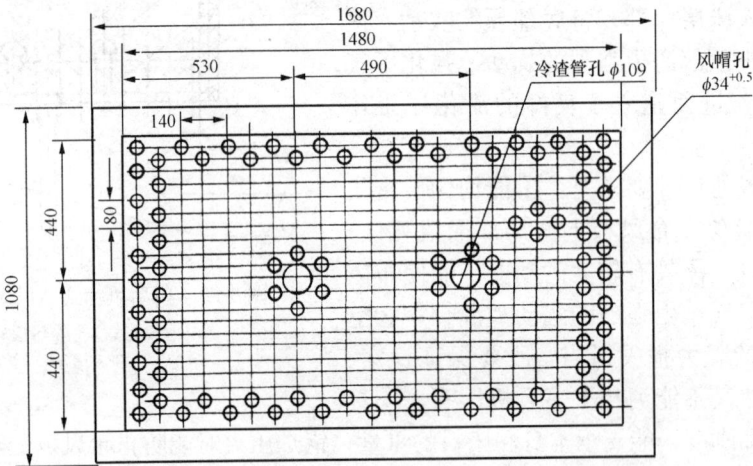

图 4-29　布风板结构

二、风帽

风帽是流化床锅炉实现均匀布风以及维持炉内合理的气固两相流动和锅炉的安全经济运行的关键部件。随着循环流化床锅炉的发展，出现了多种结构形式的风帽，主要有小孔径风帽、大孔径风帽及定向风帽等。在我国发展鼓泡流化床锅炉初期，多采用大直径风帽，这类风帽会造成流化质量不良，飞灰带出量很大。经过多年实践，目前循环流化床锅炉趋向于采用小直径大孔径风帽，帽头直径约为 40～50mm。

图 4-30 示出了目前应用最广泛的几种形式的风帽。图 4-30 中（a）和（b）为带有帽头的风帽，这种风帽阻力大，但气流的分布均匀性较好，连续运行时间较长后，一些大块杂物容易卡在帽沿底下，不易清除，冷渣也不易排掉，积累到一定程度，需要停炉进行清理。图

4-30 中（c）和（d）为无帽头风帽，这种风帽阻力较小，制造容易，但气流分配性能略差。

每个风帽的四周侧向开 6～12 个孔，小孔直径一般采用 4～6mm，可以一排或双排均匀布置，小孔中心线成水平，也可向下倾斜 15°，以利于风帽间粗颗粒的扰动和减少细颗粒通过风帽小孔漏入风室，如图 4-30（d）所示。

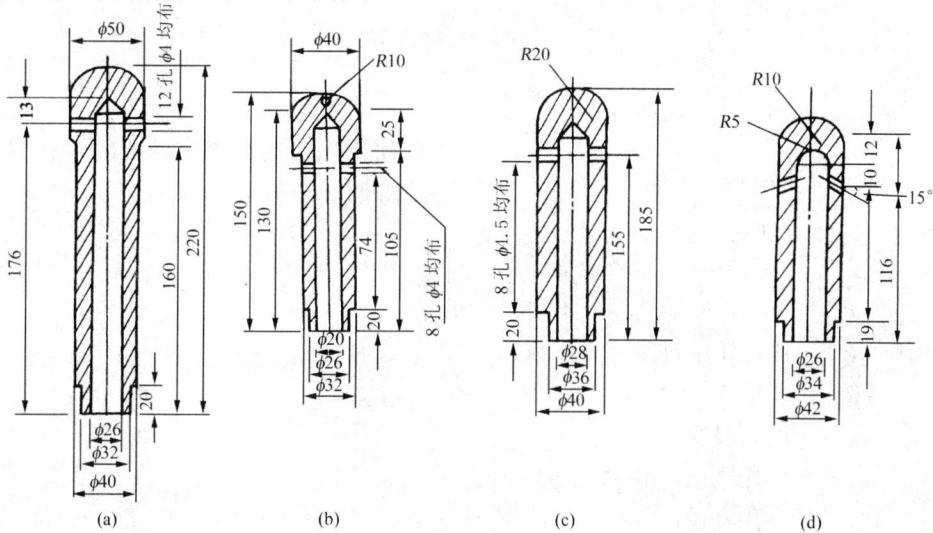

图 4-30　典型风帽结构
(a)、(b) 有帽头的风帽；(c)、(d) 无帽头的风帽

风帽式布风板的优点是布风均匀，当负荷变化时，流化质量稳定。但普遍存在的问题是风帽帽顶容易烧坏，磨损也较严重。循环流化床锅炉中，风帽的帽头直接浸埋在高温床料中，在正常运行时，风帽中有空气流通，可以得到冷却，但在压火时，因没有空气通过，容易烧损。因此风帽应采用耐热铸铁铸造，如高硅耐热球墨铸铁 RQTSi5.5，也可以用一般耐热铸铁 RTSi5.5。当采用热风点火时，由于点火期间流过高温烟气，常用耐热不锈钢来制作，但从运行情况看，普通耐热不锈钢材料制成的风帽乃磨损性能较差。

由于循环流化床锅炉对布风的要求比鼓泡床低，目前我国部分循环流化床锅炉采用大直径风帽，以减少风帽个数。运行经验表明，这种布置方式对流化质量影响不大，但大直径、大孔径风帽帽头磨损更加严重，风帽之间的大颗粒更容易沉积。

实际循环流化床锅炉运行时底部往往形成一些大的渣块，为了使这些渣块由控制地排出床外，很多循环流化床锅炉采用了定向风帽。其基本用途：一是定向吹动，有利于大渣的排出；二是增加床层底部料层的扰动。定向风帽有两种结构形式，图 4-31 为双口定向风帽，图 4-32 为单口定向风帽。

开孔率是风帽设计的一个重要参数。开孔率是指各风帽小

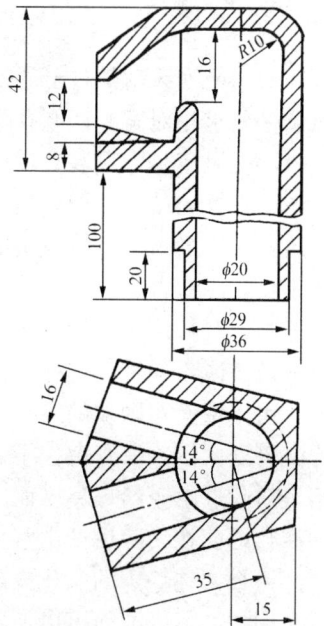

图 4-31　双口定向风帽

孔面积的总和 Σf 与布风板有效面积 A_b 的比值，以百分率表示，即

$$\eta = \frac{\Sigma f}{A_b} \times 100\% \tag{4-7}$$

风帽的小孔面积根据小孔出口速度，按式（4-8）进行计算，即

$$\Sigma f = \frac{\alpha_1 B_j V^0}{3600 u_{or}} \times \frac{273 + t_0}{273} \tag{4-8}$$

小孔面积确定后，每个风帽的开孔数和小孔直径进行协调，一般取小孔直径 $d_{or} = 4 \sim 6mm$，

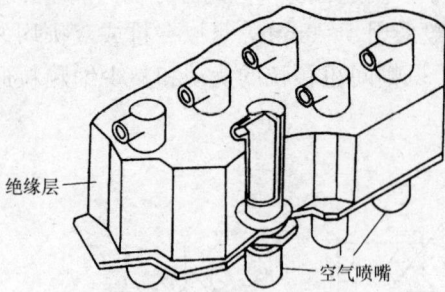

绝缘层

空气喷嘴

图 4-32 单口定向风帽

用式（4-9）计算开孔数，即

$$m = \frac{4\Sigma f}{n\pi d_{or}^2} \tag{4-9}$$

上二式中　α_1——流化床中过量空气系数；

V^0——理论空气量，m^3/kg；

t_0——进风温度，℃；

u_{or}——小孔风速，m/s；

d_{or}——小孔直径，m；

n——风帽数量。

m 应取整数，而且要取偶数。风帽的计算往往不能一次完成，而要反复计算若干次，在风帽数量、小孔数、小孔直径及小孔风速之间进行调整，使小孔风速和风帽数量符合上述要求。

将以上两式代入式（4-7），则开孔率为

$$\eta = \frac{nm\pi d_{or}^2}{4A_b} \times 100\% \tag{4-10}$$

对于鼓泡床锅炉，η 通常为 $2\% \sim 3\%$。而对于循环流化床，由于采用高流化风速，对布风条件要求相对宽松，开孔率可以适当提高，一般为 $4\% \sim 8\%$。

小孔风速是布风装置设计的一个重要参数。小孔风速越大，气流对床层底部颗粒的冲击力越大，扰动就越强烈，越有利于大颗粒的流化。但风帽小孔风速过大，风帽阻力增加，所需风机压头增大，将使风机电耗增加。反之，小孔风速过低，容易造成粗颗粒沉积，底部流化不良，冷渣含碳量增大，尤其当负荷降低时，往往不能维持稳定运行，造成结渣灭火。根据经验，对粒度为 $0 \sim 10mm$ 的燃煤，一般取小孔风速为 $35 \sim 40m/s$；而对于粒度为 $0 \sim 8mm$ 的燃煤，一般取小孔风速为 $30 \sim 35m/s$，对密度大的煤种取高限，密度小的取低限。

由于壁面对颗粒的摩擦阻力，因此在流化床的四周墙壁处，风帽小孔直径应稍加大。在冷渣管处由于冷渣管占去了几个风帽位置，该部位上的风帽小孔直径该也需增大。为了防止给煤口附近由于给煤集中而产生流化不良和缺氧现象，该处的风帽小孔开孔面积也需要增大一些，因而在实际设计中常采用变开孔率布风板。

一个均匀稳定的流化床层要求布风板具有一定的压降，一方面使气流在布风板下的速度分布均匀，另一方面可以抑制由于气泡和床层起伏等原因引起的颗粒分布和气流速度分布不均匀。布风板压降的大小与布风板上风帽开孔率的平方成反比。但布风板的压降给风机造成

了压头损失与电耗，因此布风板设计中考虑维持均匀稳定的床层需要的最小布风板压降。根据运行经验，布风板阻力为整个床层阻力（布风板阻力加料层阻力）的25%～30%可以维持床层稳定的运行。

三、耐火保护层

为避免布风板受热而挠曲变形，在布风板上必须有一定厚度的耐火保护层，如图4-33所示。保护层厚度根据风帽高度而定，一般为100～150mm。风帽插入布风板以后，布风板自下而上涂上密封层、绝热层和耐火层，直到距风帽小孔中心线以下15～20mm处。这一距离不宜超过20mm，否则运行中容易结渣，但也不宜离风帽小孔太近，以免堵塞小孔。涂抹保护层时，为了防止堵塞小孔，事先应用胶布把小孔封闭，待保护层干燥以后做冷态试验前把胶布取下，并逐个清理小孔，以免堵塞而引起布风不均。

四、风室与风道

风室连接在布风板下部，起着稳压和均流的作用，使从风管进入的空气降低速度，动压转化为静压。因此可使风室中的气流有较好的分布，以便在一定的布风板压降下使布风板上的气流分布更为均匀。

图4-33 耐火保护层结构
1—风帽；2—耐火层；3—绝热层；
4—密封层；5—花板

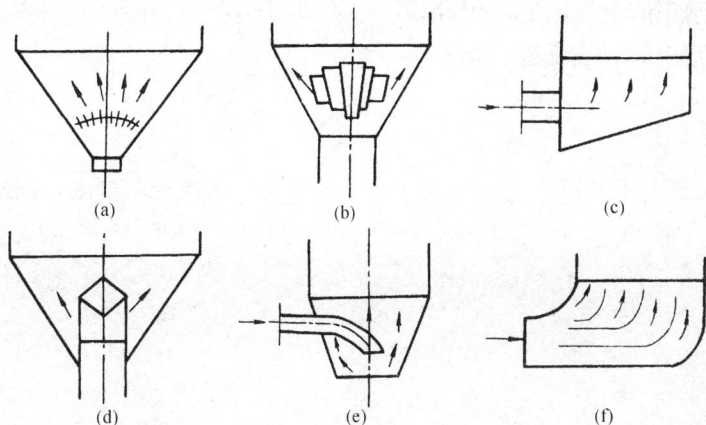

风室的布置应当满足：①具有一定的强度、刚度及严密性，在运行条件下不变形，不漏风；②具有一定的容积使之具有一定的稳压作用，消除进口风速对气流速度分布不均匀的影响，一般要求风室内平均气流速度小于1.5m/s；③具有一定的导流作用，尽可能地避免形成死角与涡流区；④结构简单，便于维护检修，且风室应设有检修门和放渣门。

图4-34是几种常见的风室布置方式，其中，图4-34（a）～（c）气流均是从底部进入风室的，风室呈倒锥体形，具有布风容易均匀的优点，但其既要求较大的高度，又要求适合于圆形的布风板。因此，在流化床锅炉中常见的是图4-34（d）～（f）三种形式。图4-34（d）与（e）结构上较为简单，图4-34（f）增加了气流的导向板，使气流的分布更易于均匀，但也由于导向板的存在，使冷渣管必须穿过导向板引出，结构上稍微复杂。

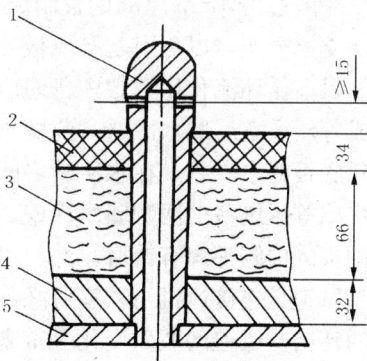

图4-34 风室结构

图 4-34（e）是循环流化床锅炉最常用的等压风室，其结构特点是具有倾斜的底面，这样能使风室的静压沿深度保持不变，有利于提高布风的均匀性。倾斜底面距布风板的最短距离称为稳压段，其高度一般不小于 500mm，底边倾角一般为 8°～15°，风室的水平截面积与布风板的有效截面积相等。为了使风室具有更好的均压效果，风室内气流的上升速度不超过 1.5m/s，进入风室的气流速度低于 10～15m/s。

一般选用 4mm 厚的钢板制成风室。风室支吊在布风板上。若风室过大，须在布风板上设计支撑框架，以免引起布风板变形。

目前循环流化床锅炉中普遍应用等压水冷风室。布风板上的水冷壁延伸管向下弯曲 90°构成等压风室后墙水冷壁，前墙水冷壁向下延伸构成水冷风室前墙，然后弯曲形成等压风室倾斜底板的水冷管，在水冷管之间焊接鳍片密封。炉膛两侧墙水冷壁延伸至布风板以下，构成水冷等压风室的两侧墙水冷壁。水冷等压风室的水冷壁管子以及与等压风室相连的热风管道钢板的内侧都焊有销钉，并敷设一定厚度的绝热耐火层。

风道是连接风机与风室所必需的部件。气流通过风道时，必然因与风道壁面的摩擦、气流的转向及风道的截面变化等带来一系列的压降。这个压降与布风板的压降不同，后者是为维持稳定的流化床层所必需的，而风道压降则只是一种损失。因此，在风道的布置中，应尽可能地减少压力损失，减少风机的电耗。

风道中的压力损失 Δp（Pa）与风道中流速 u_g 的平方成正比，与风道的长度、风道的转向、截面变化等项所决定的阻力系数的总和 $\Sigma \zeta$ 成正比，即

$$\Delta p = \Sigma \zeta \frac{u_g^2 \rho_g}{2} \qquad (4-11)$$

因此尽可能地减少不必要的风道长度、转折和截面变化，在必须转向时尽可能采用逐渐弯曲的弧形转向形式，使总的阻力系数较小，避免采用过高的气流速度。减少流速可以显著降低压降，同时也有利于在风室中取得较均匀的气流速度分布，但是这就导致风道截面与金属用量较大。对于金属管道而言，在估计风道截面时，通常取用的流速在 10～15m/s 左右。

风道的截面可按式（4-12）估计，即

$$A_T = q_g / (3600 u_g) \qquad (4-12)$$

式中　　A_T——风道的截面积，m^2；

q_g——风道中的空气流量，m^3/h；

u_g——风道中的空气流速，m/s。

第五章

循环流化床锅炉的辅助系统

第一节 点火装置

一、流化床点火方法

循环流化床锅炉点火启动就是通过某种方式将床料加热至投煤运行所需的最低温度以上，以便实现投煤后能稳定燃烧运行，整个点火启动过程一般可分成三个阶段：

（1）用外来燃料作热源加热底料，把底料从室温加热到引燃温度。

（2）底料着火爆燃，用它本身燃烧放热进一步使床温急剧上升。

（3）过渡到正常运行风量，控制床温，并适时给煤，调节好风煤比，逐步过渡到正常运行参数。

流化床燃烧锅炉的点火方式依据不同的客观条件而异。目前，循环流化床锅炉的点火方式根据点火初期时床层的状态可分为流态化点火和固定床点火两种。点火热源可以是床上或床层中的油枪、气枪以及床下预燃装置产生的热烟气（见图5-1）。按点火的位置以炉床为界又可分为床上点火和床下点火。所谓床上点火是指在炉床上部点火加热床料，反之为床下点火。固定床点火为床上点火，固定床上点火方式在小型鼓泡床锅炉应用较多，对于循环流化床锅炉，尤其电站循环流化床锅炉基本不使用床上点火，因为这种点火方式费时费力、效率低、消耗大量木材，若用油枪加热床料将可能导致料层表面过热结焦，而床层底部的床料加热不够。流态化点火方式是循环流化床锅炉的最常用而且最基本的点火方式。床料在流化状态下被加热，效率高、加热均匀、不易结焦。而按床面积大小还可分成全床启动和分床启动。点火加热用燃料可分为木柴和油，加热时底料可以为灰渣、石灰石和河砂。

在流化床结构设计时就要考虑到有利于点火操作，例如用等压风室和结构适当的布风板，以使整个床面布风均匀；对大面积流化床可采用分床结构，分床启动，以便于点火床均匀地布风和加热底料；使用严密的快速风门和调节特性较好的调节风门，以利于风量控制等。在配制点火用底料时要掌握好数量、发热值、筛分特性，因为底料是进行点火的物质条件，加热、配风、给煤等操作均以此为依据，底料不同，操作方式就要随之改变。

目前大容量循环流化床锅炉采用床下热烟气点火或床上床下相结合的方法。

二、床上油枪点火装置

对于床上点火来说，点火装置就是点火油枪（或燃气装置），这与常规的煤粉炉差不多，所不同的是煤粉炉启动时仅加热炉内空气，而循环流化床锅炉不仅加热炉内空气，更主要的是加热炉内床料，并且床料是在被一次风流化中加热的，因此比煤粉炉点火操作复杂。

简单压力式点火油喷嘴主要由雾化片、旋流片和分油嘴三部分组成。从油泵来的燃料油

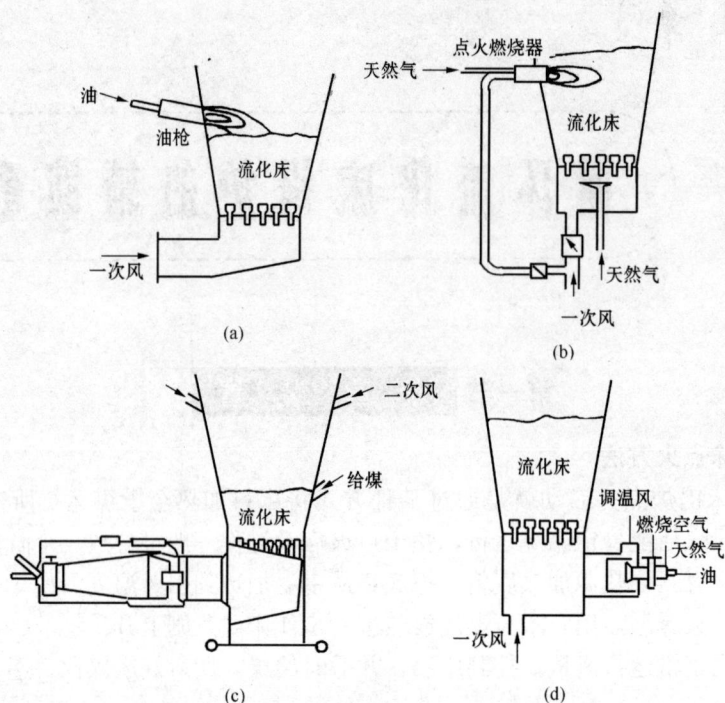

图 5-1 床上、床内和床下点火方式示意
(a) 床上油枪点火；(b) 床内天然气点火；
(c) 床下烟气发生器点火；(d) 床下油气预燃室点火

（一般为柴油）在一定压力下经过分油嘴的几个小孔汇合到环形槽中，然后经过旋流片的切向槽进入旋流片中心的旋涡室，产生高速旋转。经中心孔喷出的油在离心力作用下被破碎成很细的油滴，并形成具有一定雾化角的圆锥。通常雾化后油滴平均直径在 $100\mu m$ 以下。

雾化质量对燃烧速度和燃烧完全起着十分重要的作用。雾化的目的就是为了增加燃油的总表面积，使之与空气充分混合、强化燃烧。油滴雾化得越细，油蒸汽与氧气之间的扩散速度就越大，燃烧速度就越快。所以点火油枪应当选择雾化质量好的喷嘴。

当床料加热至 $800℃$ 左右时，即可向床内投煤，煤量逐渐增加，此时应当注意控制温升速度。当床温上升到 $850\sim900℃$ 左右并稳定后，可停止点火油枪运行，适当调整给煤量，投入正常运行。

三、床下热烟气发生器点火装置

流化床点火启动是循环流化床锅炉运行首先遇到的问题。自从流态化燃烧技术问世以来，国内外对流化床点火启动做了大量的研究工作，创造了很多点火方法，其中利用热烟气作为流化介质加热床料点燃流化床是一种较为先进的点火启动方法。该方法具有热利用率高、操作简便、易于实现自动控制等优点。随着循环流化床燃烧技术的发展，这种点火启动方法用于循环流化床锅炉点火启动更显示出其优越性。对这种点火启动方法国内外虽然已开展了不少研究，但目前主要还是依靠试验，理论研究多停留在给煤着火初级阶段，或从热平衡角度对整个点火启动过程进行定性分析。

利用试验研究流化床热烟气点火启动，对于初步了解和掌握其特性是必不可少的，但试验台中得出的结果难以直接应用于不同容量和受热面布置结构的流化床锅炉的点火启动。另外，由于受到试验条件的限制，利用试验研究无法对影响点火启动的诸因素逐一进行深入分析。随着流化床特别是循环流化床锅炉的大型化，点火启动能耗也越来越大，对流化床锅炉点火启动进行参数优化，减少点火启动能耗是很有现实意义的。

床下烟气发生器点火装置如图 5-1 (c) 所示，点火燃料主要是燃料油（如柴油）和天然气或煤气。在一特制的装置（通常叫做烟气发生器）内点燃，由一次风送氧助燃转化为 650℃ 左右的热烟气，热烟气通过布风板和风帽，一方面将床料流化，一方面加热床料，如图 5-2 所示，这样床料加热和流化同时进行，使操作简便。由于烟气从下部进入床料并穿过全部料层，加热均匀、快速，减少了热损失。但是由于点火装置比较庞大，烟气温度高，对烟气发生器内套筒和布风板风帽材质要求较高，因此设备投资相对较大。

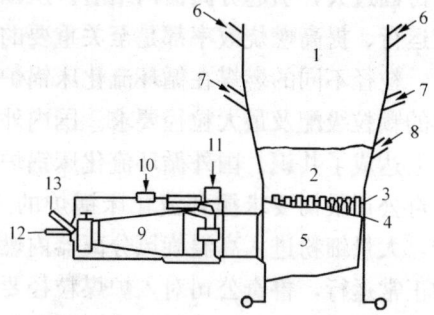

图 5-2　床下烟气发生器点火装置

1—蒸汽锅炉；2—流化床；3—风帽；4—天然气点火系统；5—风室；6—三次风；7—二次风；8—辅助燃烧器；9—热烟气发生器；10—油点火系统；11—启动运行混合气体；12—油燃烧器；13—天然气辅助燃烧器

烟气发生器的运行操作，主要是控制烟气温度不超过给定的允许温度，防止设备和风帽烧坏。如果以燃料油为燃料，还应注意重油的雾化，油和风的配合，保证一定的烟气量，使床料在流化状态下加热。

第二节　炉前碎煤、给煤设备及系统

相对于煤粉炉的制粉系统，循环流化床锅炉亦有制煤系统，两者的差异仅仅是制出的成品煤的粒径大小不同。循环流化床锅炉燃煤（成品煤或称入炉煤）粒径要比煤粉炉的大得多（煤粉炉 $R_{90} < 20\%$，而流化床锅炉 R_{90} 至少要大于 90%），粒径一般在 $0 \sim 13mm$ 之间。因此许多文献、资料介绍循环流化床锅炉时往往阐述其具有"可省略制粉系统"或"简化制粉系统"等优点。因而国内目前已投运的循环流化床锅炉在设计和配备制煤系统时，基本上采用"破碎机＋振动筛"来代替传统、复杂的制粉系统。

实际上燃煤粒径大小、粒度分布对循环流化床锅炉影响很大。它直接影响到炉膛内颗粒的浓度分布，燃烧份额以及各受热面的传热特性，最终影响到锅炉的负荷及负荷调节。

一、流化床锅炉对燃煤粒径的要求

燃煤颗粒尺寸大小及其粒径的组成，对流化床锅炉的燃烧、传热、负荷调节特性等都有十分重要的影响。与常规鼓泡流化床锅炉相比，循环流化床锅炉对燃煤粒径的要求更加严格。循环流化床锅炉正常燃烧时，入炉煤中大于 1mm 的煤粒一般在炉膛下部燃烧，小于 1mm 的颗粒在炉膛上部燃烧，带出燃烧室的细小颗粒经后面的分离器收集下来后送回炉膛循环燃烧。分离器收集不下来的极细颗粒一次通过燃烧室。若在燃烧室内的停留时间小于燃尽时间，将使飞灰含碳量增加，燃烧效率降低。循环床锅炉燃煤经制备后，如果粗颗粒含量过高，将造成燃烧室下部燃烧份额和燃烧温度增加，燃烧室上部燃烧份额和燃烧温度降低；

如果细颗粒偏多，不仅会增加厂用电耗，而且使燃烧工况偏离设计值，甚至在分离器内的燃烧份额过大，引起分离器内结渣。从以上分析可知，燃煤的合理级配对流化床锅炉的安全稳定运行、提高燃烧效率都是至关重要的。

粒径不同的燃煤在循环流化床锅炉内流化、循环这一燃烧特点，规定了入炉煤需有相适应的颗粒级配及最大粒径要求。国内外学者在经历了不同的循环流化床发展道路后，在这一点上达成了共识。国外循环流化床锅炉对燃煤粒径的要求经历了由细变粗的认识过程。德国鲁奇公司最初要求循环流化床锅炉的入炉粒径小于 0.9mm，但在 270t/h 流化床锅炉投运时，大量细粉进入高温旋风分离器内燃烧，造成旋风筒内结渣并使飞灰可燃物增加。为使锅炉正常运行，鲁奇公司对入炉煤粒径要求从小于 0.9mm 增大到大于 6mm。我国对循环流化床锅炉燃煤粒径的要求经历了由粗变细的认识过程。我国早期的循环流化床锅炉大多采用简单机械破碎设备来制备入炉燃料，入炉煤的粒径要求在 0～25mm，实际运行中往往在 0～50mm 的范围，导致受热面及炉墙严重磨损，锅炉出力达不到设计要求。改造后的循环流化床锅炉和新投运的循环流化床锅炉，入炉煤粒径普遍都限制在 0～13mm 范围内，锅炉的负荷特性大为改善。

燃煤的粒径范围及级配是根据不同的炉型和不同的煤种而确定的，还与运行操作条件有关。一般来说，高循环倍率的流化床锅炉，燃料粒径较细，低循环倍率的流化床锅炉，粒径较粗；挥发分低的煤种，粒径一般要求较细，高挥发分易燃的煤种，颗粒可粗一些。

欧洲大型循环流化床锅炉的燃煤颗粒级配大体为：0.1mm 以下份额小于 10%；1.0mm 以下份额小于 60%；4.0mm 以下份额小于 95%；10mm 以上份额为 0。

在实际操作中，欧美国家循环流化床锅炉大致按式（5-1）制备入炉颗粒，即

$$V_{daf} + A = 85\% \sim 90\% \tag{5-1}$$

式中　V_{daf}——燃煤干燥无灰基挥发分，%；

　　　A——入炉颗粒中小于 1mm 的份额，%。

实践经验表明，对我国中、低循环倍率的循环流化床锅炉，按式（5-1）的要求制备入炉燃料是适宜的。

二、碎煤设备及系统

循环流化床锅炉的碎煤设备应能满足出力、粒径和级配的要求，同时要求安全可靠、维护简单、环保特性良好。国内外循环流化床锅炉燃料制备一般都采用钢棒滚筒磨和锤击式破碎机，其中后一种更为常用。

1. 钢棒滚筒磨

循环流化床锅炉燃料制备系统采用的钢棒滚筒磨，机型主要是中心进料、周边排料型。其结构外形如图 5-3 所示。

钢棒滚筒磨在工作时，筒体回转带动研磨体（钢棒）随筒体升高，达到一

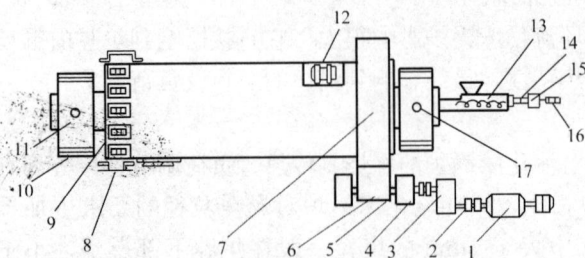

图 5-3　钢棒滚筒磨结构外形

1、16—电动机；2、4—弹性连轴器；3—减速机；5—小齿轮座；6—小齿轮；7—大齿轮；8—出料罩；9—排料窗；10—轴承座；11—轴承；12—出料箅板；13—螺旋给煤机；14—连轴器；15—减速器；17—油孔

定高度后，钢棒靠本身自重下落，滚压、碾磨、破碎物料。由于棒与棒之间接触时是线接触，因而首先受到钢棒冲击和研磨的是那些大颗粒物料，而小颗粒夹杂在大颗粒之间，受到的粉碎作用较小，从而使钢棒滚筒磨磨碎产品的粒度较为均匀，通过磨的极细颗粒较少。

周边排料型钢棒滚筒磨出料的料面较浅，出料的速度快，比中心排料型钢棒滚筒磨提高出力 20％～40％。滚筒磨采用橡胶衬板可使回转体质量减轻、电耗降低，并可根据用户的需要，改变排料窗箅孔尺寸控制出料粒度。另外，钢棒滚筒磨还具有噪声小、粉尘少、结构简单、便于制造等特点。

2. 锤击式破碎机

锤击式破碎机一般由壳体、碾磨板、转子、杂物出口、粗颗粒进口和细颗粒出口等部分组成，如图 5-4 所示。转子包括轴、锤击臂和锤头三部分。在细颗粒出口还设有分离器，把不合格的粗颗粒分离下来，回落后重新磨碎。分离器有离心式、可调挡板式等几种形式。

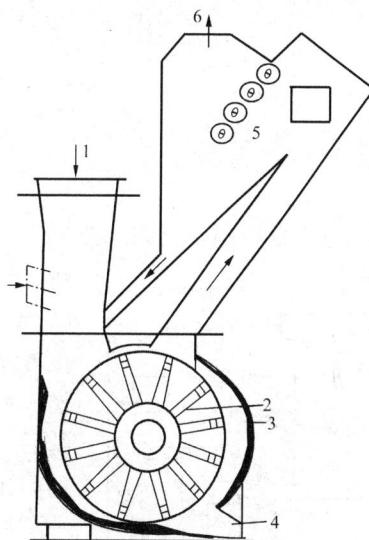

锤击式破碎机的形式多种多样，转子的圆周速度有高低之分，煤的进、出口可以径向布置，也可以切向布置。由于循环流化床锅炉相对煤粉锅炉而言，燃煤粒径要求较粗，适用于循环流化床锅炉的锤击式破碎机的圆周速度一般较低。图 5-4 为 Babcock 公司生产的 GS 型锤击式破碎机示意，采用切向进口，并装有可调叶片式分离器，以调整出口颗粒粒径。转子的圆周速度为 50m/s。

图 5-4　Babcock 的 GS 型锤击式破碎机
1—粗煤进口；2—转子；3—碾磨板；
4—杂物排出口；5—可调叶片分离器；
6—细煤出口

在锤击式破碎机的研磨室内，煤粒受到下面三个方面的作用力而破碎：①转子锤头对煤粒的撞击；②煤粒受离心力的作用与碾磨板之间的撞击；③煤粒之间的相互碰撞、摩擦。较细的煤粒受到气流的携带离开研磨室，不合格的煤粒经过分离器被分离下来，回到研磨室重新破碎。

锤击式破碎机的排料粒度也可通过更换不同规格的筛板来实现，如我国生产的 PCHZ-1016 型环锤式破碎机，它的排料粒度是通过筛板来调节的，转子与筛板之间的间隙，也可根据需要通过调节机构进行调整。

锤击式破碎机能破碎多种物料，应用在流化床燃烧技术中，能够破碎原煤和石灰石，可根据煤中挥发分的不同，制备不同级配的产品，较好地满足流化床锅炉的需要。如美国 CE 公司制造的循环流化床锅炉，燃用 $V_{daf}=50％$ 的烟煤，采用锤击式破碎机制备燃料，成品煤中小于 1mm 的颗粒份额为 36％。

3. 燃料制备系统

不同型式和结构的循环流化床锅炉，对燃料制备系统会有不同的要求。燃料制备系统应满足锅炉长期安全稳定的运行。图 5-5 是循环流化床锅炉常采用的燃料破碎方案。

该方案采用锤击式破碎机进行破碎，然后经机械振动筛分。一级碎煤机将原煤破碎至 35mm 以下，经过振动筛，将大于 13mm 的大颗粒送入二级碎煤机继续破碎，二级碎煤机出口的燃煤全部通过。该方案在煤中原水分较低（如 $M_{ar}<8\%$）、当地气候条件干燥、原煤本身较碎并经严格筛分的情况下，制备的燃料基本可以满足流化床锅炉的要求。当原煤水分较大、当地雨水较多时，则须采用热风或热烟气干燥和输送的燃料制备系统。

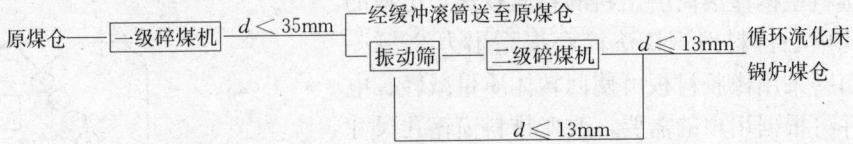

原煤仓——一级碎煤机—— $d<35\text{mm}$ ——经缓冲滚筒送至原煤仓——振动筛——二级碎煤机—— $d\leqslant 13\text{mm}$ ——循环流化床锅炉煤仓

$d\leqslant 13\text{mm}$

图 5-5　一种 220t/h 循环流化床锅炉燃煤破碎方案

图 5-6 是我国研制的一种配 220t/h 循环流化床锅炉的燃料制备系统，采用锤击式破碎机、热风干燥、负压气力输送。该系统将经过初级破碎的小于 30mm 的煤送入系统的干燥分管，管内流过高温气流，气流速度控制在能将需要粒度（锅炉最大允许粒径 d_{max}）的煤粒输送。粒径大于 d_{max} 的煤粒落入碎煤机中进行破碎。原煤进入系统后，一面分选，一面干燥，因此破碎机内不会发生湿煤黏结的问题。

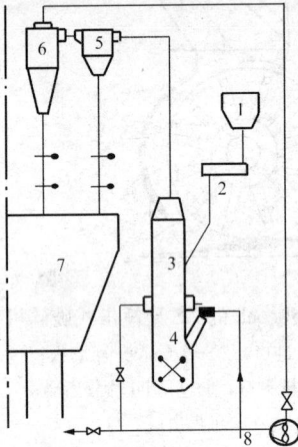

粒径小于 d_{max} 的成品煤通过两级旋风分离器分离后进入成品仓。含有一部分细粉的乏气则作为循环流化床锅炉的二次风送入炉膛。

图 5-6　一种配 220t/h 流化床锅炉的燃料制备系统

1—原煤仓；2—给煤机；3—分选干燥管；4—锤击式破煤机；5—一级分离器；6—二级分离器；7—成品燃煤仓；8—排粉机

三、给煤设备及系统

给煤设备是指将经破碎后合格的煤和脱硫剂送入流化床的装置，通常有皮带、链板、刮板、气力输送设备以及圆盘给煤机或螺旋给煤机（绞笼）等形式。

（一）给煤机的种类

1. 皮带给煤机

图 5-7 示出了皮带给煤机结构。皮带给煤机一般采用较宽的胶带，根据锅炉容量的大小，宽度可选用 $400\sim1000\text{mm}$。它的结构较简单，加料易于控制，也比较均匀，通常用插板调节胶带上料层厚度来控制给煤量，也可以采用变速电动机改变胶带运行速度来控制给煤量，电动机通过变速箱将胶带运行速度控制在 $0.04\sim0.2\text{m/s}$。采用胶带给煤机的关键在料斗。料斗一般都采用钢制，在出料的一面制成垂直，另三个面与水平面的夹角 α 和 β 应较大（ $\alpha>80°$， $\beta>70°$），以防止煤粒在料斗中黏结，保证即使含水高达 9% 时，也能自动连续进料，无需人工捣料。但这样的料斗由于下口较大（为一个长方形），胶带机上单位面积所承受的压力也较大，所以料斗部位胶带的托辊数量应增多，相邻两托辊中心距尽可能缩短，这样就使料斗内物料的重量由载重辊承受。为了防止滚筒打滑，在前滚后面可

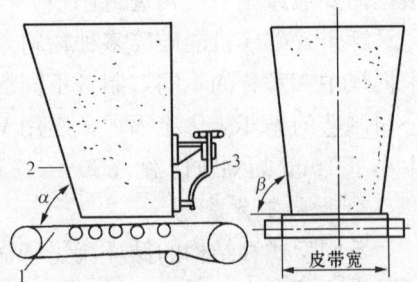

图 5-7　皮带给料机结构

1—皮带；2—燃煤仓；3—插板调节装置

加装一个反滚以压紧胶带。

胶带进料机的缺点是当锅炉出现正压操作或不正常运行时，下料口往往有火焰喷出，以致把胶带烧坏。

2. 圆盘给煤机

圆盘给煤机的结构如图 5-8 所示。由电机带动的转子、转盘、刮板和料斗组成。圆盘通常为钢制，上加一层防磨板，如铸钢板、辉绿岩板等，或上加焊钢筋，保存一层物料，防磨效果良好，这样既便于检修，又大大延长了使用寿命。圆盘转动靠下部伞形齿轮来带动，设备功率一般为 4.2～10kW，圆盘转速可在 19～36r/min。它的加料量调节可采用变速电动机调节转速，或者调节刮板高度来实现。由于圆盘直径较大，可达 2m 或 2m 以上，因此料斗也可较大。含水量在 10% 以下的煤能正常连续下料，而且调节方便，管理简单，维修量亦不大，但供料的均匀性和供料面的宽度不如胶带机好，动力消耗比皮带给煤机大，传动装置也较复杂，投资较多，制造安装亦较复杂。

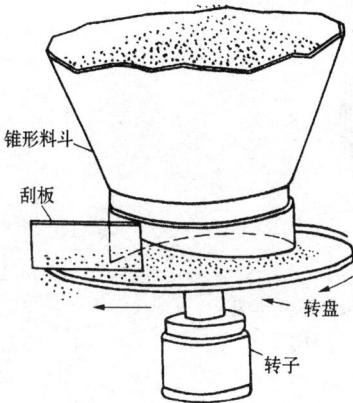

图 5-8　圆盘给料机结构

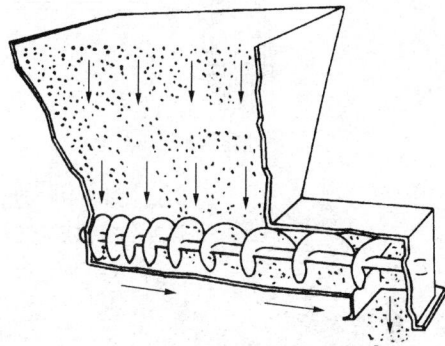

图 5-9　螺旋给料机结构

3. 螺旋给煤机

前述的皮带给煤机通常只能用于负压给煤，但从改善燃烧性能考虑，往往希望燃料从床层正压区给入，常用的正压区机械给煤装置是如图 5-9 所示的螺旋给煤机。螺旋给煤机可以采用电磁调速改变螺旋转速来改变给煤量，调节非常方便，但由于螺杆端部受热以及颗粒与螺杆和叶片之间存在较大的相对运动速度，因此防止变形和磨损是需要解决的两个主要问题。

4. 刮板给煤机

如图 5-10 所示，刮板给煤机是一种常规的给煤设备，具有运行稳定、不易卡塞、密封严密、可调性能好等优点，而且它一般不受长度的限制，可以制成带计量的刮板给煤机。若采用特殊工艺，刮板给煤机可以制成一定的弯曲弧度。目前很多循环流化床锅炉采用这种给煤设备，尤其是当较大容量的锅炉部分给煤点设计在锅炉两侧或后墙，而给煤设备又比较长（＞20m）时，采用埋刮板给煤机比较合适。但是一般的刮板输送设备并不全适合循环流化床锅炉对给煤机械的要求。因为常规刮板给煤机体积一般较庞大，刮板设计不能完全满足 0～10mm 范围的细小颗粒的要求，部分刮板给煤机密封性也比较差。用于循环流化床锅炉的刮板给煤机必须进行特殊改造。

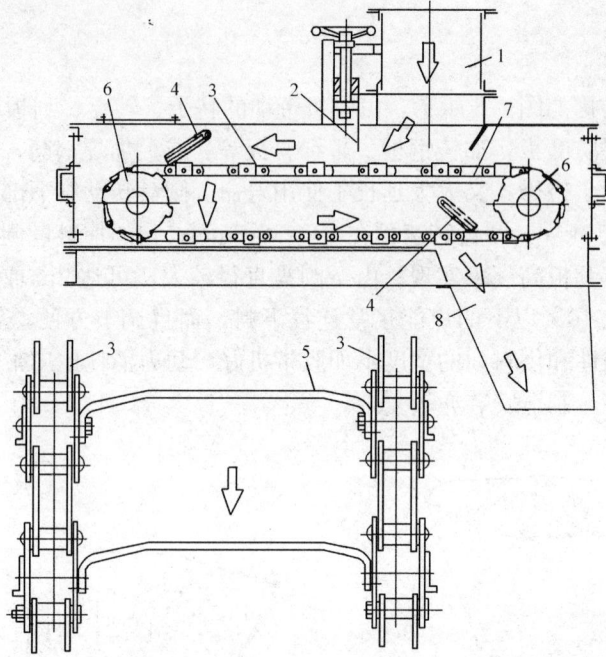

图 5-10 埋刮板给料机结构

1—进煤管；2—煤层厚度调节板；3—链条；4—导向板；
5—刮板；6—链轮；7—上台板；8—出煤管

（二）给煤方式

循环流化床锅炉的给煤方式按给煤位置来分有床上给煤和床下给煤两种，按给煤点的压力来分可分为正压给煤和负压给煤。床下给煤是指利用一底饲喷嘴将较细的物料穿过布风板向上喷洒的给煤方式，目前只在小型锅炉上采用。床上给煤是将煤送入布风板上方的给煤方式，可以根据需要布置在循环流化床的不同高度。

正压给煤还是负压给煤，是由炉内气—固两相流的动力特性决定的。对于炉内呈湍流床和快速床的中高循环倍率的锅炉而言，炉内基本处于正压状态，负压点很高或不存在，因此只有采用正压给煤。负压给煤一般使用在循环倍率比较低、有一比较明显的料层界面、负压点相对较低的锅炉上。

负压给煤方式，由于给煤口处于负压，煤靠自身重力流入炉内，所以结构简单，对给煤粒度、水分的要求均较宽。但这种给煤方式一般给煤点位置都比较高，细小颗粒往往未燃尽就被烟气吹走而落不到床内。另外给煤只是靠重力撒落不易做到在炉内均匀分布，给煤局部集中可能导致挥发分集中释放，造成挥发分的裂解，产生黑烟和局部温度过高、结焦等问题。正压给煤可以避免负压给煤的不足，锅炉燃煤从炉膛下部密相区输送进去，立即与温度很高的物料掺混燃烧。为了使给煤顺利进入炉内并在炉内均匀分布，正压给煤都布置有播煤风，锅炉运行中应注意播煤风的使用和调整，当负荷、煤质以及燃料颗粒、水分有较大变化时，均应及时调整播煤风。

给煤点的多少和位置设计，对锅炉运行的影响不可忽视，尽管循环流化床锅炉物料的横向掺混较好，但仍不如纵向混合那么强烈，如果给煤点太少或布置不当，必然造成给煤在炉内分布不均，影响炉内温度均匀分布和燃烧效率，严重时会导致炉内局部结焦。对于容量为220t/h以上的锅炉更应注重给煤点的布置和设计，协同考虑给煤口、回料口和排渣口的布置。

（三）给煤系统

在锅炉容量较小时，给煤点较少，可以单独设置在前墙、后墙或侧墙上。在后墙给煤时，一般都是采用回料阀给煤系统。容量稍大些的锅炉，在采用回料阀给煤时，为了增加给煤的均匀性，常采用一种如图5-11所示的分叉回料装置。它实际上是将U型阀的回料管一分为二，所以给煤点增多。而对于125MW或更大容量机组的循环流化床锅炉给煤系统，为了使燃料在燃烧室内能充分混合，增加给煤点，可以采用前墙和回送阀联合的给煤系统。其设计原则是：当一个给煤点解列时，机组能在满负荷下工作并且维持污染物排放量在其允许程度下。

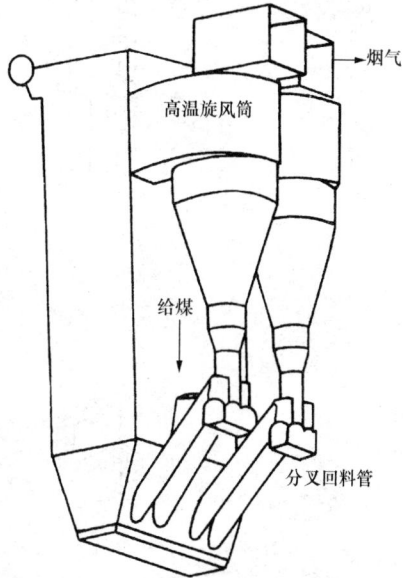

图5-12给出了一种大型循环流化床锅炉常用的给煤系统。系统采用前墙和回送阀联合给煤，由前墙给料和回送阀给料两个子系统构成。在前墙给煤子系统中，皮带给煤机（D）将煤送到一个双向螺旋输送机上，螺旋输送机再将煤传送到两个前墙给煤点。在回

图 5-11　分离回送系统示意

送阀子系统中，皮带给煤机（A）将煤送到沿锅炉侧墙布置的链式输送机（B）上，通过链式输送机（B）将煤传送到布置在后墙的链式输送机（C），然后送到旋风分离器下端的回送装置。该系统的常规运行方式是：将60％的燃料送到回送阀子系统中，40％的燃料送到前墙给煤子系统，这两个子系统都有输送100％燃料的能力。

图5-13给出了一个125MW机组的煤和石灰石直吹式系统，这个系统的一个重要特点是将送入燃烧室中的煤/石灰石混合物的破碎、干燥和输送过程结合在一起，从而可以去掉传统设计采用的独立的石灰石气力输送系统。该系统由两台出力为50％的碎煤机组成，每台碎煤机带两条输送管道，碎煤机（A）由皮带给煤机（B）给煤，石灰石通过螺旋输送机（C）送入，一部分热二次风通过增压风机（D）送入碎煤机内，将煤、石灰石混合物送到燃烧室。

与传统的给煤系统相比，直吹式碎煤系统的优点：减少了给煤设备部件，在布置给煤设备和给煤点方面具有灵活性；具有干燥燃料的能力；省去了独立的石灰石输送系统。但系统最大的缺点是潜在的较强的维护要求。与传统的给煤方式相比，此系统投资和维护费用更高并且运行中能耗较多。

直吹式碎煤系统常用于燃用废弃物的循环流化床锅炉上，这对燃料的干燥将带来明显的好处。但由于燃料灰分高，为了输送燃料需要用比较高的一次风量，并要求在低负荷时保持不变，因此降低了锅炉效率。虽然采用多台小容量碎煤机能满足调节出力的要求，但将使系

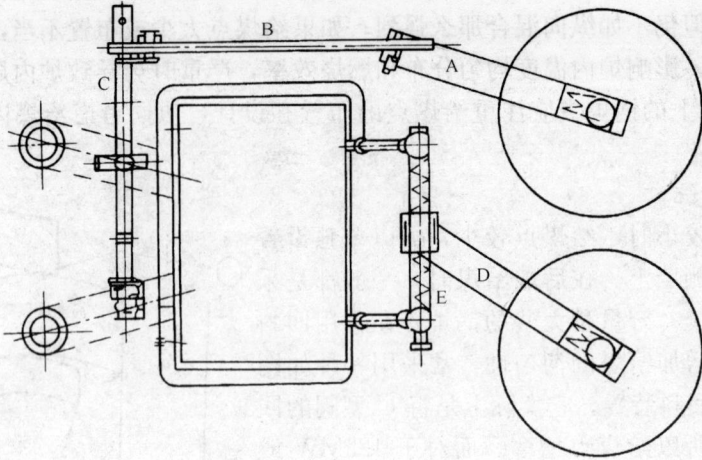

图 5-12 前墙和回送阀联合的给料系统

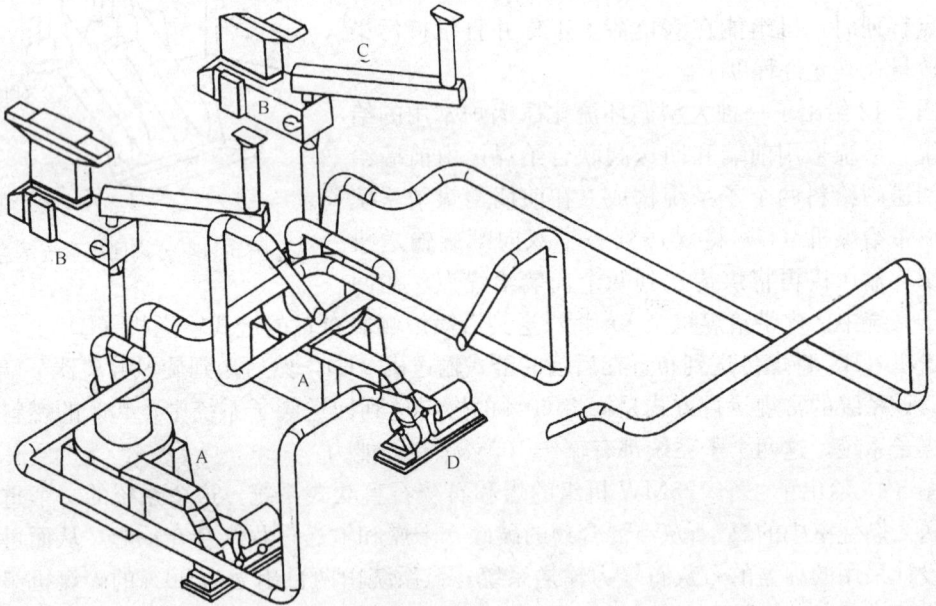

图 5-13 出力为 125MW 机组的煤和石灰石直吹式系统

统进一步复杂。

第三节 灰渣冷却与处理装置

一、循环流化床锅炉的灰平衡

循环流化床锅炉床料（或物料）、燃料颗粒大小不一，一般在 0~13mm 范围内，锅炉运行中这些物料一部分飞出炉膛参与循环或进入尾部烟道，一部分在炉内循环。较大粒径的颗粒沉积于炉床底部，需要排除，或者炉内料层较厚时也需要从炉床底部排出一定量的较大颗粒的物料，保证锅炉正常运行。

循环流化床锅炉运行中必须保持一定的灰平衡。所谓灰平衡就是进入炉内的灰量和排出的灰量保持平衡，即重量相等。这里所讲的"灰"包括给入的燃料含有的灰、脱硫用的石灰石以及加入的砂子和飞灰、炉渣的再循环部分。这些"灰"的一部分从炉床底部排出，叫做炉渣（或称大渣），一部分从尾部烟道排出，称做飞灰。一般情况下返料装置（或外置式流化床换热器）下也应排走一部分灰，另外在对流竖井下的转弯烟道也有可能会排走一部分灰。对于一台锅炉飞灰和渣的排出量一般是一定的（灰渣比是一定的），但是由于炉型不同，流化速度和炉内固体颗粒物理特性不同，每台锅炉的灰渣比也往往不同，如有的锅炉灰渣比为 60：40，有的为 50：50，还有的 30：70 等。灰渣比的概念对于锅炉设计和除渣、除尘设备的选型以及锅炉运行都是十分重要的。

二、高温灰渣冷却器的种类及其特点

从流化床锅炉中排出的高温灰渣与飞灰相比，不仅其粒径大小不同，温度差异也很大，炉渣温度的高低与炉内燃烧温度有关，循环流化床锅炉炉内温度一般在 850～950℃，因此炉渣的温度也在这一温度范围之内，具有大量的物理显热。如果不进行适当处理，既浪费了能源，又恶化了现场运行条件，灰渣中残留的硫和氮仍可以在炉外释放出二氧化硫和氮氧化物，造成环境污染。对灰分高于 30％ 的中低热值燃料，如果灰渣不经冷却，灰渣物理热损失可达 2％ 以上。另外，炽热灰渣的处理和运输十分麻烦，不利于机械化操作。一般的灰处理机械可承受的温度上限大多在 150～300℃ 之间，故灰渣冷却是必需的。此外，底渣中也有很多未完全反应的燃料和脱硫剂颗粒，为进一步提高燃烧和脱硫效率，有必要使这部分细颗粒返回炉膛。这些方面的操作可在冷渣装置（或称冷渣器）中完成。为了利用炉渣的这部分热量，提高锅炉热效率并保证排渣运行人员的安全，必须把炉渣冷却至一定的允许温度之内（一般在 100℃ 左右），这样锅炉应设置冷渣器冷却炉渣。

综上所述，冷渣器的作用主要有：①回收热量，加热给水，起省煤器的作用；②加热空气，起空气预热器的作用；③同时加热水和空气；④保持炉膛灰平衡和床料的良好流化；⑤细颗粒分选回送，提高燃烧和脱硫效率。

冷渣器是保证循环流化床锅炉安全高效运行的重要部件。冷渣器的不正常工作是导致被迫停炉和减负荷运行的主要原因之一。从操作方式上而言，冷渣器可以采取间歇和连续两种工作方式，对低灰分煤，总排渣量较小，或可能有大块残留的燃料时，一般采取间歇操作，而对高灰分煤，则推荐采用连续操作方式。

冷渣器按灰渣运动方式的不同，可分为流化床式、移动床式和混合床式以及螺旋输送机式几种；按冷却介质的不同，可分为水冷式、风冷式和风水共冷式三种。

高温灰渣与冷却介质之间的相互流动方式是多种多样的，有顺流、逆流、交叉流和混合流动方式等。按照热交换方式来分，有间接式和接触式两种，前者指高温物料与冷却介质在不同流道中流动，通过间接方式进行换热，而后者则指两者直接混合进行传热，一般用于空气作冷却介质的场合。

间接式冷渣装置的具体结构形式很多，综合起来大致有以下几种：①管式冷渣器中最简单的单管式冷渣器，高温渣在管内流动，而水在管外逆向流动，二者通过管壁交换热量。②流化床省煤器，在流化床内布置许多埋管，流化了的灰渣料层与水通过壁面交换热量。由于

流化床具有优良的传热特性，故效果较好。③绞笼式冷渣器，热灰沿着绞笼流道前进，水在绞笼外的水冷套内流动，当然，也可在绞笼螺片或主轴的水夹套内流动，两种介质为逆向流动。由于单轴绞笼所能提供的传热面积有限，为强化冷却效果，还可采用双联绞笼，这样可在同样出渣流量下使水冷面积增加约一倍。

直接式灰渣冷却装置的特点是灰渣与冷却介质直接接触，为不破坏灰渣的物理化学性质，同时也为了不产生污水，冷却介质通常是空气。这种系统主要有以下几种形式：①流化床冷渣器，即通过流化床埋管间的传热使灰渣冷却下来。②气力输送式冷渣器，高温灰渣借助于冷渣系统尾部的送风机与冷风一起吸入输渣管，在管内气固两相混合传热，达到冷渣的目的。③移动床冷渣器，其结构多样化，不仅有密相移动床，也有稀相气流床。④流化移动叠置床冷渣器，它将流化床和移动床各自的优点结合起来，实行多层次的逆流冷却。冷却风分若干层进入冷却床，并使上部床层流化，而下部床层处于移动床工况。热渣首先进入流化床，利用其传热好的特点迅速冷却至300℃左右，然后进入移动床，利用其逆流传热特性进一步冷却。由于移动床压力损失小，故送入移动床的冷风经初步加热后仍可作为上部流化床的流化介质。

（一）螺旋冷渣器

螺旋冷渣器是使用最普遍的冷渣器之一。其结构与螺旋输送机基本一致，所不同的是其螺旋叶片轴为空心轴，内部通有冷却水，外壳也是双层结构，中间有水通过。炉渣进入螺旋冷渣器后，一边被旋转搅拌输送，一边被轴内和外壳层内流动的冷却水冷却。为了增加螺旋冷渣器冷却面积，防止叶片过热变形，有的螺旋冷渣器的叶片制成空心叶片，与空心轴连为一体充满冷却水。还有的冷渣器采用双螺旋轴或多螺旋轴结构。图5-14为双螺旋轴水冷绞笼的示意，该水冷绞笼主要由旋转接头、料槽、机座、机盖、螺旋叶片轴、密封与传动装置等组成。

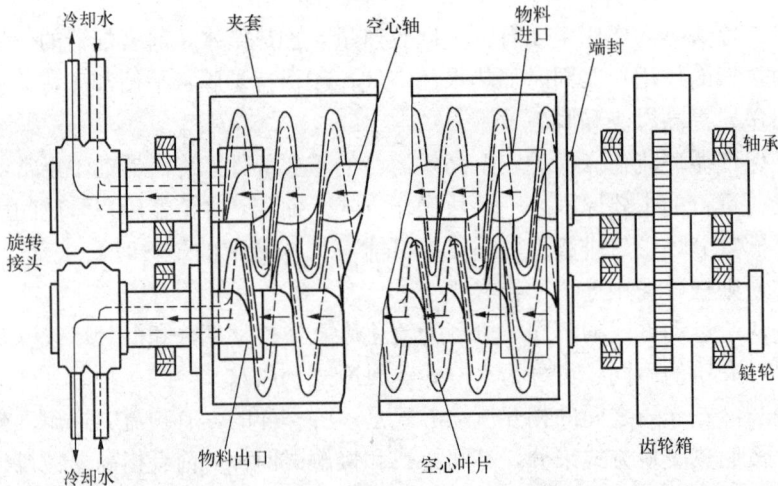

图5-14　双螺旋水冷绞笼结构

螺旋叶片轴是水冷绞笼的主要换热部件，由空心管轴、空心叶片、两端轴等组成。一端接传动机构，另一端接旋转接头。冷却水在空心螺旋叶片、空心轴内流动。物料则在螺旋叶片的作用下，在料槽内运动。

料槽为夹套式结构。料槽截面形状为 ω 形（配单螺旋轴时则为 U 形）。料槽内侧通常布置有防磨内衬，以防止磨损并能及时更换。

机座布置在两端，一端固定，另一端可滑动，热胀冷缩时可自由伸缩。机盖也为夹套结构，并布置有观察孔。

旋转接头为一种旋转密封装置，具有一定压力的冷却水经旋转接头进入螺旋叶片轴，吸收灰渣的热量后又经旋转接头流出，而不发生泄漏。

传动装置由调速电动机、联轴器、减速器、力矩限制器、链轮等组成。

循环流化床锅炉的灰渣进入该水冷绞笼后，在两根相反转动的螺旋叶片的作用下，作复杂的空间螺旋运动。运动着的热灰渣不断地与空心叶片、轴及空心外壳接触，其热量由在空心叶片、轴及空心外壳内流动的冷却水带走。最后，冷却下来的灰渣经出口排掉，完成整个输送与冷却过程。

水冷绞笼的出渣能力取决于绞笼的设计参数，如绞笼直径、轴径以及转速，显然，冷却效果与转速有关。在同一几何尺寸下，转速越高则灰渣停留时间越短，出渣温度越高，故我们推荐绞笼转速为 20~60r/min。

不同尺寸的水冷绞笼的传热面积列于表 5-1。

表 5-1   不同直径绞笼的传热面积

绞笼直径（mm）	轴径（mm）	叶片传热面积（m²）	外夹套面积（m²）	冷渣器（m³/h）
450	200	30.0	14.4	3.96
600	300	56.0	18.7	6.91
750	400	83.4	22.2	9.94
900	450	92.0	28.8	19.92

由表 5-1 可知，水冷绞笼的冷却面积较小，并与螺距有关，螺距越大则传热面积越小。为了在同样的灰渣处理量下扩大冷却面积，或当灰渣处理量大时，为了减小冷渣器的外形尺寸，可采用双联绞笼，这可使相同处理量时的冷却面积增大近一倍。

水冷螺旋冷渣器具有体积小、占地面积和空间小、易布置（可以布置于锅炉本体下部）、冷却效率较高等优点，而且这种装置由于不送风，故灰渣再燃的可能性很小。但与流化床或移动床相比，其传热系数较小，因此需要的体积较大。由于灰渣颗粒在流道中的混和较缓慢，而基本上只有贴壁的一层参加传热，传热效果不是很好。

尽管水冷绞笼的应用取得了某些进展，但在实用中也出现了一些问题，如绞笼进口处叶片和外壁的磨损，导致水夹套磨穿漏水，增加了灰处理的困难。为了防止漏水，水冷绞笼安装时往往进口向下倾斜。另外还出现了轴和叶片受热变形扭曲、堵渣、电动机过载等问题。还存在许多缺陷，其中主要的缺点有：

（1）对金属材料要求高，制造工艺比较复杂，设备的初投资较大；

（2）由于很难达到选择性排渣，使石灰石利用率和燃料的燃烧效率降低，增加了运行成本；

（3）由于螺旋冷渣器较长，中间一般不设支承轴承，如果运行中被金属条或其他硬物卡死，易造成断轴等机械故障。

近年来，随着水冷绞笼不断的改进与完善，这些缺陷都基本得到了消除。目前水冷绞笼已被广泛地应用于循环流化床锅炉中，作为单级或第二级冷渣器。

（二）风冷式冷渣器

风冷式冷渣器种类很多，它主要是利用流化介质（空气或烟气）和灰渣通过逆向流动过程完成热量交换，从而使灰渣得到冷却。主要包括流化床式冷渣器、混合床式冷渣器和气力输送式冷渣器等几种，根据系统布置的不同冷渣器又分为单流化床式和多流化床式两种。

1. 单流化床风冷式冷渣器

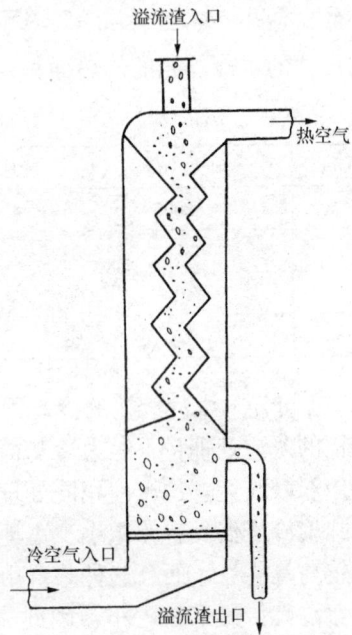

单流化床风冷式冷渣器的型式很多，图5-15是一种该型冷渣器的典型布置。在紧靠燃烧室下部设置两个或多个风冷式流化床冷渣器。根据锅炉炉内压力控制点的静压，通过脉冲风来控制进入冷渣器的灰渣量。冷却介质由冷风和再循环烟气组成。加入烟气的目的是为了防止残炭在冷渣器内继续燃烧。冷渣器内的流化速度为1～3m/s，冷风量约为燃烧总风量的1%～7%，根据燃料灰分的多少而定。床灰经冷渣器冷却到300℃左右以后，排至下一级冷渣器（如水冷螺旋绞笼等），继续冷却到60～80℃。

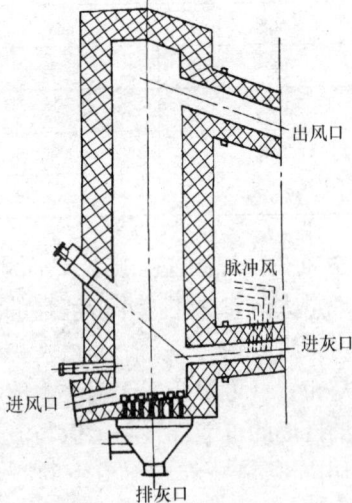

图5-15　单流化床风冷式冷渣器　　　　图5-16　单流化床Z型冷渣器

图5-16是一种带Z型落渣槽的流化床冷渣器。灰渣自上而下沿Z形通道下落，来自流化床的空气沿Z形通道逆流而上，气固之间产生接触换热。这样就降低了下部流化床内的温度水平，可以获得较好的冷却效果。图5-17是一种塔式冷渣器，在流化床的上方布置了一些挡渣板。在该装置的作用下，灰渣下落时与来自下部流化床的空气充分接触冷却，再落入流化床继续冷却。因此这种冷渣器冷却效果较好。

2. 多室流化床选择性排灰冷渣器

在风冷式冷渣器中，实现选择性排放灰渣，对于燃用低灰分的循环流化床锅炉而言，是很重要的，因为这是补充循环物料的技术措施之一。所谓选择性排灰，就是将床料进行风力筛选，将粗粒子冷却后排放掉，而将细粒子送回炉内作为循环物料。其典型代表为美国FW

公司的选择性排灰冷渣器，如图 5-18 所示。通常，每台锅炉配有两台 100％容量的选择性排灰冷渣器。该冷渣器具有下列功能：

（1）选择性地排除炉膛内的粗床料，以便控制炉膛下部密相区中的固体床料量并避免炉膛密相区床层流化质量的恶化。

（2）将进入冷渣器的细颗粒进行分级，并重新送回炉膛，维持炉内循环物料量。

（3）将粗床料冷却到排渣设备可以接受的温度。

（4）用冷空气回收床料中的物理热，并将其作为二次风送回炉膛。

选择性排灰冷渣器通常由几个分床组成。第一分床为筛选室，其余则为冷却室。从炉膛下部来的炉渣经过输送短管进入冷渣器的筛选室。来自回送装置送风机的高压空气注入输送短管，以帮助灰渣送入冷渣器。冷风作为各个分床的流化介质，而且每个冷却床独立配风。为了提供足够高的流化速度来输送细料，对筛选室内的空气流速采取单独控制，以确保细颗粒能随流化空气（作为二次风）重新送回炉膛。冷却室内的空气流速根据物料冷却程度的需要，以及维持良好混合的最佳流化速度的需要而定。筛选室和冷却室都有单独的排气管道，以便将受热后的流化空气作为二次风送回炉膛。返回

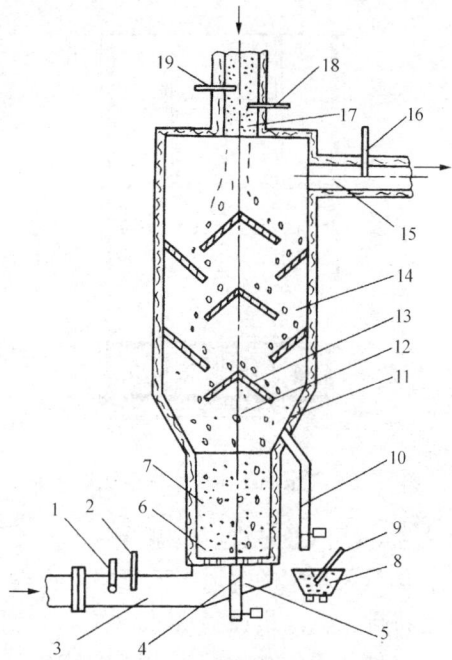

图 5-17　塔式单流化床冷渣器

1—笛形管；2、12—温度测点；3—进风管；4—冷渣管；5—风室；6—布风板；7—流化床冷渣器；8—渣车；9—出口渣温测点；10—溢流管；11—保温层；13、18—挡渣板；14—自由空间；15—出风管；16—出口风温测点；17—进渣管；19—入口渣温测点

口一般处于二次风口高度上，那里炉膛风压低，这样的设计可以节省冷渣器的风机压头。在冷渣器内，各床间的物料流通是通过分床间的隔墙下部的开口进行的，为了防止大渣沉积和结焦，采用定向风帽来引导颗粒的横向运动。在定向喷射的气流作用下，灰渣经隔墙下部的通道运动至排渣孔。定向风帽的布置应尽可能延长灰渣的横向运动位移量。在排渣管上布置有旋转阀来控制排渣量，以确保炉膛床层压差在一恒定值。

采取分床结构，形成逆流换热器布置的形式，各分床以逐渐降低的温度工况运行，可以最大限度地提高加热空气的温度，使冷却用空气量减少，有利于提高冷却效果。分床越多，效果越明显，但这往往增加了系统的复杂性，通常以 3～4 个分床为宜。

该冷渣器可以有间歇和连续两种运行方式，对可能有大块残存的燃料，一般采用间歇运行方式，反之则采取连续运行方式。在间歇运行时，当分选床中的渣温低于 150～300℃时即放空各床。渣温监控和放渣是程控的，通常一次充放周期约为 30min，并且与煤种有关。

3. 移动床冷渣器

移动床冷渣器中灰渣靠重力自上而下运动，并与受热面或空气接触换热，冷却后从排灰口排出。在移动床中，如果仅利用空气作为冷却介质，称为风冷式移动床冷渣器。有时会同时在床内布置受热面，称为风水共冷式移动床冷渣器。

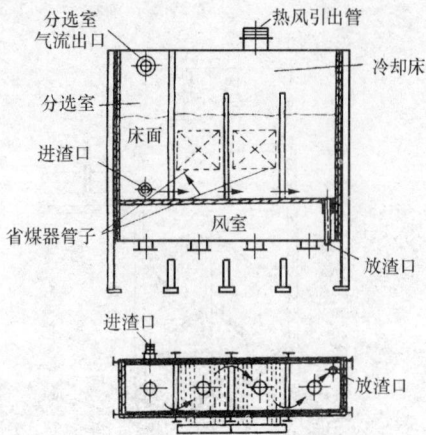

图 5-18　多室流化床选择性排灰冷渣器

移动床式冷渣器具有结构简单、运行可靠、操作简便等优点，其特色在于，可以制造大的逆流传热温差。理论上说，用风冷时，冷风可以加热至很高温度，流程阻力小，磨损轻微，经合理配风后能大大改善冷渣效果。但是，因为其传热系数较小，加之不可避免的传热死角，故要求冷却空间的体积较大，造价也相对较高。可以作为小容量或低灰分流化床锅炉的冷渣装置。

4. 混合床冷渣器

图 5-19 所示为一种流化移动叠置式冷渣装置（也称为混合床冷渣器），它自上而下由进渣控制器、流化床、移动床、锥斗和出渣控制机构组成，在流化床的悬浮段热风出口处布置有内置式撞击分离器。热渣经过进渣控制器后进入流化床，初步冷却至 300℃，然后下降至移动床继续冷却。从总风箱来的冷风进入三层风管内，并分送入下部移动床和上部流化床。冷渣经叶轮式出渣机排入输送机械，热风经内置分离器净化后可作为二次风。

这种装置的结构特点是：①流化移动床叠置，利用了流化床传热系数大和移动床的逆流传热效果。流化床内温度分布很均匀，有效地防止了红渣的出现。与移动床结合后，可以在较小的风渣比下充分冷渣，并将风温提高至 300℃ 以上，这样使本冷渣器兼具有流化床和移动床的固有优点。②进出渣控制机构能方便地根据炉膛内的存料量调节锅炉放渣量，这对于循环流化床锅炉是十分必要的。③布置紧凑，充分利用了流化床的悬浮空间，使整个装置占的空间高度控制在 3m 以下，以便适应各种锅炉。④进出渣控制装置可处理 40mm 以下的渣粒，而冷却床内流道宽，渣流顺畅，无堵塞搭桥现象。

运行结果表明，该装置可以将灰渣冷却至输送机械可接受的温度，其实用风渣比为 1.85～2.5m³/kg，热风温度高于 280℃，可以作为二次风入炉，也可适用于其他目的。

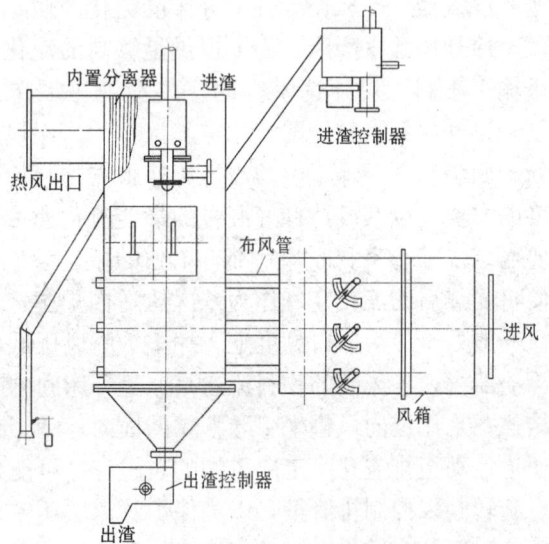

图 5-19　流化移动叠置式冷却装置

（三）风水共冷式流化床冷渣器

对于高灰分的燃料或大容量的流化床锅炉而言，单纯的风冷式流化床冷渣器往往难以满足灰渣的冷却要求。这时，除了采用两级冷渣器串联布置外，还可以采用风水共冷式流化床冷渣器。即在风冷式流化床冷渣器中布置埋管受热面用来加热低温给水（替代部分省煤器）或凝结水（替代部分回热加热器）。这样，可以利用床层与埋管受热面间强烈的热交换作用，大大提高冷却效果，并最大限度地减小冷渣器的尺寸。对于风水共冷式冷渣器，由于灰渣粒度较大，流化速度较高，所以，必须采取严格的防磨措施，以防埋管受热面的磨损。

风水共冷式流化床冷渣器的冷却效果好，但系统却较风冷式流化床冷渣器复杂。在流化床冷渣器中，从炉膛进入冷渣器的灰渣温度很高，灰渣的输送与控制技术十分重要。显然，常规的机械方式并不可取，推荐采用非机械方式。如以上介绍的 ETV 公司的脉冲风以及 FW 公司的定向风帽和高压风等均可实现非机械式排渣和输渣。

图 5-18 中所示的多室流化床分选冷渣器中，在冷却床中布置省煤器埋管组，故也可视为一种特殊的外置式换热器，不过与常规外置式换热器有些不同。外置式换热器流过的是较细的循环物料，而冷渣器中通过的是较大的底渣颗粒，这就要求操作及控制方式有所不同。另外，在作为空气预热器和省煤器时，锅炉的尾部受热面布置要作相应改变。

目前，流化床分选冷渣器在国内外都有应用，据报道，对烟煤、石油焦、无烟煤矸等不同煤种，实际累计运行时间已超过 12 万 h。但在其首次安装使用后的十几年中，也出现过这样或那样的问题，主要有：①灰渣复燃结焦；②处理大块的能力不足，有时会出现堵渣，因此，对大块较多的情况，在设计上可采用倾斜布风板，取消埋管受热面等措施；③热风管道堵塞，这是因为夹带的细灰未能有效地分离下来，或出风管道设计方面的缺陷；④床内埋管磨损，由于冷渣器处理的是宽筛分灰渣，故流化风速不可能降至外置换热器那么低，这样，为解决埋管的磨损问题，需采取有效的防磨措施；⑤送风系统设计上的不足，这种问题在与一次风共用风机时较容易发生，造成调节困难；⑥冷渣器的调节性能有待提高。尽管如此，这种冷渣装置仍获得了较广的应用。

三、除渣除灰系统

1. 除渣系统

由于循环流化床锅炉属低温燃烧，灰渣的活性好，并且炉渣含碳量很低（一般为 1%～2%）。可以用做许多建筑材料的掺合剂，因此锅炉灰渣一般可以进行综合利用。炉渣的输送方式和输送设备的选择，主要决定于灰渣的温度，对于温度较高的灰渣（800～1000℃），一般采用冷风输送，冷风在输渣过程中把炉渣冷却下来，送入渣仓内再用车辆运出。这种输送方式的缺点是，为了冷却炉渣需要大量的冷风，使管道磨损严重，而且灰渣的温度较高需要在渣仓储存冷却一定时间才可运出利用。这种方式对于未布置冷渣器、渣量不大的小型循环流化床锅炉可以采用，对于中、大容量的锅炉一般均布置有冷渣器，冷渣器通常把灰渣冷却至 200℃以下，此时灰渣可以采用埋刮板输送机把灰渣输送至渣仓内，对于温度低于 100℃的炉渣也可采用链带输送机械输送，当然对于较低温度的灰渣亦可采用气力输送方式。气力输送系统简单、投资小，易操作，但管道磨损较大。在电厂中最常用的输渣方式是埋刮板和气力输送。

目前国内绝大部分 35、75th 锅炉未布置冷渣器，而是采用高温灰渣直接排放或水力除渣方式，不仅损失了灰渣中大量的物理热，而且高温灰渣与水接触产生大量的水蒸气，弥散在锅炉房内，既不安全，又不卫生，许多电厂正在改造。

2. 除灰系统

循环流化床锅炉除灰系统与煤粉炉没有大的差别。多采用静电除尘器和浓相正压输灰或负压除灰系统，应当特别注重循环流化床锅炉飞灰、烟气与煤粉炉的差异。如循环流化床锅炉由炉内脱硫等因素使其烟尘比电阻较高。而且除尘器入口含尘浓度大，飞灰颗粒粗等，这些都将影响电除尘器的除尘效率和飞灰输送。因此对于循环流化床锅炉不宜采用常规煤粉炉的电除尘器，必须特殊设计和试验，对于输灰也应考虑灰量的变化以及飞灰颗粒的影响。

3. 冷灰再循环系统

为了便于调节床温，有时会将电除尘器灰斗收集的部分飞灰由仓泵经双通阀门送入再循环灰斗，再由螺旋卸灰机或其他形式的输灰机械排出并由高压风送入燃烧室。这个系统称为冷灰再循环系统。除尘器冷灰再循环有以下三个优点：

（1）提高碳的燃尽率；

（2）提高石灰石的利用率；

（3）调节床温，使其保持在最佳的脱硫温度。

但冷灰再循环系统使整个锅炉的系统变得更为复杂，控制点增多，对自动化水平要求较高。

四、除灰除渣系统举例

德国 Babcock 公司的 CFB 锅炉飞灰循环系统如图 5-20 所示。考虑到 CFB 锅炉的灰循环及除灰系统设计会直接影响整个锅炉的安全可靠和经济运行，Babcock 设计的燃煤粒径一般小于 8mm，石灰石粒径小于 2mm；燃烧形成的飞灰粒径在 $100\mu m$ 以下，床灰粒径在 $10^3 \sim 10^4 \mu m$ 之间，飞灰可燃物约为 5%，床灰可燃物 1%~2%。由于飞灰和床灰的物理化学特性不同，故采用飞灰和床灰分别输送集中系统：一部分灰重新送回炉内燃烧，另一部分送到外除灰仓集中储存，然后用车辆送到灰厂或综合利用处。送回炉内的灰循环系统分三路：①旋风分离器捕集的飞灰再循环；②尾部除尘灰再循环；③床灰再循环（到中间床灰仓后再循环）。

外除灰系统是指不参与循环的灰的集中输送系统。除尘器收集的飞灰、旋风分离器捕下的飞灰（一部分）和预热器后烟道的自然沉降灰等，根据锅炉燃烧情况、负荷和床温的高低，控制送到除灰仓的灰量。

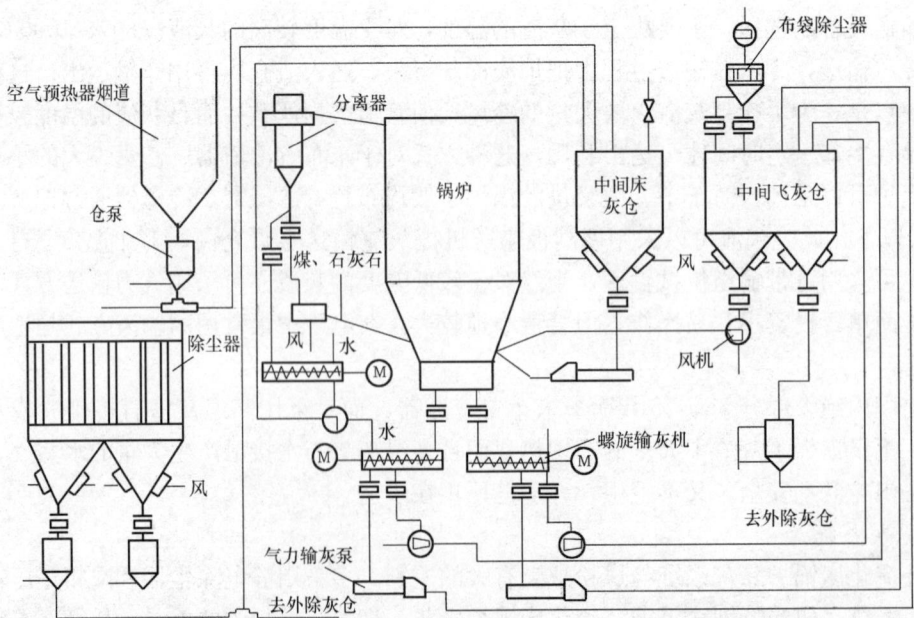

图 5-20 Babcock 公司 CFB 锅炉飞灰循环系统

灰仓设电加热装置，维持仓灰温度在110℃左右。外除灰系统分飞灰排除和床灰排除两套系统，每套系统又分为干式除灰和湿式除灰两路。干灰用刮板链条输灰机，湿式除灰为带有多个水喷嘴的双浆螺旋输灰机。这样布置是为了保证除灰可靠，防止堵灰和结块，即使发生事故时也可通过切换输灰管路，避免影响整个系统的运行。此外，设计的系统出力有较大的裕量，并考虑了磨损、密封等问题。

第四节　风、烟系统

锅炉的风烟系统，对于链条炉和煤粉炉而言比较简单，风机数量也相对较少；而对于循环流化床锅炉，其风烟系统则比较复杂，风机数量也相对增多，尤其对容量较大、燃用煤种范围较宽的循环流化床锅炉风烟系统就更复杂，所采用的风机更多，由于循环流化床锅炉烟系统相对风系统简单，除了烟气回送系统和风机选型与常规煤粉炉有所不同外，并没有更大的差异。所以下面主要介绍风系统。

一、风系统的分类及作用

循环流化床锅炉风系统根据其作用和用途主要分为一次风、二次风、播煤风（也有称做三次风）、回料风、冷却风和石灰石输送风等。

1. 一次风

循环流化床锅炉的一次风与煤粉炉的一次风的概念和作用均有所不同。煤粉炉中的一次风是风粉混合的气—固两相流，其主要作用是输送和加热煤粉（燃料）并供给其燃烧的一定氧量；而循环流化床锅炉的一次风是单相的气流，主要作用是流化炉内床料，同样给炉膛下部密相区送入一定的氧量供燃料燃烧。一次风由一次风机供给，经布风板下一次风室通过布风板和风帽进入炉膛。由于布风板、风帽及炉内床料（或物料）阻力很大，并要使床料达到一定的流化状态，因此一次风压头要求很高，一般在10000～20000Pa范围内。一次风压头大小主要与床料成分、密度、固体颗粒的尺寸、床料厚度以及床层温度等因素有关。一次风量取决于流化速度和燃料特性以及炉内燃烧和传热等因素，一次风量一般占总风量的40%～70%。当燃用挥发分较低的燃料时，一次风量可以调整得大一些。

由于一次风压头高，风量也较大，一般的送风机难以满足其要求，特别是较大容量的锅炉，一次风机的选型比较困难，因此有的锅炉一次风由两台或两台以上风机供给，对压火要求更高的锅炉，一次风机也采用串联的方式以提高压头。通常一次风为空气，但有时掺入部分烟气，特别是锅炉低负荷或煤种变化较大时，为了满足物料流化的需要，又要控制燃料在密相区的燃烧份额，往往采用烟气再循环方式。一次风压和风量的调整对循环流化床锅炉是至关重要的，在运行中应特别注意。

2. 二次风

二次风的作用与煤粉炉的二次风基本相同，主要是补充炉内燃料燃烧的氧气并加强物料的掺混，另外循环流化床锅炉的二次风能适当调整炉内温度场的分布，对防止局部烟气温度过高、降低 NO_x 的排放量起着很大的作用。

二次风一般由二次风机供给，有的锅炉一、二次风机共用。为了达到上述作用，二次风分级布置，最常见的分二级从炉膛不同高度给入，有的也分三级送入燃烧室。二次风口根据炉型不同，有的布置于侧墙，有的布置于四周炉墙，还有的四角布置，但无论怎样布置和给入，绝大多数布置于给煤口和回料口以上的某一高度。运行中通过调整一、二次风比和各级二次风比，可以控制炉内燃烧和传热。由于二次风口一般处在正压区，所以二次风机压头也高于煤粉炉的送风机压头，若一、二次风共用一台风机，其风机压头按一次风需要选择。

3. 播煤风

播煤风（也有的称做三次风），其概念来源于抛煤机锅炉，其作用与抛煤机锅炉的播煤风一样，使给煤比较均匀地播撒入炉腔，提高燃烧效率，使炉内温度场分布更为均匀。同时播煤风还起着落煤管处的密封作用。

播煤风一般由二次风机供给，运行中应根据燃煤颗粒、水分及煤量大小来适当调节，使煤在床内播撒得更趋均匀。避免因风量太小使给煤堆积于给煤口，造成床内因局部温度过高而结焦，或因煤颗粒烧不透就被排出而降低燃烧效率。

4. 返料风

前面已经叙述过，对于非机械返料阀均由返料风作为动力输送物料返回炉内。根据返料阀的种类不同，返料风的压头和风量大小及调节方法也不尽相同。对于自平衡返料阀当调整正常后，一般不再作大的调节；对于 L 型返料阀往往根据炉内的工况需要调节返料风，从而调节返料量。返料风占总风量的比例很小，但对压头要求较高，因此，对于中小锅炉一般由一次风机供给，较大容量的锅炉因返料量很大（每小时上千吨甚至更大），为了使返料阀运行稳定，常设计返料风机独立供风。对于返料阀和返料风应经常监视，防止因风量调整不当使阀内结焦。

5. 冷却风和石灰石输送风

冷却风和石灰石输送风并非在每台循环流化床锅炉上都有的。冷却风是专供风冷式冷渣器冷却炉渣的，石灰石输送用风是对采用气力输送脱硫剂——石灰石粉而设计的。

风冷式冷渣器种类很多，但实际上都是采用流化床原理（鼓泡床）用冷风与炉渣进行热量交换。因此对冷却风要有足够的压头克服流化床冷渣器和炉内阻力，冷却风常由一次风机出口（未经预热器）引风管供给，或单设冷渣冷却风机。

循环流化床锅炉的主要优点之一，是应用廉价的石灰石粉在炉内可以直接脱硫。因此循环流化床锅炉通常在炉旁设有石灰石粉仓，虽然石灰石粉粒径一般小于 $1\sim2\text{mm}$，但因其密度较大，一般的风机压头无法将石灰石粉从锅炉房外输送入仓内，若用气力输送对风机选型应进行周密的计算。

二、送风系统的几种布置形式

循环流化床锅炉送风机多、风系统复杂、投资大、运行电耗也较大，这是它的特点之一。因此在风系统设计时应尽可能地减少风机、简化系统，但常常受到运行技术的限制。每种风都有其各自的作用，且锅炉工况变化时，各部分风的调节趋势和调整幅度又不相同，往往相互影响，给运行人员的操作带来困难。因此对于风系统的设计必须进行技术经济比较，进行系统优化。

1. 中小型锅炉的风系统

中小容量的循环流化床锅炉，风量相对较小，风机选型广阔，对于系统技术要求不太高，尤其是国内生产制造的 75t/h 容量以下的锅炉，基本未采用石灰石脱硫和连续排渣、冷渣技术，所以风系统设计比较简单，主要有以下两种方式：

方式一：送风机：一次风、二次风、播煤风、回料风。

方式二：一次风机：一次风、回料风；二次风机：二次风、播煤风。

方式一中，根据锅炉容量一般布置两台送风机并联运行，由送风机供给锅炉所需的一次风、二次风、播煤风以及回料风。该方式的优点是风机数量少、系统简单、投资小，但运行中操作比较复杂，调整每一个风门将影响其他风的变化。开大或关小风机挡板，各股风都随之增大或减小，如果风机设计余量不当，常常出现"夺风"现象。由于一次风、二次风压头要求相差较大，由一台风机供给一、二次风往往很难恰当地符合设计要求。方式二是把一、二次风分别由各自的风机提供，比较好地解决了上述矛盾，但风系统较方式一复杂些，两者综合比较，方式二优于方式一。

2. 容量较大锅炉的风系统

对于容量大于130t/h的锅炉，由于总风量较大，而大风量、高压头风机的选型比较困难，常采用串联风机方式提高风压，并且由于容量较大的锅炉均采用石灰石（或其他脱硫剂）脱硫和连续排渣，甚至设计有烟气循环和飞灰运送系统，因此使风机类型和台数大大增加，风系统更加复杂。如下是两种相对比较简单的布置方式。

方式一：一次风机：一次风、副床或外部换热器流化一次风、回料风；二次风机：二次风、播煤风、煤制备系统用风；冷渣器风机：冷却风；石灰石输送、给料风机：输送风、给料风。

方式二：送风机：二次风、播煤风、（经过加压风机）一次风、冷渣风；回料风机：回料风；石灰石输送风机：输送风、给料风；飞灰运送风机：飞灰返送风。

上述两方式的共同特点是采用分别供风的形式，低压风由二次风机供给，高压用风基本上由一次风机供给，特殊用风独自设立风机。当然在具体系统设计时也考虑互为备用问题，这种布置方式，对于运行操作和调整比较方便。第二种方式中，高压风由容量较大的送风机提供风源，再由送风机出口串联的加压风机增压后供给，以满足一次风和冷渣器用风（或回料风）的需要。上述两种方式投资相对较大，对于大、中型锅炉风系统布置比较有利。

三、风烟系统举例

某220t/h锅炉的风烟系统如图5-21所示。在此锅炉的风烟系统中，风系统的布置采用了容量较大锅炉的风系统的第二种布置方式。一、二次风及冷渣风先由一台容量较大的送风机（246554m³/h，14.9kPa）提供风源，然后分成三路，经不同的处理后作为不同的风来使用。

其中一路作为一次风经送风机出口串联的加压一次风机（102730m³/h，12.24kPa）增压，并依次经过暖风器、空气预热器加热后送入燃烧室下部的水冷风室，经水冷布风板和风帽进入燃烧室，以流化物料及使燃料初步燃烧。另外一路作为二次风经空气预热器加热后在不同的高度进入燃烧室，以利于燃料燃尽并实现分级燃烧。第三路作为冷渣器流化风经冷渣风机（14794m³/h，29.4kPa）增压后供给，然后进入风水联合冷渣器，将大渣冷却到一定温度后选择携带部分细颗粒进入燃烧室。

回料风由一台高压风机（3944m³/h，68.3kPa）单独供给，用于使回料装置中的颗粒流化流动，并返回燃烧室。

石灰石输送风由两台石灰石输送风机（822m³/h，68.6kPa）单独提供，用于输送石灰石进入炉内进行脱硫。

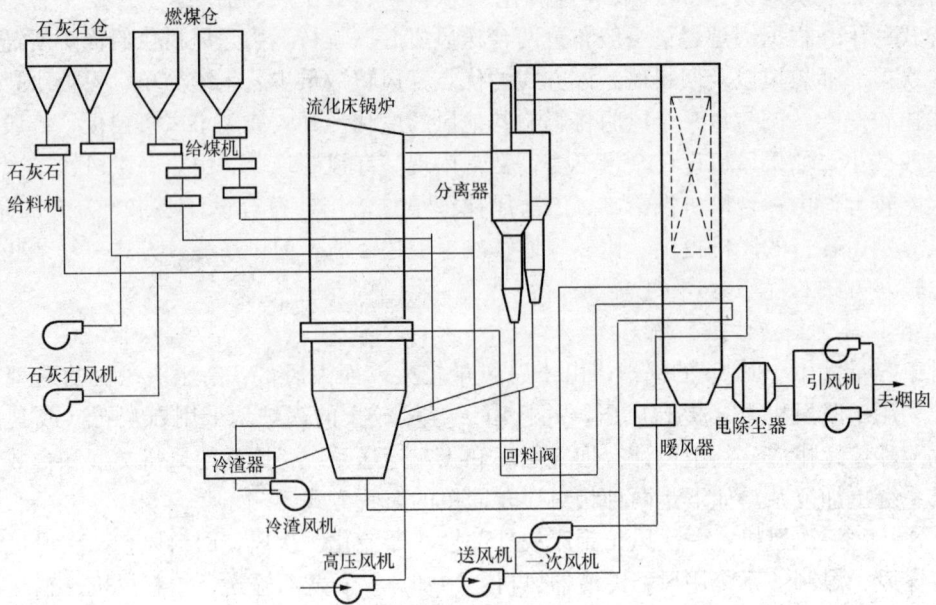

图 5-21　某 220t/h 循环流化床锅炉的风、烟、物料系统

燃料燃烧后的烟气则靠两台并联运行的引风机（216334m³/h，6.642kPa）经烟囱排向大气。

四、送、引风机的选择

（一）选择风机的原则

循环流化床锅炉具有燃料适应性好、污染排放低、易实现炉内脱硫等优点。但对送、引风机的要求也较高，对风压的要求高于相同流量下普通送、引风机的风压。因此，所选的风机应满足流化床锅炉运行时（包括超负荷）所需要的最大流量和最大压头，以保证循环流化床锅炉达到出力和正常运行。送风机的压头不够会造成循环流化床锅炉流化不好、结渣、出力达不到、不能长期正常运行等问题。引风机压头不够也会带来锅炉出现正压等问题。另外，要使所选用的风机正常运行工况点尽可能靠近它的设计工况点，以保持风机能长期地在高效区运行，提高设备运行的经济性。

（二）选择风机时需要已知的参数

（1）不同条件下的流量和压头，至少要知道所需要的最大流量 $q_{V\max}$ 及最大压头 $p_{\max}$。

（2）被输送介质的温度 t。

（3）被输送介质的密度 ρ。

（4）工作条件下的大气压力 p_{amb}。

在实际选择时，q_V、p 需比 $q_{V\max}$、$p_{\max}$ 大些，可以取

$$q_V = (1.05 \sim 1.10)q_{V\max} \tag{5-2}$$

$$p = (1.10 \sim 1.15)p_{\max} \tag{5-3}$$

应当注意，在设计规范中：送风机的工作参数是对空气温度 $T = 293\mathrm{K}$（20℃），大气压力 $p_{\mathrm{amp}} = 101\mathrm{kPa}$，干净空气相对湿度为 50%，空气密度 $\rho_{293} = 1.2\mathrm{kg/m^3}$ 而言的。引风机的

工作参数是对气体温度 $T=473K$（200℃），大气压力 $p_{amp}=101kPa$，气体密度 $\rho_{473}=0.745$ kg/m³，气体相对湿度为50%而言的。

假如所输送的流体介质不符合上述状态，为了按照设计规范来选择风机，必须对流量、压头、功率进行换算。

对送风机，换算式为

流量 $$q_{V20}=q_V$$

全压 $$p_{20}=p\,\frac{101\times10^3}{p_{amp}}\times\frac{t+273}{293}$$

功率 $$P_{20}=P\,\frac{101\times10^3}{p_{amp}}\times\frac{t+273}{293}$$

对引风机，换算式为

流量 $$q_{V200}=q_V$$

全压 $$p_{200}=p\,\frac{101\times10^3}{p_{amp}}\times\frac{t+273}{473}$$

功率 $$P_{200}=P\,\frac{101\times10^3}{p_{amp}}\times\frac{t+273}{473}$$

式中 q_V、p、P——风机在使用条件下的风量、全压和功率，m³/s、Pa、kW；

p_{amp}——当地大气压力，Pa；

t——使用条件下，风机进口处气体的温度，℃。

在选择引风机时，如果烟气密度没有精确的数据，则计算式为

$$\rho=1.34\times\frac{273}{T}$$

式中 1.34——温度为0℃（273K）时，烟气的平均密度，kg/m³；

T——烟气的绝对温度，K。

（三）风机的选择方法（按照风机制造厂提供的性能参数表或选择曲线进行选择）

1. 按风机性能表选择风机

这种选择风机的方法简单方便，其具体步骤是：

（1）按循环流化床锅炉的需要，根据式（5-2）和式（5-3）计算流量 q_V 和风压 ρ。

（2）根据风机的用途（是送风机还是引风机等）在风机性能表中查找合适的型号（叶轮直径）、转速和电动机功率，这样便决定了所选的风机。

2. 按风机的选择曲线选择风机

这是最常用的一种选择风机的方法。风机的选择曲线是以对数坐标表示的，它把具有相似的不同叶轮直径 D_2 的风机的风量 q_V、转速 n 和功率 P 绘在一张图上。风机的工作范围一般规定为设计点效率的90%以上的一段。风机的选择曲线一般包含三组等值线，即等 D_2 线、等 n 线和等 P 线。由于采用了对数坐标，这三组等值线均是直线。等 D_2 线和等 n 线通过每条性能曲线中效率最高点；等 P 线则不一定通过性能曲线中的设计点。等 D_2 线所通过的几条性能曲线，表示同一机号不同转速下的性能曲线。对图上任意一条性能曲线来说，其

线上各点的转速、叶轮直径都是相同的，可以通过效率最高点的等 D_2 线和等 n 线查出它的叶轮直径和转速。等 P 线表示线上各点功率相等。性能曲线上每一点的功率都不相等，只能查出它所在处的功率，通过密度换算，得出工作状况下的功率。

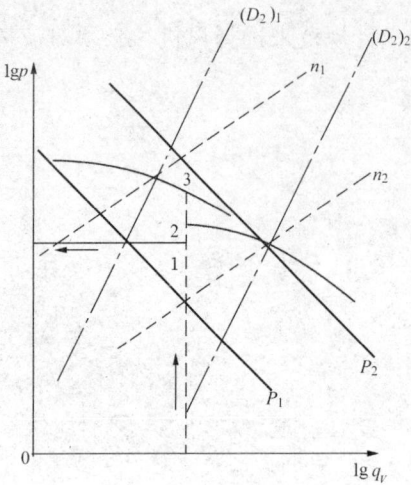

图 5-22　风机选择曲线的使用

3. 选择风机的步骤

（1）按式（5-2）和式（5-3）计算流量 q_V 和风压 p。如果输送的介质参数与常态状况不符合，则应进行换算。

（2）根据已定的选择参数，在风机的选择曲线上作相应坐标轴的垂线，由其交点即可知道所选风机的机号、转速和功率。往往交点不是刚好落在风机的性能曲线上，如图 5-22 中的 1 点所示。通常是在保持风量不变的条件下垂直向上找，找到最接近的一条性能曲线上的 2 点或 3 点，由 2 点或 3 点所在的性能曲线上查出在最高效率点时所选风机的机号（叶轮直径 D_2）、转速、功率，然后用插入法通过密度换算，求出工作状况下的功率。然后考虑一定的裕量选用电动机。电动机的安全系数，送风机选 1.15、引风机选 1.30。

根据上述 2、3 两个点选得两台风机，再经过权衡分析，核查运行工况点是否处于高效区。一般选取转速较高、叶轮直径较小、运行经济（风机在流量减小时，可较长时间保持高效率）的由第 3 点所选的风机。

第五节　循环流化床锅炉的 DCS 系统

随着循环流化床锅炉参数的提高和容量的不断扩大，其要求的自动化程度不断提高，目前循环流化床锅炉已逐步采用了 DCS 系统进行控制。本节对 DCS 系统的基本概念和基本组成进行介绍。

一、DCS 的含义

DCS 是 Distributed Control System 的简称，即分散控制系统。它与常见的集散控制系统（Total Distributed Control System，简称 TDCS 或 TDC）、分布式计算机控制系统（Distributed Computer Control System，简称 DCCS）的本质基本相同，内在含义是一致的，习惯上均称为分散控制系统。

分散控制系统的含义着重体现在"分散"上，而"分散"的含义有两方面：一是强调各种被控生产设备的地理位置是分散的，系统相应的控制设备也在地理位置上分散布置；二是指控制系统所具有的功能是分散的，即计算机控制系统的数据采集、过程控制、运行显示、监控操作等按功能进行分散，这种功能上的分散同时意味着整个系统的危险性分散。功能分散是分散控制系统的主要内涵。在功能分散的基础上，分散控制系统又可将运行的操作与显示集中起来，即操作管理集中，所以它又称为集散控制系统。

二、DCS 系统的产生与发展

DCS 系统的发展是在总结和吸取常规模拟仪表控制和早期计算机控制优点的基础上，

综合运用现代科技成果而发展形成的。

DCS 系统的产生是"4C"技术（即计算机——Computer，控制——Control，通信——Communication，以及阴极射线管——Cathode-ray Tub 显示器等技术）的结晶，是多门类学科互相渗透、互相促进、综合发展的产物。

DCS 系统的发展过程大致分为三个阶段。20 世纪 70 年代中期是分散控制系统的初级阶段；80 年代中期是分散控制系统的成长阶段；80 年代中后期是分散控制系统的完善阶段，这一时期系统的规模、控制功能、管理功能等得到不断扩展。目前 DCS 系统仍在不断融合多种先进技术，使其规模、功能、可靠性、柔软性、适应性、灵活性、实时性、扩展性、经济性等不断完善与提高。已向着模块化、标准化、开放化、集成化、智能化的方向高速发展。

三、DCS 系统的层次与结构

1. 系统的层次

DCS 系统的层次分为四级：就地操作层、过程控制层、控制管理层、生产管理层。

（1）就地控制层是 DCS 系统的基础，其主要任务是：进行过程数据采集，进行直接数字的过程控制，进行设备监测和系统的测试和诊断，实施安全性、冗余化方面的措施。

（2）过程控制层主要根据用户的需要，通过组态控制方案，对单元内的程序流程实施整体优化，并对下层产生确切命令。其功能有：优化过程控制；自适应回路控制；优化单元内各装置，使它们密切配合；通过获取直接控制层的实时数据以进行单元内的活动监视。

（3）控制管理层是人机接口设备，是生产过程的命令管理系统，其功能是进行生产过程监视，现场设备直接操作，控制参数设置，在线、离线自诊断，生产报表打印。

（4）生产管理层是全厂自动化的最高层次，是经营决策层。它包括工程技术方面、经济活动方面、生产管理方面、人事活动方面。主要功能如机组运行的经济性分析，机组性能分析，机组检修管理，生产资料的合理配置，生产成本核算等。

2. 结构分析

DCS 系统随生产公司或厂家的不同其设备组成略有不同。一般主设备由过程控制单元、过程控制观察站、操作接口单元、工程师站、计算机接口单元、通信网络等部分组成。

（1）过程控制单元是实现过程控制的基本硬件设备，它负责过程信号的采集和处理、过程控制、顺序控制、批量处理控制、以及优化等高级控制。

（2）过程控制观察站和操作接口单元是由一台专用的过程控制计算机和若干个选配的显示、操作、打印等终端构成的人机接口设备在其硬件和软件的支配下，实现对过程和系统的有效观察、操作与管理。

（3）工程师站是在个人计算机的基础上，配以专用软件而形成的工具性设备，是专门为工程师准备的人机接口，用于控制系统的设计，控制逻辑的在线或离线组态，系统的调试与诊断；同时也可从网络中获取信息，对现场进行监视，具有监视与调整生产过程的能力。

计算机接口单元是由一组模件组成的通信口。通过此口能实现 DCS 系统与其他计算机的物理连接和软件沟通，达到信号交换的目的。

通信网络是一个多层次、各自独立的网络结构，如第一层网络为子总线，第二层网络为控制公路，第三层网络是 NET 环网或工厂环网，第四层网络为 NET 中心环网等。

四、DCS 的自动化内容

DCS 自动化的主要内容包括四个方面：热工检测、模拟量控制、顺序控制和热工保护。

1. 热工检测

热工检测是指自动地检查和测量反映机组生产过程和运行情况的各种热力参数以及生产设备的工作状态。热工检测能及时地反映机组生产过程和运行的变化趋势，为运行人员的操作提供依据，为其他热工自动控制装置的运行提供信号。热工检测对保证机组安全、经济运行起着很重要的作用。

在循环流化床锅炉中，热工检测的主要项目有主蒸汽和再热蒸汽的压力、温度、给水压力、温度、流量、汽包水位、炉膛压力、烟气含氧量、排烟温度、风温、风压以及燃料量、石灰石量等。随锅炉参数、容量的不同，热工检测的参数从近百个点到数千个点不等。

热工检测功能由通常所说的数据采集系统（Data Acquisition System，简称 DAS）完成。数据采集系统包含了几乎所有非电量和电量测量数据的处理、显示、报警、记录、存储等基本内容，也包括数据统计、数据分析、操作指导、故障分析等事务，该系统与常规煤粉炉 DCS 中的 DAS 系统基本相同。

2. 模拟量控制

模拟量控制是指自动和连续地调节、控制机组的运行状态，使机组的运行参数维持在规定范围内或按一定的规律变化。如维持汽包水位为给定值，调整蒸汽的压力使之满足负荷要求等。模拟量控制系统在循环流化床锅炉中已得到广泛应用，其中的主要项目如：给水自动控制、燃烧自动控制、过热汽温和再热汽温自动控制等。

3. 顺序控制

顺序控制是指依据预先拟定的步骤、条件或时间，对生产过程中的设备和系统自动地依次进行一系列操作，以改变设备和系统的工作状态（如风机的启停、阀门的开关等）。顺序控制可以是最简单的单个对象（一个阀门或一台电动机）的启停和开关控制，也可以是一个系统甚至整个机组的启停顺序控制。目前在 130t/h 及以上的循环流化床锅炉中顺序控制系统已得到逐步应用。

采用顺序控制的系统主要是燃料与燃烧的管理与控制部分，如 FSSS（炉膛燃烧安全监控系统），该系统控制着与燃烧相关设备的启停和有关控制阀的开关。目前顺序控制的主要应用范围是主、辅机的启停操作、部分系统的运行操作和事故处理。

4. 热工保护

热工保护是指当机组在启停或运行过程中发生危及设备和人身安全的工况时，为防止事故发生并避免事故扩大热工监控设备自动采取的保护动作措施。热工保护动作可分为三类动作形态。

（1）报警信号。向操作人员提示机组运行中的异常情况。

（2）连锁动作。必要时按既定程序自动启动设备或自动切除某些设备及系统，使机组维持原负荷运行或减负荷运行。

（3）跳闸保护。当发生重大故障危及机组设备或人身安全时，实施跳闸保护停止机组（或部分设备）运行，避免事故扩大。

五、循环流化床锅炉的 DCS 系统简介

从 CFB 锅炉的控制方面看，同大型电站煤粉锅炉相比国内大多数已投运的中小型循环

流化床锅炉的自动化水平还比较落后，特别是有些小型流化床锅炉甚至完全依赖于手动操作。某些设计采用了DCS控制系统的75t/h循环流化床锅炉也只是将其作为常规调节系统的辅助监控手段，仅设计了少量的汽压、给水、汽温等常规模拟控制回路，输入/输出点数仅为100～300点左右。目前人们对流化床锅炉的控制机理和自动控制系统的设计还有些模糊认识。

随着循环流化床锅炉容量的增大和中小热电厂自动化水平的提高，分散控制系统开始应用于整个CFB锅炉的控制。一些大型CFB锅炉的DCS项目实现了整个CFB锅炉的监视、控制和连锁保护功能。单台220t/h锅炉的输入/输出点数超过1000点。相当于一台100MW等级煤粉锅炉的控制点数。近年来有些循环流化床锅炉的DCS系统功能非常完整，覆盖了数据采集、模拟量控制、顺序控制和炉膛安全保护系统。下面结合国内某450t/h循环流化床锅炉机组的DCS系统对其控制系统特点作一简单分析。

（一）循环流化床锅炉的模拟量控制系统

从CFB锅炉的工艺特性来看，它与常规煤粉锅炉一样，具有多参数、非线性、时变和多变量紧密耦合的特点，而且，CFB煤粉锅炉比普通锅炉具有更多的输入/输出变量，耦合关系也更为复杂。一个典型的循环流化床锅炉的模拟量控制系统可以包括如下功能：

（1）负荷指令回路；

（2）主汽压调节；

（3）床温调节；

（4）给煤量调节；

（5）总风量调节；

（6）石灰石量调节；

（7）一次风量调节；

（8）二次风量调节；

（9）二次风压调节；

（10）高压风压力调节；

（11）主汽温调节；

（12）汽包水位调节；

（13）燃油母管压力调节；

（14）启动燃烧器风量调节；

（15）启动燃烧器燃油压力/流量调节；

（16）床枪燃油压力/流量调节；

（17）炉膛压力调节；

（18）料床差压调节；

（19）底灰压力、温度调节（采用流化床冷灰器）。

其中，CFB锅炉的汽水系统与常规煤粉炉差异不大，因此，其控制系统的设计也大同小异。如给水控制系统也采用汽包水位、蒸汽流量和给水流量三冲量控制，通过调节给水泵转速或给水调节阀开度，维持汽包水位的平衡；锅炉出口主蒸汽温度采用喷水减温调节。

CFB锅炉的燃烧系统及其控制与常规煤粉炉有较大的差异，同时，根据其工艺系统的特点，还需设计其他一些独特的控制回路。

1. CFB 锅炉燃料量控制系统

CFB 锅炉的燃料一般由煤和石灰石两部分组成。

给煤量主要受负荷指令和风—燃料交叉连锁信号的控制。首先根据负荷指令计算出要求的燃料量,然后,根据风—燃料比要求,从实际风量计算出允许的最大燃料量,二者低选信号再作为燃料主调节器的输出分别控制各台给煤机速度控制回路。这样也就保证了动态过程中先加风后加煤,先减煤后减风。这和常规煤粉炉的控制机理是相同的。

给煤机的转速控制一般推荐采用线性较好的变频调节方式。多台给煤机也设计有增益自校正回路,可以无扰动的任意切投不同给煤机的手动和自动。

2. 石灰石量控制系统

调节石灰石量的目的是满足锅炉 SO_2 排放量的要求。控制回路一般设计成串级调节方式。上级调节器为 SO_2 调节器,下级调节器为石灰石量调节器,当 SO_2 变化时,调节石灰石旋转给料机的转速,使进入炉膛的石灰石量相应变化。

在调节回路中,总给煤量作为前馈信号加入石灰石量调节器。锅炉入炉煤量变化时,SO_2 也要相应变化。如果仅根据 SO_2 信号调石灰石量,则延迟比较大。将给煤量作为前馈信号,使石灰石量先根据煤量变化,然后再根据 SO_2 信号进行校正,可以减少调节延迟。

3. 风量控制

CFB 锅炉的风系统比一般常规煤粉炉复杂。主要由一次风、二次风、返料风和播煤风等组成。根据锅炉的型式不同,设计有一次风机、二次风机、高压罗茨风机等,对采用气力播煤的锅炉,还设计有播煤风机。

风量控制包括总风量控制和一、二次风比率的控制。总风量根据燃料指令获得,并根据过量空气系统校正,形成总风量指令。这与常规煤粉炉是一样的。所不同的是一次风和二次风的分配。为了保证正常流化,一次风的流量一般有一个设定的下限值。而且,一、二次风的比例还要受到床温控制回路的校正。

4. 返料风控制

返料风一般从一次风管引出,或来自高压罗茨风机。返料风压力高但风量较小,一般小于 2%。返料风压与返料阀形式、锅炉布置方式等密切相关。中小 CFB 为 13~20kPa,大型 CFB 为 50~60kPa。

在不参与床温调节时,返料风压的控制是一个单回路控制系统,通过返料风——次风连通管挡板控制返料阀的流化风压。

一些大型的 CFB 锅炉还设计有专门的播煤风机,播煤风压为 9~12kPa。也有相应的风量或风压控制回路。

5. 床温控制系统

床温控制系统是循环流化床锅炉特有的,也是至关重要的控制系统,床温的控制直接影响着炉内的脱硫和脱硝。

能有效地去除 SO_2 和 NO_x 的最佳床温是 850~950℃。但在实际运行中,要将床温控制在某一确定温度是相当困难的,而只能将床温控制在一定范围内。

影响床温的主要因素比较多,如煤种、燃料的粒径、床料量、一二次风量、返料量和冷灰循环等。因此,不同的 CFB 锅炉采用的床温控制方式也各不相同,比较典型的有:①调整一、二次风比例;②调节给煤量;③控制灰循环流量。

大多数 75t/h 和容量更小的循环流化床锅炉，由于一、二次风门均没有设计自动手段，除灰也是采用手动方式，所以床温控制系统一般设计为床温—燃料串级调节系统。通过调节给煤量来调整床温；也有的采用调节返料量（高压罗茨风机转速或返料风调节挡板），亦即改变料层厚度的方法来调节床温；而对大容量的循环流化床锅炉，往往是采用改变一、二次风比率的方法来调节床温。

有烟气再循环的 CFB 锅炉，还可以通过烟气再循环流量来调节床温。同时，除尘器的冷灰也可以通过所设置的飞灰再循环回路重新进入炉膛，通过改变床料的粒径分布调整炉膛温度。

6. 床压控制（床料高度控制）

CFB 锅炉没有明显的料床厚度，但仍有密相区和稀相区之分，料层厚度是指密相区静止时的料层厚度。料层的厚度不仅影响床温，而且对锅炉的经济运行影响很大，差压过高会使布风板阻力增大，并可能造成风道和风室振动。差压过低时负荷可能带不上去。

通过测量一次风室与稀相区的压差及一次风量可以测算出料层的厚度。而床压的控制一般是通过排渣量的调节来实现的。

采用脉冲阀的开启时间来控制底灰的排放量，同时，可以通过控制再循环烟气压力调整床温。除可以通过控制出渣量来调节床压外，还设计有灰冷却的控制回路。而福斯特惠勒公司的 CFB 锅炉则设计有选择性排渣器，每个冷渣器分隔成三个小室，分别为选择室、第一冷却室和第二冷却室。被加热的冷风和筛选的细颗粒，再送回炉膛参加燃烧。其床压的控制可以通过螺旋排渣机或选择排渣阀来调节。

7. 炉膛压力控制

炉膛压力调节的目的是保持炉膛压力为一定的负压。CFB 锅炉的炉膛负压控制也是通过调节引风机挡板实现的。但是，CFB 锅炉炉膛负压的调节特点与普通的煤粉锅炉略有不同。进入烟道的烟气顺序经过过热器、省煤器、空气预热器等受热面，然后进入电除尘器后由引风机抽至烟囱排走。炉膛下部床面附近是微正压，在低负荷时炉膛负压点较低，高负荷时负压点升高。也就是说炉膛负压取样点的控制参数是锅炉负荷的函数。

压力调节器定值也可手动设定。一、二次风量之和作为负压调节回路的前馈信号，当锅炉负荷变化时，一、二次风量相应变化，预先动作引风机调节挡板。

（二）炉膛安全监控系统 FSSS

CFB 锅炉的安全保护侧重于燃料投运操作的正确顺序和连锁关系，以保证 CFB 锅炉稳定燃烧。按照煤粉锅炉的习惯仍将有关 CFB 锅炉的保护功能称做炉膛安全监控系统 FSSS。FSSS 系统分为锅炉安全系统 FSS 和燃烧器控制系统 BCS。主要功能有：主燃料跳闸 MFT；CFB 锅炉吹扫；启动油系统泄漏试验；CFB 锅炉冷态启动（建立流化风和初始床料），包括 CFB 锅炉升温控制，CFB 锅炉热态启动，风道油燃烧器控制，启动油燃烧器控制，油燃烧器火焰检测，煤及石灰石系统控制，一次风机、二次风机、高压风机、引风机、播煤风机连锁控制。

CFB 锅炉的燃烧方式与煤粉锅炉不同，在正常运行时有大量的高温床料作为恒定的点火源，不易因为灭火造成爆炸性混合物不恰当地积聚，进而引发爆燃或爆炸。所以也不必像煤粉炉那样需要通过火焰检测等手段连续监测煤燃烧器和整个炉膛的燃烧。同时，因为 CFB 锅炉在正常运行时也不像带有数量众多煤或油燃烧器的煤粉锅炉那样需要根据负荷或运行情况投切各层或各角的煤或油燃烧器。CFB 锅炉仅在启动或床温较低时才需投入油燃烧器,数量也比煤粉炉要少得多。所以其燃烧器管理系统也比煤粉炉简单得多。

1. 油燃烧器的控制

大型 CFB 锅炉一般采用热烟气床下点火方式。同时,在密相区和二次风口还可设置助燃用的启动燃烧器和床枪。锅炉启动采用床料循环加热,即冷床料在流化并循环的条件下加热升温。启动时,最先投运风道燃烧器,以热烟气和空气的混合物加热床料;之后投运启动燃烧器,使温度按照升温升压曲线上升,当床温达到 500℃ 时,可根据需要投运床枪,使床温进一步升高至 600℃,这时便可开始逐步投煤。

2. 煤燃烧器启停控制

为了避免床内积聚过多的可燃物而引起结焦或爆燃,CFB 锅炉的初始给煤采用间歇加入方式。具体为:在油燃烧器负荷不变的情况下,启动第一台给煤机,开始以较低给煤量运行,延时 1~2min 后停给煤机,在给煤机停止时仔细观测床温和炉膛出口烟气氧量的变化,如确定床温上升,氧量下降,则再次启动给煤机,重复三次上述过程。再次启动给煤机,并确认给入煤已燃烧时,就可启动其他给煤机,进而根据燃烧及负荷需求,减油加煤,逐步转换为全燃煤运行。此时床温度大于 800℃。

当锅炉各参数都达额定值并平稳运行时,锅炉由手动转为自动方式运行。在自动控制状态下,给煤机给煤量自动地对应于主蒸汽压力而变化。

为避免炉内和循环回路中耐火材料因温度剧变产生热应力而损坏,制造厂家规定了严格的炉内温度变化速率。锅炉应按照这个温度变化速率升温或降温。为此,CFB 锅炉燃烧器顺序控制逻辑设计了燃烧器的投切自动监控程序。

(三) CFB 锅炉顺序控制系统

循环流化床的顺序控制系统设计思想与常规煤粉炉是一致的。按照分层设计的原则,可以实现设备级、子组级和组级的顺序控制。图 5-23 是一个 CFB 锅炉的典型顺序启动逻辑。

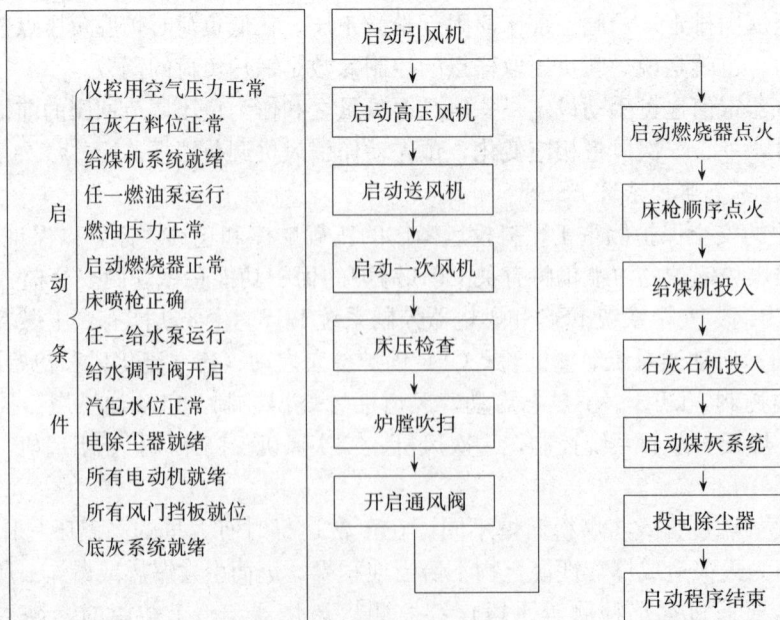

图 5-23 循环流化床典型启动流程

122

第六章

循环流化床内主要污染物的排放与控制

循环流化床燃烧技术作为一种环保型燃煤技术受到国内外普遍重视，本章主要讲述燃煤循环流化床中硫氧化物和氮氧化物的生成机理与排放控制。

第一节 概 述

能源利用中的化石燃料燃烧要排放出大量气体污染物，其中煤燃烧所产生的污染物占大多数。我国能源消费以煤为主，燃煤产生的大气污染物占污染物排放总量的比例较大，其中二氧化硫占 87％，氮氧化物占 67％，一氧化碳占 67％，烟尘占 60％。所以燃煤是我国大气污染物的主要来源。

一、硫氧化物的特性及危害

1995 年以来我国年产煤量已超过 12 亿 t，居世界第一位。我国燃煤中含硫在 2％以上的高硫煤占 20％左右，而且越往深部开采其高硫煤比例越大。初步统计表明：自 1995 年起我国的 SO_2 排放量已达 2370 万 t，超过美国而成为世界 SO_2 排放量第一大国。二氧化硫的大量排放导致我国酸雨面积逐年增大，近年来尽管我国政府采取了强有力的措施控制燃煤 SO_2 的排放，然而随着电力、动力等工业的发展，排入大气中的 SO_2 仍有增加的趋势，因此燃煤 SO_2 的防治与控制仍是当前迫切需要解决的问题。

硫氧化物主要是指 SO_2、SO_3 等气体，一般燃煤烟气中 SO_2 所占比例很大。二氧化硫是一种无色有臭味的窒息性气体，比重为空气的 2.26 倍。二氧化硫对人体的危害很大，它单独存在时，主要是刺激呼吸器官黏膜，引起呼吸道疾病，而二氧化硫很少单独存在于大气中，往往是和飘尘结合在一起进入人体肺部，引起各种恶性疾病。二氧化硫对人体的最大危害是在湿度较大的空气中，它可以由 Mn 和 Fe_2O_3 等催化而变成硫酸雾，这时其毒性将比它本身大 10 倍。二氧化硫在太阳紫外线和某些粉尘颗粒的作用下，经过一系列的光化学反应，变成三氧化硫，然后与空气中的水蒸气相遇，变成硫酸，随雨水降落形成酸雨。酸雨对植物、建筑物、各种露天设备等的影响很大，它会造成森林树木枯黄、粮食减产、建筑物腐蚀，不仅会对金属及其制品造成腐蚀，还使纸制品、丝织品、皮革制品变质、变脆和破碎。

二、氮氧化物的特性及危害

氮氧化物是指 NO、NO_2 和 N_2O、NO_3、N_2O_3、N_2O_4 等气体，燃煤烟气中的主要氮氧化物是 NO 和 NO_2，有时也可能产生一定的 N_2O。NO 为无色无臭气体，是在高温条件下由空气中的氮或燃料中的氮与氧化合生成的。NO 很易和动物血液中的血色素（Hb）结合，造成血液缺氧而引起中枢神经麻痹。NO 和血色素的亲和力很强，约为 CO 的数百倍至一千倍；NO_2 是浓红褐色的气体，它由 NO 氧化而生成。NO_2 对呼吸器官前膜，尤其对肺部有强烈的刺激作用，其毒性较 SO_2 和 NO 都强，对大部分动物的最低致死浓度为 100ppm 左右。NO_2 对心脏、肝脏、造血组织等也都有影响；N_2O 俗称"笑气"，对人体没有直接的伤害，近年来人们才认识到 N_2O 对大气环境有破坏作用。因为 N_2O 对臭氧层有破坏作用，在大气对流层中性质很稳定的 N_2O 能很平稳地穿过对流层到达同温层，在同温层与离子氧的反应中转化为 NO，NO 再与 O_3 反应使 O_3 减少，同温层臭氧浓度下降后，会使皮肤癌、黑色素癌、白内障等患者增加。另外 N_2O 能吸收红外线，导致温室效应。N_2O 能吸收红外线的三个吸收光谱，波长分别为 4.5、7.8 和 $17\mu m$。虽然 N_2O 在大气中的含量比 CO_2 低得多，但其吸收红外线的能力是 CO_2 的 250 倍，因而 N_2O 浓度的轻微增加就可造成很大的影响。

NO_x 的最大危害是其与碳氢化合物在强烈的阳光作用下生成一种浅蓝色的有害烟雾，这就是以臭氧等为主体的光化学烟雾。这种光化学烟雾对人体的影响比 NO_x 更为强烈。臭氧可溶性低，很难为呼吸所摄取，从而容易达到肺部深处，使肺受到侵袭。

三、污染物排放浓度的表示方法

要控制大气污染物排放，必须制定污染气体的排放标准及其法规和监测手段。但在各国大气污染排放标准中，所使用的单位不尽相同，在此有必要介绍一下排放标准中的单位换算。对于气体浓度的表示单位，国际单位中指定为标况下 mg/m^3，但有时会见到或人们习惯于一些其他单位，如 ppm（体积百万分比）、g/MJ（单位能量输出的污染物排放量）、b/Btu 等。这些都是物质或气体浓度的表示方法，美国用 $1b/10^6Btu$ 表示、斯堪的纳维亚半岛的国家用 g/GJ 表示、英国用 ppm 表示。表 6-1 列出 SO_2 和 NO_x 的不同单位换算。其中 SO_2 从 mg/m^3 换算成 ppm 要乘以系数 0.35；NO_x 从 mg/m^3 换算成 ppm，要乘以系数 0.487，这两个单位换算是大家最常用到的。另外，为了与煤进行比较，将油和瓦斯的单位换算也包括在表 6-1 中。

表 6-1　　　　　　　　　　　　气体排放浓度单位换算

给定单位 \ 所求单位	mg/m^3	$ppmNO_x$	$ppmSO_2$	g/GJ 煤①	g/GJ 油②	g/GJ 瓦斯③	$1b/10^6Btu$ 煤①	$1b/10^6Btu$ 油②	$1b/10^6Btu$ 瓦斯③
mg/m^3	1	0.487	0.350	0.350	0.280	0.270	8.14×10^{-4}	6.51×10^{-4}	6.28×10^{-4}
$ppmNO_x$	2.05	1		0.718	0.575	0.554	1.67×10^{-3}	1.34×10^{-3}	1.29×10^{-3}
$ppmSO_2$	2.86		1	1.00	0.801	0.771	2.33×10^{-3}	1.86×10^{-3}	1.79×10^{-3}
g/GJ 煤①	2.86	1.39	1.00	1			2.33×10^{-3}		
g/GJ 油②	3.57	1.74	1.25		1			2.33×10^{-3}	
g/GJ 瓦斯③	3.70	1.80	1.30			1			
$1b/10^6Btu$ 煤①	1230	598	430	430			1		2.33×10^{-3}
$1b/10^6Btu$ 油②	1540	748	538		430			1	
$1b/10^6Btu$ 瓦斯③	1590	775	557			430			1

① 煤——干烟气，标况下 6% 过量氧含量；假定 $350m^3/GJ$。

② 油——干烟气，标况下 3% 过量氧含量；假定 $280m^3/GJ$。

③ 瓦斯——干烟气，标况下 3% 过量氧含量；假定 $270m^3/GJ$。

在实际工作中，测量是在不同工作状态下进行的，特别是在烟气中氧含量变化时，由于氧含量不同必然使测试结果不具有可比性，这时就需要用下面的方法进行转换。

不同基准氧含量的 NO_x 值换算公式为

$$(NO_x)_{待核值} = (NO_x)_{测量值} \times \frac{20.9 - (\%O_2)_{待核值}}{20.9 - (\%O_2)_{测量值}} \qquad (6\text{-}1)$$

比如在氧含量为 5% 的烟气中测得的 NO_x 值为 200ppm，核算到标况下以 0% 氧含量为基准的值为

$$NO_x = 200 \times \frac{20.9 - 0}{20.9 - 5} = 263 \text{（ppm）} \qquad (6\text{-}2)$$

转换成标准单位时为 $\quad NO_x = 263/0.487 = 540 \text{（mg/m}^3\text{）}$

四、燃煤污染物排放标准

目前，工业发达国家正在分阶段地制定越来越严格的污染物排放标准，我国政府根据我国的大气污染防治法（1995 年）和 GB 3095—1996《环境空气质量标准》，从我国的经济技术条件出发，重新制定了大气污染物的排放标准。现在我国的污染源大气污染物排放限值，见表 6-2。

表 6-2　　　　　　　　污染源大气污染物排放限值（GB 16297—1996）

污染物	最高允许排放浓度 (mg/m³)	最高允许排放速率（kg/h）				无组织排放监控浓度限值	
		排气筒高度（m）	一级	二级	三级	监控点	浓度 (mg/m³)
二氧化硫	1200（硫、二氧化硫、硫酸和其他含硫化合物生产）	15	1.6	3.0	4.1	无组织排放源上风向设参照点，下风向设监控点①	0.50（监控点与参照点浓度差值）
		20	2.6	5.1	7.7		
		30	8.8	17	26		
		40	15	30	45		
		50	23	45	69		
	700（硫、二氧化硫、硫酸和其他含硫化合物使用）	60	33	64	98		
		70	47	91	140		
		80	63	120	190		
		90	82	160	240		
		100	100	200	310		

① 一般应于无组织排放源上风向 2～50m 范围内设参考点，排放源下风向 2～50m 范围内设监控点。

对于新安装的锅炉，其烟尘及二氧化硫排放浓度限值见表 6-3。其中一类区、二类区和三类区的划分是根据 GB 3095—1996 确定的。一类区为自然保护区、风景名胜区和其他需要特殊保护的地区；二类区为城镇规划中确定的居住区、商业交通居民混合区、文化区、一般工业区和农村地区；三类区为特殊工业区。

表 6-3　　　　　　　　　新安装锅炉烟尘及二氧化硫浓度

烟尘浓度（mg/m³，标态）			二氧化硫浓度（mg/m³，标态）		林格曼黑度（级）
一类区	二类区	三类区	燃煤含硫量≤2%	燃煤含硫量>2%	1
100	250	350	1200	1800	

表 6-4 列出了其他国家（发达国家或新兴工业国家）的燃煤锅炉污染物排放标准。其中

排放水平是在 0℃、0.1013MPa、6%O_2 下，基于燃料产生 350m^3/GJ 烟气而换算出的排放量。

表 6-4 一些国家的燃煤锅炉污染物排放标准 mg/m^3

国别	SO_2		NO_x	
	新建	老机组	新建	老机组
奥地利	200～400	200～2000	200～400	200～400
芬兰	400～660	660	200～400	200～620
德国	400～2000	400～2500	200～500	200～1300
意大利	400～2000	400～2000	200～650	200～650
瑞典	290	290～570	140	140～560
英国	400～2000		650	
美国	740～1480		615～980	

第二节 硫氧化物的生成与控制机理

煤中的硫可分为四种形态，即硫化物硫（以黄铁矿硫 FeS_2 为主）、硫酸盐硫（$CaSO_4$·$2H_2O$，$FeSO_4$·$2H_2O$）、有机硫（$C_xH_yS_z$）及元素硫。其中，硫化物硫和有机硫及元素硫是可燃硫，占煤中硫分的 90% 以上，在这之中多以硫化物硫和有机硫为主，元素硫含量很低；一般低硫煤中主要是有机硫，约为硫化物的 8 倍；高硫煤中主要是无机硫，硫化物硫约为有机硫的 3 倍。硫酸盐硫是不可燃硫，是煤中灰分的组成部分。

煤在燃烧期间，所有的可燃硫在受热过程中都可能从煤中释放出来。在氧化气氛中，又会被氧化而生成 SO_2，而在炉膛的高温条件下存在氧原子或在受热面上有催化剂时，一部分 SO_2 会转化成 SO_3，通常生成的 SO_3 只占 SO_2 的 0.5%～2%，相当于 1%～2% 的煤中硫分以 SO_3 的形式排放出来。此外，烟气中的水分会与 SO_3 反应生成硫酸（H_2SO_4）气体。硫酸气体在温度降低时会变成硫酸雾，硫酸雾凝结在金属表面上会产生强烈的腐蚀作用。煤燃烧过程中可能产生的硫氧化物，如 SO_2、SO_3、硫酸雾等，不仅会造成大气污染，而且会引起燃煤设备的腐蚀，甚至还可能影响到氮氧化物的形成。因此，了解煤燃烧过程中硫的氧化及 SO_x 的生成过程，不仅有助于寻求控制 SO_x 排放的方法，而且对了解它们对其他污染物如 NO_x 的生成和控制的影响，以及各种污染物之间生成条件的相互关系也很重要。

一、SO_2 的生成机理

1. 硫化物硫生成 SO_2 的机理

硫化物硫包括黄铁矿（FeS_2）、白铁矿（FeS）、砷黄铁矿（FeAsS）、磁黄铁矿（$Fe_{1-x}S$）等，其中以黄铁矿硫为主，因此，硫化物硫也常被称做黄铁矿硫。在此仅介绍黄铁矿硫（FeS_2）反应生成 SO_2 的机理。

在氧化性气氛下，黄铁矿硫（FeS_2）可直接氧化生成 SO_2，即有

$$4FeS_2 + 11O_2 \longrightarrow 2Fe_2O_3 + 8SO_2 \tag{6-3}$$

在还原性气氛中，FeS_2 将会分解为 FeS 和 H_2S，即有

$$FeS_2 \longrightarrow FeS + 1/2S_2 \text{ (g)} \tag{6-4}$$

$$FeS_2 + H_2 \longrightarrow FeS + H_2S \tag{6-5}$$

$$FeS_2 + CO \longrightarrow FeS + COS \tag{6-6}$$

2. 煤中有机硫生成 SO_2 的机理

煤中有机硫的组成极为复杂，主要以五种功能团存在于煤中，它们的主要形式是硫醇类 R-SH、硫醚类 R-S-R、含噻吩环的芳香体系、硫醌类和二硫化物 RSSR。煤在加热过程中热解释放出挥发分时，硫侧链（—SH）和环硫链（—S—）由于结合较弱，因此硫醇、硫醚等在低温（<450℃）时首先分解，产生最早的挥发硫；噻吩类硫的结构比较稳定，要到约930℃时才开始分解析出。在氧化性气氛下，它们全部氧化生成 SO_2，其反应方程为

$$RSH + O_2 \longrightarrow RS + HO_2 \tag{6-7}$$

$$RS + O_2 \longrightarrow R + SO_2 \tag{6-8}$$

在富燃料燃烧的还原性气氛下，有机硫会转化为 H_2S 或 COS 等。

3. 元素硫生成 SO_2 的机理

煤中的元素硫在加热时，一般以硫蒸气的形式进入硫化物火焰中。对纯硫蒸气及其氧化过程的研究表明，这些硫蒸气分子是聚合的，其分子式为 S_8，其氧化反应具有链锁反应的特点：

$$S_8 \longrightarrow S_7 + S \tag{6-9}$$

$$S + O_2 \longrightarrow SO + O \tag{6-10}$$

$$S_8 + O \longrightarrow SO + S + S_6 \tag{6-11}$$

SO 在遇到氧时，会产生下列反应：

$$SO + O_2 \longrightarrow SO_2 + O \tag{6-12}$$

$$SO + O \longrightarrow SO_2 \tag{6-13}$$

4. H_2S 和 COS 生成 SO_2 的机理

煤中的可燃硫在还原性气氛中生成的 H_2S，遇氧燃烧生成 SO_2 和 H_2O，即

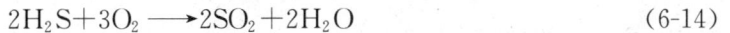

$$2H_2S + 3O_2 \longrightarrow 2SO_2 + 2H_2O \tag{6-14}$$

可燃硫生成的 COS 遇氧时也会发生氧化反应。COS 的氧化反应实际上包含了生成 SO_2 的反应和 CO 燃烧生成 CO_2 的反应。这些反应实际上都是由一系列的链锁反应组成的。

二、SO_2 的排放浓度

煤在燃烧过程中其可燃硫基本上都会氧化生成 SO_2，因此我们可以根据煤中含硫量估算出煤燃烧中 SO_2 的生成量。但是我们应当注意的是，即使锅炉本身不采用任何脱硫的技术措施，烟气中 SO_2 的实际排放浓度也低于其原始生成浓度。这是因为，当煤灰中含有金属氧化物如 CaO、MgO、Fe_2O_3 等碱性物质时，它们会和烟气中的 SO_2 发生化学反应生成 $CaSO_4$。也就是说，煤的灰分具有一定的脱硫作用。有研究表明，飞灰脱硫作用的大小取决于灰的碱度，可表示为

$$K = 63 + 34.5 \times 0.99^{A_j} \tag{6-15}$$

$$A_j = 0.1 \times \alpha_{fh} A_{zs}(7CaO + 3.5\,MgO + Fe_2O_3) \tag{6-16}$$

$$A_{zs} = \frac{A_{ar}}{Q_{net,ar}} \times 1000$$

式中　　　　K——烟气中 SO_2 的排放系数，即在煤燃烧过程中不采取脱硫措施时排放出的 SO_2 浓度与原始总生成的 SO_2 浓度之比，%；

　　　　　　A_j——煤灰的碱度；

α_{fh}——煤灰分中飞灰所占的份额；

CaO、MgO、Fe_2O_3——灰中氧化钙、氧化镁和氧化铁的百分比，%；

A_{zs}——煤的折算含灰量，g/MJ；

A_{ar}——收到基灰分含量，%；

$Q_{net,ar}$——煤的收到基低位发热量，MJ/kg。

根据上式，只要知道煤的工业分析、含硫量、发热量以及灰中的碱性组分含量，就可以计算出锅炉不采用脱硫措施时烟气中排放的 SO_2 浓度。

【例 6-1】 例 3-1 中的燃料，$A_{ar}=32.48$ %，$Q_{net,ar}=17.69$ MJ/kg，试计算其 K 值?

解 $\because A_{zs}=\dfrac{A_{ar}}{Q_{net,ar}}\times 1000=\dfrac{32.48\%}{17.69}\times 1000=18.36$（g/MJ）

$$A_j=0.1\times\alpha_{fh}A_{zs}(7CaO+3.5MgO+Fe_2O_3)$$

若煤灰中 CaO、MgO、Fe_2O_3 的含量分别是 20%、4% 和 10%，α_{fh} 取 0.5，则

$$A_j=0.1\times 0.5\times 18.36\times(7\times 20+3.5\times 4+10)=150.55$$

$\therefore K=63+34.5\times 0.99^{Aj}=63+34.5\times 0.99^{150.55}=70.6$（%）

若煤灰中 CaO、MgO、Fe_2O_3 的含量分别是 30%、6% 和 10%，α_{fh} 仍为 0.5 时，有

$$A_j=221,\quad K=66.74$$

计算表明：当（$7CaO+3.5MgO+Fe_2O_3$）愈大时，煤灰碱度 A_j 愈大，K 值愈小。

一般来说，当过量空气系数 $\alpha=1.4$ 时，煤每 1MJ 发热量产生的干烟气容积为 0.3678 m^3/MJ 左右。相应于煤每 1MJ 发热量的含硫量称为折算含硫量 S_{zs}（g/MJ），其计算式为

$$S_{zs}=\frac{S_{ar}}{Q_{net,ar}}\times 1000 \tag{6-17}$$

式中 S_{ar}——煤的收到基含硫量，%。

如果考虑了煤灰的自身脱硫作用，即已知排放系数 K 时，就可求得 $\alpha=1.4$ 时烟气中 SO_2 的浓度 c_{SO_2}（mg/m^3）为

$$c_{SO_2}=\frac{2\times S_{zs}\times 10^3\times K}{0.3678}=5438\times KS_{zs} \tag{6-18}$$

【例 6-2】 同例 3-1，已知：$S_{ar}=1.94\%$，$Q_{net,ar}=17.69$ MJ/kg，试计算 $\alpha=1.4$ 时烟气中 SO_2 的浓度 c_{SO_2}？

解 $\because S_{zs}=\dfrac{S_{ar}}{Q_{net,ar}}\times 1000=\dfrac{1.94\%}{17.69}\times 1000=1.097$（g/MJ）

$\therefore c_{SO_2}=5438\times KS_{zs}=5438\times 1.097K=5965.5K$

若取 $K=70.6\%$

则

$$c_{SO_2}=5965.5\times 70.6\%=4212（mg/m^3）$$

由上式可见，烟气中 SO_2 的排放浓度 c_{SO_2} 与 KS_{zs} 成正比。这就是说，科学地判断不同煤种 SO_2 的排放浓度，不能只比较其收到基含硫量，而应比较其折算含硫量，即要和煤的发热量联系起来。因为，对于相同容量的燃煤锅炉，为了达到其所需的蒸发量，这时对不同发热量的煤种，需要输入锅炉的热量是一样的，但送入锅炉的给煤量却是不同的。此时，即使两种不同发热量煤的收到基含硫量相同，但实际进入炉膛的硫数量是不相同的，因此燃烧

过程中实际生成的 SO_2 及烟气中排放的 SO_2 值均不相同。例如，发热量为 15MJ/kg 的煤含硫量为 1%，相当于发热量为 30MJ/kg 的煤含硫量为 2%，因此，从 SO_2 排放的观点看，在同一锅炉中燃烧发热量为 30MJ/kg、含硫量为 1% 的煤，其 SO_2 的排放浓度，要比燃烧同样含硫量为 1%、但发热量为 15MJ/kg 的煤的排放浓度低得多。在锅炉用煤中，很多城市通过限制燃煤含硫量（如 1%）以限制硫的排放量，实际上当燃用劣质煤时采用这种方法是达不到低排放目的的，只有同时限制煤的发热量，才能达到要求的目的。

三、影响 SO_2 析出的因素

影响燃煤 SO_2 析出的因素有两类：一是运行参数，二是煤的特性结构参数。当燃烧煤种确定后，其主要影响因素是：停留时间、原煤粒径、床温、空气过量系数等。

煤中的硫特别是黄铁矿硫分解是需要一定时间的，因此煤在床内的停留时间将影响 SO_2 的析出量，停留时间越长，煤中的硫析出越充分，SO_2 的析出量越大。另外，粒径越大，原煤在静止床层内需要的析出时间也越长。如果试样是经筛分后分挡给入的，则可以看到，由于较细颗粒中含黄铁矿硫较少，而有机硫较多，故其析出时间要少于同一平均粒径的宽筛分试样。

床温和过量空气系数对 SO_2 析出的影响最大，图 6-1 示出了温度对 SO_2 生成浓度的影响趋势。可以看出 SO_2 析出率随床温的升高是单调增加的，床温越高，越有利于 SO_2 的析出；由于进入炉膛的总过量空气系数以及进风分配影响着各区域的氧浓度水平，从而影响到 SO_2 的析出速率。就 SO_2 的生成过程而言，在局部缺氧的条件下，黄铁矿的分解速度会减慢，并导致 H_2 和碳氢化合物的大量析出，亦有助于 H_2S 和 FeS 的生成，从而减少该区域 SO_2 的析出量；反之，区域氧浓度越高，SO_2 析出量也越大。图 6-2 给出了 c_{SO_2} 随过量空气系数的变化情况。应该指出的是，区域性缺氧造成的还原性气氛仅在一定程度上延缓了 SO_2 的形成速度，但不能减少 SO_2 的最终生成量，由于燃烧中的硫析出后不可能以惰性单质相存在，因此即使在某区域内以 H_2S 形式析出，最终仍将被氧化成 SO_2，另外由于过量空气系数使烟气体积增加，从而使 c_{SO_2} 随过量空气系数的增加而降低。

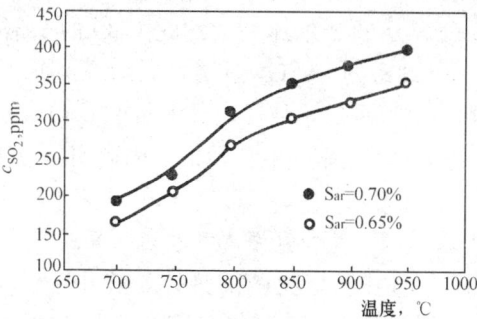

图 6-1　温度对 SO_2 生成的影响

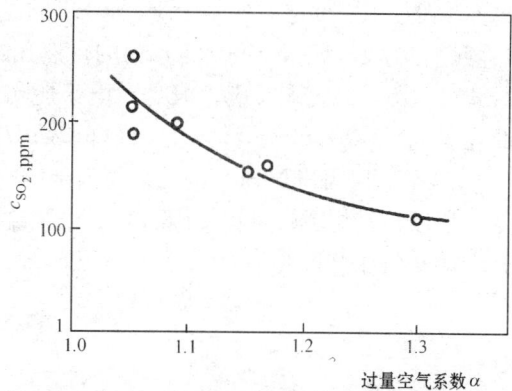

图 6-2　过量空气系数对 SO_2 生成的影响

高水分燃料如煤泥、煤浆等在燃烧过程中其 SO_2 的析出规律随水分变化将稍有改变。其原因是，水分蒸发延长了硫析出的过程，而且水蒸气的存在可以造成弱还原性气氛，刺激有机硫的析出；另一方面，水分可以改变 H_2S 和 SO_2 两种气体形式析出量的比例。但没有证据表明，水分的存在会影响燃料中硫的总转化率。

四、燃烧脱硫机理

在煤燃烧过程中生成的 SO_2 如遇到碱金属氧化物 CaO、MgO 等，便会反应生成 $CaSO_4$、$MgSO_4$ 等而被固定在灰渣中。因此燃烧脱硫经常被称做固硫。

1. 脱硫反应机理

目前流化床燃烧脱硫中常采用钙基材料如石灰石（以 $CaCO_3$ 为主要成分）作为脱硫剂，将石灰石破碎到合适的颗粒度送入循环流化床内，其在炉内的脱硫反应过程一般可分为两步：首先是 $CaCO_3$ 的煅烧反应，即石灰石在高温下分解生成 CaO 和 CO_2，反应式为

$$CaCO_3 \longrightarrow CaO + CO_2 \tag{6-19}$$

接着煅烧生成的多孔状 CaO 在氧化性气氛中遇到 SO_2 就会发生脱硫反应，反应式为

$$CaO + 1/2O_2 + SO_2 \longrightarrow CaSO_4 \tag{6-20}$$

式（6-15）是燃烧脱硫反应的主要步骤，特别是在温度较高时式（6-14）的反应速度很快。但需要注意式（6-15）反应存在最佳温度，该温度大约是 830～930℃。流化床在这个温度内进行燃烧脱硫时可以得到高的脱硫效率，温度低于或高于该温度范围后，脱硫效率都会降低。这也是只有流化床燃烧方式才能得到较高燃烧脱硫效率的原因所在。其他燃烧方式如层燃和煤粉燃烧，由于炉内温度过高，燃烧中脱硫效果均不理想。

如在还原性气氛中，煤中的硫分会生成 H_2S，因而，在还原性气氛中 $CaCO_3$ 和 CaO 遇到 H_2S 时，就会发生如下的反应：

$$CaCO_3 + H_2S \longrightarrow CaS + H_2O + CO_2 \tag{6-21}$$

$$CaO + H_2S \longrightarrow CaS + H_2O \tag{6-22}$$

如 CaS 再遇到氧气，则根据氧的浓度大小会发生如下的氧化反应：

$$2CaS + 3O_2 \longrightarrow 2CaO + 2SO_2 \tag{6-23}$$

$$CaS + 2O_2 \longrightarrow CaSO_4 \tag{6-24}$$

总之，不管是在氧化气氛还是在还原气氛下，石灰石与煤中硫反应的最终产物都是 $CaSO_4$。在这里需要注意的是由于 $CaCO_3$ 的摩尔体积大约是 CaO 颗粒的两倍，因而当 $CaCO_3$ 煅烧变为 CaO 时，原 $CaCO_3$ 内的自然孔隙扩大了许多，这有利于多孔隙的 CaO 与 SO_2 进行式（6-15）的脱硫反应。但是，由于脱硫产物 $CaSO_4$ 的摩尔体积大约是 CaO 的 3 倍，因此在脱硫反应一开始，就会在 CaO 的表面生成一层致密的 $CaSO_4$ 薄层，如图 6-3 所示，这一 $CaSO_4$ 薄层阻碍了 SO_2 进一步与内部的 CaO 颗粒进行反应，致使内部大量的 CaO 无法利用。所以在燃烧脱硫过程中用石灰石作脱硫剂时，其钙利用率一般比较低，因此实际应用中，钙硫摩尔比总是大于 1。

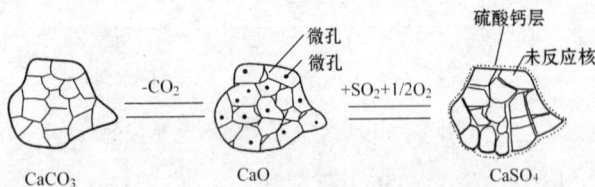

图 6-3　石灰石在燃烧过程中的脱硫原理

2. 钙的利用率和脱硫效率

在燃烧脱硫的具体工作中，经常遇到脱硫效率和钙利用率这两个概念。所谓脱硫效率是指烟气中的 SO_2 被脱硫剂吸收的百分数。例如脱硫前 SO_2 的浓度为 C_0，脱硫后 SO_2 的浓度为 C_1，用 η_{SO_2} 表示脱硫效率，则其表达式为

$$\eta_{SO_2} = \frac{C_0 - C_1}{C_0} \times 100\% \qquad (6\text{-}25)$$

实际应用中，多用脱硫效率作为评价脱硫剂或脱硫设备优劣的指标。

至于钙的利用率，是指已经反应的钙摩尔数占脱硫剂中钙摩尔数的百分比。前面我们已经提过，由于 CaO 微孔的堵塞，造成 CaO 无法完全利用，于是提出了钙利用率这个概念，用来评价脱硫剂的利用程度，从而为选择更加高效的脱硫剂提供了依据。在其他工况相同的情况下，钙的利用率越高，其脱硫效率越高。

在实际流化床燃烧脱硫过程中，要达到 80%～90% 以上的脱硫效率，Ca/S 摩尔比的值就需要大于 1。需要加入一定数量的石灰石，因此要进行燃烧脱硫，在流化床锅炉系统的设计中，就必须要有合适的脱硫剂破碎与输送系统和灰渣处理系统。另外由于 $CaCO_3$ 的热分解需要吸收一定的热量、脱硫产物要增加一定的灰渣量、脱硫剂的加入要改变循环颗粒的浓度和分离器的效率等，也就是说，要进行流化床燃烧脱硫，必须在锅炉与系统设计时就要全面考虑，还要进行运行参数的合理调整，才能最大限度地提高脱硫剂的钙利用率并保证锅炉安全经济运行和要求的脱硫效率。实际中并不是简单地把脱硫剂加到锅炉内就可达到 80%～90% 以上的脱硫效率。

五、脱硫剂的选择

脱硫剂种类变化时，其反应性能差异很大，这直接影响到 Ca/S 摩尔比、燃烧脱硫效率等，因此在应用中应对不同脱硫剂品种进行选择，从而保证脱硫运行的效果和经济性。

1. 脱硫剂的选择原则及反应性能评价

脱硫剂的选择原则是找出反应活性高、脱硫性能好的脱硫剂品种。为此人们提出了不同的方法，对大量石灰石及白云石等脱硫剂进行测试，确定其反应性能的顺序，为实际运行提供指导。以前的研究者采用三种途径来评价石灰石的反应特性：一是假定石灰石的地质特性和物理特性决定其脱硫性能，这时需要测定石灰石的钙含量和其他成分含量、石灰石煅烧后的孔隙结构、破碎特性、地质年龄、磨损特性、脱硫特性等；其次是流化床反应器模拟法，主要包括石灰石的破碎磨损特性、化学反应特性测试；三是采用小型流化床来模拟实际的流化床并测试脱硫剂在其中的反应性能。

根据反应活性试验结果，可以对脱硫剂进行分挡。常用的分挡准则是在基准状态脱硫剂平均粒径为 1.0～1.19mm，燃烧温度 840℃，煅烧时 CO_2 浓度为 15%，并在 4%O_2 和 0.5% SO_2 的气氛中进行硫酸盐化，测量比较试样吸收反应速率达 0.001mol/min 时的硫酸盐化程度。设试样固硫量为 A mgSO_3/mg 石灰石，如果 $A > 0.3$，则反应活性很好，A 在 0.26～0.3 之间反应性能较好，A 在 0.16～0.25 之间反应性能为中等，A 在 0.11～0.15 之间反应性能较差，A 小于 0.10 则反应性能很差。

2. 常用的脱硫剂

脱硫剂一般分为天然和人工制备两大类，就其有效成分而言，有钙基、钠基、镁基等。在流化床内最常使用的天然钙基脱硫剂有石灰石（或大理石）$CaCO_3$ 和白云石 $CaCO_3 \cdot MgCO_3$。山东大学热能工程研究所研究表明：部分贝壳可作为流化床燃煤脱硫剂。碱性工业废弃物（如电石渣、碱渣、赤泥等）也可用于制备复合脱硫剂。人工脱硫剂主要有如下几类。

（1）碱金属盐类：如 $NaSO_4$、Na_2CO_3、$NaOH$ 等，它们在 900℃ 左右与 $CaSO_4$、CaO 生成低熔点共熔物，使吸收剂颗粒发生破裂，这样增大其比表面积，同时也促进 $CaSO_4$ 产物层的破裂。并且这些离子被包含进 $CaSO_4$ 或 CaO 的晶格内，会产生晶格缺陷，它们可以作为固态离子扩散的媒介。

(2) 铁硅系列：在 CaO 中添加 Fe_2O_3 和 SiO_2 等类时，它们与 $CaSO_4$ 不会形成共熔物，而只能包括在 $CaSO_4$ 晶粒的周围，这种高熔点的保护层使得 $CaSO_4$ 在高温下不易分解。Fe_2O_3 的加入，一方面会导致硫元素在钙和铁之间的分配系数减少，有利于 S 进入 Fe_2O_3 相；另一方面 Fe_2O_3 对气固脱硫反应起催化剂的作用。

(3) 锶的化合物：在钙基脱硫剂中加入 $SrCO_3$ 后，生成的产物中除 $CaSO_4$ 相外，还将形成更加稳定的 $SrSO_4$ 和 $3CaO \cdot 3Al_2O_3 \cdot CaSO_4$ 相，从而避免了由于 $CaSO_4$ 的分解而降低脱硫率的几率。

(4) 木质素磺酸盐：木质素磺酸盐和亚硫酸盐的共同作用，通过缓解烧结和增加小孔比例，增加反应活化面积，提高脱硫率。

(5) 粉煤灰：粉煤灰是燃煤电厂的副产品，将其作为钙基脱硫剂的添加剂，方便且经济实用。粉煤灰捕获硫的能力与粉煤灰中的碱金属氧化物（CaO、Na_2O、MgO、K_2O）、其他金属氧化物（Fe_2O_3、V_2O_5、ZnO 等）和微量成分的含量以及它的比表面积有密切关系。

第三节 影响循环流化床脱硫效率的主要因素

研究与运行经验表明：脱硫剂特性与运行参数对流化床脱硫效率有很大影响，为了节省脱硫剂资源、提高脱硫效率，有必要了解他们之间的关系。

一、脱硫剂和给煤粒径的影响

脱硫剂粒度及粒径分布对流化床脱硫效率有较大影响。减小脱硫剂的粒径，脱硫气固反应的表面积增大，微孔内的等效孔长度减短、扩散阻力减小，脱硫效率提高。如图 6-4 所示，采用较小的脱硫剂粒度时，循环流化床脱硫效果较好，鼓泡床在某一粒度范围内也是如此。此外，有的研究者认为，脱硫剂粒度越小，对 NO_x 的刺激作用也越小，而且对小的粒径，脱硫最佳温度也可以较高。循环流化床的优点之一就是可以采用较小的粒径，因为分离和返料系统保证了细颗粒的循环，故一般采用 $0 \sim 2mm$，平均 $100 \sim 500\mu m$ 的石灰石粒度。而鼓泡床的情况稍有不同，粒径小意味着扬析较大，脱硫剂的利用率降低，脱硫效率下降。对鼓泡床，理想的石灰石粒度应是反应活

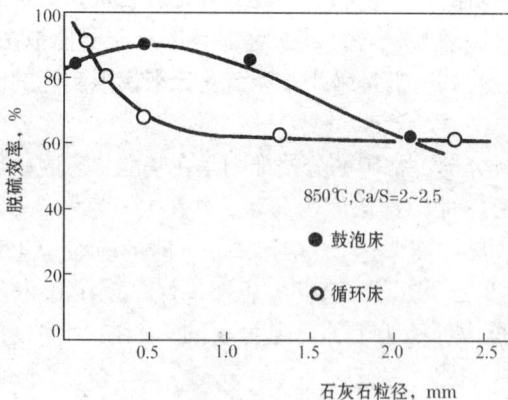

图 6-4 石灰石粒径对脱硫效率的影响

性高又不会从床内飞走的粒度，一般为 $1.5 \sim 3mm$；有些学者认为对循环流化床锅炉，石灰石粒度太小或使用太易磨损的石灰石也会增大其以飞灰形式的逃逸量，也增加静电除尘器负担，并使脱硫效率下降。因此，石灰石平均粒径也不宜小于 $100\mu m$。

测试结果表明：如果给煤粒度较大时，不仅颗粒破碎和磨损情况加剧，而且不利于燃烧，也不利于脱硫。反之，给煤粒度过小，或煤中细粒份额太大也都会使脱硫效率下降。

二、脱硫剂特性的影响

流化床燃烧过程中一般采用石灰石作为脱硫剂。但是不同产地的石灰石，氧化钙和其他成分的含量均不同，并且煅烧之后形成的多孔结构 CaO 具有不同的比表面积、孔径分布和孔隙率，反应活性也就不同。一般我们应该选择 CaO 含量高且煅烧后孔隙结构较好的石灰石作为脱硫剂。研究认为：较好的孔隙结构是煅烧后脱硫剂内部大孔和小孔的匹配合理，既有小孔使脱硫反应的表面积较大、初始反应速度较大，又有大孔使气体扩散阻力较小、扩散反应速度较大。人工脱硫剂由于在其中加入了活化剂、通过对天然物料进行破碎后再加入黏结剂制成片状或颗粒状结构，因此其孔隙率和比表面积大大增加，同时还可以减少细颗粒的扬析，所以使用这种脱硫剂时 Ca/S 摩尔比大大减少。

三、Ca/S 摩尔比的影响

投入炉膛脱硫剂的数量通常用 Ca/S 摩尔比表示，其表达式为

$$Ca/S 摩尔比 = \frac{脱硫剂消耗量 \times CaO 的含量（\%）/56}{燃料消耗量 \times S 的含量（\%）/32} \tag{6-26}$$

在其他工况相同的情况下，随着 Ca/S 摩尔比的增加，脱硫效率增加，并且当 Ca/S 摩尔比小于 2.5 时，脱硫效率增加得很快，当继续增加 Ca/S 时，脱硫效率缓慢增加（如图 6-5 所示）。不仅如此，继续增加脱硫剂的投料量会带来其他副作用，如增加灰渣物理热损失，增加磨损，还影响燃烧工况，并且多余的 CaO 还会使 NO_x 排放增加。因此存在一个较经济的 Ca/S 值，对于循环流化床锅炉来说，Ca/S 一般在 1.5～2.5 的范围内。

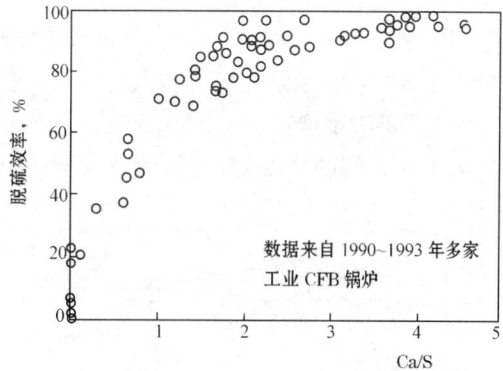

图 6-5　脱硫效率随 Ca/S 的变化

【例 6-3】　某 75t/h 循环流化床锅炉，设 $S_{ar}=1.94\%$，$B=12540kg/h$，按 Ca/S=2 进行炉内脱硫时，求所需石灰石量为多少？

解　假定所选用石灰石中 CaO 含量为 50%，则

每小时燃烧硫的数量为：$M_S = BS_{ar} = 12540 \times 1.94\% = 243.28$（kg/h）

每小时生成的 SO_2 量约为：$M_{SO_2} = M_S \frac{m_{SO_2}}{m_s} = 243.28 \times 64/32 = 486.6$（kg/h）

$= 7.6 kmol/h$

每小时需要 Ca 的数量：因为 Ca/S=2，所以 $M_{Ca} = 7.6 \times 2 = 15.2$（mol/h）$= 15.2 \times 40 kg/h = 608 kg/h$（其中 40 为 Ca 的原子量）

每小时需要 CaO 的数量：$M_{Ca} \times 56/40 = 851.2$（kg/h）（56 为 CaO 的分子量）

每小时需石灰石量为：$851.2/0.5 = 1702.4$（kg/h）

四、过量空气系数的影响

机理性试验表明：燃烧脱硫与氧浓度的关系并不大，但当鼓泡床中的过量空气系数小于 1.0 后，脱硫效率会急剧下降，提高过量空气系数时脱硫效率总是提高的。应该注意，如果考虑还原性气氛中生成 CaS 的反应，脱硫效率的变化应比预测值要小。当 O_2 分压小于 10Pa 时，$CaSO_4$ 是不稳定的，此时将会发生还原反应：

$$CaSO_4 + CO \longrightarrow CaO + SO_2 + CO_2 \tag{6-27}$$

$$CaSO_4 + 4CO \longrightarrow CaS + 4CO_2 \tag{6-28}$$

对于在鼓泡床中进行的反应，尽管过量空气系数可以很大，但床内的脱硫剂仍有可能暴露在还原性气氛中，这可以由流化床的两相模型来解释。而在循环流化床中，由于脱硫剂一般处于氧化性气氛中，研究表明过量空气系数单独对 SO_2 并无多大影响，除非在氧浓度很低的条件下才可能降低石灰石的利用率；另外周期性的氧化性和还原性气氛对脱硫效率也不构成很大影响。

五、床温的影响

流化床中床温变化时会改变脱硫反应的速度、改变脱硫产物的结构分布及孔隙堵塞特性，从而影响脱硫效率和脱硫剂利用率。常用脱硫剂的最佳温度在 $830\sim930℃$ 之间，当温度离开这一范围后，脱硫效率会明显下降。当温度高于 $1000℃$ 时，CaO的高温烧结迅速增强，使反应比表面积迅速减小，脱硫效率降低。当温度低于 $800℃$，脱硫反应速度较慢并且产物层扩散系数也很小，脱硫效率下降。公认的鼓泡床最佳脱硫温度约为 $850℃$，但这并不意味着它一定就是循环流化床锅炉的最佳运行温度。许多学者建议将床温提高至 $900℃$，因为人们发现床温低于 $850℃$ 时 N_2O 排放浓度较高。此外，从燃烧效率、CO排放上考虑，应选择高于 $850℃$ 的床温比较合适。

六、风速的影响

对于现有的循环流化床锅炉，从操作角度看改变风速即意味着改变负荷、改变空气量或一二次风比。分析与实验均表明：只有在风速对流化状态、细颗粒扬析夹带、磨损、气固接触情况构成较大影响时，才会明显改变脱硫效果，即风速对脱硫是一种弱影响因素。

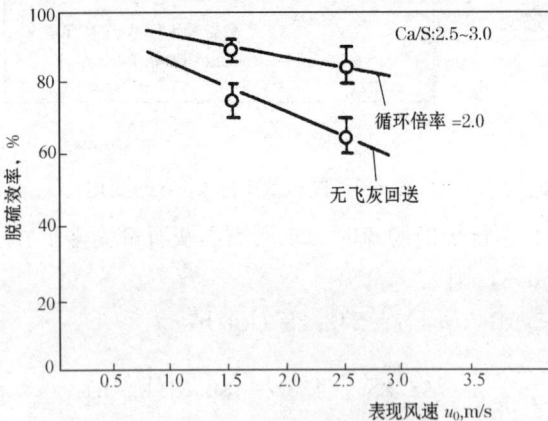

图 6-6　流化床风速和飞灰回送对流化床脱硫效率的影响

需要说明的是：对于鼓泡床和循环流化床，风速的影响效应并不一样。鼓泡床风速增加时伴随着扬析量的增大，SO_2 停留时间减小，这种效应比它对气固接触和均化床温、颗粒磨损的促进作用更加突出。因此，对一定的投料粒度，增加风速会使脱硫效率稍有下降，如图6-6所示。但是，对循环流化床锅炉，增加风速往往意味着循环量的增加和脱硫剂停留时间的延长，并增加悬浮空间脱硫剂浓度，因而一般对脱硫效率没有大的负面影响。

七、循环倍率的影响

图 6-7 是循环倍率对脱硫效率的影响曲线。可以看出：随着循环倍率的升高，达到一定脱硫效率所需的石灰石投料量下降，也就是说，循环倍率越大，脱硫效率越高，因为飞灰的再循环延长了石灰石在床内的停留时间，提高了脱硫剂的利用率，尤其是对那些较小的颗粒。由于硫酸盐化反应速度相对较慢，当反应 30min 后，如果不考虑石灰石的磨损，则其利用率还不到 0.4，因此延长石灰石停留时间（最好大于 1h）可以提高其利用率，同时还可

以减少对 NO_x 的刺激增长作用。提高循环倍率同时还提高了悬浮空间的颗粒浓度，使脱硫效率升高，但悬浮空间颗粒浓度大于 $30kg/m^3$ 后进一步增加循环倍率时，脱硫效率增加缓慢，如图 6-8，因为此时细颗粒逃逸的可能性也增加，密相区颗粒浓度也可能稍有减小，而使总体的气固反应物在接触中吸收的总量基本保持不变，因此对循环流化床锅炉存在一个有利于脱硫的循环倍率范围。

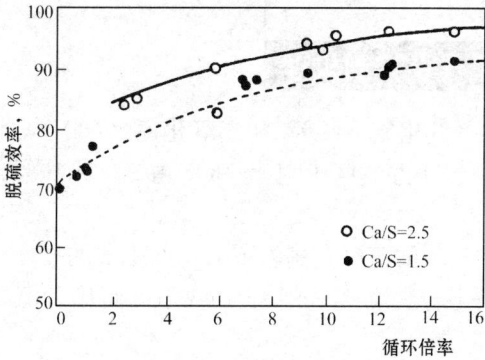

图 6-7 循环倍率对脱硫效率的影响

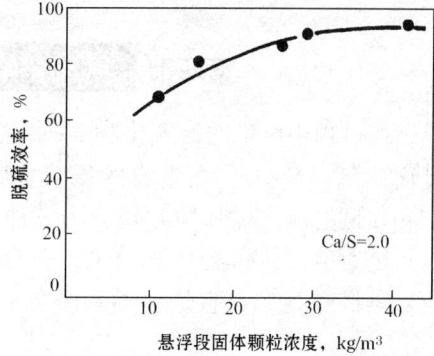

图 6-8 悬浮段固体颗粒浓度对脱硫效率的影响

八、分段燃烧的影响

当 Ca/S 比相同时，分段燃烧将导致脱硫效率降低。这是由于当燃烧室内存在还原区时，氧化区高度减小，从而减小了 $CaO\text{-}SO_2\text{-}O$ 反应生成 $CaSO_4$ 的程度。对于有限高度的燃烧室来说，SO_2 吸收量和 NO_x 排放量的减少对还原区和氧化区的高度有一个折衷，既需要保证好的脱硫效果，又要保证 NO_x 有较好的还原性能。图 6-9 表示了分段燃烧对脱硫效率的影响。试验工况为：一次风与理论空气量比为 0.4~0.6，煤种为美国伊利诺 6 号煤，脱硫剂为石灰石。从图 6-9 可以看出：脱硫效率为

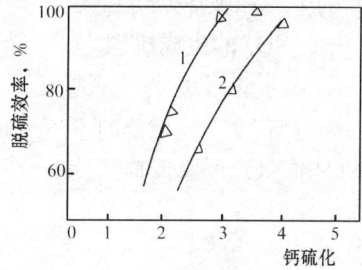

图 6-9 分段燃烧对脱硫效率的影响
1—不分段燃烧；2—分段燃烧

90% 时，分级燃烧 Ca/S 比为 3.6，不分级燃烧为 2.5。分级燃烧相当于使 Ca/S 比提高了约 44%。

九、给料方式的影响

给料方式可分为同点给入或异点给入，床上给入或床下给入；从给料方位和机构看，有前墙给入、前后墙给入、两侧墙给入和循环回路密封器给入等方式。给料方式对燃烧和 SO_2 排放都有较大影响。

美国 Nucla 电站的 400t/h 循环流化床锅炉运行经验表明：前后墙 1:1 平衡给煤，在正常的运行床温下，达到 70% 的脱硫效率所需 Ca/S 最小；前墙和回路密封器 2:1 给煤次之；只用回路密封器给煤时 SO_2 排放较高，而全部从前墙给入时 NO_x、SO_2 都是最高。并且指出，石灰石应该与煤同点给入，才能达到令人满意的脱硫效果。需要注意石灰石的给料方式对 CO 和 NO_x 排放没有影响。另外，前后墙平衡给煤时，脱硫剂利用率最高，而且 NO_x 排放量适中，仅次于有回路密封器参与的给料方式，但平衡给煤时 CO 排放却最高。

十、压力的影响

压力是影响脱硫的因素之一。实际运行表明，增加压力可以改善脱硫效率，并能提高硫

酸盐化的反应速度。在增压条件下，石灰石不经燃烧就能与 SO_2 反应，反应方程式为

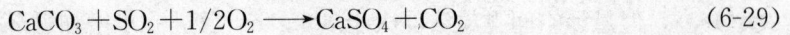

$$CaCO_3 + SO_2 + 1/2O_2 \longrightarrow CaSO_4 + CO_2 \qquad (6-29)$$

有研究表明，压力从常压增至到 0.5MPa 时，脱硫效果获得了显著改善，而且最佳脱硫温度也上升了。因此，增压流化床的脱硫效率高于常压流化床的，当压力增加到一定程度，再继续增大压力时，改善脱硫的作用却是微乎其微的。

第四节　氮氧化物的生成及控制机理

煤燃烧过程中产生的氮氧化物 NO_x 主要是一氧化氮（NO）和二氧化氮（NO_2），此外还有氧化二氮（N_2O）。在生成的氮氧化物中，NO 占 90% 以上，NO_2 占 5%～10%，而 N_2O 只占 1% 左右。其中 NO_x 可分为三种：

（1）热力型（又称温度型）NO_x，它是由空气中的氮气在高温下氧化而生成的。

（2）燃料型 NO_x，它是由燃料中含有的氮化合物在燃烧过程中热分解而接着氧化生成的。

（3）快速型 NO_x，它是燃烧时空气中的氮和燃料中的碳氢离子团反应生成的。

N_2O 和燃料型 NO_x 一样，也是从燃料的氮化合物转化生成的，它的生成过程和燃料型 NO_x 的生成和破坏密切相关。

一、NO_x 的生成机理

1. 热力型 NO_x 的生成机理

热力型 NO_x 是燃烧时空气中的氮和氧在高温下生成的 NO 和 NO_2 的总和，在高温下生成 NO 和 NO_2 的总反应式为

$$N_2 + O_2 \Longleftrightarrow 2NO \qquad (6-30)$$

$$NO + \frac{1}{2}O_2 \Longleftrightarrow NO_2 \qquad (6-31)$$

根据阿仑尼乌斯定律，当温度升高时，NO_x 的生成速度按指数规律迅速增加。试验表明，当温度达到 1500℃时，温度每提高 100℃，反应速度将增加 6～7 倍。由此可见，温度对热力型 NO_x 的生成浓度具有决定性的影响。一般在温度小于 1350℃时，几乎没有热力型 NO_x 生成，只有当燃烧温度超过 1600℃时，热力型 NO_x 才可能占到 25%～30%。由于循环流化床锅炉的运行温度为 850～950℃，因此煤在循环流化床中燃烧时基本上不产生热力型 NO_x。

2. 燃料型 NO_x 的生成机理

煤中氮的化合物在燃烧过程中发生热分解，氧化而生成的 NO_x 称为燃料型 NO_x。燃料型 NO_x 是循环流化床中生成 NO_x 的主要部分，其含量常超过 95%。煤炭中的氮含量一般在 0.5%～2.5% 左右，它们以氮原子的状态与各种碳氢化合物结合成氮的环状化合物或链状化合物，煤中氮与上述化合物的 C—N 结合键能较小，在燃烧时很容易分解出来。因此，从氮氧化物生成的角度看，氧更容易首先破坏 C—N 键而与氮原子生成 NO。

由于燃料型 NO_x 的生成和破坏过程不仅和煤种特性、煤的结构、燃料中的氮受热分解后在挥发分和焦炭中的比例、成分和分布有关，而且大量的反应过程还和燃烧条件如温度和氧及各种成分的浓度等密切相关。总结近年来的研究工作，燃料型 NO_x 的生成机理如下：

（1）在一般燃烧条件下，燃料中氮的有机化合物首先被热分解成氰（HCN）、氨（NH_3）和 CN 等中间产物，它们随挥发分一起从燃料中析出，称之为挥发分 N。挥发分 N

析出后仍残留在焦炭中的氮化合物，称之为焦炭 N。如果煤中的挥发分增加、热解温度和热解速度提高，且煤颗粒减小时，那么挥发分 N 增加，而焦炭 N 相应减少。

（2）挥发分 N 中最主要的氮化合物是 HCN 和 NH_3。HCN 和 NH_3 在挥发分 N 中所占的比例不仅取决于煤种及其挥发分的性质，而且与氮和煤的碳氢化合物的结合状态以及燃烧条件等有关。

（3）挥发分 N 中的 HCN 会氧化成 NCO。其中：在氧化性气氛中，NCO 直接氧化成 NO，而在还原性气氛中，NCO 生成 NH，NH 在还原性气氛中生成 N_2，在氧化性气氛中生成 NO。

（4）挥发分 N 中 NH_3 与 OH、O 或 H 反应生成 NH_2，NH_2 进一步反应生成 NH，NH 氧化生成 NO；NH_2 还可能还原 NO 生成 N_2。

（5）在通常的煤燃烧温度下，燃料型 NO_x 主要来自挥发分 N。煤粉燃烧时由挥发分生成的 NO_x，占燃料型 NO 的 60%～80%，由焦炭 N 所生成的 NO_x 占到 20%～40%，焦炭 N 的析出情况比较复杂，这与氮在焦炭中 N—C、N—H 之间的结合状态有关。有研究表明，在氧化性气氛中，随着过量空气的增加，挥发分 NO_x 迅速增加，明显超过焦炭 NO_x，而焦炭 N 的增加则较少。

（6）NO_x 的还原。NO_x 当遇到还原性气氛（富燃料燃烧或缺氧状态）时，会还原成氮分子，这样使最初生成的 NO_x 的浓度发生变化，所以，煤燃烧设备烟气中 NO_x 的排放浓度最终取决于 NO 的生成反应和 NO 的还原或破坏反应的综合结果。

（7）煤燃烧时，燃料 N 只有一部分最终生成 NO，其余的燃料 N 常以 NH_3 的形式分解出来，再转化为 N_2。燃料氮转化为 NO 的转化率与煤种特性和炉内燃烧条件有关，一般煤中固定碳的含量相对于挥发分的含量越高，过量空气系数越低，转化率越低。

3. 快速型 NO_x 的生成机理

快速型 NO_x 是煤燃烧时空气中的氮和燃料中的碳氢离子团如 CH 等反应生成的 NO_x。1971 年费尼莫尔根据碳氢燃料预混火焰的轴向 NO 分布的实验结果，发现了反应区附近快速生成的 NO。他认为快速型 NO_x 是先通过燃料产生的 CH 原子团撞击 N_2 分子，生成 CN 类化合物，再进一步被氧化而生成 NO。

研究表明，快速型 NO_x 受温度的影响不大。一般情况下，对不含氮的碳氢燃料在较低温度燃烧时，才重点考虑快速型 NO_x，在流化床燃烧条件下，一般不考虑快速型 NO_x。

4. N_2O 的生成机理

常规燃煤设备中 N_2O 的排放值很低，但随着流化床技术的发展，人们发现流化床锅炉所排放的 N_2O 浓度比其他燃烧方式排放的 N_2O 大得多，因而 N_2O 的排放问题逐渐受到人们的重视。

N_2O 是一种燃料型氮氧化物，其生成机理和燃料型 NO_x 很相似，也是在挥发分析出和燃烧期间，挥发分 N 首先析出并生成挥发分 NO，然后 NO 再和挥发分 N 中的 HCN、NCO、NH_i 发生反应生成 N_2O。因此，NO 的存在是生成挥发分 N_2O 的必要条件。同时，焦炭 N 也会在一定条件下通过多相反应生成 N_2O。

影响 N_2O 生成的因素很多，其中主要有：床温、过量空气系数、停留时间、煤种等。研究表明，N_2O 达到最大浓度的温度范围在 800～900℃ 之间，当温度进一步增加时，N_2O 的浓度很快下降。当过量空气系数增加时，火焰中的氧浓度增加，氧原子浓度也增加，因而生成的 NCO 的浓度增加，致使生成的 N_2O 的浓度升高；停留时间对 N_2O 生成量有较大影响，一般在 800～850℃ 的温度范围内，停留时间越长，N_2O 的浓度越高。随着温度的提高，停留时间对 N_2O 浓度的影响越来越小，当温度超过 1000℃ 以后，停留时间对 N_2O 的浓度几乎不再有影响。煤种对 N_2O 生成量也有很大影响，随着燃料比（固定碳含量与挥发分的比值）的增加，N_2O 生成量增加，因为燃料比增加时，由于炭粒子的增加而加强了对 NO 转化为 N_2O 的催化作用。

二、NO_x 的排放浓度预测

因为在循环流化床锅炉燃烧的温度范围内，生成的 NO_x 主要是燃料型 NO_x，因此我们可以通过计算燃料型 NO_x 的浓度来计算 NO_x 的生成量。

燃料型 NO_x 的浓度 c_{NO_x}（mg/m^3）可按式（6-32）进行计算，即

$$c_{NO_x} = BN_{ar}\eta \times \frac{22.4}{14} \times 10^6 / G \qquad (6-32)$$

式中　B——燃煤量，kg/h；

　　　N_{ar}——煤的含氮量，%；

　　　η——燃料型 NO_x 的转化率（该转化率与燃烧条件特别是燃烧温度有关，其值在 0.2～0.7 之间），%；

　　　G——燃烧产生的烟气量，m^3/h。

通过上式，可以预测循环流化床锅炉的 NO_x 排放浓度范围。

【例 6-4】　已知 $B = 12540kg/h$，$N_{ar} = 0.89\%$，$G = 95900m^3/h$（取自例 3-1），试计算 c_{NO_x}？

解　$c_{NO_x} = \dfrac{12540 \times 0.89\% \times 0.50 \times 22.4 \times 3600}{3600 \times 14 \times 95900} \times 10^6 = 9.3$（$mg/m^3$）（取 η 为 0.5）

从表 6-4 可以看出本题条件下 C_{NO_x} 还是比较低的。

三、氮氧化物的控制机理与方法

通过对 NO_x 生成机理的分析，我们知道影响 NO_x 的形成有如下一些主要因素：

(1) 有机地结合燃料中的氮含量；

(2) 反应区中氧、氮、一氧化氮和烃根的含量；

(3) 燃烧温度的峰值；

(4) 可燃物在火焰峰和反应区中的停留时间。

在燃料种类确定后，为了控制 NO_x 可通过控制燃烧过程中的氧浓度和燃烧温度的方法来达到目的。如可设法建立 $\alpha < 1$ 的富燃料区，在还原性气氛条件下促使燃料氮转化为分子氮（N_2）。根据这一原理，开发研究了空气分级、低过量空气系数和烟气再循环降低 NO_x 技术。

对于已经生成的 NO_x，可以利用某种原料作为还原剂，喷入炉膛的某一合适部位以还原燃烧产物中的 NO_x。根据此原理，发展了 NO 再燃烧或燃料分级燃烧、催化剂还原和非催化剂还原等低 NO_x 技术。

根据 N_2O 的生成机理，提高循环流化床的床温至 950℃ 左右，可降低 N_2O 的生成。另外，氧浓度也是影响 N_2O 生成的重要因素，因此可以通过降低过量空气系数，如采用分级燃烧等方法有效控制 NO 和 N_2O 的排放。

1. 空气分级

空气分级是一种常用的形成富燃料区的方法，该法是把供燃烧用的空气由原来的一级分

为二级或多级，在燃烧开始阶段供给一部分空气，造成一次燃烧区域的富燃料状态。由于富燃料贫氧，因而该区的燃料只是部分地燃烧，使得有机地结合在燃料中氮的一部分生成无害的氮分子。从而减少了"燃料型"NO_x的形成。作为完全燃烧用二次风喷射到一次风即富燃料区域的下游，形成二次燃烧区，在这个区域内使燃料完全燃烧。此外，由于一次燃烧区域的燃烧产物进入二次区域，同时降低了氧浓度和火焰温度，二次区域内NO_x的形成受到了限制。风分级是二次燃烧过程，可描述为：富燃料（贫氧）燃烧—贫燃料（富氧）燃烧。

2. 低过量空气系数

在煤燃烧过程中采用低过量空气系数，可以限制反应区内的氧量浓度，因而对"热力型"和"燃料型"NO_x的产生都有一定的抑制作用。一般采用低过量空气系数燃烧，可降低NO_x排放15％～20％。不过这种方法有一定的局限性，因为在很低的过量空气系数下运行时，一氧化碳和烟尘排放浓度都有可能增加，燃烧效率会降低，并且有可能出现结渣、堵塞和其他问题。因此，运行中最低的过量空气系数受到一定限制。

3. 燃料分级

燃料分级是一种燃烧改进型技术。燃料分级的过程是：大部分一级燃料进入一次燃烧区造成富燃料状态，而一小部分二级燃料，如天然气，喷到携NO的一次燃烧产物中，这样在一次燃烧区内生成的NO，在二次燃烧区大量地被烃根还原成氮分子N_2，从而降低了NO的最终排放浓度。

4. 选择性催化还原（SCR）

选择性催化还原是一种燃烧后脱除烟气中NO_x的技术。氨来源丰富且价格低廉，脱除效果较好，常用作还原剂，主要还原反应为

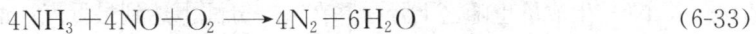

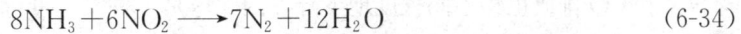

$$4NH_3 + 4NO + O_2 \longrightarrow 4N_2 + 6H_2O \tag{6-33}$$

$$8NH_3 + 6NO_2 \longrightarrow 7N_2 + 12H_2O \tag{6-34}$$

采用氧化钛催化剂作为载体，适宜的脱除反应温度为200～450℃，在NH_3/NO约为1.0时，脱除的效率达到80％以上，实际为防止催化剂中毒脱除反应温度宜在200～400℃。

5. 选择性非催化还原（SNCR）

选择性非催化还原是在合适的温度、无催化剂的情况下，采用还原剂氨或尿素把NO_x转换成氮分子和水。当NH_3喷到锅炉的对流通道时，在合适的烟气温度下发生反应。

$$6NO + 4NH_3 \longrightarrow 5N_2 + 6H_2O \tag{6-35}$$

适宜的反应温度为900～1000℃，低于900℃，脱除反应速度较慢，而温度高于1000℃，反应过程中NH_3易转化为NO。

另外干式NO_x脱除方法有活性炭吸附、分子筛吸附和电子束照射等，湿式脱除方法有碳酸钠吸收、络合盐吸收等。

第五节　影响氮氧化物排放的主要因素

一、过量空气系数的影响

1. 不分级燃烧时

在不实施分级燃烧的条件下，总的过量空气系数对NO_x和N_2O有类似的影响。如图

6-10所示，过量空气系数降低时，NO_x 和 N_2O 排放都下降。另一方面，过量空气系数很大时，对 NO_x 和 N_2O 排放的影响大大减弱，因为过量空气系数很小或很大时，CO 浓度都升高，这对 NO_x 和 N_2O 的还原和分解都有利。在 O_2 浓度小于 1.5% 或 CO 浓度 $\approx$1% 的区域，在 900℃ 或更高温度下，N_2O 的分解只需 100ms 时间。低氧燃烧可减少 50%～75% 氮氧化物排放。但机理性试验表明，即使燃烧区氧分压小于 1Pa，也不能完全消除氮氧化物。

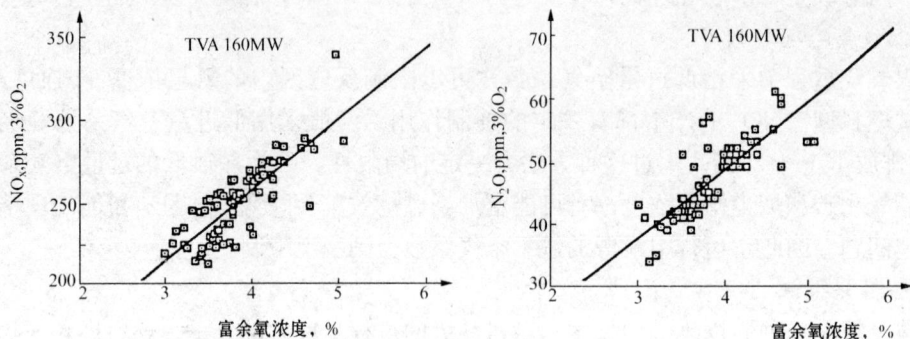

图 6-10　总的空气过量系数对 NO_x 和 N_2O 排放的影响

2. 分级燃烧时

为了降低氮氧化合物的排放而采用分级燃烧时，是依据了控制氮氧化物生成的机理。以二次风送入点为界限，使上部形成富氧区，下部形成富燃料区（贫氧区），这样在还原性气氛中可抑制氮氧化物的生成。测试结果表明：当过量空气系数一定时，二次风率增大，一次风率相应减小，NO_x 生成量也随之下降，并在某一分配下达到最低点。值得注意的是，实施分段燃烧时 SO_2 和 CO 排放也将不同程度地下降，因此这是一种安全可行的清洁燃烧运行方式。

二、床温的影响

运行床温提高时，NO_x 排放升高，而 N_2O 排放将下降。这意味着，通过降低床温来控制 NO_x 排放会导致 N_2O 的排放上升。另一方面，运行床温的控制还受负荷及燃烧效率的制约，床温过低则 CO 浓度很高，这尽管有利于 NO_x 的还原，却带来了化学不完全燃烧损失。N_2O 随温度上升而减少的原因一般归结为 N_2O 的热分解，即

$$N_2O \longrightarrow N_2 + O \tag{6-36}$$

该反应对温度十分敏感。在高温下，这一反应将是十分迅速的。有资料表明，在最佳脱硫温度 850℃ 左右时，燃料氮向 N_2O 的转化率率最高，此时 N_2O 排放可达 200～250ppm，而床温进一步增高时，从焦炭和原煤燃烧中产生的 N_2O 都将大大减少。

三、脱硫剂的影响

为了提高脱硫效率，在循环流化床锅炉运行中需要投入更多的石灰石，以提高 Ca/S 摩尔比。但研究表明富余的 CaO 是燃料 N 和注氨 N 转化为 NO 和 N_2 的强催化剂，也是 CO、H_2 还原 NO 的强催化剂；富余 CaO 也是氧化性气氛下 N_2O 分解的强催化剂；另外脱硫产物 CaS 是 CO 还原 NO 和分解 N_2O 的强催化剂。

在一般情况下，CaO 对燃料 N 和注氨的氧化生成 NO 的贡献，大于它对还原性气体还原 NO 反应的贡献，因此将最终增加 NO_x 的排放。当然，富余 CaO 或硫化物 CaS 的催化作用还与石灰石的品种和粒径大小有关。有资料表明，小颗粒且多孔的高活性石灰石对 NO 的

刺激增长作用比低活性石灰石小，因而宜采用前者，这与燃烧脱硫时石灰石的选取准则恰好一致，所以应该选用小颗粒且多孔的高活性石灰石进行脱硫，同时也可以起到控制 NO_x 排放的作用。

四、循环倍率的影响

提高循环倍率对脱硫是很有益的，对降低 NO_x 排放也有帮助，因为提高循环倍率可以增加悬浮段的焦炭浓度，从而加强了 NO 与焦炭的反应，反应式为

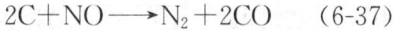

$$2C+NO \longrightarrow N_2+2CO \qquad (6-37)$$

$$C+2NO \longrightarrow N_2O+CO \qquad (6-38)$$

在这两个反应的作用下，NO_x 排放将降低，而 N_2O 排放升高。但总的来看，N_2O 的升高还是有限的，而且在很高的循环倍率下，N_2O 升高的势头将会大大减弱甚至消失，如图 6-11 所示。

图 6-11 循环倍率对 NO_x 和 N_2O 排放的影响
($T=825℃$，$\alpha_1=1.2$，$Ca/S=1.5$)

五、炉膛高度的影响

在循环流化床状态下运行时，随炉膛高度增加 NO_x 浓度急剧降低，而 N_2O 浓度则有较大升高。在鼓泡流化床运行状态时，N_2O 和 NO_x 浓度均先逐渐上升后再逐渐下降。床层中 NO_x 和 N_2O 浓度在鼓泡流化床和循环流化床中几乎是一样的。然而，在炉膛出口，鼓泡流化床的 NO_x 排放高于循环流化床，而 N_2O 排放则是鼓泡流化床低于循环流化床。这表明，鼓泡流化床及循环流化床中 N_2O 和 NO_x 沿炉膛高度的生成和分解机理有一定的区别。

对于鼓泡流化床，其 NO_x 和 N_2O 主要产生于床层及过渡段中。出过渡段后，分解起主要作用。床层中 N_2O 及 NO_x 主要由焦炭的燃烧而产生，其浓度的增加则主要是挥发分的进一步燃烧所致。之后，N_2O 逐渐分解，显然其主要原因不在于温度，因为随炉膛向上，温度逐渐降低，这时 N_2O 的分解可以认为主要是均相分解反应，即 H 和 OH 原子对 N_2O 的还原反应起作用。

对于循环流化床，NO_x 主要产生于床层之中，随后虽然挥发分和焦炭的燃烧也产生了一定的 NO_x，但焦炭对 NO_x 的分解起主要作用，因而其浓度一直下降。N_2O 出床层之后其浓度一直上升，这有几方面的原因：

（1）炉膛高度方向向上时焦炭一直在燃烧，导致产生 N_2O，而且 NO_x 在焦炭表面分解的同时也产生一定的 N_2O。

（2）由于沿炉膛高度燃烧过程的继续，其中 H 原子逐渐减少，H 原子对 N_2O 的还原反应作用减少。

（3）与鼓泡流化床相比，循环流化床上部粒子浓度的增大也促使各种原子在粒子表面的化合，使 N_2O 消减反应减弱。

（4）炉膛上部粒子与气体之间相对速度也小于底部，粒子对 N_2O 的催化分解作用有所减少。

（5）由于循环流化床内流化速度较高，挥发分的燃烧相对于鼓泡流化床而言发生在更大的范围内，这样也导致 N_2O 的浓度沿高度增加。

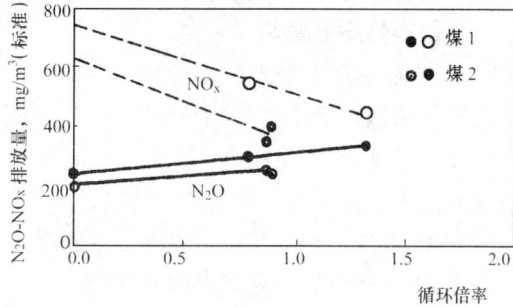

（6）各种床料及灰对 NH_3 氧化生成 N_2O 和 NO_x 起促进作用，特别对 N_2O 在低温下的促进作用较大。而在循环流化床中炉膛上部炉料浓度较大，这也可能是导致循环流化床中炉膛上部 N_2O 浓度较大的一个原因。至于 NO_x 的生成，各种炉料的催化作用不很大，因而没有导致炉膛出口处 NO_x 浓度的增加。

六、燃料性质的影响

1. 燃料氮的存在形式

在流化床锅炉燃烧中，由于 NO 和 N_2O 都来自燃料氮，故总体而言，燃料氮含量越高，则 NO 和 N_2O 排放量也越高。

有人认为：在褐煤、页岩、木材等劣质燃料中胺是燃料氮的主要形态，故 NO_x 排放较多，而 N_2O 很少；与此相反，烟煤、无烟煤的 N_2O 排放则较高。

2. 挥发分含量及挥发分中的元素比

实际工作中常用挥发分含量作为标准来衡量燃料氮向 NO 和 N_2O 的最终转化率。但就现有数据看，它对 N_2O 排放预测的适用性优于对 NO 排放的情形，因为它没有考虑到焦炭的特性，尤其是焦炭的比表面积等活性参数，因此不能预计焦炭对 NO 和 N_2O 的还原特性。研究者们以燃料氮转化率从高到低为序，比较了各种煤 NO 和 N_2O 排放次序，发现：

对 NO，有   褐煤＞烟煤＞石油焦

对 N_2O，有   石油焦＞无烟煤，贫煤＞烟煤＞褐煤＞页岩

床内的残焦对 NO_x 的还原十分有利，残焦浓度对 N_2O 排放影响就小得多，但至少在焦炭分解 NO_x 的过程中不会生成较多的 N_2O。

煤中成分，尤其是其挥发分中的各种元素比，如 O/N、H/C 等对了解这一问题也有所帮助。煤中 O/N 值越大，则 NO_x 排放越多，且受外部氧浓度影响较小。O/N 值越大，则 N_2O 排放越低，这可能是由反应 $N_2O+O→2NO$ 和 $N_2O+O→N_2+O_2$ 所致。对煤的分析可以看到，褐煤和烟煤中 O/N 值一般高于无烟煤和贫煤，故前者的 N_2O 排放低于后者。研究还表明，H/C 比较高的煤 NO 排放较高而 N_2O 排放较低，这与上述分析也是一致的，由于这里的 C 指煤中全部碳含量，故 H/C 值实际上也反映了挥发分的总含量。S/N 值也可能会影响各自的排放水平，因为生成 SO_2 与 NO 时对氧是竞争的，但 SO_2 和 N_2O 的生成对外部氧的竞争性不强，故 SO_2 排放越高则 NO_x 越低，而 N_2O 则可能持平或上升。

第六节　同时降低硫氧化物和氮氧化物排放的主要措施

在循环流化床锅炉燃烧过程中，加石灰石等吸收剂使 SO_2 固定在稳定的 $CaSO_4$ 之中，是一种直接而廉价的降低 SO_2 排放措施，而降低氮氧化物的基本构想则是通过还原或分解最终使 NO 和 N_2O 转变为稳定的 N_2。由于 SO_2、NO 和 N_2O 都是对环境有明显危害的污染气体，单独降低其中某一组分都不是最终目的，更何况在燃料硫和燃料氮的反应系统之内存在着如此密切的联系和相互影响。因此人们逐步认识到，必须同时降低循环流化床的氮、硫氧化物及其他有害气体的排放。显然，脱硫时所加的石灰石对脱除 HCl、HF 等卤化物同样有效，并且脱除效率与 Ca/（Cl＋F）摩尔比的关系十分类似于脱硫的情形，因此，当煤中含卤素较高时，在计算吸收剂投入量时也应该予以考虑。但这种连带的正面效果在燃料氮、硫两个反应系统之间却几乎不存在，恰恰相反，降低 SO_2 的措施往往会导致 NO_x 排放的升

高，且降低 NO_x 的措施会造成 N_2O 的排放增加。这就要求我们从整体考虑，如何从优化设计和运行的角度考虑同时降低 SO_2 和 NO_x 的排放。

单纯脱硫的情况比较简单，本书已讨论了床内脱硫，而烟气脱硫（FGD）等方法不是流化床锅炉提倡的方法，在本书中并未涉及。循环流化床锅炉降低 NO_x 和 N_2O 的措施主要有：低过量空气系数燃烧、空气分级燃烧、燃料分级燃烧、选择性催化还原和选择性非催化还原等。

同时降低污染气体排放的措施要点是：

（1）将运行床温提高到 $900℃$ 左右；

（2）将过量空气系数 a 降至 $1.10\sim1.20$ 之间；

（3）实施分段燃烧；

（4）仔细选择脱硫剂品种和粒度；

（5）注意利用炉膛悬浮空间和旋风分离器的脱硫脱氮潜力。

提高运行床温的主要原因是可以降低 N_2O 和 CO 浓度，同时提高燃烧效率；采用较小 a 时可同时削减 NO 和 N_2O 排放，但 a 的下限要由 CO 排放和燃烧效率可接受的指标来决定。在此提高床温对脱硫的不利影响可以通过仔细选择脱硫剂品种和粒度来补偿或抵消。我们知道，采用较小的（$150\sim300\mu m$）脱硫剂粒径不仅可以增加脱硫反应的比表面积，而且使脱硫对温度的敏感性和对 NO_x 的刺激增长作用都会减弱，同时为采用较高的床温提供了良好的条件。

从降低燃煤 SO_2 和 NO_x 等污染排放的难易程度上讲，脱 NO_x 相对较为困难。因此在考虑同时脱除两类污染物的措施时应注意首先控制 NO，对 SO_2、N_2O 以及 CO 可以采用一些行之有效的方式，如添加钙基吸收剂脱硫，造成局部高温降低 N_2O 和 CO，且要求床温水平不要过高。一般，可把床温控制在 $850\sim900℃$ 之间，实际上国内外很多的循环流化床锅炉正是运行在平均约 $870℃$ 的床温下，并采用较小粒径的吸收剂。石灰石给料量的大小主要应由运行成本和对燃烧的影响来确定，对循环流化床锅炉，$1.5\sim2.0$ 的 Ca/S 值已能满足脱硫效率的要求。提高循环倍率总的来说是有益的，然而必须考虑受热面的磨损和风机压头等因素。研究表明，把 $1/3$ 左右的燃烧空气作为二次风注入密相区上方一定距离，实施分段燃烧时，氮氧化物排放可望达到较低的水平，但需要注意的是对于不同设计结构的锅炉其最佳一二次风分配比是变化的。

在运行中尽量提高悬浮段的颗粒浓度和混合扰动无论对脱硫还是脱 NO 的多相还原都十分有利。悬浮段对 N_2O 的分解而言是一个可以利用的场所，而同时不致使 NO 有实质性的增加。另外在分离器区域，由于气固扰动强烈，这对降低氮氧化物和 CO 浓度都十分有利，注氨（包括 SCR）和不含氮的可燃气体可以同时降低 N_2O 和 NO 排故，且 CO 也不会有可观的增加。一般地，注氨温度控制在 $810℃$ 左右，注尿素时则在 $890℃$ 左右，并注意注入处氧浓度不宜过高。总之，只要重视炉内的各个功能区域，合理地采取控制措施，是可以达到同时降低各种污染气体排放目的的。

第七节　其他污染物的生成与控制

一、循环流化床中烟尘与可燃物的排放与控制

1. 烟尘

烟尘是一种粉尘，按粒径大小可分为降尘和飘尘两种。直径在 $10\mu m$ 以上的，因为容易

沉降故称为降尘；小于$10\mu m$的称为飘尘。飘尘因粒径小，长期在空中漂浮而不沉降，有的甚至几天、几年不沉降，而小于$0.1\mu m$的尘粒根本不沉降。

粉尘能大量吸收太阳紫外线短波部分。当空气中粉尘浓度为$0.1mg/m^3$时，紫外线减少42.7％；浓度为$1mg/m^3$时，减少71.4％。这将严重影响儿童的发育成长和人体健康。空气中含有粉尘，光照度和能见度减弱。降尘使建筑物受到污染，尤其那些带有酸性的烟尘会使所有建筑物受到侵蚀，农作物也会由此而受害，粮食作物由于叶片上沾染粉尘，导致光照不足而减产。飘尘将通过呼吸进入鼻腔、气管和支气管，甚至一部分进入肺泡和血液循环。尘粒越细，侵入人体的部位越深，危害也越大。人体长期吸入含有粉尘的空气后，会引起鼻炎、各种呼吸道病、肺气肿及肺癌等。

我国循环流化床锅炉燃煤粒径多数为$0\sim13mm$，有30％～50％的粗渣从炉膛放渣口排出，另有20％～30％的细渣从除灰系统排出，因此燃用同一种煤，循环流化床锅炉烟气带出的飞灰量比煤粉炉带出的飞灰量少得多。流化床锅炉烟气中的排尘浓度一般为$10\sim30g/m^3$。为减少锅炉的排尘浓度，近年来采用了许多除尘措施，在循环流化床锅炉采用两级除尘器，第一级采用旋风分离器；第二级采用电除尘、水膜除尘，随着循环流化床锅炉的逐步大型化，电除尘器的应用比例逐渐增加，这有效减轻了烟尘的排放。

2. 可燃物一氧化碳

煤燃烧不完全时产生大量的一氧化碳。一氧化碳是一种无色无臭的气体，被吸入人体后它就和血色素结合成一氧化碳血色素，因为CO和血色素的亲和力比氧气和血色素的亲和力大300倍左右，并且有时还能阻碍氧和血红蛋白的离解，这样就会加深人体缺氧而发生各种症状。降低一氧化碳排放的途径是提高燃烧温度、保持合适的氧浓度等，因此燃烧中提供合适的二次风对降低一氧化碳排放是非常有利的。

循环流化床锅炉具有燃烧效率高的特点，根据炉型和煤种的不同，燃烧效率可达90％～99％。因此它可以大大降低烟气中CO、C_mH_n对大气的污染。对于燃烧泥煤和废木头的循环流化床锅炉，CO的排放浓度为$50\sim180ppm$；对燃烧褐煤、烟煤的为$20\sim80ppm$；对燃烧石油焦的为$10\sim30ppm$。当床温低于825℃时，C_mH_n的排放量约为$2mg/MJ$；当床温超过850℃时，C_mH_n的排放量保持在$1mg/MJ$以下。

二、循环流化床锅炉焚烧垃圾时二次污染物的生成与控制

当循环流化床锅炉焚烧垃圾时，排放的废气中除了含有SO_2、NO_x外，还可能产生其他污染物HCl和PCDD/Fs（二噁英类化合物）。PCDD/Fs熔点较高，难溶于水，易溶于脂肪，所以PCDD/Fs容易在生物体内积累。PCDD/Fs暴露可引起皮肤痤疮、头痛、失聪、忧郁、失眠等症。即使在很微量的情况下，长期摄取也可以引起癌、畸形等顽症。

常温下HCl为无色气体，有刺激性气味，极易溶于水而形成盐酸。HCl对人体的危害很严重，能腐蚀皮肤和黏膜，能使声音嘶哑，鼻黏膜溃疡，咳嗽直至出现肺水肿以至死亡。对于植物，HCl会导致叶子变黄、棕、红至黑色的坏死现象。HCl对垃圾焚烧设备的危害也很大，会造成炉膛受热面的高温腐蚀损毁和尾部受热面的低温腐蚀。

1. PCDD/Fs的生成机理

通常认为，燃烧含氯和金属的有机物是产生PCDD/Fs的主要原因，目前对其生成的机理还不完全清楚。城市生活垃圾中含有大量的无机氯化物和有机氯化物（如塑料、橡胶、皮革），焚烧过程中温度在250～650℃之间时会生成PCDD/Fs，且在300℃时生成量最大。

有关研究认为，焚烧垃圾时 PCDD/Fs 的生成机理有三种方式：①高温合成。如高温气相生成 PCDD/Fs；②从头合成。在低温（250～350℃）条件下大分子碳与飞灰基质中的有机或无机氯生成 PCDD/Fs；③前体物合成。不完全燃烧以及与飞灰表面的不均匀催化反应可形成多种有机气相前体物，再由这些前体物生成 PCDD/Fs。垃圾焚烧过程中，上述三种机理在 PCDD/Fs 的生成中都可能起作用，哪种机理起主导作用则取决于炉型、工作状态和燃烧条件。

2. HCl 的生成机理

垃圾焚烧烟气中 HCl 可通过两种途径产生：①垃圾中的有机氯化物如 PVC 塑料、橡胶、皮革等燃烧生成 HCl；②垃圾中的无机氯化物如 NaCl 与其他物质反应生成 HCl。有人认为固体废弃物中的无机氯化物，如 NaCl，不仅数量大，而且是垃圾焚烧炉烟气中 HCl 的一个主要来源。

3. HCl 和 PCDD/Fs 的防治

研究测试表明：循环流化床锅炉在脱硫时，加入钙基脱硫剂如石灰石后，在脱硫的同时，可以减少 HCl 的排放量。这主要是利用 CaO 去吸收 HCl，其反应方程为

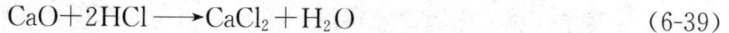

$$CaO + 2HCl \longrightarrow CaCl_2 + H_2O \tag{6-39}$$

因此对于垃圾焚烧烟气中的 HCl，可采用加入石灰石或 CaO 作为吸收剂的方法进行燃烧脱除。

国外科学家的实验研究结果表明，垃圾焚烧产生 PCDD/Fs 的条件为：燃烧温度低于850℃、炉内燃烧温度不均匀、垃圾不完全燃烧、烟气在炉内停留时间短和金属催化等。由于循环流化床锅炉的燃烧温度一般在 850℃ 以上、燃烧温度稳定且均匀、在炉型的设计上可使烟气在炉内停留时间加长，因此循环流化床燃烧破坏了有毒、有害气体的产生环境，从根本上降低了有害气体的产生量；对于金属催化问题，可通过对垃圾进行燃前分类而避免。可见循环流化床锅炉也是最适合垃圾焚烧处理的一种炉型。

因此，建议国内新建的垃圾焚烧处理厂应采用可直接焚烧原始垃圾的循环流化床锅炉，这样既可减少污染物的排放，又能降低设备投资，减少系统复杂性。

第七章

循环流化床锅炉的启动与运行

循环流化床锅炉因其特有的颗粒循环、气固流动特性，使其结构与链条炉、煤粉炉有较大差别，因此在冷态试验、点火启动及运行调节等方面也有较大不同。例如循环流化床锅炉具有外部分离器、返料系统、布风系统等，因此它的布风特性、流化特性、物料循环特性、燃烧调整和负荷控制特性等都有其独特的一面。循环流化床锅炉在我国投运时间虽然较短，但以其易实现低 SO_x、NO_x 排放和可燃烧劣质燃料等明显优势而得到迅速发展，目前已具有保证锅炉安全、经济运行的成功经验。

本章就循环流化床锅炉独特的一面，介绍与其燃烧系统有关的启动与运行部分，如有关的布风流化特性、点火启动、燃烧运行调节、变工况运行特性及常见问题与处理方法等。与煤粉炉相同的部分，读者可参考煤粉锅炉运行方面的有关知识。

第一节　循环流化床锅炉的冷态试验

循环流化床锅炉在第一次启动之前和检修后，必须进行锅炉本体和有关辅机的冷态试验，以了解各运转机械的性能、布风系统的均匀性及床料的流态化特性等，为热态运行提供必要的数据与依据，保证锅炉顺利点火和安全运行。

冷态试验的内容包括试验前的各项准备工作、风机性能及风量标定、布风均匀性检查、布风系统及料层阻力测定、流化床气体动力特性试验等。

一、冷态试验的准备工作

冷态试验前必须做好充分的准备工作，以保证试验顺利进行。主要准备工作如下：

1. 锅炉部分的检查与准备

将流化床、返料系统和风室内清理干净，不应有安装、检修后的遗留物；布风板上的风帽间无杂物，风帽小眼流畅，安装牢固，高低一致；返料口、落煤口完好无损，放渣管内流畅，返料阀内清洁；水冷壁挂砖完好，防磨材料无脱落现象，绝热和保温填料平整、光洁；人孔门关闭，各风道风门处于所要求的状态。

2. 仪表部分的检查与准备

与试验及运行有关的风量表、压力表及测定布风板阻力和料层阻力的差压计、风室静压表等准备齐全、确定性能完好并安装正确。

3. 炉床底料的准备

炉床底料一般可用燃煤的冷灰渣料或溢流灰渣。床料粒度与正常运行时的粒度大致相同。如果试验用炉床底料也做锅炉启动时的床料，可加入一定量的易燃烟煤细末，还可加入适量的脱硫剂，其中煤的掺加量一般为床料总量的 $5\% \sim 15\%$，使底料的热值控制在一定范围内。其粒度也要保持一定的范围，当选用流化床锅炉的炉渣作床料时，其粒度最好在0～6mm。

4. 试验材料的准备

准备好试验用的各种表格、纸张、笔及仪表用酒精、水或水银等。

5. 锅炉辅机的检查与准备

检查机械内部与连接系统等清洁、完好；地脚螺栓和连接螺栓不得有松动现象；轴承冷却器的冷却水量充足、回水管畅通；润滑系统完好。

6. 阀门及挡板的准备

检查阀门及挡板的开、关方向及在介质流动时的方向；检查其位置、可操作性及灵活性；检查其操作机构、安全机构及附件是否完整。

7. 炉墙严密性检查

检查炉膛、烟道及人孔、测试孔、进出管路等各部位的炉墙完好，确保严密不漏风。

8. 锅炉辅机部分的试运转

锅炉辅机应进行分部试运，试运工作应按规定的试运措施进行。辅机电动机与机械部分应断开，单独试运转，待确定转动方向正确，事故按钮工作正常可靠、合格后方可带动机械部分试转。分部试运中应注意各辅机的出力情况，如给煤量、风量、风压等是否能达到额定参数，检查机械各部位的温度、振动情况，电流指示不得超过规定值，并注意作好记录。

二、送风机性能的测定与风量标定

送风机性能的测定一般包括送风压力、送风速度、风机功率和效率的测定。这里只介绍常用的送风压力和送风速度的测定方法，以及送风量的计算和标定方法，对风机功率和效率感兴趣的读者可参考有关送风机方面的专门资料。

1. 送风压力的测定

送风机的压力一般指全压，即动压 p_d 和静压 p_s 之和。静压 p_s 是管道内气体的压力和周围大气压力之差，它垂直作用于平行气流的管壁上，其值通过平行气流管壁上的孔口来测定。当管道内的气流处于正压状态时，静压为正值，反之则为负值。

动压 p_d 是管道内气体由于流动所具有的能量，它总是作用于气流流动的方向上，即与气流方向一致。

全压 p（Pa）是管道同一截面上动压 p_d 与静压 p_s 之和，即

$$p = p_d + p_s \tag{7-1}$$

送风机前后管道内气流压力测试时的示意如图 7-1。

2. 送风速度的测定

最常用的风速测定方法是首先利用微压计和标准皮托管测定出风管中某一截面上的平均动压值，然后利用相关公式计算出管道内的气流速度和流量。

具体测定时可利用硅胶管或乳胶管将位于皮托管半圆球头部的全压测孔与位于皮托管圆周上的静压测孔所感受到的压力

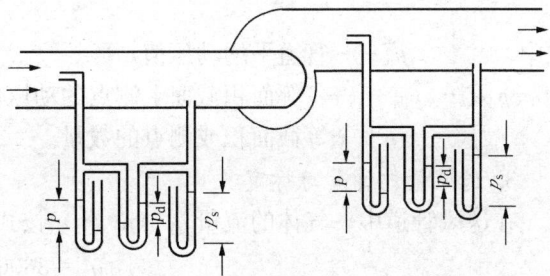

图 7-1 送风机前后管道内气流压力测试示意

p—全压；p_d—动压；p_s—静压

引到一台微压计的"＋"和"－"接点上，在微压计上即可读出该测点的压差，即动压值 p_d。它与风速之间的关系按伯努力方程来确定，即

$$u = \sqrt{\frac{2}{\rho_g} p_d}$$ 　　　　　　(7-2)

式中　u——测点的气体速度，m/s；

　　　p_d——测点气体的动压值，Pa；

　　　ρ_g——气体的密度，kg/m³。

由式（7-2）可知，气流速度值的大小由两个因素决定：气体的动压 p_d 和密度 ρ_g。其中 ρ_g 与气体的种类和所处的工作状态有关，在温度为 0℃、气压为 101325Pa 的标准状态下，空气的密度为 1.293kg/m³；烟气的密度为 1.30～1.34kg/m³（随成分不同而变化）。

对应于工作状态下的气体密度，可按式（7-3）计算，即

$$\rho_g = \rho_{g0} \frac{(p_{st} + p_a) T_0}{T p_0}$$ 　　　　　　(7-3)

式中　ρ_g、ρ_{g0}——工作状态和标准状态下的气体密度，kg/m³；

　p_{st}、p_a、p_0——工作状态下管道静压、当地大气压和标准状态下的气体压力，Pa；

　　　T、T_0——工作状态和标准状态下气体的热力学温度，K。

例如，常压下 20℃时空气的 ρ_g 约为 1.2kg/m³，200℃时烟气的 ρ_g 约为 0.75～0.77kg/m³。

【例 7-1】　已知 $p_d = 10$Pa，计算 20℃时空气速度？

解　将 $p_d = 10$Pa，$\rho_g = 1.2$kg/m³ 代入公式（7-2）则：$u = \sqrt{\frac{2}{1.2} \times 10} = 4.08$(m/s)

由流体力学原理我们知道，当气体所通过的管路非绝对光滑时，测量管路截面上不同点的动压 p_d 是不等的，因而由式（7-2）所得到的气体速度 u 仅仅是对应测点的速度值。为了准确得到测点截面上的气流平均速度，除按标准要求对测点管路上前后直段有严格的规定外，应按规定在测量截面上将管道截面分成若干个面积相等的部分，并近似地认为每一等分面积上的流速都是均匀的，然后在每一个等分面积的代表点上测量其动压值 p_{di}，最后将各测点动压值 p_{di} 的平方根予以平均，求出整个截面上动压 p_d 的平方根值，代入式（7-2）中，即可计算出该截面的平均气流速度。

动压的平方根值用式（7-4）计算，即

$$\sqrt{p_d} = \frac{\sqrt{p_{d1}} + \sqrt{p_{d2}} + \cdots + \sqrt{p_{dn}}}{n}$$ 　　　　　　(7-4)

式中　　　　　p_d——管道平均动压值，Pa；

　p_{d1}、p_{d2}、…、p_{dn}——各等面积截面上测点的动压值，Pa；

　　　　　　n——等截面积或测点的数量。

3. 送风量的计算与标定

在送风管道中，气体的流量 q_V（m³/h）按式（7-5）计算，即

$$q_V = 3600 \bar{u} A$$ 　　　　　　(7-5)

式中　q_V——气体流量，m³/h；

　　　$\bar{u}$——管道内测点截面上的平均气体速度，m/s；

A——测点处的管道截面积，m^2。

当通过公式（7-2）的方法测得 $\bar{u}$ 后，由管道截面积可以很方便地计算出气体流量 q_V。

实际运行中，人们总是希望随时了解送入炉内的一、二次风量，而测量风量的一次元件一般为笛形管，因笛形管的制作很难满足测量精度的要求，故需用标准皮托管对其进行标定。标定时，分别将标准皮托管和使用的笛形管插入开有测孔的管道中，在完全相同的工况下测量流体的动压，然后将他们的平均动压均方根值进行比较，得出该笛形管的动压修正系数 K。今后再用笛形管测量风道内的气流速度时可按式（7-6）计算，即

$$\bar{u} = K\sqrt{\frac{2}{\rho}p_v} \tag{7-6}$$

式中　K——笛形管的动压修正系数；

　　　p_v——笛形管的平均动压值，Pa。

当求出风道中的气流速度后，再按公式（7-5）计算出风道中的风量。

三、布风均匀性检查

布风板布风均匀与否是循环流化床锅炉能否正常运行的关键。布风的均匀性直接影响着料层的阻力特性及运行中流化质量的好坏，流化不均匀时床内会出现局部死区，进而引起温度场的不均匀，以致引起结渣。

目前在大、中型循环流化床锅炉中检查布风均匀性时，首先是在布风板上铺上一定厚度的料层（常取 300~400mm），依次开启引风机、送风机，然后逐渐加大风量，并注意观察料层表面是否同时开始均匀地冒小气泡，并慢慢开大风门。试验中要特别注意哪些地方的床料先动起来，对于床料不动的地方可用火钩去探测一下其松动情况。然后继续开大风门，等待床料大部分都流化时，观察是否还有不动的死区。所有那些出现小气泡较晚、松动情况较差，甚至多数床料都已流化时该处床料仍不松动的地方，都是布风不良的地方。这时应注意检查此处床料下是否有杂物或风帽是否堵塞，查明原因后及时处理并使其恢复正常。

待床料充分流化起来后，维持流化 1~2min，再迅速关闭鼓风机、引风机，同时关闭风室风门，观察料层情况。若床内料层表面平整，说明布风基本均匀。如床层高低不平，则料层厚的地方表明风量较小，料层低洼的地方表明风量偏大。发现这种情况时，需检查一下风帽小眼是否被堵塞或布风板局部地方是否有漏风。一般来说，只要布风板设计、安装合理，床料配制均匀，会出现良好的流化状态，床层也会比较平整。当然即使通过冷态试验检查认为布风已经均匀后，在锅炉点火启动时还要特别注意床内流化不太理想的地方，以免引起结焦。

四、流化床空气动力特性试验

流化床锅炉空气动力特性试验，包括布风板阻力和料层阻力测定和绘制有关特性曲线，并确定临界流化风量（或风速），进而确定热态运行时的最小风量（或风速）。

1. 布风板阻力特性试验

布风板阻力是指布风板上无床料时的空板阻力。它是由风帽进口端的局部阻力、风帽通道的摩擦阻力及风帽小孔处的出口阻力组成的，前两项阻力之和约占布风板阻力的几十分之一，因而布风板阻力主要是由风帽小孔的出口阻力决定的。如在缺乏试验数据情况下需计算通风阻力时，布风板阻力 Δp（Pa）可由式（7-7）近似确定，即

$$\Delta p = \zeta \frac{\rho_g u_{or}^2}{2} \tag{7-7}$$

式中　u_{or}——风帽小孔风速，根据总风量和风帽小孔面积计算，m/s；

　　　ζ——风帽阻力系数，由锅炉制造厂或风帽制造厂家提供；

　　　ρ_g——气体密度，kg/m³。

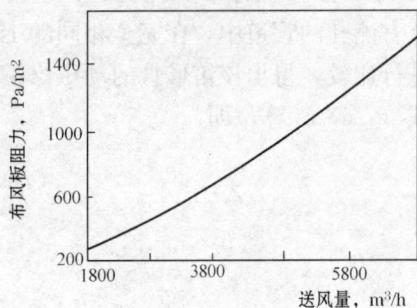

图 7-2　布风板阻力特性曲线

测定布风板阻力时布风板上应无任何床料，一次风道的挡板全部开放（一般留送风机出口挡板作调整用）。启动送风机、引风机，并逐渐开大风门，平滑地改变送风量，同时调整引风量，使二次风口处（或炉膛下部测压点处）负压保持为零，此时风室静压计上读出的风压值即可认为是布风板的阻力值。测量时应缓慢、平稳地开启挡板，增加风量，一直到挡板全部开足。挡板从全关到全开，再从全开到全关，选择若干个挡板开度进行测量（一般可选每 500m³/h 风量记录一次数据）。每次读数时，要把风量和风室静压的对应数值都记录下来。把上行和下行两次试验的数据进行整理，取两次测量的平均值作为布风板阻力的最后值，在平面直角坐标系中绘制出布风板阻力与风量关系曲线，如图 7-2 所示。

2. 料层阻力特性试验

料层阻力是指气体通过布风板上料层时的压力损失。当布风板阻力特性试验完成后，在布风板上铺上要求粒度的床料（选用流化床锅炉炉渣时一般粒度为 0～6mm，有时也可选用粒度为 0～3mm 的黄砂）作料层，其厚度 H 可根据具体要求而定。一般需要做三个或三个以上不同料层厚度的试验，试验可从低料层做到高料层，也可以反方向进行。试验用的床料要干燥，不能潮湿，否则会给试验结果带来很大误差。床料铺好后，将表面整平，用标尺量出其准确厚度，然后关好炉门，开始试验。

测定料层阻力和测定布风板阻力的方法相同，调整送、引风机风量使二次风口处（或炉膛下部测压点处）负压保持为零，测定不同风量下的风室静压。以后逐渐改变料层厚度，重复测量风量—风室静压关系。料层阻力等于风室静压减去布风板阻力，但阻力数值都应当是对应于同一风量所测得的数值。根据以上两个试验测定的结果，就可以得到不同料层厚度下料层阻力与风量之间的关系。也可以绘制出料层阻力—风量或风速关系曲线，如图 7-3 所示。实际工作中料层阻力也可从表 7-1 中近似查取。正

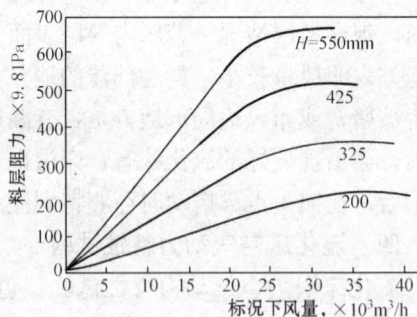

图 7-3　料层阻力特性曲线

在运行的锅炉，当已知燃用煤种、风室压力和同一风量时的布风板阻力时，通过表 7-1 和图 7-3 来估算料层厚度是很有用的。

表 7-1　　　　　　　　　　　　　料层阻力近似值

名　　称	每 100mm 厚的料层相应阻力（Pa）	名　　称	每 100mm 厚的料层相应阻力（Pa）
褐煤炉料	500～600	无烟煤炉料	850～900
烟煤炉料	700～750	煤矸石炉料	1000～1100

3. 临界流化风速及运行最小风速的确定

床层从固定状态转化到流化状态时的空气流量，称临界流化流量 Q_{mf}；由此风量并按布风板面积计算成空气流速，称临界流化风速 u_m。

由于在宽筛分物料的料层阻力特性曲线上，不存在明显的拐点（临界流化风速点），因此，对于宽筛分物料的临界流化风速，一般是用对应流态化与固定床的两条特性线切线的交点来确定的，如图 7-4 中的 u_{mf} 即为临界流化风速。

有一点必须注意，由于锅炉冷态和热态两种工况下炉内温度差别很大，所以其临界流化风速也有很大差别。由例 2-1 可知，热态运行时的临界流化风速比冷态时高约 1.8 倍，换言之，热态时所需风量仅为冷态时的 $52\% \sim 45\%$ 就可达到同样的流态化效果。

在选择宽筛分物料的流化速度时，最好不要以临界流化速度为基准，因为对于宽筛分物料，其大小粒度相差较大，在临界流化速度下，虽然小颗粒已经流化，但大颗粒并

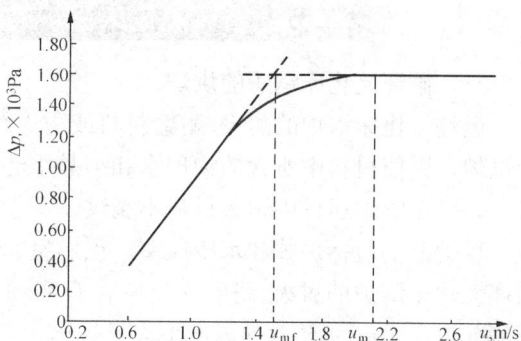

图 7-4　宽筛分河砂流化特性曲线

未流化，从而造成床层中固定床和流化床共存，如图 7-4 所示，曲线存在一个过渡区，直至大颗粒也完全流化时，整个料层才进入流化状态。过渡区和流化区的交点所对应的速度叫最低允许流化速度，用 u_m 表示。选择运行风速时，最好以最低允许流化速度 u_m 为基准，u_m 一般由试验确定。

确定最低允许流化速度 u_m 之后，为保证宽筛分物料的良好流化，其流化速度必须大于 u_m。对于鼓泡床或湍流床来说，为避免过大的扬析夹带，其流化速度不宜选得过大，一般推荐在额定负荷下的流化速度约为临界流化风速的 $1.5 \sim 2$ 倍。而对于快速床来说，在额定负荷下其流化风速要比临界流化风速大很多，只是在低负荷时，炉子过渡到鼓泡运行状态，其流化速度不太大，因此这时要特别注意最低流化风速的限制，否则床内会因流化不良出现结焦现象。

五、物料循环系统输送性能试验

物料循环系统如图 7-5 所示。该系统的输送性能试验主要是指返料装置的输送特性试验。返料器的结构不同，其输送特性也不一样。下面以常用的非机械式流化密封阀（U 型阀返料器）为例，说明其冷态试验情况。

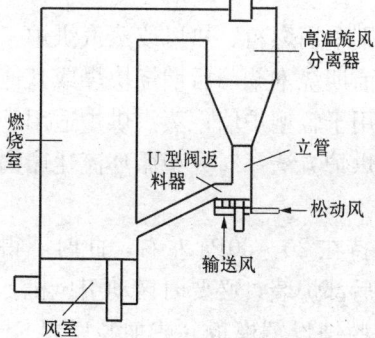

图 7-5　物料循环系统

在返料器的立管上设置一供试验用加灰漏斗，试验前将 $0 \sim 1mm$ 的细灰由此加入，并首先使细灰充满返料器，以保持与实际运行工况基本相同。试验时，缓慢开启送风门，密切注视床内的下灰口。当观察到下灰口处有少许细灰流出时，说明返料器已开始工作，记下此时的输送风量（启动风量）、风室静压、各风门开度等参数。然后可继续开大风门并不断加入细灰，继续记录相关参数，当送灰风量约占总风量的 1% 时，此时的送灰量已很大。试验中一般可采用计算时间和对输送灰量进

行称重的方法求出单位时间内的送风量、气固输送比等。试验中应注意连续加入细灰量以维持立管中料柱的高度，并保持试验前后料柱高度，这样试验中加入的细灰量即为该时间内送入炉内的固体物料量。

通过该系统输送性能的冷态试验，可以了解返料器的启动风量、工作范围、风门的调节性能及气固输送比，这对热态运行具有重要的指导意义。

第二节　循环流化床锅炉的烘炉、点火启动与停运

一、循环流化床锅炉的烘炉

循环流化床锅炉的耐火/耐磨材料或耐火/耐磨浇注料施工完毕后，在第一次使用前应进行烘炉，以使材料中所含的物理水和结晶水逐步排出，并使其体积、性能达到使用时的稳定状态，确保锅炉运行中耐火材料不裂纹、不剥落。

烘炉范围包括炉膛和水冷风室、预燃室、旋风分离器与料腿、返料器、冷渣器等。由于循环流化床锅炉的耐火/耐磨材料中含有物理水和结晶水两种水分，它们的析出温度不同，一般前者在 $100\sim150℃$ 的温度下大量排出，后者多在 $300\sim400℃$ 时析出，因此烘炉需要采用一定的升温速率并在不同的温度下保温一定时间。

1. 烘炉过程

通常烘炉过程应由耐火/耐磨材料生产单位或锅炉制造单位根据材料的性能要求具体提出，轻型炉墙的烘炉过程简单、时间较短（一般在 1 周以内）；重型炉墙的烘炉过程复杂、时间较长（经常在 2 周以上）。在循环流化床锅炉中重型炉墙、绝热旋风分离器等的烘炉过程应特别引起重视。一般烘炉中应使其升温速率、保温温度与可能产生的脱水及其他物相变化、变形相适应。烘炉过程大致分为三个阶段：根据水分排出规律在约 $150℃$ 和 $350℃$ 两个阶段进行低温恒温烘炉，再在 $550\sim600℃$ 下进行高温烘炉。其中第一阶段主要是为了排出物理水或游离水，最初升温速率可控制在 $10\sim20℃/h$ 之间，$100℃$ 后控制升温速度在 $5\sim10℃/h$ 之间，当温度在 $110\sim150℃$ 之间时，恒温保温一定时间（如重型炉墙、绝热旋风分离器等在几十至近百小时）；第二阶段主要是为了析出结晶水，升温时控制升温速率在 $15\sim25℃/h$ 之间，在 $300℃$ 后控制升温速度在 $15℃/h$ 左右并在约 $350℃$ 温度下保温一定时间；第三阶段为均热阶段，控制一定的升温速度并在 $550℃$ 温度下保温一定时间，然后再升温至工作温度。

2. 烘炉方法

烘炉应根据现场具体情况（设备条件及经济比较）分别采用燃料、热风或蒸汽烘炉三种方法进行。燃料烘炉时一般采用木柴作燃料，有时也采用前期烧木柴、后期烧块煤或其他燃料的方法。燃料烘炉适用于各种类型的炉墙；热风烘炉适用于轻型炉墙；蒸汽烘炉适用于具有水冷壁的锅炉。对中小型循环流化床锅炉一般采用燃料烘炉方法，对大型循环流化床锅炉经常采用两种或三种方法烘炉。

对于燃料烘炉，开始时可采用自然通风，炉膛负压保持在 $20\sim30Pa$ 左右，此时不得用烈火烘烤；以后可加强燃烧，提高炉膛负压，以烘干锅炉后部炉墙，必要时启动引风机。注意烘炉前应在准备投木柴的部位增加临时保护设施，如炉膛铺设钢模板（或加装底料），以保护风帽和布风板。当采用辅助蒸汽烘炉时，邻炉产生的辅助蒸汽可分两路引至锅炉，一路

通过给水旁路引至省煤器等处，另一路通过水冷壁联箱的排污门引至水冷壁管、水冷风室水管等处，通汽初期应注意管道疏水，某锅炉用辅助蒸汽烘炉流程如图 7-6。对辅助蒸汽不能通过的冷渣器、水冷风室、预燃室、旋风筒、返料器等处，一般也应通过人孔门投木柴进行烘炉；在不便投木柴的地方，可用槽钢做一长度合适的导流槽把木柴引至燃烧点，或通过小型燃烧器、预燃室等把合适温度的其他气体直接引入具体烘炉部位；热风烘炉时，烘炉初期稍开出灰门及锅炉上部炉门，保持炉膛为 10～20Pa 的正压，后期开启烟道挡板，保持炉膛负压为 20～30Pa，以烘干后部炉墙，烘炉温度可根据过热器后热风温度进行控制，末期烘炉温度应达到 100℃。

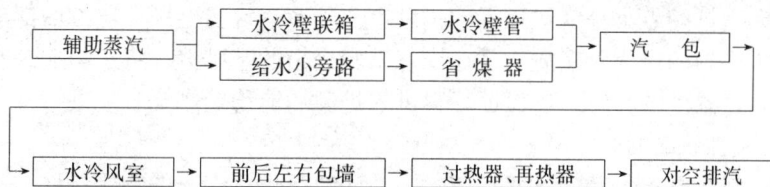

图 7-6 邻炉烘炉蒸汽引入流程

第一阶段烘炉可采用燃料法或蒸汽法，第二阶段烘炉常采用燃料法，如在第一阶段采用蒸汽法烘炉时，该阶段完成后，可向水冷风室、冷渣器、返料器人孔门及预燃室投木柴，开大引风机挡板提升风温至 350℃，进行第二阶段恒温烘炉。

第二阶段烘炉结束后，可用烧火棍拨动木柴尽量使其燃尽，全开各处人孔进行锅炉自然降温，等温度降至常温时，清理炉灰和铁块、铁钉等杂物，并派人检查各处炉墙，如出现耐火或耐磨浇注料开裂或脱落，应采取补救措施，且分析原因防治问题再次出现。

第三阶段烘炉在炉膛、冷渣器、返料器流化试验完成后进行，一般是和吹管同时进行的。第三阶段烘炉可以点燃启动燃烧器油枪进行升温、恒温，根据油枪雾化试验结果，先采用可行的较小油量进行低负荷点火升温，比如在 150℃前控制升温速度在 10～20℃/h，以后控制升温速度在 15～25℃/h；注意监视燃烧器出口烟气温度不要高于 600℃；当床温升至 450℃左右时，最好由给煤机低转速断续往炉膛内投入 0～8mm 的烟煤，加入适量风量，维持炉膛中部温度在 700℃左右，上部控制在 450～500℃左右，尾部水平烟道在 300～400℃左右，如果床温不容易控制，也可投入床上油枪辅助维持烘炉温度。

烘炉期间，为保证双层衬里耐火材料的水分正常排出，需在外部开排汽孔以保证内衬中水分正常排出；另应注意观察有关排汽孔的水蒸气排出情况，当第一阶段烘炉 30h 后，可在各排汽孔处取样进行水分化验，若水分含量低于 3%，可进入第二阶段烘炉。第二阶段烘炉结束时，耐火混凝土水分含量应低于 1%，产生的裂纹应小于 3mm。

3. 烘炉时的注意事项

(1) 烘炉时应特别注意控制升温速率和恒温温度，温度偏差应符合要求，一般应保持在 ±20℃ 以内。

(2) 烘炉投油时应按《锅炉运行规程》进行操作，注意控制燃烧器出口温度不高于规定值（如 600℃）。

(3) 烘炉应连续进行，每 1～2h 分别记录炉膛温度、燃烧器温度、旋风分离器出口烟气温度、冷渣器等处烟气温度，注意观察锅炉膨胀情况，并记录锅炉各部位的膨胀值，不得有裂纹或凹凸等缺陷，如发现异常应及时采取补救措施。

（4）烘炉人员应严格控制烘炉温度，如发现温度偏离要求值，应及时通过增减木材、调整风量或调节油压来进行调整。

（5）烘炉过程中应经常检查炉墙情况，防止出现异常。

（6）第三阶段烘炉中可根据炉温情况适当投煤控制温度。

（7）利用蒸汽烘炉时，应连续均匀供汽，不得间断。

（8）重型炉墙烘炉时，应在锅炉上部耐火砖与红砖的间隙处开设临时湿气排出孔。

二、循环流化床锅炉的点火

循环流化床锅炉的点火是锅炉运行的一个重要环节。许多电厂在这方面都积累了大量经验。循环流化床锅炉的点火，实质上是在冷态试验合格的基础上，将床料加热升温，使之从冷态达到正常运行温度的状态，以保证燃料进入炉膛后能稳定燃烧。

（一）点火底料的配制

配制点火底料是点火过程的重要环节。因为底料是进行点火的物质条件，预热时间、配风大小、给煤时机等操作都是以此为依据的，底料不同操作方式就要随之改变。一般底料是根据煤的发热量、按一定比例与炉渣配制而成。

底料颗粒的大小及均匀性直接影响着点火的难易、成败和经济性的好坏。如果底料颗粒太粗，点火启动时就需要较大的风量才能使底料流化起来，这时较多的点火热量会被风量带走，使底料升温困难，加热时间过长。若底料颗粒太细，大量的细小颗粒在启动中会被烟气带走，使料层减薄造成局部吹穿，点火过程控制困难，易造成结焦。试验结果表明：$0\sim$13mm 点火底料所需要的临界流化风量是 $0\sim8$mm 点火底料的二倍以上。实际应用中底料颗粒一般要求在 8mm 以下，如有条件达到 6mm 以下更好。另外，底料中大小颗粒的分布要适当，既要有小颗粒（小于 1mm）作为初期的点火源，又要有大颗粒（大于 6mm）作为后期维持床温之用。但大颗粒的比例超过 10% 时将不利于初期点火，且容易出现床内结焦，表 7-2 示出点火筛分底料的推荐值。

表 7-2 　　　　　　　　　　　　　点火筛分底料推荐值

筛分范围（mm）	5 以上	2.5～5	1～2.5	0.5～1	0.5 以下
底料筛分比（%）	5～15	12～25	25～35	15～25	5～15

底料热值的高低对流化床的点火也将产生影响，底料热值太高会使床温升速太快，温度控制不住造成高温结焦。底料热值太低会使床温升速太慢，温度上升太慢或无法上升，导致点燃失败。一般底料中引燃物（如精煤）的比例在 10%～20% 左右，并视其发热量而定，配好的点火底料热值可控制在 $4800\sim6300$kJ/kg 之间。

点火底料的静止高度不宜过高过低，料层过高，会使加热时间延长，易造成加热不均；料层过低会发生吹穿、使布风不均而结焦，并使爆燃期的给煤配风不易掌握。一般选择静止料层高度在 $350\sim500$mm 之间较为合适。此外，要保持点火底料的干燥，使其水分含量尽可能小，以利于点燃。

（二）点火方式

对床中的点火底料加热首先需要外来热量，该外来热量是由点火装置提供的。加热底料的基本方法有：用木柴或木炭加热；用油燃烧器加热；用燃气喷嘴加热和用高温烟气进行加热等。下面就常用的几种基本点火方式和应用方法予以介绍。

1. 固定床点火技术

在小型流化床锅炉的点火方式中普遍采用表面加热固定床料的方法。此法简单易行，不需要外加点火系统。

点火前，用木柴或木炭在料层表面燃烧，加入木柴的多少及燃烧的时间视具体情况而定。对于新投运的锅炉和操作技术不够熟练的公司人员，应燃用多一点的木柴或木炭，使炭火层厚一点，反之可相应少一点。一般是燃烧木柴或木炭使已燃表面的炭火层达 $100\sim150mm$ 时，便可扒出未燃尽的木料，平整炭火层表面，然后向炉内炭火层表面投撒少许引火烟煤。启动送、引风机，微开调节风门，向炉内送入少量空气。这时炭火层膨胀，表面的引火烟煤开始着火燃烧，发出蓝色的火焰。此时可用钩子轻轻松动炭火层表面，根据火势逐渐加大风量，并不断向炉内抛撒烟煤，使床内温度不断上升，并逐渐过渡到流态化燃烧状态。当温度达到 $800℃$ 左右时，启动给煤机，向炉内慢慢送煤。此时可逐渐减少人工投撒的引火烟煤直至停止，并关闭点火炉门，调整给煤机转速，当流化床床层温度维持在 $850\sim950℃$ 时，点火成功。

2. 燃油流态化点火技术

对于容量较大的循环流化床锅炉，一般不用木柴点火，而是采用点火油枪在床内加热床料的点火方式，整个床料在流态化状态加热并完成点火过程。

点火油枪的容量视锅炉容量的大小而定，在设计时一般要考虑留有足够的余量。如果用床上油点火时，因为大部分热量会被流化气体带走，这种加热床料的方式其热量仅有 20% 左右的利用率。

为节省点火用油、缩短点火时间，流态化点火时常在底料中加入一定数量的烟煤，且底料的粒度也应比较小（可取 $0\sim5mm$）。如床料太粗，则需要较大的风量才能流化，这显然会增加点火的时间和燃油的耗量。

在流态化油点火过程中，首先启动送、引风机，并逐渐开大送风门，使料层处于临界流化状态。然后引燃点火油枪，调节油枪油压、燃油风量及油枪火焰，使之具有较大的加热容积，一般应使其覆盖火床面积的 $2/3$ 以上。同时，油枪火焰与床料间应有一定的倾角（可向下倾斜 $8°$ 左右），使之均匀而稳定地加热床料。

当床温达到约 $650℃$ 时，即可向床内少量进煤。随着床温的逐渐升高，进煤量也相应增加，同时可慢慢减小点火油枪的燃油量。当床温达 $900℃$ 左右时，可停运点火油枪，调整给煤、送风，使之在正常工况下稳定运行。

3. 热烟气流态化点火技术

热烟气加热床料流态化点火是目前应用较好的点火方式，已得到大力推广。下面以热烟气床下点火为例，对该点火方式进行介绍。

在主风道旁增加一个小型燃油热烟气发生器，经它产生的热烟气，从床下送入，并使床料处于流化状态，将床料加热点火。热风炉产生热烟气的点火系统如图 7-7 所示。

该系统主要由油箱、油泵、电弧点火器、热

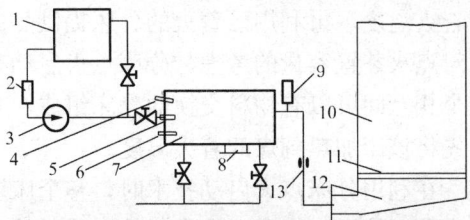

图 7-7　循环流化床锅炉热烟气点火系统

1—油箱；2—油过滤器；3—油泵；4—电弧点火器；
5—油燃烧器；6—窥视孔；7—热风炉；8—人孔门；
9—热电偶；10—循环流化床燃烧室；11—布风板；
12—等压风室；13—风量计

风炉本体、油燃烧器及阀门、管路等组成。点火燃料用柴油。油燃烧器的最大燃油量约为500kg/h。热风炉外形尺寸为φ1200、长为2000mm。热风炉本体上装有看火孔及人孔门。管路上装有热电偶和笛形管流量计，以测量热风温度和流量。

热风炉产生的高温烟气通过风道、风室、布风板及风帽等，送入流化的床料中，由于烟气温度较高，所以在相关设计时应充分考虑上述部件的受热、高温下的强度、膨胀等问题。特别是布风板，因其面积较大，且承受着风帽、耐火层及床料的重量，上下受热工作条件较差，更应仔细考虑其支撑、膨胀以及耐高温等问题。

采用燃油热烟气发生器点火时，首先启动一次风机，全关总风门及点火调节风门，而旁路风门全开。启动油泵，待油压达到约2.0MPa时，即准备点火，打开进入燃烧器前的调油阀门，立即按下电弧点火器的启动按钮，这时从看火孔的视镜中若能看到桔红色的火焰，说明油燃烧器已经点燃。如看不到火焰，应立即关闭调油阀门，开大点火调节风门，清扫热风炉内的油雾，同时检查油路系统和电弧点火器，分析、找出不能正确点火的原因，并及时处理。待3~5min后，热风炉的油雾基本清扫干净时，再按上述操作重新点火。油燃烧器点着后，逐渐加大总风门和点火调节风门，密切注视热风炉的燃烧状况、排出的热风温度和风室压力的变化，并逐渐加大风量使床料进入流化状态，以均匀加热床料。同时还要调整燃烧器的给油量和风量，使热风炉内燃烧良好，以防热风炉被烧坏，并使排出的热风温度逐渐满足床料点火的要求。

热风温度的高低随燃用煤种的不同而差别较大。如燃用褐煤时，热风温度控制在600℃左右已足够；燃用低挥发分的无烟煤时，则应把温度控制得高一些。当床料加热到800℃左右时，即可向床内投煤，煤量逐渐增加，这时应注意控制温升速度，并可适当减小热风量。当床温上升到930℃左右且较稳定后，即可停止油燃烧器的运行，进一步调整给煤量，使燃烧投入正常运行。

采用热烟气加热床料点火技术，安全方便。因为床料在流态化状态下加热，迅速而均匀，可以很快地将床温提升到着火的温度，从而有效利用了热风的热量，降低了点火能耗，缩短了点火时间，特别是提高了点火的成功率，基本上100%成功。另外还减少了点火过程中的紧张与劳累。热风炉流态化点火方式为循环流化床锅炉点火自动化和大型循环流化床锅炉点火打下了良好的基础。

4. 分床点火启动技术

分床点火启动技术是大型化的需要。对大容量的循环流化床锅炉，由于床层面积很大，因而在点火启动时直接加热整个床层较为困难。分床点火启动是先将部分床面（床料）加热至着火温度，再利用已着火的分床提供热源来加热其余的床面。从点火启动速度和成功率以及对点火装置容量的考虑，分床点火启动都是必要的。在采用这种方法时，床面被设计成由几个相互间可以有物料交换的分床组成，其中某个分床作为点火启动床，在实际启动过程中首先将该床加热到煤的着火温度。

在利用分床点火启动技术时，整个床层的分床点火启动则依赖于几种关键的技术。它们是床移动技术、床翻滚技术和热床传递技术。

床移动技术是将冷床的风量调节到稍高于临界流化所需的风量水平上，待点火分床点火（一般是利用油枪通过燃油加热）后，使已着火的热床料缓缓移动到冷床。当冷床全部流化后，可慢慢给煤，并逐渐将其床温调整到正常运行工况。这种床移动技术的优点是热料与冷料间的混和速度较慢，因而启动区可以较小，而不至于使点火分床受到急速降温并导致熄火。

床翻滚技术是利用流化床内的强烈物料混和，在点火启动区数次进行短时流化而使床温均匀。这种方法可用来较快地提高整个床温，同时避免局部超温结焦。因为床上油枪加热床料相对困难，因此在床料中往往混入精煤，使床料平均含碳量在 5% 左右，加热时的静止床高约为 400mm。

热床传递技术的实现过程是：点火启动床的静止床高取 1000mm 左右，冷床静止床高约为 200mm，从而在两床之间建立一个较大的床料高度差。首先将点火启动床的温度在流化状态下提高到 850℃ 左右，并使冷床处于临界流化状态，接着将冷热床之间的料闸（如滑动门）打开，使热床床料流向冷床。注意，这时冷床的风量不要太大，以免热料进入时被吹灭。一般地，滑动门的流通截面积约为最大分床面积的 0.5%～2%，就可满足热料传递的需要，此时，只需不到 2min 时间就可以使冷热床面持平。

（三）循环流化床锅炉的点火与投煤

1. 点火时需注意的几个问题

（1）设计上需注意的问题：要有均匀的布风装置、灵活的风量调节手段、可靠的给煤机构、适当的受热面和边角结构设计，并具有可靠的温度和压力监测手段。

（2）配风、给煤和停油中需注意的问题：配风对点火十分重要。底料加热和开始着火时，风量应较小，只要保证微流化即可。床温达到 600～700℃ 左右时可加入少量精煤，760～800℃ 时可逐渐增加给煤、慢慢关闭油枪，一般床温达到 800℃ 时，可考虑正常给煤，同时注意灵活调节风量以防超温。在点火过程中，炉膛出口的氧浓度监视是极为重要的，氧浓度比床温更能及时准确地反映点火过程后期床内的实际情况。

（3）床料调整中需注意的问题：注意保持床层流化质量和床高。为此，除适当配风外，无论是全床还是分床点火方式，加热过程中都应以短暂流化或钩火方法使床层加热均匀，防止低温结焦。短暂流化（又称松动或翻滚），一般需多次重复。另外在开始投煤后，应注意及时放渣。

（4）投返料时需注意的问题：锅炉点火稳定一段时间后，即可启动返料装置，逐步增大返料量，并投入二次风。由于锅炉点火中对风量调节要求较高，影响因素也很多，调节相对困难，适时投入返料往往能更好地控制床温。但要注意返料量不能增加太快，因为点火时突然加入大量返料容易造成熄火。

2. 点火升温过程

点火中的升温过程、升温速度对循环流化床锅炉的顺利启动，以及对其耐火耐磨内衬都有重要影响，因此，点火中一定要控制升温曲线以保证锅炉安全成功启动，下面给出点火升温过程的几个温度值、升温速率值和保温时间值供大家参考：

（1）以 25～35℃/h 的速率从室温加热到 130℃。

（2）以 50℃/h 的速率加热到 300℃，保温 6h。

（3）再以 50℃/h 的速率加热到 500℃，保温 2h。

（4）以 50℃/h 的速率加热到 670℃，保温 4h。

（5）以 50℃/h 的速率加热到流化床锅炉正常运行温度，如 850～900℃。

其点火升温过程曲线如图 7-8 所示。

3. 投煤操作

达到投煤温度之后，可启动一台给煤机，给煤量约为锅炉额定给煤量的 10%。投煤 90s

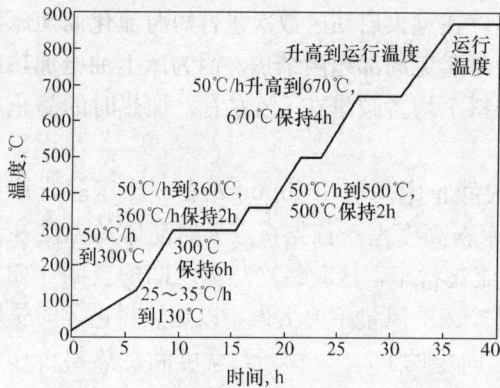

图 7-8 循环流化床锅炉点火温控曲线

后，停止 3min，这时应观察两个指标：一是床温变化率是否为 +2～+5℃/min；二是燃烧室出口氧量是否有所下降。如果这两个指标均满足要求，表明加入的煤已经着火。按此法断续投煤三次，床温应上升约 20～30℃，出口氧量下降为 2%～3%，这时给煤系统就可转为连续运行。然后根据锅炉启动温升曲线投其他给煤机。与此同时，由于床料增加，风室压力明显增加，燃烧室中、上部压力由负值转为正值。当床温达到 800℃ 左右时，可切除油枪。

图 7-9 给出了锅炉投煤温度随燃煤挥发分的变化曲线。一条是国外公司的推荐值，另一条是我国已投运的几台循环流化床锅炉上的实测值。可以看出，两条曲线的趋势是一致的，但具体值有一定差距。国外公司将投煤温度定得较高，以确保有足够的点火能量支持，投入给煤机后就能连续给煤运行，这样的操作较简单、安全，但点火耗油较大。国内是将投煤温度定得较低，通过数次断续给煤，视点火方式而不断升高床温，然后转入连续给煤，这种点

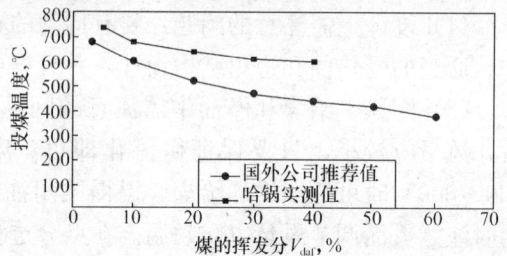

图 7-9 投煤温度与煤挥发分的关系

火方式不仅可减小点火设备的容量，还可节省点火用油。

三、循环流化床锅炉的启动

根据启动前设备及内部工质的初始状态，可把循环流化床锅炉的启动分为冷态启动、温态启动和热态启动三种。冷态启动是指启动前设备及内部工质的初始温度与环境温度相同时的启动；温态启动和热态启动分别是指床温在 600℃ 以内和 600℃ 以上时对锅炉进行的启动。

1. 循环流化床锅炉的启动步骤

循环流化床锅炉的冷态启动一般包括：①启动前的检查和准备；②锅炉上水；③锅炉点火；④锅炉升压；⑤锅炉并列几个方面。大致步骤可简述如下（以某台床上油枪点火的 220t/h 循环流化床锅炉为例）：

（1）检查并确认各有关阀门均处于正确的开关状态。

（2）检查并确认风机风门、进总风箱的风门、二次风门、返料装置风门等处于关闭状态。

（3）确认锅炉各种门孔、锁气装置严密关闭。

（4）检查并确认控制检测仪表、各机械转动装置和点火装置均处于良好状态。

（5）煤仓上煤，化验锅水品质，电气设备送电，给水管送水，关闭所有的水侧疏水阀门，开启汽包和过热器所有排气阀，将过热器、再热器管组及主蒸汽管道中的凝结水排出。

（6）确认给水温度与汽包金属壁温相差不超过 110℃，经省煤器向锅炉缓慢上水，至水位计负 50～100mm 处停止；若汽包里已有水，则应验证水位显示的真实性。

（7）将配好的底料搅拌均匀后填入流化床，底料静止高度 400～500mm，启动引风机和送风机，并逐渐增大风量使床层充分流化几分钟后关闭送、引风机，以备点火。

（8）启动送、引风机（投入连锁）并缓慢增大风量，使床层达到确定的流化状态（如微流化状态），其他风机（如二次风机、返料风机）的开启视具体情况而定。

（9）启动点火油泵，调整油压后进行点火，并调整油枪火焰。

（10）待底料预热到 400～500℃时，可缓慢增大风量使床层达到稳定流化状态，确保底料温度平稳上升。

（11）当底料温度达到 600～700℃时可往炉内投入少量的引燃煤，适当增大风量使床层充分流化。

（12）当床温达 800℃左右时，启动给煤机少量给煤，并视床温变化情况适当调整风量和给煤量。给煤开始 5min 后停运，监视床温应先下降而后上升，应确认炉膛氧浓度值在下降，给煤 90s 后炉温应逐渐上升，否则表明给煤没有着火，应立即停止给煤，并进行吹扫。在这一过程中，之所以要在给煤开始 90s 后读数，是因为给煤入炉后将出现很短的吸热阶段，所以床温才会出现先略降低，然后重新上升的现象。

（13）调整投煤量和风量逐渐使床温稳定在适宜的水平上（如 850～900℃）。

（14）投入二次风和返料系统，并逐步增加返料量，稳定工况。

（15）锅炉缓慢升压，并监视床温、蒸汽温度和炉体膨胀情况，保证水位指示真实，水位正常。

（16）当汽包压力上升至额定压力的 50％左右时，应对锅炉机组进行全面检查；如发现不正常情况应停止升压，待故障排除后再继续升压。

（17）检查并确认各安全阀处于良好的工作状态，并进行动作试验。

（18）对蒸汽母管进行暖管，暖管时间对冷态启动不少于 2h，对温态启动和热态启动一般为 30～60min。

（19）锅炉并列前应确认：蒸汽温度和压力符合并炉条件且符合汽轮机进汽要求，蒸汽品质合格，汽包水位约为 -50mm。

（20）锅炉并列，注意保持汽温、汽压和汽包水位；如发现蒸汽参数异常或蒸汽管道有水冲击现象，则应立即停止并列，加强疏水，待情况正常后重新并列。

（21）关闭省煤器与汽包间的再循环阀，使给水直接通过省煤器。

温态启动的基本步骤是：炉膛吹扫后，启动点火预燃器，按正常燃烧方式加热床层，检查床温；当床温达到 600～700℃时，可开始给煤、调风，使床温逐渐达到稳定状态，并逐步进行升压、暖管和并列等，自点火起各有关步骤与冷态启动时相同。

热态启动比较方便，启动引、送风机后，在很多情况下可以直接给煤来提高床温和汽温。为了不使炉温进一步下跌，所有启动步骤都应越快越好。热态启动一般只需要 1～2h，就可达到稳定运行状态。

2. 影响循环流化床锅炉启动速度的因素

影响循环流化床锅炉启动速度的主要因素有床层的升温速度、汽包等受压部件金属壁温的上升速度，以及炉膛和分离器耐火材料的升温速度。只有缓慢地加热才能使汽包的金属壁和炉内耐火层避免出现过大的热应力。有研究表明，上述因素中汽包金属壁温的上升速度最为关键。因为过高的汽包金属壁升温速度是导致应力急增、影响锅炉安全运行的主要原因。

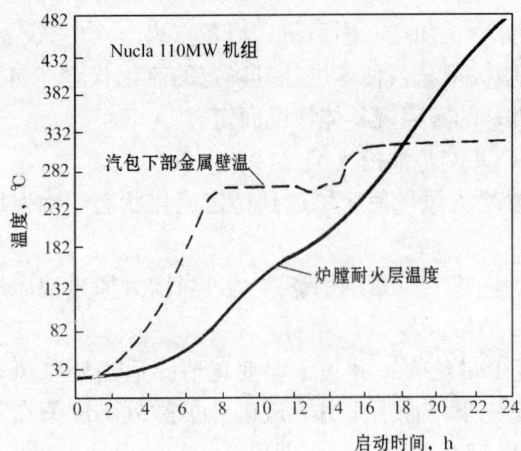

图 7-10　启动时汽包金属壁和炉膛耐火层升温

但在温态启动和热态启动的情况下，限制因素会转移成蒸汽和床温的合理升温速度。图 7-10 中给出了 Pyroflow 型循环流化床锅炉冷态启动时的汽包壁温和炉膛耐火层温度上升曲线。启动时，汽包和主蒸汽管路应同时获得加热，故应将主蒸汽管上的旁路截止阀打开。

一般而言在最好的情况下，从冷态启动到满负荷运行大约也需要 6～12h，前 5h 要求使蒸汽达到 60℃的过热度。当然，在最初的 2h 内，汽包金属壁温上升速度不应太大，一般限制在 60℃/h 以下；耐火材料的升温速度也不应超过 60℃/h，以免造成大面积的裂纹和剥落。在随后的 3h 中，承压部件的金属壁温上升速度也不应超过 60℃/h。Pyroflow 公司将点火装置加热炉膛的升温速率限制在 28～56℃/h 以内。事实上，在选取较低的加热速度后，就可以消除汽包金属不良膨胀的可能，从而达到更快、更平稳启动的目的。与此同时，汽包水位应保持相对稳定。接下来是汽轮机冲转和 1h 最低负荷运转，并逐渐使锅炉达到满负荷运行。

当过热器管子下部弯头内存积的凝结水会妨碍蒸汽流动，除非通过疏水排除或蒸发掉。在启动过程中，如果过热器或再热器管子中没有蒸汽通过，其金属壁温就等于烟温，这时很容易烧坏。因此，在建立起 10% 以上的蒸汽流量之前，应严格控制该处的温度使其低于过热器和再热器管子的最高承受温度。

温态启动一般经 2～4h，即可达到锅炉的最低安全运行负荷。此时限制启动速度的主要因素是过热汽温和床温的上升速度，这时应合理控制投油、投风、投煤和停油的时间及速度，保证过热汽温和床温的上升速度在要求的范围内。

四、循环流化床锅炉的压火备用与停炉

1. 压火及压火后的再启动

压火是锅炉的一种热备用方式，一般用于锅炉按计划停运并准备在若干小时内再启动的情况。对于短期事故抢修、短期停电或负荷太低而需短期停止供汽时，也常采用压火方式。压火时间一般为数小时至一二十小时不等，这与锅炉本身性能有关。对于较长时间的热备用，对于较长时间的压火也可以采用压火、启动、再压火的方式解决。

压火操作之前，应先将锅炉负荷降至最低。通常压火操作的主要步骤是：先将床温提高至 950℃，然后再停止给煤，待床温降至 900℃ 以下，并且使给煤挥发分在炉内的残留量基本抽干净后（这一过程持续若干分钟），再将所有送、引风机停掉并关闭风门。一般可根据床温下降程度及氧量读数来完成上述操作。将风机风门关闭，是为了保持床温与耐火层温度不致很快下降，从而有效地缩短再启动时间。需要注意的是，在正常运行时床料中的残留碳含量不超过 3%，因此在切断主燃料后，由于床温仍很高，剩余的碳在几分钟内即可消耗完。床料中有碳存在并不意味着就有害，但决不允许挥发分在炉内累积。试验表明，燃料入炉后很短时间就有挥发分析出，切断给煤与关掉风机之间的短时间延迟，加上风机停机所需

的时间，足以吹净床上存留的挥发分气体。

炉内物料静止后，要密切监视料层温度。若料层温度下降过快，应查明原因，以避免料层温度太低，使压火时间缩短。为延长压火备用时间，应使压火时物料温度高些，物料浓度大些，这样就需静止料层厚些，以保证有足够的蓄热。料层静止后，在上面撒一层细煤粒效果更好（具体操作：在停风机 20min 左右，打开炉门，根据压火时间的长短，在料层上铺设一层 10～60mm 厚的煤，然后关严炉门，这样最长压火时间可大于 20h）。

压火后的再启动，可根据床温水平分为热态启动和温态启动两种。由于给煤品质的差别，再启动的步骤也不相同。

（1）若压火时间在 2h 以内，可直接启动引风机和一次风机，开启给煤机，调整一次风量和给煤量来控制床温，注意启动时一次风量不能太大，只需略高于最低流化风量，以后再根据床温的变化，适当增加风量和给煤量。

（2）当压火时间在 2～5h、床温保持在 650℃ 以上或给煤质量较好时，可先打开炉门，根据底料烧透的程度，向床内加少量引火烟煤，启动送引风机，逐渐开启风门到运行风量，同时开始给煤。

（3）床温在 500～600℃、给煤质量一般时，需先抛入适量烟煤，启动风机慢慢增加风量至点火风量，待床温达到给煤着火点后，再加大风量，投入给煤；以上这三种情况属于热态启动。

（4）床温 500℃ 或更低时，属于温态启动。温态启动的基本步骤是：炉膛吹扫后，启动点火预燃器，按正常启动方式加热床层，检查床温；当床层开始着火时，可以开始逐步给煤并慢慢达到正常值。

当煤质不同时，以上界定的温度可能不同。温态和热态启动的差别主要在于床温能否允许直接投煤。实践表明，床温为 760℃ 以上时，可直接开始给煤，而床温低于 480℃ 时，则必须投入油枪加热床层。压火后的热启动中，除非床温已低于 480℃，否则一般不必进行炉膛吹扫。注意，在温态或热态启动时，如果在 3 次脉冲给煤后仍未能使床温升高，必须停止给煤，然后对炉膛进行吹扫，以便按正常启动程序重新启动。当床温降至 600℃ 以下时，应启动点火预燃室使床温上升到 600℃ 以上。

2. 循环流化床锅炉的停炉

停炉分正常停炉和事故停炉两种。正常停炉时，首先慢慢降低锅炉出力，慢慢放出循环灰，在出力降到 50% 以下时，根据需要，可以考虑停止二次风机，并继续降低出力。在循环灰放完后，停止给煤，调整一次风量，使床温慢慢下降。在床温降到约 800℃ 时，停引风机和一次风机，关严所有风门，打开放渣口放渣，直到放不出为止，关严放渣口，使锅炉缓慢降温；事故停炉一般是因为锅炉或其他系统出现问题，需要紧急处理。这时应立即停止给煤，并开始放循环灰，在炉温降到 900℃ 时，可考虑停止二次风机，炉温降到 800℃ 时，停一次风机和引风机，关严所有风门和返料风阀门，放循环灰和床料，直到放不出为止，关严放渣口。下面以某 220t/h 循环流化床锅炉的正常停炉程序为例简单介绍其主要步骤：

（1）减少燃料量和风量，降低锅炉负荷。这一般是通过调节锅炉主调节器的设定值来实现的。调节过程中注意保持正常床温，避免蒸汽温度和压力有大的波动，必要时可通过减温器喷水调节过热器出口温度。当不需要减温时，关闭减温器截止阀。在降负荷中可慢慢放出循环灰。

（2）在负荷降到 50% 和锅炉停止运行以前，进行吹灰。

（3）负荷降至最小，维持最小稳定负荷 30min，以使旋风分离器内的耐火材料逐渐冷却，并严密监视旋风分离器内受热面壁温差不超过要求值。

（4）在降负荷中，注意保持蒸汽温度高于饱和温度，并注意控制降负荷速度不超过限定值（如 7t/h）。

（5）保持石灰石给料处于自动状态，直至固体燃料停止加料为止。

（6）根据负荷与燃烧情况分别解列各自动，转为手动控制状态。

（7）停止燃料的输入，停止锅炉的石灰石给料和床料的排出。

（8）停炉过程中，维持汽包水位正常，可保持汽包水位在汽包玻璃水位计可见范围的上限；注意保证汽包上下壁温差不超过 50℃。

（9）停止燃料的输入后，继续流化床料，这时受压部件可以允许的最大可能速度降温。

（10）待锅炉停火后，引风机、一次风机和二次风机等仍需继续运行，以吹扫炉内的可燃物。当床温降至 400℃ 以下时，关闭一次风机和二次风机入口的控制挡板。

（11）风机入口挡板关闭后，停止风机运行，放净循环灰。

（12）送引风机停运后，返料风机应继续运行，直到返料器被冷却到 260℃。

第三节　循环流化床锅炉的变工况运行特性

锅炉运行的主要任务就是在安全经济条件下满足负荷要求。然而实际生产过程中，蒸汽负荷不可能固定不变。即使担任基本负荷的机组，其负荷也会有些变动。担负调峰的机组，负荷波动情况更为急剧。

为了适应外界负荷的变动，在锅炉运行中就要采取一定的措施，如改变燃料量、空气量以及给水量等。另外燃料性质、风量及风速、床温及床高等的变动也都会影响循环流化床锅炉的工作。在工况改变时，运行人员或自动调节机构就要及时进行调整，使各种指标和参数均在一定限度内变动。为了准确及时地进行调节，运行人员首先必须正确理解锅炉的运行特性。

一、负荷与各运行参数之间的关系

1. 负荷与给煤量及风量的关系

在锅炉运行中，一定的燃料消耗量、风量总是与一定的锅炉负荷相适应。当锅炉负荷变化时，就要采取一定措施来适应这种变化，如改变燃料量、空气量以及给水量等。锅炉负荷在一定范围内变化时，可近似认为锅炉效率为定值，此时锅炉负荷 D 与给煤量 B 之间呈正比关系，即有

$$\frac{D_2}{D_1} = \frac{B_2}{B_1} \tag{7-8}$$

由于燃烧所需总风量和燃料消耗量间也呈正比关系，所以，当锅炉负荷在一定范围内变化时，锅炉给煤量和风量都呈正比变化，同时锅炉的流化风速也必然呈正比变化。

2. 负荷与床温及燃烧效率的关系

床温是锅炉运行中的主要控制变量之一。众所周知，循环流化床锅炉的运行温度一般在 850～950℃ 范围内。这样就能在保证较高燃烧效率的同时，降低烟气污染物的排放量。然而在锅炉负荷变化时，由于给煤量和风量都随之变化，必然导致床温发生变化，如以锅炉降负荷为例，当锅炉自满负荷下降时，随着给煤量和风量的减少，燃料在炉内放出的热量减少，床温也就随之下降，如图 7-11 所示。这一趋势对于大小容量的机组都是相同的，但下降的

幅度取决于许多设计和运行因素，如埋管的几何结构和床高等。

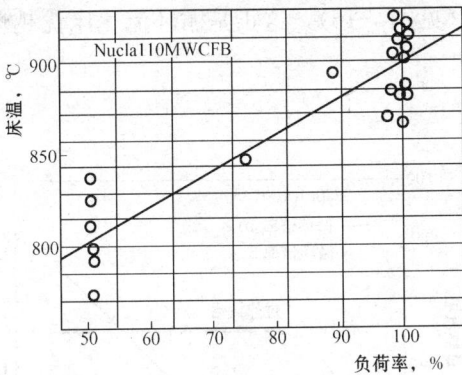

图 7-11　负荷与床温的关系

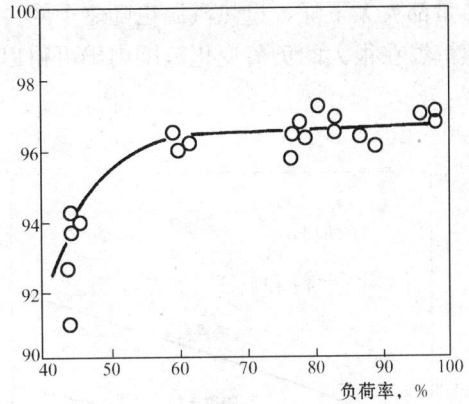

图 7-12　负荷与燃烧效率的关系

负荷与燃烧效率的关系见图 7-12。降负荷运行时，在一定范围内，燃烧效率可以基本保持不变，但在较低负荷下运行时，燃烧效率会大大降低。这种变化规律主要是由于床温的影响造成的。研究与测量表明：随运行床温的升高，机械不完全燃烧损失在密相区略有减少，但随着负荷的增加，使夹带增加、床温增加时，机械不完全燃烧损失又有所增加；化学不完全燃烧损失一般是随床温升高而降低。因而，床温对燃烧效率的影响在相当宽的范围内并不明显，除非是床温过低时才能看到较为明显的下降趋势。

3. 负荷与分离器效率及颗粒循环量之间的关系

分离器效率是表征分离器工作性能的重要指标。对于目前常用的旋风分离器来说，其分离效率与分离器入口风速、入口烟温、入口颗粒浓度及颗粒粒径等参数有关。它随着分离器入口风速、入口颗粒浓度及粒径的增大而增大，随着入口烟温的升高而降低。在锅炉负荷降低时，炉膛内，尤其是悬浮空间的颗粒浓度和炉膛上部燃烧份额都下降，从而使分离器入口风速、入口颗粒浓度和入口烟温都下降。风速及颗粒浓度降低导致分离器效率降低，入口烟温降低使分离器效率增加的影响很小。因此在锅炉降负荷时，旋风分离器的效率是降低的，如图 7-13 所示。同时，当分离器效率下降时，又使悬浮颗粒浓度降低、循环量降低，见图 7-14。

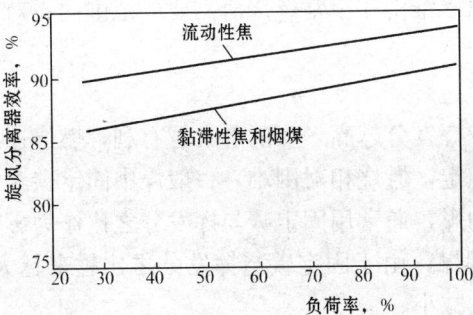

图 7-13　锅炉负荷与分离器效率的关系

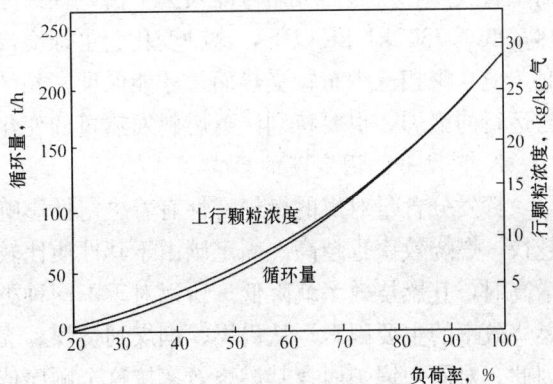

图 7-14　锅炉负荷与物料循环量的关系

4. 负荷与过热汽温的关系

锅炉变负荷运行时，各段受热面传热系数的变化趋势如图 7-15 所示。随着负荷降低，吸热量都大大下降，过热汽温也随之下降。由于循环流化床锅炉维持床温的能力较强，所以过热汽温在很大的负荷变化范围内仍可得以维持（见图 7-16），这正是循环流化床优越性的体现。

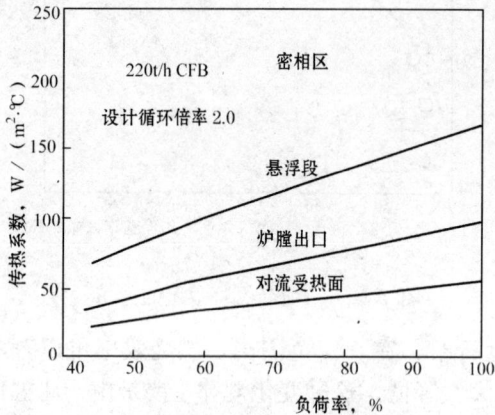

图 7-15　负荷与传热系数的关系　　　　图 7-16　负荷与过热汽温的关系

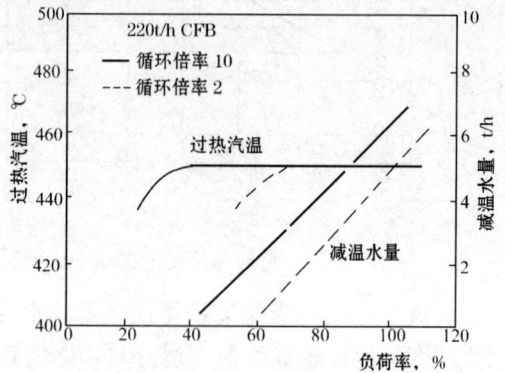

二、燃煤性质对锅炉运行的影响

燃煤性质主要决定于煤中挥发分、灰分、水分的含量及发热量和燃煤粒度的大小等。运行中，当这些参数变化时，煤的燃烧特性必然发生变化，从而导致其他一些运行参数的变化。

1. 燃煤发热量的影响

循环流化床燃烧技术具有广泛的煤种适应性，但对给定的循环流化床锅炉而言，并不能燃用所有煤种。首先，当燃料发热量改变时，床内热平衡的改变将影响到床温，这不仅会影响燃烧、传热和负荷，还会产生其他负面效应。例如，当一台锅炉燃用比设计煤种发热量低得多的煤种时，可能会使其密相区温度偏低，从而对燃烧带来不利影响。同时，当煤的发热量较低时，其折算灰分和折算水分必然增加，每公斤燃料带出密相区的热焓增加，使密相区的燃料放热和受热面吸热可能失去平衡，导致床温降低，并使对流受热面磨损加重。如果发热量低至 7500kJ/kg 以下，这种变化会更加突出。对于新设计的锅炉，当燃用低热值的煤种时，应在密相区少布置受热面，才能保证密相区温度维持在正常燃烧所需要的范围内；对于已运行的锅炉，也要特别注意燃料发热量的变化。

2. 挥发分和固定碳的影响

挥发分含量对煤的燃烧特性有着决定性影响，挥发分越高，煤的着火越有利，燃烧速度越快，燃烧效率也越高。固定碳由于其性质比较稳定，燃烧相对困难，一般煤中固定碳含量增高时，其燃烧效率就降低。所以对于不同种类的煤，通常用固定碳与挥发分之比作为影响燃烧效率的主要因素。从褐煤、烟煤到贫煤、无烟煤，由于固定碳与挥发分之比越来越大，因此，对同一锅炉而言其燃烧效率按这个顺序依次减小。

对于低倍率循环流化床而言，随着挥发分含量的变化，其密相区与稀相区燃烧份额发生相应变化。通常挥发分含量高的煤，其密相区燃烧份额减小，稀相区燃烧份额增大，从而使炉膛出口烟温增高。

3. 灰分与灰熔点的影响

煤中灰分含量对循环流化床锅炉的运行性能具有重要影响。灰分越高时，投煤量越大，从而燃烧生成的烟气量也相应增大。同时，由于灰分增高使飞灰浓度增大，分离器的分离效率会有所提高，返料量也会增多，这些都将使炉内颗粒浓度增大，使传热效果增强。但与此同时，受热面的磨损也随着灰分的增加而加剧。

灰熔点的高低对流化床的安全运行影响很大，因为在流化床锅炉运行中最忌讳的问题就是结焦，结焦后将难以维持正常的流化状态，更无法保证燃煤在炉膛内的有效燃烧，最终将造成被迫停炉，因此，在循环流化床锅炉运行中一定要注意及时进行燃烧调整，保证床温不超过其灰软化温度 ST-（100～150）℃。

由于灰熔点随煤种的变化而不同，为了保证循环流化床锅炉的安全运行，在煤种变化时运行厂家应该对其灰熔点按本书第三章的方法进行测定，这一般可由厂内的煤分析室完成，以确定安全运行的床温。

4. 水分的影响

煤中水分含量与黏着性有很大关系。水分在 8% 以下时，基本上相当于干料；而水分超过 12% 时，黏着性很大，堆积角也很大，这时，煤斗倾角要大于 80° 才能保证给料流畅。特别是高水分细颗粒燃料流动性不好，用常规方法给料时很容易导致碎煤机和给料机中的堵塞；给煤水分与排烟热损失成正比，而水分对床层温度的影响可用床内热平衡来考虑。图 7-17 给出某 220t/h 循环流化床锅炉在燃用不同水分的干燥基发热量 20.9MJ/kg 煤种时的床温曲线。显然，水分增加时，由于蒸发所吸收的汽化潜热增加，

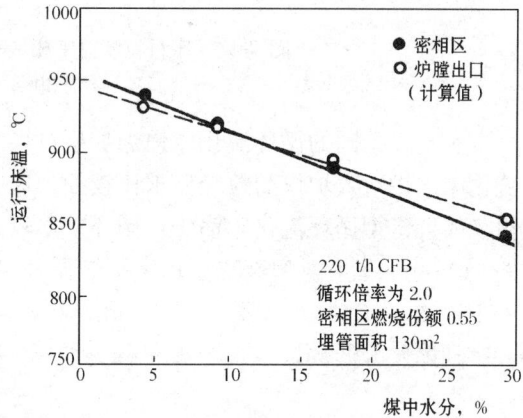

图 7-17　煤中水分对运行床温的影响

床温将明显下降，但水分的存在对燃烧效率并无不利影响，因为水分可以同时促进挥发分析出和焦炭燃烧。扣除添加水分造成的排烟热损失后，总的锅炉效率变化取决于水分总量和所采用的燃烧方式。

5. 给煤粒度的影响

对一定的运行风速，给料量及床料粒度决定了颗粒在床内的行为。燃烧和脱硫效率都受粒度影响。由于小颗粒燃料的比表面积较大，其燃烧反应速度也比大颗粒要大，然而小颗粒参加循环的可能性小、在炉内的停留时间却较短，燃尽率较低。所以，提高燃烧效率的关键在于提高颗粒的燃尽率。

给煤粒度分布对运行影响的具体表现为，给煤粒度过大时，飞出床层的颗粒量减少，这时锅炉往往不能维持正常的返料量，造成锅炉出力不够；另一方面，给煤粒度过大会使密相区燃烧份额增大，导致床温升高，从而造成结焦，影响锅炉安全运行。此外，当燃煤粒度增大时，为保证正常的流化状态，运行风速必然增大，这又会造成风机电耗增加，运行经济性

降低。

粒度对传热的影响也很明显，一般，小颗粒床的传热系数比大颗粒的大，小颗粒床对埋管和水冷壁的传热系数高于大颗粒床。对于中低倍率循环流化床锅炉，给煤粒度越小则床层膨胀越大，这意味着更多的受热面沉浸于床内，使受热面的总平均传热系数增加。图7-18给出了床料粒度对密相区和悬浮空间传热系数的影响趋势。

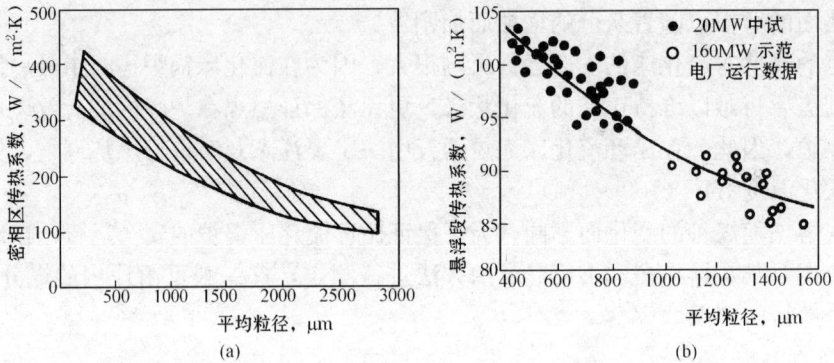

图 7-18 床料粒度对密相区和悬浮空间传热系数的影响
(a) 密相区；(b) 稀相区

事实上，不同的循环流化床锅炉炉型对煤的粒度分布要求也是不同的。高循环倍率的循环流化床锅炉对入炉煤的粒径要求比较细，低中倍率循环流化床锅炉对入炉煤的粒径要求比较粗。如鲁奇型循环流化床锅炉，循环倍率较高，燃煤粒度较细，燃煤中最大颗粒粒径不大于6～10mm。奥斯龙型循环流化床锅炉循环倍率比鲁奇低，燃煤中煤粒粒径，低灰煤不大于10～20mm，高灰煤不大于13mm。我国循环流化床锅炉多为中低倍率的循环流化床锅炉，对高挥发分低灰煤，入炉煤粒径为0～13mm，对低挥发分高灰煤，入炉煤粒径为0～8mm。

带埋管的中小型循环流化床锅炉与全膜式水冷壁循环流化床锅炉对燃煤粒度分布的要求也不相同。一般，带埋管的循环流化床锅炉燃煤平均值径可大一些，全膜式水冷壁循环流化床锅炉入炉煤平均直径要小一些。

对高倍率循环流化床锅炉，燃煤平均粒径范围一般为0.8～2.0mm，对Pyroflow型循环流化床锅炉燃煤粒径范围为2.5～4.0mm，对带埋管循环流化床锅炉燃煤粒径范围为4.5～5.5mm。高挥发易燃煤种取高值，低挥发分难燃尽煤取低值。

另外，合理的粒径分布对循环流化床锅炉运行的影响也至关重要。国内外的运行经验表明，比较合理的燃煤粒径分布是两头大、中间小的分布，即大颗粒煤、小颗粒煤所占比率比较小，中等粒经颗粒煤所占比率比较大。

三、风量和风速对锅炉运行的影响

1. 运行风量的影响

运行风量通常用过量空气系数来表示。在一定范围内，提高过量空气系数可改善燃烧效率，因为燃烧区域氧浓度的提高增加了燃烧速率和燃尽度，但过量空气系数超过1.15后继续增加它对燃烧效率几乎没有影响；另外过量空气系数很高时，将导致床温下降，CO浓度升高，总的燃烧效率略有下降。测试发现：炉膛出口氧浓度由3％提高到10％时，燃烧效率始终维持在较高的水平上，且基本上不发生变化，过量空气系数变化对燃烧效率的影响见图7-19。

另外一、二次风的比例对燃烧效率也有影响。一般，当一次风率提高时，燃烧效率提高。但对于不同的煤种，燃烧效率提高的幅度是不同的，本书不做进一步讨论。

2. 流化风速的影响

流化风速是循环流化床运行的主要控制变量之一，但它的影响是多方面的。在考虑床层换热时，人们通过机理性研究发现，风速对传热系数的影响不是决定性的。但许多运行经验表明，至少在一定范围内，床层对受热面的传热量随风速增加而增加。这一现象被归结为几种原因：一是随着风速增加，物料循环量和床内颗粒浓度增加，而传热系数是随着悬浮颗粒浓度的增加而增加的；再者，按照边界层理论，薄膜边界层随着风速增加而变薄，也会使传热系数增加；此外，风速越大，床内颗粒运动越激烈，除了加强颗粒间换热之外，还有助于边界层撕裂、传热系数增加。不仅如此，对有埋管的床层，因为风速增加使床面进一步膨胀，这意味着将有更多的埋管面积浸没在密相床层内，对于小颗粒床层该现象尤为明显。总而言之，如图7-20中所示，随着风速增加，炉膛热流密度将增加，因此使传热效果增强。

就风速对燃烧效率的影响，一般可以认为，随着表观风速增加，气相和细颗粒在炉内的停留时间都减小了，同时使床温降低，所以燃烧效率有所降低，但总体上流化风速增加造成的燃烧效率下降的倾向是很小的。测试表明：对高循环倍率下运行的循环流化床，可以认为风速对其燃烧效率没有实质性影响，见图7-21。

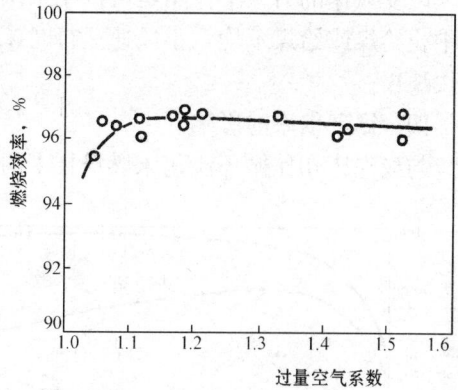

图 7-19　过量空气系数与燃烧效率的关系

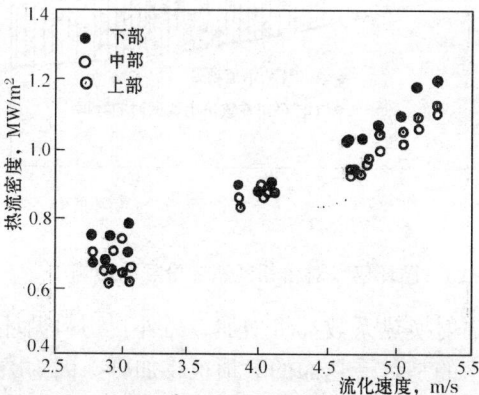

图 7-20　风速对炉膛热流密度的影响

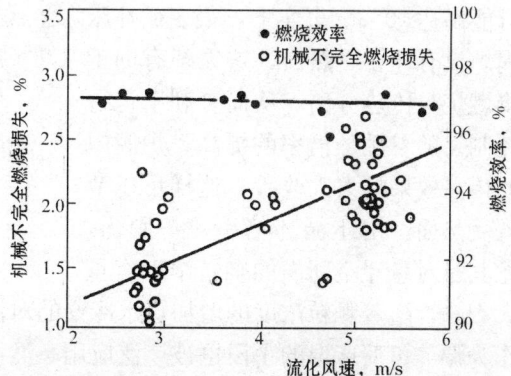

图 7-21　风速对燃烧效率的影响

运行风速改变带来的变化是多样的。例如随着风速增加，更多的颗粒将被抛向床层上方，改变了炉内颗粒浓度分布，当然也提高了分离器的入口颗粒浓度和分离效率。因此，对于给定的床料粒度，风速决定了循环物料量的上限。

改变风速的另一个作用是可以用来调节床温，尽管风量改变的范围是有限的，但一旦突然中止给煤或给煤不均，小风速运行时床层温度将更容易保持在适宜的水平上，而不致造成很快熄灭。

四、循环倍率的影响

与鼓泡床相比循环流化床燃烧技术的优势之一是固体物料循环延长了细颗粒在炉内的停留时间，提高了燃烧效率，同时也提高了脱硫效率，而且燃烧效率是随着循环倍率的增加而增加的，这在循环倍率处于 $0 \sim 5$ 的范围内尤为明显。尽管如此，从能量平衡的角度，增加循环倍率并不总是经济的，因为提高循环倍率的同时增加了风机电耗。由于燃烧效率的提高是有限度的，而且提升循环物料所付出的功与循环倍率成正比。这意味着锅炉系统存在一个能量的最优循环倍率，超过该范围后，提高循环倍率并不总是经济的。图 7-22 示出了循环倍率对机组能耗的影响，图中细实线表示循环倍率增加时，燃烧效率提高所回收的燃料化学

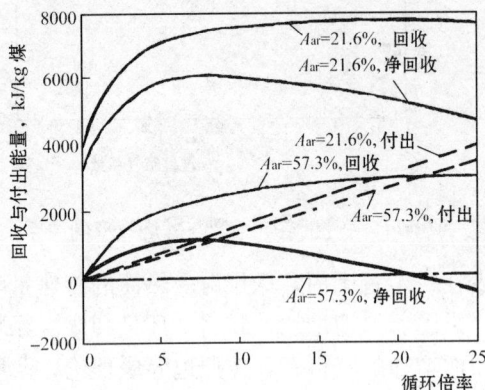

图 7-22　循环倍率对机组能耗的影响

能；虚线表示物料循环时风机付出能量；粗实线表示二者相抵系统净回收的能量。很明显，净回收能量存在一个峰值，亦即最佳值。当然，这一问题还需从多个方面进行考察。例如，循环倍率影响到密相区与悬浮空间燃烧份额的分配。

图 7-23 说明，提高循环倍率可以借助悬浮空间颗粒浓度的增加，使炉膛上部燃烧份额得以增加。这样可以大大减轻在密相区布置埋管的压力。研究表明，炉膛上部的燃烧份额可能高达 50%。事实上，很多循环床锅炉没有埋管受热面，这无疑有助于将燃烧与传热分离，从而有利于运行控制。随着循环倍率的提高，炉膛内的传热效果将大大改善，这样可以节省受热面。由于循环倍率对炉膛内，尤其是对悬浮空间内的颗粒浓度有重

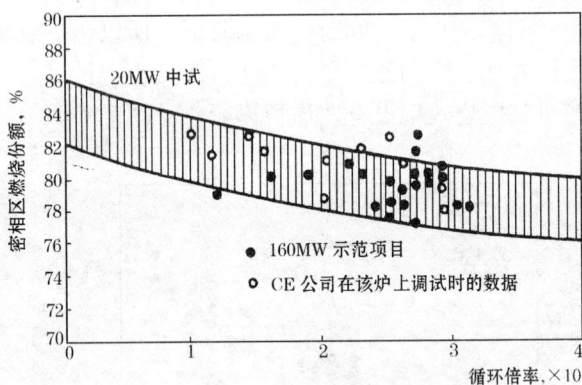

图 7-23　循环倍率对密相区燃烧份额的影响

大影响，随着颗粒浓度的增加，水冷壁的对流和辐射换热系数都将增加。另外，物料循环常作为调节负荷床温的手段也被广泛应用。然而不幸的是，受热面的磨损也将加剧，因为磨损量基本与灰浓度成正比关系。

提高循环倍率时的另一个优点是炉膛内的传热效果将大大改善，这样可以节省受热面。由于循环倍率对炉膛内，尤其是对悬浮空间内的颗粒浓度有重大影响，随着颗粒浓度的增加，水冷壁的对流和辐射换热系数都将增加。

综合考虑各种因素可以定性地给出一个最优循环倍率范围。

第四节　循环流化床锅炉的运行调节

锅炉设备运行的目的就是生产合格的蒸汽，然而在其生产过程中，反映运行工况的各状态参数会因一些外部或内部因素的变化而发生变化。为了保证锅炉运行的各状态参数能在其安全、经济的范围内波动，就需要通过适当的调节来满足。循环流化床锅炉的广泛应用为我们提供了丰富的经验和有关运行调节的参考依据。下面就循环流化床锅炉运行的性能指标和燃烧、负荷调节作一介绍。

一、典型循环流化床锅炉的性能与运行指标

自从 20 世纪 70 年代 Lurgi 公司首次申请循环流化床锅炉专利以来，目前世界上已出现众多循环流化床流派和风格，典型循环流化床锅炉的设计参数如表 7-3 所示。

表 7-3　　　　　　　　　几台典型性的循环流化床锅炉的设计参数

项　　目	单　　位	Duisberg	Romerbrucke	Nucla
燃烧热功率	MW	226	120	
发电功率	MW	66.4~95.8	40	110
蒸发量	t/h	270	150	420
主蒸汽参数	MPa/℃	14.5/535	11.4/535	10.5/540
再热蒸汽量	t/h	230		
再热蒸汽参数	MPa/℃	3.0/320/535		
热风温度	℃		175	200
给水温度	℃	235	164	
排烟温度	℃		130	140
床温	℃	850~900	约850	788~940
燃料及发热量	kJ/kg	烟煤23000~30150	烟煤17500~22000	烟煤15000~27000
过量空气系数	—	1.2~1.3	1.2	1.2
锅炉热效率	%			88.3

表 7-4　　　　　　　　　　国外典型循环流化床锅炉运行指标

项　　目	单　位	数　　值	项　　目	单　　位	数　　值
燃烧效率	%	96~99.5	分离器阻力	Pa	<2000
锅炉效率	%	88~92	布袋除尘器寿命	a	2
脱硫效率	%	90 (Ca/S=1.5~2.5)	固氟率	%	90
厂用电率	%	8~10	HCl 排放	mg/m³	100
最低负荷	%	25~30	CO 排放	mg/m³	120~200
负荷变化速率	%/min	5	SO_2 排放	mg/m³	200~250
冷态启动时间	h	8~10	NO_x 排放	mg/m³	100~200
热态启动时间	h	1~2	N_2O 排放	mg/m³	50~100
分离效率	%	90.0~99.7	粉尘排放	mg/m³	50

近年来循环流化床锅炉在实际中得到不断完善、发展。随着其参数的提高、容量的增大、运行台数的增多，锅炉的运行指标不断提高，表 7-4 是当今国外典型循环流化床锅炉所具有的较为先进的运行指标。

为了达到先进的运行指标，各开发机构与制造厂家采取了不同的技术路线，从而确定了不同的锅炉运行参数，表 7-5 是四种循环流化床锅炉的运行参数对照。可见不同的锅炉在运行参数的选取上各具特色。另需注意的是某些参数随着循环流化床锅炉的发展也在不断变化，并不是一成不变的数值。

表 7-5　　　　　　　　　　　　几种循环流化床锅炉的运行参数

项　目	单　位	Lurgi 型	Circofluid 型	Pyroflow 型	MSFB 型
密相区流化风速	m/s	5～8.5	3.5～5.5	5～8	6～9
悬浮段最大烟气流速	m/s	8～10	5～6	8	8
炉膛出口过量空气系数	—	1.15～1.2	1.2～1.25	1.2	1.2
一次风/二次风率	%	40/60	60/40	70/30	40/60
循环倍率	—	40	10～20	40～120	35～40
分离器入口灰浓度	kg/m³	10～12	2	10～25	5～7
炉膛烟气停留时间	s	≥4	5	≥4	≥3
密相区燃烧份额	%		60～65		
燃料粒度	mm	0～6	0～10	0～10	0～50
石灰石粒度	mm	0.1～0.5	0～2	0～2	0～2
一次风压头	Pa	18000～30000	15000～19000	13000～20000	
压力控制点	—	分离器出口		布风板上 2m	给煤点下
压力控制点压力	Pa	0		6000～8000	—700～—1000

二、主要运行参数的调节

循环流化床锅炉运行参数的调节主要包括汽压、汽温、给水流量及燃烧调节和负荷调节等几个方面，因汽温和给水流量的调节与煤粉锅炉基本相同，在此不再介绍。

（一）蒸汽压力的变化与调节

蒸汽压力是锅炉安全和经济运行的最重要指标之一。一般规定过热蒸汽的工作压力与额定值的偏差不得超过±（0.05～0.1）MPa。当出现外部或内部扰动时，汽压发生变动。如汽压变化速度过大，不仅使蒸汽质量不合格，还会使水循环恶化，影响锅炉安全及经济运行。汽压的稳定与否决定于锅炉蒸发设备输入和输出能量之间是否平衡，输入能量大于输出能量时，蒸发设备内部能量增多，汽压上升；反之，汽压下降。蒸发设备输入能量包括水冷壁吸热量，汽包进水热量；输出能量主要是蒸汽热量，其他还有连续排污、定期排污等。

汽压变动的速度决定于两个因素，一是锅炉蒸发区蓄热能力的大小，二是引起压力变化不平衡趋势的大小。蒸发区的蓄热能力越大，则发生扰动时蒸汽压力的变动速度就越小；引起压力变化的不平衡势越大，压力变动的速度也越大。

蒸汽压力的调节是通过燃烧调节来实现的，当蒸汽压力升高时，应减弱燃烧；当蒸汽压力降低时，应加强燃烧。

（二）燃烧调节

由于燃烧方式的不同，循环流化床锅炉的燃烧调节方法与煤粉炉和火床炉有着很大差别。循环流化床锅炉的燃烧调节，主要是通过对给煤量、返料量、一次风量、一二次风分配比例、床温和床高等的控制和调节，来保证锅炉稳定、连续运行以及脱硫脱硝。

1. 给煤量调节

锅炉运行中，当燃煤性质一定时，给煤量总是与一定的锅炉负荷相适应，当锅炉负荷发生变化时，给煤量也要成比例发生变化。再者运行中若煤质发生变化，给煤量也要发生相应的变化。改变给煤量和改变风量应同时进行。为了减少热损失，在增加负荷时，通常是先加风，后加煤；而在减小负荷时，应先减煤，后减风，以减少燃烧损失。

2. 风量调节

对于循环流化床锅炉的风量调节，不仅包括一次风量的调节、二次风量的调节，有时还包括二次风上下段、以及播煤风和回料风的调节与分配等。

（1）一次风量的调节。一次风的主要作用是保证物料处于良好的流化状态，同时为燃料燃烧提供部分氧气。基于这一点，一次风量不能低于运行中所需的最低风量。实践表明，对于粒径为 $0 \sim 10mm$ 的煤粒，所需的最低截面风量约为 1800 （m^3/h）/m^2。风量过低，燃料不能正常流化，影响锅炉负荷，还可能造成结焦；风量过大，不仅会影响脱硫，而且炉膛下部难以形成稳定燃烧的密相区，对于鼓泡流化床锅炉还会造成大量的飞灰损失；对于循环流化床锅炉，大风量增大了不必要的循环倍率，使受热面磨损加剧，风机电耗增大。因此，无论在额定负荷还是在最低负荷，都要严格控制一次风量使其保持在良好的流化风量范围内。

一次风量的调节对床温会产生很大影响，给煤量一定时一次风量增大，床温将会下降；反之床温将上升。因此调整一次风量时，必须注意床温的变化。

运行中，通过监视一次风量的变化，可以判断一些异常现象。如：风门未动、送风量自行减小，说明炉内物料增多，可能是物料返回量增加的结果；如果风门不动、风量自动增大，表明物料层变薄，阻力降低，原因可能是煤种变化，含灰量减少；或料层局部结渣，风从料层较薄处通过；也可能是物料回送系统回料量减少等。当一次风量出现自行变化时，要及时查明原因、进行调节。

（2）一二次风量的配比与调节。燃烧中所需要的空气常分成一次风和二次风，它们从不同位置分别送入流化床燃烧室，这被称做分段送风。分段送风不仅可以在密相区内造成缺氧燃烧形成还原性气氛，大大降低热力型 NO_x 的生成；还可控制燃料型 NO_x 的生成。另外一次风比（一次风占总风量的份额）直接决定着密相区的燃烧份额。在同样的条件下，一次风比大，必然导致高的密相区燃烧份额，此时就要求有较多的低温循环物料返回密相区，带走燃烧释放的热量，以维持密相区温度。如果循环物料量不足，必然会导致床温过高，无法多加煤，负荷带不上去。根据煤种不同，一般一次风量占总风量的 $60\% \sim 40\%$，二次风量占 $40\% \sim 60\%$。播煤风及回料风约占 5%。若二次风分段布置，上、下二次风也存在分量分配问题。

二次风一般在密相床的上部喷入炉膛，一是补充燃烧所需的空气；二是起到扰动作用，加强气、固两相混合；三是改变炉内物料的浓度分布。二次风口的位置很重要，如设置在密相区上部过渡区灰浓度较大的地方，就可将较多的碳粒和物料吹入上部空间，增大炉膛上部的燃烧份额和物料浓度。

一、二次风的配比，对流化床锅炉的运行非常重要。启动时，先不启动二次风，燃烧所需的空气由一次风供给。实际运行时，当负荷在正常运行变化范围内下降时，一次风按比例下降，当降至临界流化流量时，一次风量基本保持不变，而去降低二次风。这时循环流化床锅炉进入鼓泡床锅炉的运行状态。

在运行中，一次风量主要根据料层温度来调整，料层温度高时应增加一次风量，反之，应减少。但一次风量在任何情况下，不能低于临界流化风量，否则，易发生结焦；二次风量主要根据烟气的含氧量来调整，氧量低说明炉内缺氧，应增加二次风量，反之则应减少二次风量，一般二次风调整中的参考依据是控制过热器后烟气含氧量在 3‰~5‰ 之间。

如果二次风分段送入，第一段的风量必须保证下部形成一个亚化学当量的燃烧区（过量空气系数小于 1.0），以便控制 NO_x 的生成量，降低 NO_x 的排放。

（3）播煤风和回料风调节。播煤风和回料风是根据给煤量和回料量的大小来调节的。负荷增加，给煤量和回料量必须增加，播煤风和回料风也相应增加。因此，播煤风和回料风是随负荷增加而增大的。这样，只要设计合理，在实际运行中可根据给煤量和回料量的大小来做相应调整。

3. 料层高度的调节

维持相对稳定的床高或炉膛压降在循环流化床锅炉运行中是十分必要的，通常把循环流化床中某处作为压力控制点，监测此处压力，并用料层压降来反应料层高度的大小。有时料层高度也会用炉床布风板下的风室静压表来反映。冷态试验时，风室静压力是布风板阻力和料层阻力之和。从设计角度考虑，布风板压降一般占炉膛总压降的 20%~25%，少数情况下可适当增减，这是保证流化质量所要求的。由于布风板阻力相对较小，所以运行中利用风室静压力可大致估计出料层阻力，也就是说，根据静压力的变化情况，可以了解运行中沸腾料层的高低与流化质量的好坏。风室静压增大，说明料层增厚；风室静压降低，说明料层减薄。良好的流化燃烧状态下，压力表指针摆动幅度较小且频率高；如果指针变化缓慢且摆动幅度加大时，说明流化质量较差。

运行中，床层过高或过低都会影响流化质量，甚至引起结焦。放底渣是常用的稳定床高的方法，在连续放底渣的情况下，放渣速度是由给煤速度、燃料灰分和底渣份额确定的，并与排渣机构或冷渣器本身的工作条件相协调。在定期放渣时，通常的做法是设定床层压降值或用控制点压力的上限作为开始放底渣的基准，而设定的压降或压力下限则作为停止放渣的基准。这一原则对连续排渣也是适用的。如果流化状态恶化，大渣沉积将很快在密相区底部形成低温层，故监测密相区各点温度可以作为放渣的辅助判断手段。

风机风门开度一定时，随着床高或床层阻力的增加，进入床层的风量将减小，故放渣一段时间后风量会自动有所增加。

4. 炉膛差压的调节

炉膛差压是指燃烧室上部区域与炉膛出口之间的压力差，是一个反映炉膛内循环物料浓度量大小的参数。炉内循环物料越多，炉膛差压越大，反之越小。炉内循环物料的上下湍动，使炉膛内传热不仅有对流和辐射传热而且还有循环物料与水冷壁之间的热传导，这就大大提高了炉内的传热系数，此炉膛差压越大，炉内传热系数越高，锅炉负荷也越高，反之亦然。一般情况下，炉膛差压应控制在 0.3~6.0kPa 之间。在运行中应根据不同负荷保持不同的炉膛差压。差压太大时应从放灰管中放掉部分循环物料以降低炉膛差压。

此外，炉膛差压还是一个反映返料装置工作是否正常的参数，当返料装置堵塞，返料停止后，炉膛差压会突然降低，甚至为零，因此运行中需特别注意。

5. 床层温度的调节

维持正常床温是循环流化床锅炉稳定运行的关键。一般来说，床温是通过布置在密相区和炉膛各处的热电偶来监测的。目前国内外研制和生产的循环流化床锅炉，密相床温度大都选在 $800 \sim 1000 \, ℃$ 范围内，温度太高，不利于燃烧脱硫，另当床温超过灰的变形温度时就可能产生高温结焦；温度过低，对煤粒着火和燃烧不利。若在安全运行允许的范围内一般应尽量保持床温高些，燃烧无烟煤时床温可控制在 $900 \sim 1000 \, ℃$；当燃用较易燃烧的烟煤时，床温可控制在 $850 \sim 950 \, ℃$ 范围内。

对于加脱硫剂进行炉内脱硫的锅炉，床温最好控制在 $800 \sim 900 \, ℃$ 范围内。选用这一床温主要基于该床温是常用石灰石脱硫剂的最佳反应温度，能最大限度地发挥脱硫剂的脱硫效率。

影响炉内温度变化的原因是多方面的。如负荷变化时，风、煤未能很好地及时配合；给煤量不均或煤质变化；物料返回量过大或过小；一、二次风配比不当；过多过快地排放冷渣等。综合这些因素主要是由风、煤、物料循环量的变化引起的。在正常运行中，如果锅炉负荷没有增减，而炉内温度发生了变化，就说明煤量、煤质、风量或循环物料量发生了变化。当床温波动时，应首先确认给煤速度是否均匀，然后再判断给煤量的多少。给煤过多或过少、风量过小或过大都会使燃烧恶化，床温降低；而在正常范围内，当负荷上升时，同时增加投煤量和风量会使床温水平有所升高。风量一般比较好控制，但给煤量和煤质（特别是混合煤）不易控制。运行中要随时监视炉内温度的变化，及时调整风量。

循环流化床锅炉的燃烧室热惯性很大，在炉内温度的调整上，往往采用"前期调节法"、"冲量调节法"或"减量给煤法"。

所谓前期调节法，就是当炉温、汽压稍有变化时，就要及时地根据负荷变化作趋势小幅度调节燃料量；不要等炉温、汽压变化较大时才开始调节，否则将难以保证稳定运行，床温有可能出现更大的波动。

所谓冲量调节法，就是指当炉温下降时，立即加大给煤量。加大的幅度是炉温未变化时的 $1 \sim 2$ 倍，同时减小一次风量，增大二次风量，维持 $1 \sim 2 \mathrm{min}$ 后，然后恢复原给煤量。如果在上述操作 $2 \sim 3 \mathrm{min}$ 时间内炉温没有上升，可将上述过程再重复一次，炉温即可上升。

减量给煤法，是指炉温上升时，不要中断给煤量，且把给煤量减到比正常时值低得多的水平，同时增加一次风量，减少二次风量，维持 $2 \sim 3 \mathrm{min}$，观察炉温，如果温度停止上升，就要把给煤量恢复到正常值，不要等炉温下降时再增加给煤量，因煤燃烧有一定的延时时间。

对于采用中温分离器或飞灰再循环系统的锅炉，用返回物料量和飞灰量来控制炉温是最简单有效的方法。因为中温分离器捕捉到的物料温度和飞来再循环系统返回的飞灰温度都很低，当炉温突升时，增大进入炉床的循环物料量或飞灰再循环量，可迅速抑制床温的上升。但这样会改变炉内的物料浓度，从而对炉内的燃烧和传热产生一定的影响，所以在额定负荷下，一般是通过改变给煤量和风量来调节床温，尽可能不采用改变返料量的方法。

有的锅炉采用冷渣减温系统来控制床温。其做法是利用锅炉排出的废渣，经冷却至常温干燥后，再由给煤设备送入炉内降温。因该系统的降温介质与床料相同，又是向炉床上直接给人的，冷渣与床温的温差很大，故降温效果良好而且稳定。应该注意的是该方案需经锅炉给煤设备送入床内，故有一定的时间滞后。

对于有外置式换热器的锅炉，也可通过外置式换热器调节床温；对于设置烟气再循环系统的锅炉，还可采用再循环烟气量进行调节。

（三）负荷调节

循环流化床锅炉因炉型、燃料种类、性质的不同负荷变化范围和变化速度也各不相同。一般循环流化床锅炉的负荷可在 25%～110% 范围内变化，升负荷速度大约为每分钟 5%～7%，降负荷速度约为每分钟 10%～15%。变负荷运行能力比煤粉炉要大得多，所以负荷调节灵敏度较好。因此，在调峰电站和供热负荷变化较大的中小型热电站，循环流化床锅炉有很好的应用前景。

循环流化床锅炉的变负荷调节过程，是通过改变给煤量、送风量和循环物料量或外置换热器（EHE）冷热物料流量分配比例来实施的，这样可以保证在变负荷中维持床温基本稳定。在负荷上升时，投煤量和风量都应增加，如总的过量空气系数及一二次风比不变，则预期密相区和炉膛出口温度将稍有变化，但变化最大的是各段烟速及床层内的颗粒浓度，研究表明，采取上述措施后各受热面传热系数将会增加，排烟温度也会稍有增加。如某 220t/h 的循环流化床锅炉，负荷率由 70% 开始每增加 10%，床温上升 10～20℃，炉膛出口烟温上升 30～40℃，排烟温度上升约 6℃，同时减温水量也将上升。对于无外置式换热器的循环流化床锅炉，变负荷调节一般采用如下方法：

（1）负荷改变时，改变给煤量和总风量，这是最常用也是最基本的负荷调节方法。

（2）改变一、二次风比，以改变炉内物料浓度分布，从而改变传热系数，控制对受热面的传热量，达到调节负荷的目的。炉内物料浓度改变，传热量必然改变。一般随着负荷增加，一次风比减小，二次风比增加，炉膛上部稀相区物料浓度和燃烧份额都增大，炉膛上部及出口烟温升高，从而增加相应受热面的传热量，满足负荷增加的需要。

（3）改变床层高度。提高或降低床层高度，以改变密相区与受热面的传热，从而达到调节负荷的目的。这种调节方式对于密相区布置有埋管受热面的锅炉比较方便。

（4）改变循环灰量。利用循环灰收集器或炉前灰渣斗，在增负荷时可增加煤量、风量及灰渣量；减负荷时可减少煤量、风量和灰渣量。

（5）采用烟气再循环，改变炉内物料流化状态和供氧量，从而改变物料燃烧份额，达到调节负荷的目的。

对有外置式换热器的循环流化床锅炉，可通过调节冷热物料流量比例来实现负荷调节。负荷增加时，增加外置换热器的热灰流量；负荷降低时，减少外置换热器的热灰流量。外置换热器的热负荷最高可达锅炉总热负荷的 25%～30%。

在锅炉变负荷过程中，汽水系统的一些参数也发生变化，所以在进行燃烧调节的同时，必须同时进行汽压、汽温、水位等的调节，维持锅炉的正常运行。

三、流化床锅炉的运行监测与连锁保护

为确保循环流化床锅炉的安全运行，应重点考虑如下方面的保护方案。

1. 炉膛燃烧监测

循环流化床锅炉内温度分布均匀，炉膛径向和轴向温度波动很小。为此，一般循环流化床锅炉多采用温度检测方式进行炉膛燃烧状况监测。首先，必须在炉膛内适当位置安装热电偶，通过观察温度的变化，间接了解炉膛火焰的状况，有时也可通过观察炉膛出口处氧浓度来监视炉内的燃烧状况。

2. 主燃料跳闸（MFT）系统

循环流化床锅炉主燃料的跳闸原则应该是根据确保送风压差足够高，使入炉燃料能稳定着火、燃烧来判断。如果床温未达到预定的最低值，应防止主燃料进入床区，该最低值可根据经验设置，一般可取760℃。此外，在下列情况之一发生时，即应紧急停炉——实行强制性主燃料跳闸。

（1）所有送风机或引风机不能正常工作；

（2）炉膛压力大于制造商推荐的正常运行上限；

（3）床温或炉膛出口温度超出正常范围；

（4）床温低于允许投煤温度，且辅助燃烧器火焰未被确认。

主燃料跳闸后，应根据现场情况决定是否关停风机。在不停风机时，应慎重控制入炉风量，而不应盲目地立即减小风量。

3. 连锁保护

连锁系统的基本功能是在装置接近于不合理的或不稳定的运行状态时，依靠预设顺序限定该装置的动作，或是驱动跳闸设备产生一个跳闸动作。对于循环流化床锅炉，当流化床燃烧室内达到正压极限时，锅炉保护将动作，停止输入燃料并切断所有送、引风机。在引风机后面的闭式挡板维持开启位置的同时，全开风机导向挡板，在引风机惰走作用下炉膛减压。

但是，由于流化床燃烧室是密闭的，因而存在着由于引风机惰走而迅速达到负荷极限的危险。为此，在引风机后面装了闭式挡板，其关闭时间为2s。当达到炉膛负压极限时，闭式挡板即可关闭，切断引风机的全部气流。

4. 吹扫

循环流化床锅炉在下列情况下需要进行吹扫：

（1）冷态启动之前；

（2）运行中主燃料跳闸使床温低于760℃；

（3）运行中给煤机故障使床温低于650℃；

（4）进行热态或温态启动之前。

吹扫时应使足够的风量进入炉膛，以将可燃气体从炉膛带走，并防止一切燃料入炉。吹扫时应确认入炉风量符合吹扫要求，执行吹扫程序直到达到规定时间。

四、固体物料循环系统的运行

固体物料循环系统能否正常投入运行，对循环流化床锅炉运行，特别是对锅炉负荷和燃烧效率具有十分重要的影响。

1. 返料装置的运行

图7-24为循环流化床锅炉上常用的返料装置。它由耐火材料与不锈钢钢板制成，将其分成Ⅰ灰室和Ⅱ灰室。其布风系统由风帽、布风板和两个独立的风室组成。风量由一次风管或单独的返料风管引来，由阀门控制。根据需要可分别调节Ⅰ灰室和Ⅱ灰室的风量，达到改变回送灰量的目的。锅炉点火投运一段时间后（如4h）返料装置中便积满了灰，这时

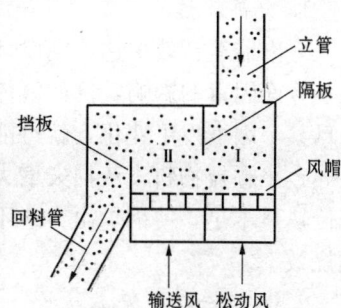

图7-24 U型阀结构示意

可投入灰循环系统。投运前，先从返料装置底部的放灰管排放一部分沉灰，然后逐渐缓慢开启Ⅰ灰室的风门，使其中的灰有所松动，再逐渐开启Ⅱ灰室的风门，将飞灰送入炉内。开启阀门时，要特别仔细，由于启动过程中物料惰性及摩擦阻力的影响，送风开始时飞灰不能送入。当风量加大到某一临界值后，飞灰则大量涌入炉内，致使床温骤降，甚至炉床熄火。所以，在准备投运飞灰循环时，可将床温调整到上限区内，以承受床温骤降的影响。同时，返料装置的风量控制阀门应密封良好，开启灵活，调节性能好。

飞灰循环系统投运后，要适当调整返料装置的送灰量。通过适当调整两个送风阀门的开度可以方便地控制循环灰量的大小。

2. 物料循环系统的工作特性

物料循环系统正常投运后，返料装置与分离器相连的立管中应有一定的料柱高度，这样一方面可阻止床内的高温烟气反窜入分离器，破坏正常循环，另一方面又具有压力差，使之维持系统的压力平衡。当炉内运行工况变化时，返料装置的输送特性能自行调整。如锅炉负荷增加，飞灰夹带量增大，分离器捕灰量增加；如返料装置仍维持原输送量，则料柱高度上升，压差增大，因而物料输送量自动增加，使之达到平衡。反之，如负荷下降，料柱高度亦随之减小，物料输送量亦自动减小，飞灰循环系统达到新的平衡。因此，在正常运行中，一般不需调整返料装置的风门开度，但要经常监视返料装置及分离器内的温度状况。当炉膛差压过大时，可从返料装置下灰管排放一部分灰，以减轻尾部受热面的磨损和减少后部除尘器的负担；也可排放沉积在返料装置底部的粗灰粒以及因磨损而使分离器壁面脱落下来的耐火材料，由于这些脱落物会对返料装置的正常运行构成危害。

第五节　循环流化床锅炉运行中的常见问题及处理方法

在循环流化床锅炉的运行中常常出现各种各样的问题，这些问题有循环流化床锅炉所特有的燃烧方面的问题，有与其他锅炉相同的汽水系统方面的问题，还有耐火材料、辅机及控制方面的问题等。下面仅就循环流化床锅炉所特有的一些问题比如锅炉达不到额定出力、受热面及耐火材料磨损、床内结焦、回料阀堵塞、耐火层脱落和炉墙损坏等问题及处理方法进行介绍。

一、锅炉达不到额定出力问题

循环流化床锅炉在运行中有时达不到额定出力，究其原因，主要有两方面的问题造成，即运行调整方面的问题和设计制造方面的问题，下面进行简要分析。

1. 分离器达不到设计效率

分离器运行效率达不到设计要求是造成锅炉出力不足的重要原因。由于分离器运行效率受多方面因素的影响，例如气体速度、温度、颗粒浓度与大小、二次夹带以及负荷变化等，一旦某个因素发生变化，就可能影响到分离器的运行效率。若分离器运行效率低于设计值，将导致小颗粒物料飞灰损失增大和循环物料量的不足，因而造成悬浮段载热质（细灰量）及其传热量不足，使锅炉出力达不到额定值，另外还可能造成飞灰可燃物含量增大，影响锅炉燃烧效率。

2. 燃烧份额分配不合理

燃烧份额与设计值不相符或设计分配不合理，将影响循环流化床锅炉正常运行中的物料平衡和热量平衡，从而影响锅炉的额定出力。

所谓物料平衡，是指炉内物料与锅炉负荷之间的对应平衡关系。物料的平衡包括三个方面的含义：一是物料量与相应物料量下锅炉负荷之间的平衡关系；二是物料的浓度梯度与相应负荷之间的平衡关系；三是物料的颗粒特性与相应负荷之间的平衡关系。即对于循环流化床锅炉的每一负荷工况，均对应着一定的物料量、物料浓度梯度分布和物料的颗粒特性。炉内物料量的改变，必然影响炉内物料的浓度、影响传热系数，从而使负荷发生改变。如果仅仅在量上达到了平衡，而浓度的分布不合理，也会影响炉内温度场的均匀性和热量的平衡。另外，即使上述两个条件均满足，但物料的颗粒特性达不到设计要求，也很难使负荷稳定（如颗粒分布影响到燃烧份额、传热系数等）。反过来说，在物料的颗粒特性与负荷不平衡的条件下达到物料和浓度分布的平衡是很难的。仅仅通过改变一、二次风比的方法来调整物料的浓度分布时，必然会影响到炉内的动力特性，而且物料的颗粒大小对炉内传热系数也会产生影响。

所谓热量平衡，就是指燃料在燃烧室内沿炉膛高度上、中、下各部位所放出的热量与受热面所吸收热量的平衡。只有达到这种平衡，炉内才能有一个较均匀、理想的温度场。一般来说，循环流化床锅炉燃烧室内横向、纵向温度差都不会超过50℃（一般在20℃左右）。只有在一个较理想的温度场下，炉内各部分才能保证实现设计的放热系数，工质才能吸收所需的热量，从而达到各部位热量的平衡，保证锅炉出力。

热量平衡与物料平衡是相辅相成的，要达到这两种平衡，必须使进入燃烧室内的燃料在上、中、下各部位的燃烧份额具有合理的分配值。如果在各部位的燃烧份额分配不合理，就必然造成局部温度过高，或温度场不均匀，从而使受热面吸收不到所需的热量，进而影响锅炉出力。因此，若要保证锅炉出力，首先保证物料平衡。

3. 燃料的粒径分布不合理

为了维持循环流化床锅炉的正常燃烧与物料循环，要求入炉煤中所含大、中、小颗粒的比例有一个合理的数值，也就是要求燃料有合适的粒度级配，这主要是由于不同粒径的颗粒具有不同的燃烧、流化和传热等特性。然而在我国目前投产的部分循环流化床锅炉中由于燃料来源不同、燃料制备系统选择不同，不能按燃料的破碎特性去选择合适的工艺系统和破碎设备，或者是燃料制备系统设计合理且适合设计煤种，但实际运行时由于煤种的变化而影响燃料颗粒特性及其级配，进而造成锅炉出力下降。

4. 受热面布置不匹配

悬浮段受热面与密相区受热面布置不恰当或有矛盾，特别是在燃烧煤种与设计煤种差别较大时，受热面布置会不匹配，锅炉负荷变化时导致灰循环系统的各处温度变化从而影响其安全经济运行，因此限制了锅炉的负荷。

5. 锅炉配套辅机的选择不合理

循环流化床锅炉能否正常运行，不仅仅是锅炉本体自身的问题，锅炉辅机和配套设备是否与锅炉相配套也会产生很大影响。特别是风机，如果它的流量、压头选择不当，将影响锅炉的燃烧与传热，同样也会影响锅炉的出力。

如何使循环流化床锅炉能够满负荷运行，这是设计、制造、使用单位需要共同解决的问题。经过几年来的实践，对循环流化床锅炉的工艺技术过程和运行特性的认识已经逐渐深入，通过细致地分析原因后，提出了一些切实可行的改善措施，例如，改进分离器结构设计，提高其分离效率；改进燃料制备系统，改善级配；在一定的燃烧份额分配下，采取有效的措施以保证物料平衡和热平衡；正确地设计和选取辅机及其外围系统；增设飞灰回燃系统和烟气再循环系统等，为循环流化床锅炉的满负荷运行打下了一定的基础。

二、磨损问题

流体或固体颗粒以一定的速度和角度对受热面和耐火材料表面进行冲击所造成的磨伤和损坏称为磨损。在循环流化床锅炉中磨损是其受热面事故的第一原因。

关于磨损的机理，影响磨损的因素以及防治措施等将在第八章中作详细介绍，现就运行中的几个注意问题进行简单说明。

1. 循环流化床锅炉中易磨损的主要部位

在循环流化床中，由于炉内固体物料的浓度、粒径比煤粉炉要大的多，所以循环流化床锅炉受热面的磨损要严重得多，但炉内的磨损并不是均匀的，一般磨损严重的部位有以下几处：

（1）布风装置中风帽磨损最严重的区域位于循环物料回料口附近。

（2）水冷壁磨损最严重的部位是炉膛下部炉衬、敷设卫燃带与水冷壁过渡的区域、炉膛角落区域以及一些不规则管壁等，这些不规则管壁包括穿墙管、炉墙开孔处的弯管、管壁上的焊缝等。

（3）二次风喷嘴处和热电偶插入处。

（4）炉内的屏式过热器。

（5）旋风分离器的入口烟道及上部区域。

（6）对流烟道受热面的某些部位，如过热器、省煤器和空气预热器的某些部位等。

2. 磨损的主要危害

循环流化床锅炉的磨损主要分受热面磨损和耐火材料及布风装置磨损。在受热面磨损中，不管是水管、汽管、烟管还是风管的磨损，轻者导致热应力变化、使其受热不均，重者造成爆管或使受热面泄漏，严重时导致锅炉停炉；耐火材料磨损会使耐火层脱落、锅炉漏风或加重磨损受热面；布风装置磨损将导致布风不均，严重时会使锅炉结焦，这些都将不同程度地影响锅炉正常运行及安全经济运行。

3. 磨损问题的处理

对于可能磨损或已经磨损的部位，检修中要进行认真检查并及时处理。如更换已磨损的风帽、防磨瓦及换热管，补修已磨耐火材料等，也可换成更合适的耐磨材料或加装防护件等，如：

（1）适合于流化床的防磨材料；

（2）采用金属表面热喷涂技术和其他表面处理技术；

（3）受热面加装防磨构件，安装防磨瓦等；

（4）某些特殊部位改变其几何形状，炉膛内表面的管子和炉墙，做到"平"、"直"、"滑"，不要有凸起部位。

对某些已严重磨损部位并在运行中发现时，如受热面特别是承压部件的受热面发生爆管、泄漏等时，应及时停炉维修，防止事故扩大。

三、结焦问题

结焦在循环流化床锅炉运行中较为少见，一般只在点火或压火过程中发生。但若在运行中出现如下现象，如风室静压波动很大、有明亮的火焰从床下窜上来、密相区各点温差变大等，这多半是发生了结焦。

1. 结焦的分类

结焦的直接原因是局部或整体温度超出灰熔点或烧结温度。一般将结焦分为高温结焦和低温结焦两种。

当床层整体温度低于灰渣的变形温度，由于局部超温或低温烧结引起的结焦。低温焦块的特点是带有许多嵌入的未烧结的颗粒。低温结焦不仅会在启动过程或压火时出现在床层内，有时也可能出现在炉膛以外，如高温旋风分离器的灰斗内，外置换热器及返料机构内。灰渣中碱金属钾、钠含量较高时较易发生低温结焦。要避免此种结焦，最好的方法是保证易发地带流化良好，颗粒均匀迅速地混和，或处于正常的移动状态（指分离器和返料机构内）。有些场合，向床内加入石灰石等补充床料也有助于避免低温结焦。

高温结焦是指床层整体温度水平较高而流化正常时所形成的结焦。当床料中含碳量过高而未能适时调整风量或返料量时，就有可能出现高温结焦。高温结焦的特点是面积大，甚至波及整个床，而且从高温焦块表面上看基本上是熔融的，冷却后呈深褐色，质坚块硬，并夹杂少量气孔。

2. 结焦的原因

（1）运行操作不当，造成床温超温而产生结焦。

（2）运行中一次风量保持太小，如低于最小流化风量，使物料不能很好地流化而堆积，悬浮段燃烧份额下降，这改变了整个炉膛的温度场，使锅炉出力降低。这时若盲目加大给煤量，会造成炉床超温而结焦。

（3）燃料制备系统的选择不当。燃料级配不合理，如粗颗粒份额较大，这样就会造成密相床超温而结焦。

（4）煤种不合适。对循环流化床锅炉运行来说，燃煤中挥发分含量低是一个不利条件，因为低挥发分煤会使炉膛下部密相区产生过多热量。解决这一问题的办法是将一部分煤磨细，使之在悬浮段燃烧。然而对既定的燃料制备系统来说，一般都是根据某一设计煤种来选取的，如果煤种的变化范围过大，就会使这种破碎系统不适应锅炉的要求，比如说这种煤恰恰是挥发分含量低的煤、运行人员又没及时发现时，就可能导致局部温度过高而发生结焦。

3. 结焦的防止与处理

为防止结焦的发生，在锅炉运行过程中，要特别注意合理控制床温在允许的范围内；运行风量不低于最小流化风量，保持相应稳定的料层厚度；燃料粒度在规定范围内，进行合理的风煤配比等。

无论是运行中还是点火中，一旦出现结焦，焦块就会迅速增长。由于烧结是个自动加速的过程，因此焦块长大速度往往越来越快。这样，及早发现结焦并予以清除是运行人员必须掌握的原则，因炽热焦块相对容易打碎，即使在运行或点火中也能及时处理。一旦出现严重结焦时，应立即停炉，实施打焦和清除小焦块操作，否则，残留的小焦块将对重新启动后的运行产生不利影响。

四、燃烧熄火

流化床燃烧是介于层状燃烧与煤粉悬浮燃烧之间的一种燃烧方式。其燃烧发生熄火的危险处于层状燃烧和煤粉燃烧之间。

1. 断煤造成的熄火

一般循环流化床锅炉燃烧熄火是由断煤引起的。流化床燃烧时，床中有大量灼热的床料，床温一般为850～1050℃，床料中95％以上是热灰渣，5％左右是可燃物质，主要是焦炭。而每分钟加入燃烧室中的新燃料仅占床料的1％左右。基本上为惰性物质的热床料——灰渣，不仅不与新加入的燃料争夺氧气，相反为新燃料的加热、着火燃烧提供了丰富的热量。因此，在循环流化床燃烧过程中，新加入燃料的着火和燃烧条件是很好的。当循环流化床燃烧发生短时断煤时，床料中5％左右的可燃物质仅能维持3～5min的正常燃烧。可见，循环流化床不燃烧过程中，只要保持连续给煤并根据负荷变化、煤种变化适当调整给煤量，一般是不会熄火的。

造成断煤的主要原因是煤的水分大于8％，使得煤在煤仓内搭桥、堵塞、不下煤等，这时如果运行人员不能及时发现、及时消除，就可能造成断煤熄火。

解决煤中水分过大的方法是设计合适的干燥棚，控制煤的水分低于8％，并加强给煤监视，如设计断煤警报器或语音提醒，及时提示运行人员注意。

2. 锅炉负荷大幅度变化时，燃煤调整不合理造成熄火

一般，当锅炉负荷增加时，要加风、加煤；相反，当锅炉负荷减小时，要减风、减煤。如果运行人员没有按规程进行这样的操作，在负荷增加的情况下，由于不及时加风加煤，会造成燃烧室温度不断降低，最终导致熄火。在负荷减小的情况下，会造成燃烧室温度不断升高，最终导致高温结渣而停炉。因此，当锅炉负荷大幅度变化时，运行人员应严格按运行规程进行操作。

3. 返料投入运行时控制不当，造成压灭火熄火

对中小容量的循环流化床锅炉，投返料不当、控制不合适时，也可能会将燃烧室的火压灭，造成熄火。有的运行人员经常习惯于在锅炉运行一段时间之后再投入返料，当返料量控制不好时，会造成大量返料进入燃烧室，这样容易将燃烧室的火压灭。因此，在投入返料时一定要严格监视、控制返料量，保证在床料正常燃烧的情况下，逐渐投入适量的返料量。

4. 煤的发热量变化较大时，调整不及时造成熄火

一般当燃煤的热值变低时，必须加大给煤量；当燃煤热值变高时，需要减少给煤量。如果不及时进行燃烧调整，在煤热值变低的情况下，燃烧室的温度会越来越低，最终导致熄火。相反，在煤热值变高的情况下，燃烧室温度也会越来越高，最终导致高温结渣而被迫停炉。因此，当煤的发热量变化较大时，运行人员应严格按运行规程进行操作。

5. 床底渣排放失控，造成流化床熄火

一定的床料量和一定的燃烧温度对应一定的锅炉负荷。较高的床料量和燃烧温度对应较高的锅炉负荷。一般，循环流化床锅炉底渣的排除方式有两种：一种是连续排底渣（大容量锅炉采用），一种是间断式排底渣（中、小容量锅炉采用）。连续式排低渣能够维持床料量不变，间断式排底渣只能使床料量维持在一定范围内。无论采用哪种排底渣方式，如果锅炉出现排底渣失控，例如床料量排放太多时，会使床料大大减少，床层厚度太薄，以至于不能维持稳定的燃烧温度，发生燃烧灭火。相反，如果底渣不能顺畅排除，造成床料越来越多，床层越来越高，使一次风机的压头不足，不能将床料流化起来，也会出现燃烧熄火。所以，在锅炉运行特别是负荷变化时，运行人员应注意控制好底渣排放量，使床料量与锅炉负荷相适应。

6. 点火过程中，油枪撤除过早造成熄火

采取床下预燃室和床上油枪点火，若撤油枪操作处理不当时，很容易引起熄火。一般当燃烧室温度达到850～900℃时，在逐渐撤除油枪的同时，要逐渐增加给煤量。确认加入的煤着火、燃烧温度有上升趋势时，再撤除最后一支油枪。撤除油枪时，流化介质温度由预燃烟气温度降到比环境温度稍高的温度，这时对燃烧带来较大冲击，如果油枪全部撤除后，发现燃烧温度下降较快、有熄火危险时，应迅速重新投入油枪助燃。

五、循环流化床燃烧爆炸事故

燃烧爆炸多发生在点火启动和燃烧操作、调整过程中，所以，在循环流化床锅炉点火启动和燃烧调整过程中，要特别注意预防燃烧爆炸。

1. 燃烧爆炸的基本条件

要发生燃烧爆炸，必然存在一定的条件。一般，燃烧爆炸的基本条件有四个：

(1) 有大量的可燃气体，如 H_2、CO、C_xH_y 等。

(2) 有充足的氧气。

(3) 有明火源。

(4) 在一个比较密闭或流通不好的容器内。

当这四个条件同时具备时就会产生燃烧爆炸。若有可燃气体和氧，没有明火源时，是不会发生燃烧爆炸的。若具备了上述前三个条件，但在流通条件很好时，即使可能发生爆燃——大的燃烧脉动，也不会发生燃烧爆炸，因此，第4个条件是产生燃烧爆炸的决定性因素。

2. 燃烧爆炸的主要原因

点火启动是循环流化床锅炉燃烧最不稳定的过程，该过程处理不好时容易发生燃烧爆炸。点火过程中有一个挥发分析出、着火燃烧、焦炭着火燃烧的过程。在这个过程中氧量是过剩的；可燃气体等挥发分物质未完全燃烧，进入燃烧室上部；挥发分一着火便有火星和火苗。点火阶段燃烧爆炸四个基本条件中的前三个是存在的。只要第四个爆炸条件一具备，就有发生燃烧爆炸的可能。所以，在点火过程中，避免第四个条件的形成，对防止燃烧爆炸是极其重要的。大于35t/h的循环流化床锅炉多采用油预燃室点火，但也有少数为了节省点火费用，采用木炭、木柴点火的。点火过程不顺利，发生燃烧爆炸的可能性就大。如果点火未成功，在再点火之前必须进行一段时间的清扫（开启引风机和送风机，清扫上次点火过程中产生的可燃气体），否则会造成大量可燃气体积累在燃烧室内，一遇氧气和火源即可引起燃烧爆炸，小则燃烧室防爆门爆开，大则燃烧室爆炸，造成严重设备毁坏和人身伤害。

燃烧调整、操作失误可造成燃烧爆炸。燃烧调整和运行操作过程中，由于操作失误会造成大量燃料进入燃烧室，产生大量可燃气体，当遇空气并达到可燃气体与氧气爆炸比，又有火星存在时，便会发生爆炸。

3. 预防燃烧爆炸的主要措施

燃烧爆炸是锅炉最为严重的事故之一，除会造成严重的设备损坏、巨大的经济损失外，还可能带来人员伤亡。预防燃烧爆炸事故的发生是运行人员应注意的头等大事。预防的具体事项如下：

（1）熟悉燃烧爆炸的四个基本条件。在点火和运行操作过程中避免大量的可燃气体在燃烧室内存积、停留。点火和压火启动之前必须清扫可能产生的可燃气体。

（2）锅炉燃烧室上部设计防爆门，以减轻可能的燃烧爆炸对设备的损坏。

（3）风室要布置有防爆门。

（4）要有健全的点火操作规程，严格的防爆炸措施。

（5）操作人员要严格按操作规程操作。

（6）正确处理燃烧过程中的事故，如床料多、熄火等事故，防止燃烧爆炸。

（7）点火时床料中引子煤不要加入过多。达到煤着火温度后，加煤要加加停停，断定加入的煤着火之后，随床温的上升逐渐加大给煤量，防止点火过程中加煤过多，引起爆燃或爆炸。

六、床底渣及飞灰含碳量高

1. 床底渣含碳量高的原因分析

一定直径的煤颗粒在燃烧室中燃烧时，需要一定的燃烧时间，由实验确定的碳粒子燃尽时间的经验公式为

$$\tau_c = 8.77 \times 10^9 \exp(-0.01276 T_b) d_c^{1.16} \tag{7-9}$$

式中　τ_c——碳粒子的燃尽时间，s；

　　　T_b——床温，℃；

　　　d_c——碳粒子的直径，cm。

可以发现：流化床中碳粒子的燃尽时间与床温有关，床温提高，燃尽时间缩短；燃尽时间与碳粒子直径的 1.16 次方成正比，粒子直径大，燃尽时间长。在床内燃烧的碳颗粒，如果其在床内的停留时间大于其燃尽时间 τ_c，则碳粒可以燃尽，否则由于碳颗粒未燃尽，其含碳量就会增加。

表 7-6 是按式（7-9）计算出来的粗颗粒煤在浓相床内的燃尽时间 τ_c 随床温和煤粒径变化的部分数值。

表 7-6　　　　　　　　　　　燃尽时间 τ_c 与煤粒径和床温的关系

温度（℃）　　　　煤粒径（mm） 燃尽时间 τ_c（min）		1.0	2.0	3.0	4.0	5.0	8.0	10.0
950	τ_c	1.69	3.77	6.03	8.43	10.92	18.80	24.40
900	τ_c	3.20	7.14	11.43	15.69	20.67	35.66	46.19
850	τ_c	6.05	13.51	21.13	30.20	39.12	67.49	89.42
800	τ_c	11.45	25.58	40.94	57.16	74.05	127.73	165.47

图 7-25 给出了 75t/h 循环流化床锅炉燃烧不同热值煤种时，粗碳粒子（1～10mm）在燃烧室浓相床内的平均停留时间。

表 7-7 是 75t/h 循环流化床锅炉燃烧不同热值煤种时，粗粒子在浓相床内的停留时间。

表 7-7 不同热值煤种粗粒子在浓相床内的停留时间（75t/h 循环流化床锅炉）

煤热值（kJ/kg）	4180	8360	12540	16720	20900	25080
煤耗（kg/h）	66000	33000	22000	16500	13200	11000
粗粒子份额（δ）	0.5			0.4		
停留时间（min）	6.2	12.4	18.6	19.84	24.8	29.76

可以看出：

（1）与燃烧高热值煤相比，燃烧低热值的煤时，煤粒在浓相床内的停留时间较短。

（2）当煤的热值为 4180kJ/kg 时，其在浓相床内的停留时间仅为 6.2min，而当煤的热值为 25080kJ/kg 时，停留时间为 29.76min。它们的停留时间相差近 5 倍。

（3）实际运行中，随床温的提高、颗粒的减少，其燃尽时间缩短。

由此可知，床底渣含碳量高的主要原因有三个：一是床温偏低；二是平均颗粒偏大；三是煤种变化使煤的热值偏低。

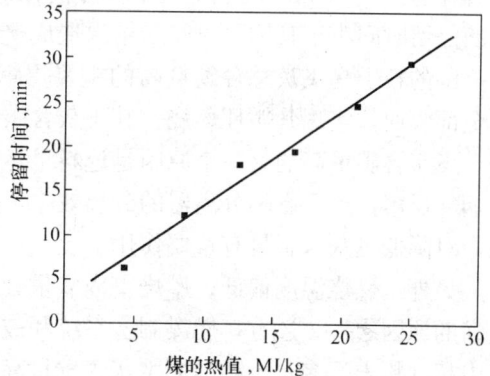

图 7-25 燃烧六种热值不同的煤时（75t/h CFB 锅炉）粗粒子在浓相床内的平均停留时间

2. 床底渣含碳量高时应采取的措施

（1）适当延长低热值煤粒子在燃烧室内的停留时间。为了延长低热值煤粒子在燃烧室下部浓相床内的停留时间，使之与其燃尽时间相匹配，在新设计锅炉时应将浓相床容积（$H_b A_d$）设计得尽可能大一些；对已运行的锅炉，在维持合理燃烧温度条件下，应适当提高运行料层厚度。

（2）适当提高床内的燃烧温度。随着燃烧温度的提高，不同煤粒的燃尽时间都大为缩短。由表 7-6 可知，当燃烧温度从 800℃ 提高到 950℃ 时，燃尽时间将缩短为原来的 $\frac{1}{6} \sim \frac{1}{7}$。

实际运行表明：75t/h 循环流化床锅炉设计烧优质煤时，在 950℃ 的燃烧温度下，所有粗煤粒（1~10mm）的燃尽时间几乎都小于它们的停留时间。但当燃烧温度为 800℃ 时，只有粒径小于 1mm 煤粒的燃尽时间才小于其停留时间。也就是说，在 950℃ 或更高的燃烧温度下，1~10mm 的煤粒均能燃尽，床底渣含碳量低；但当燃烧温度低于 950℃ 时，较大的煤粒均有燃不透的可能。因此，在其他条件允许的情况下，可适当提高燃烧温度，以降低床底渣含碳量。

（3）改善燃烧室的氧量分布。受二次风穿透深度的限制，一般，燃烧室中心区域缺氧比较严重，而在燃料的非加入侧则存在富氧区。缺氧区煤粒燃烧不完全，会造成床底渣含碳量高。运行中可采用大动量的二次风，增加二次风的穿透深度，改善燃烧室中心区的燃烧效果。另外，在加煤侧适当多加二次风，非加煤侧少加二次风，以适应它们对氧量的不同要求，可降低床底渣含碳量。

（4）合理布置给煤口和排渣口的位置。给煤口离排渣口太近时，有的煤会产生短路，来不及燃烧就从排渣口排出，造成床底渣含碳量增高。其解决的措施是合理布置给煤口和排渣口的位置，使它们之间的距离不要太近。

3. 飞灰含碳量高的主要原因

循环流化床锅炉飞灰含碳量高的主要原因是分离器收集下来的细粒子不能实现在循环床内的循环燃烧。一般，直径为 $20\mu m$ 以下的焦炭粒子由于其燃尽时间小于粒子在燃烧室内一次通过的停留时间，这些粒子的燃尽度是很高的，它们对飞灰总含碳量的贡献可以不考虑；对直径为 $50\sim100\mu m$ 的焦炭粒子，分离器的收集效率不高，导致大部分焦炭粒子在燃烧室内的停留时间小于其燃尽时间，结果造成这些粒子的碳燃尽程度变低，飞灰含碳量增高，这个范围的粒子是飞灰总含碳量高的主要贡献者；对直径为 $200\mu m$ 左右的焦炭粒子，分离器可全部收回，实现其循环燃烧，其飞灰含碳量接近于零。

飞灰含碳量高的另一个原因是返料量运行不正常。如果返料器运行不稳定，就可能会发生烟气反窜，严重影响分离器的分离效率，造成飞灰含碳量增高。经常监视返料器的工作状态，对降低飞灰含碳量有重要作用。

另外，燃烧温度偏低、燃烧室内氧量分布不均匀、燃烧室内中心区缺氧，也是飞灰含碳量高的原因之一。还有，燃煤制备系统和破碎设备选择不合理，燃料存在过破碎现象，使燃煤中超细粉末过多，也会造成飞灰含碳量高。

4. 降低飞灰含碳量的措施

(1) 合理选择燃烧温度。由式（7-9）可知，碳粒子的燃尽时间 $\tau_c \propto e^{-0.0127\tau_b}$。床温提高，碳粒子燃尽时间缩短，燃尽时间缩短有利于降低飞灰含碳量。为了防止床料结渣和控制 NO_x 的生成量，对低硫无烟煤，燃烧温度选高一些，有利于降低飞灰含硫量，一般取 $950\sim980℃$；对低硫烟煤燃烧温度取 $900\sim950℃$；对高硫无烟煤和烟煤，考虑到脱硫效果和减少石灰石消耗量，燃烧温度选低一些，一般取 $840\sim890℃$，烟煤取低值，无烟煤取高值。

(2) 合理分布燃煤粒度。按炉型、煤种等制备合理的燃煤粒度，一般要求燃煤中大颗粒和过细颗粒所占百分比要小，中等尺寸颗粒所占百分比要大，这样有利于床料良好流化，有利于降低飞灰和床底渣的含碳量。实际运行表明：燃煤粒度分布不合理是造成飞灰含碳量高、金属受热面和耐火防磨内衬磨损严重的主要根源。

(3) 提高分离器的分离效率。由于循环流化床锅炉飞灰含碳量高的主要原因之一是分离器收集下来的细粒子（$50\sim100\mu m$）一次通过燃烧室时，它们的停留时间小于其燃尽时间，使得碳粒子燃尽率低，导致飞灰含碳量高。选择高效率的分离器，优化分离器的结构以提高分离效率，特别是进一步提高细粒子的分离效率，保证细粒子能有效地返回燃烧室内充分燃烧，将有利于充分降低飞灰含碳量。

(4) 选择合理的飞灰循环倍率。实验与锅炉上的实际测量表明，采用飞灰再循环燃烧能显著提高燃烧效率，降低飞灰含碳量。当然，飞灰再循环倍率的合理选取要根据锅炉炉型、锅炉容量大小、对受热面和耐火内衬的磨损、燃煤种类、脱硫剂的利用率和负荷调节范围来确定。

(5) 采取除尘灰再循环燃烧。对较难燃尽的无烟煤，采取分离灰循环燃烧之后，飞灰含碳量仍然较高。为了进一步降低飞灰含碳量，一个比较有效的措施是采取除尘灰再循环燃烧。据介绍德国一台循环流化床锅炉，当分离灰再循环倍率为 $10\sim15$ 时，飞灰含碳量约为 23%。为了降低飞灰含碳量，采用了除尘灰再循环燃烧，其影响曲线见图7-26。可以看出，除尘灰再循环倍率为 0.3 时，飞灰含碳量约降低了 10%，除尘灰再循环倍率为 0.6 时，飞灰含碳量从 23％降到了 4％，可见，除尘灰再循环燃烧对降低飞灰含碳量是十分有效的。

七、煤斗堵煤问题及解决措施

在循环流化床锅炉运行中，煤斗的事故率较高，经常会产生煤斗堵煤的问题。

1. 煤斗堵煤的原因

（1）没有充分考虑流化床燃煤颗粒的具体情况。在设计流化床煤斗时，有些厂家参照了链条炉的设计，把煤斗设计成了长方形，且为了保证满足锅炉满出力 8h 以上的贮煤量，成品煤仓的容积相对较大。成品煤堆积在锥形煤仓内受到煤的挤压，使煤粒与煤仓壁之间产生摩擦力，越接近下煤口，摩擦力和挤压力越大，因此在靠近下煤口处的煤易搭桥，形成堵塞。

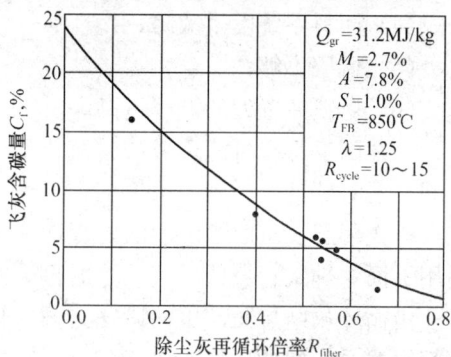

图 7-26　除尘灰再循环对降低
飞灰含碳量的影响
Q_{gr}—煤高位发热量；T_{FB}—床温；
R_{cycle}—分离灰再循环倍率

（2）水分含量较高时，煤粒间的黏着力较大，容易造成煤在煤斗内堵塞。

（3）煤的颗粒相对较小时，单位质量煤粒的表面积增大，使粒间的黏附力增加、煤的流动性恶化，从而造成堵塞。

（4）煤斗下煤口的尺寸相对比较小时，容易在下煤口处发生搭桥。

（5）黏结在煤斗壁上的块状煤脱落后也易造成煤斗下煤口处堵煤。

2. 解决煤斗堵煤的措施

（1）为了减小成品煤与煤斗壁间的摩擦力，可把成品煤斗的四壁与水平面的倾角设计成大于 70°。

（2）为了减小煤粒与仓壁之间的摩擦力，仓壁内衬可采用不锈钢板或高分子塑料板——聚氯乙烯板。

（3）适当减小原煤仓的容积，并在给煤机入口煤闸门下的煤仓壁上装设电动振动装置。

（4）适当增大下煤口的尺寸，同时将煤仓与给煤机相连接部分的金属斗加工成双曲线形。

（5）运行中当发现某台给煤机的给煤量发生异常波动时，一般是下煤管堵煤的前兆，应启动相应的空气炮，并就地启动电动振动装置，直到给煤机出力正常；在雨天或煤中水分含量较大时，应定期开启空气炮和电动振动装置以松动煤仓煤粒，保证正常给煤。

（6）如果锅炉计划停运时间较长，在停炉前应尽量把煤仓的煤烧空，以免仓里的细煤受潮结块、搭桥，造成下次开炉时堵塞。

八、返料装置堵塞问题

返料装置是循环流化床锅炉的关键部件之一，如果返料装置突然停止工作，将会造成炉内循环物料量不足，汽温、汽压急剧降低，床温难以控制，危及锅炉的负荷与正常运行。

一般返料装置堵塞有两种情况：一是由于流化风量控制不足，造成循环物料大量堆积而堵塞。第二是返料装置处的循环灰高温结焦而堵。造成结焦的原因有以下几方面：

（1）返料装置下部风室落入冷灰使流通面积减小；

（2）风帽小孔被灰渣堵塞，造成通风不良；

（3）循环物料含碳量过高，在返料装置内二次燃烧；

（4）回料系统发生故障；

（5）风压不够；

（6）返料装置处的温度过高。

上述因素都有可能造成物料流化不良而最终使返料装置发生堵塞。返料装置堵塞要及时发现，及时处理，否则，堵塞时间一长，物料中可燃物质可能会再次燃烧，造成超温、结焦，扩大事态，从而给问题的处理增加了难度。一般处理这种问题时，需要先关闭流化风，利用下面的排灰管放掉冷灰，然后再采用间断送风的方式投入回料。

由循环灰结焦而产生的堵塞与循环物料的流化程度、循环物料的温度、循环物料量的多少都有关系。如循环倍率太高、返料装置处漏风等，都会造成局部超温结焦而堵塞。为避免此类事故的发生，应对返料装置进行经常性检查，监视其中的物料温度，从观察孔看返料灰的流动情况，对采用高温分离器的回料系统，要选择合适的流化风量和松动风量，随着工况的变化经常对其进行调节，并注意防止返料装置处漏风。

九、烟道内可燃物再燃烧问题

在循环流化床锅炉运行中，有时可能发生烟道内可燃物再燃烧问题，这时会出现以下现象，如排烟温度急剧增加，一、二次风出口温度也随之升高；烟道内及燃烧室内的负压急剧变化甚至变为正压；烟囱内冒黑烟，从引风机壳体不严处向外冒烟或向外喷火星等。

产生这种问题的原因主要有三个：一是燃烧调整不当，配风不合理，导致可燃物进入烟道；二是炉膛负压过大，将未燃尽的可燃物抽入烟道；再就是返料装置堵灰使分离器效率下降，致使未燃尽颗粒直接进入烟道。

当烟道内出现可燃物再燃烧时，可采取如下措施：如发现烟气温度不正常的升高时，应加强燃烧调整，使风煤比调整到合适的范围内；如发现该现象是由于返料装置堵灰造成的，应立即将返料装置内的堵灰放净，若锅炉在运行状态无法将灰放净时，可请示停炉后放净；如果烟道内可燃物再燃烧使排烟温度超过一定数值（如 300℃以上），应立即停炉（可作压火处理），严密关闭各人孔门和挡板，严禁通风，然后在烟道内投入灭火装置或用蒸汽进行灭火，当排烟温度恢复正常时可再稳定一段时间，然后再打开人孔门进行检查；确认烟道内确无火源并经引风机通风约 15min 后方可启动锅炉。

十、耐火层脱落问题

由于循环流化床运行在高温条件下，启停及负荷变化容易造成反复的热冲击，炉内又有大量高速运动的高温固体物料的冲击，因此在燃烧室中需要使用耐火材料来对受热面等进行保护。另外在高温分离器、外置式换热器、烟道及物料回送管路等处也要使用大量耐火材料。然而运行中，耐火材料经常会由于种种原因造成耐火材料脱落，调查表明在锅炉事故中因耐火层脱落而造成的事故约占 15%，它是仅次于受热面磨损的第二大事故原因。

1. 循环流化床锅炉耐火材料破坏的主要原因

（1）由于温度波动和热冲击以及机械应力造成耐火材料产生裂缝和剥落。温度波动时，由于耐火材料骨料和黏合料间热膨胀系数不同而形成内应力，从而破坏耐火材料层，造成耐火材料内衬的裂缝和剥落。温度快速变化造成的热冲击（如启动过程中）可使耐火材料内的应力超过抗拉强度而剥落。机械应力所造成的耐火材料的破坏则主要是由于耐火材料与穿过耐火材料内衬处金属件间热膨胀系数不同而造成的，在设计时若不考虑适当的膨胀空间就会造成耐火材料的剥落。

（2）由于固体物料对耐火材料的冲刷而造成耐火材料的破坏。循环流化床锅炉内耐火材料易磨损区域包括边角区、旋风分离器和固体物料回送管路等。实验数据表明，耐火材料的磨损随冲击角的增大而增加，因此在进行旋风分离器、烟道等设计、施工中时，应使冲击角尽量小。

除上述两种主要原因外，在循环流化床锅炉中还会因碱金属的渗透而造成耐火材料渐衰失效和因渗碳而造成耐火材料的变质破坏。

2. 耐火层脱落的防止措施

要防止耐火层脱落，一方面应从设计角度选用性能良好的耐火材料。在敷设时采用几种不同材料进行分层敷设，并可在衬里内添加金属纤维增加其刚性和抗冲击能力。另外，在锅炉启停过程中，应限制升温或降温的速度，防止产生过大的热应力。

十一、炉墙损坏问题

锅炉炉墙的损坏，包括炉墙砖及耐火砖的局部跌落、开裂、结焦、鼓疱和倒塌等。在锅炉运行中如发现：锅炉顶部梁烧红、锅炉钢架主柱烧红、保护炉墙钢架变色等，均说明炉膛耐火砖不严密，或有开裂或有掉落，以致倒塌；炉墙损坏时还可能会发现炉墙与钢架、过墙管、炉墙转角处等有石棉填料大量跌落。以致冷风侵入炉膛过多，影响炉膛温度的升高，锅炉无法带起负荷；炉墙砖严重凸出、开裂，锅炉继续运行有倒塌的危险。

1. 炉墙损坏的主要原因

（1）砖的质量不良，规格不一，耐火度低，强度不足，砖缝大小不一等，且超出标准要求。灰浆配制比例不符合要求，耐火度低，砖的棱角不齐。

（2）设计不合理，安装、检修质量不高。炉墙阻碍锅炉受压部件的正常膨胀。

（3）安装或移装后，烘炉时间不足或升温过急，炉墙不够干燥，即升压供汽；冷炉点火时，点火时间太短；锅炉启停次数频繁，且每次停开较急，不符合规程要求。

（4）经常使炉膛处于正压下运行，炉膛温度过高；或飞灰熔点低，炉膛挂焦严重。

2. 处理炉墙损坏问题的主要措施

对于钢架和梁的烧红及炉墙有倒塌危险的情况，应紧急停炉，并组织人力、物力，迅速检修；对于跌落少量耐火砖、外墙开裂、伸缩缝不严密等损坏，应加强运行中的检查，减少锅炉停开次数，延长生火、升压时间，暂时维持运行，待锅炉停用后检修；炉墙有轻微损坏时，应严格控制炉膛的运行负压。

第八章

循环流化床锅炉的磨损及预防

循环流化床锅炉与传统的煤粉锅炉不同，炉内床料在烟气携带下沿炉膛上升，经炉膛上部出口进入分离器，在分离器中进行气、固两相分离，被分离后的烟气经分离器上部出口，进入锅炉尾部烟道，被分离出来的固体粒子，经返料阀再返回炉膛下部。在循环流化床锅炉的运行中，含有燃料、燃料灰、石灰石及其反应产物的固体床料，在炉膛—分离器—返料阀—炉膛这一封闭循环回路里处于不停的高温循环流动中，并在炉内以 $850\sim950℃$ 进行高效率燃烧及脱硫反应。除床料在这一回路中作外循环流动外，在重力作用下，床料在炉内不断地进行内循环流动。因此，在循环回路的相应部位会产生一定的磨损。磨损严重时不仅影响锅炉的安全运行，还可能限制循环流化床锅炉某些优点的发挥，磨损使锅炉的运行维护费用增大，机组利用率降低，给企业生产带来损失。因此，调查分析循环流化床锅炉磨损原因，针对磨损现状采取必要的措施，对安全生产、提高机组运行效率、发挥循环流化床锅炉的优点等都有重要的现实意义。本章主要介绍循环流化床锅炉的磨损现状、机理、影响磨损的因素及主要防磨措施。

第一节 循环流化床锅炉的磨损与原因分析

通过对运行循环流化床锅炉的经验积累和实测分析，结果表明：循环流化床锅炉可能磨损的部位有承压部件、内衬、旋风分离器、布风装置及返料装置等，如图 8-1 所示。

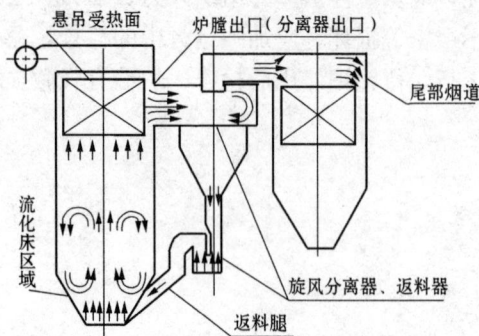

一、磨损的概念及评价方法

在工程上，由于机械作用、间或伴有化学或电的作用，物体工作表面材料在相对运动中不断发生损耗、转移或产生残余变形的现象称为磨损。按照磨损机理不同，可把磨损分为黏着磨损、磨料磨损、腐蚀磨损、疲劳磨损、冲蚀磨损和微动磨损等。在循环流化床锅炉中，受热面、金属部件和耐火材料的磨损主要表现为冲蚀磨损。冲蚀磨损是指流体或固体颗粒以一定的速度和角度对材料表面进行冲击所造成的磨损。冲蚀磨损存在两种基本类型：一种为冲刷磨损，另一种为撞击磨损，这两种磨损造成冲蚀表面流失过程的微观形貌是不完全相同的。对于冲刷磨损，颗粒与固体表面的冲击角较小，甚至接近平行；颗粒垂直于固体表面的分速度使它镶入被冲击物体，而颗粒与固体表面相切的分速度使它沿物体表面

图 8-1 循环流化床锅炉主要磨损部位

滑动，两个分速度合成的效果起一种刨削作用，固体表面的磨损速率随时间延长变化不大。对于撞击磨损，颗粒相对于固体表面的冲击角较大，或接近于垂直，以一定的运动速度撞击固体表面使其产生塑性变形或显微裂纹，长期、大量颗粒的反复撞击使得固体表面疲劳破坏，随时间迁移，磨损速率有增长的趋势，甚至变形层脱落，最终导致磨损量突升。

为了说明材料磨损的程度及耐磨性能，常用磨损量、磨损率、耐磨性等作为评价材料磨损性能的指标。

1. 磨损量

根据部件表面尺寸的改变来确定总耗损量，常用长度变化、体积变化和质量变化来表示，如常用的线磨损量 W_l、体积磨损量 W_v 和质量磨损量 W_w 等。显然，在其他条件相同的情况下，磨损量越大，部件材料抵抗磨损的性能越差。

2. 磨损率

在所有情况下磨损都是时间的函数，用 W_t 表示时间的特性，工程上常用磨损量与发生磨损所经历的时间的比值来表示磨损率。

3. 耐磨性

耐磨性指在一定工作条件下材料抵抗磨损的性能。材料耐磨性分为相对耐磨性和绝对耐磨性两种。相对耐磨性 ε 是指两种材料 A 与 B 在相同的外部条件下磨损量的比值，其中材料 A 是标准（或参考）试样，如 $\varepsilon_A = W_A/W_B$，磨损量 W_A 和 W_B 一般采用体积磨损量。绝对耐磨性是用磨损率或磨损量的倒数表示，即 W^{-1} 或 W_t^{-1}。在工程上一般采用后者，如某耐磨耐火砖在 1000℃、3h 后耐磨性为 10cm³，这表明：$W_t^{-1} = 3 \times 10^{-4}$ h/mm³。W_t^{-1} 值越大，其耐磨损性能越好。

各种评定指标的符号和单位见表 8-1。

表 8-1　　　　　磨损量的符号和单位

名　称		符　号	单　位
磨损量	长度	W_l	μm，mm
	体积	W_v	μm³，mm³
	质量	W_w	g，mg
磨损率		W_t	μm/h，mm³/h，mg/h
耐磨性		W_t^{-1}	h/μm，h/mm³，h/mg
		W^{-1}	1/μm，1/mm³，1/mg

二、循环流化床锅炉受热面的磨损

循环流化床锅炉的受热面主要包括炉膛水冷壁、炉内受热面（包括屏式翼形管、屏式过热器、水平过热器管屏）、尾部对流烟道受热面、外置式换热器等，国内制造的循环流化床锅炉有的还在密相区布置有埋管受热面。运行经验和理论分析表明，当物料流动方向与受热面管束表面方向一致且管束表面比较光滑时，磨损速率较小且比较稳定；当管束表面较粗糙时，摩擦阻力较大，磨损速率也较大。物料流动方向与管束表面夹角增大，磨损速率相应增大。当物料密度大、粒度大、硬度大时，磨损速率也大。管束表面处于较高温度下，其硬度较大，耐磨性相对较好，磨损速率也较小。

（一）受热面磨损的原因分析

受热面的磨损是由冲刷、冲击和微振磨损造成的。冲刷磨损是指烟气、固体物料的流动方向与受热面（或管束）平行时固体物料冲刷受热面而造成的磨损；冲击磨损是指烟气、固体物料的流动方向与受热面（或管束）呈一定的角度或相垂直时固体物料冲击、碰撞受热面而造成的磨损；微振磨损是指传热条件下传热管与支撑件之间产生垂直运动而导致的传热管管壁损耗现象。

1. 冲刷磨损

（1）虽然烟气、物料流动方向与管束总体布置方向一致，但因管束局部存在凹起或凸起致使流动在其附近发生突变，进而对该部位造成快速磨损，直到凹起或凸起与附近区域达到平缓过渡，磨损才迅速减缓。如水冷壁管连接的焊口、筋片、耐火材料接缝处如果有凹陷或凸起，不但对连接部位的焊口、筋片会造成快速的磨损，而且还将对附近的水冷壁造成冲刷磨损，这是由于物料流经凹陷或凸起部位时改变方向，直接冲击水冷壁的某个部位，冲击摩擦力和损失较大，造成该处水冷壁的快速冲刷磨损。

（2）因某一部位存在凸台或堆积物料致使物料流动发生转向，并在附近区域产生涡流，进而对该部位造成严重磨损。比如砂粒沿水冷壁自上而下落到耐火材料上沿时，将迅速改变方向，此处没有上行的气流流化，在上沿角内沉积的砂从耐火层边缘流出时，又被上行的流化风托起，沿水冷壁落下，如此反复形成涡流，该处涡流物料密度特别大，由于在炉膛下部粒度也较大，因而必将造成该部位的快速而严重的磨损。

2. 冲击磨损

（1）当携带物料的烟气以切向或一定角度掠过管束时，物料将从切向或角向撞击管壁，产生较大面积的磨损。特别是当气流速度较快时，会产生严重磨损。其磨损程度与其物料流动方向和速度关系较大。比如炉膛出口侧水冷壁，因其物料撞击方向与速度不一样，其磨损程度沿前面方向和烟道上下高差分布也不一样，越接近出口磨损越严重，越靠近上部越严重，与出口烟道接相齐位置最严重。由于出口烟气物料有旋转，前后方向的中部磨损也应比较严重，这是由于离出口越近，物料的速度越高，浓度越高，而上部的物料在碰撞改变方向后一部分被烟气带走，一部分沿水冷壁管掉入炉膛，越靠近下部水冷壁掉下的物料越多，形成了部分保护层，而此处的物料切向冲刷水冷壁时，有的只冲刷了物料，从而减轻了物料对水冷壁的冲刷。若在施工工艺上未加注意，安装时将某跟管子偏离整体平面而凸向炉膛，该管子将首先被快速磨损。

（2）当携带物料的烟气垂直掠过管束时，所产生的磨损速度是所有磨损形式中速度最快的，这是由于物料与管束垂直撞击，能量损失最大，管束表面承受的冲击和磨损也最大，如布置在炉中部的二级过热器和烟道进口一、二排拉稀水冷壁管。同时，由于烟气流速分布的差别，其携带的物料密度也有差别，当烟气从旋风分离器出来进入烟道时，上部烟速最高，携带的物料浓度最大，对一、二排水冷壁管上部磨损也最严重。另外，沿水平方向磨损也不一样，中部最严重，也是烟速最高、物料密度最大造成的，而二级过热器前面的烟气均匀，磨损也就基本一致。

3. 微振磨损

微振磨损主要是发生在外置式换热器中的一种磨损形式。微振磨损发生在与传热管支撑件相接触的传热管管壁。在常温下传热管与支撑件之间紧固，不产生相对运动。在高温下，传热管与支撑件之间可产生垂直运动，因而产生微振磨损。

（二）不同受热面的磨损

1. 炉膛水冷壁的磨损

水冷壁管的磨损是受热面磨损中最严重的部位之一。根据管壁各部位磨损的现状，炉膛水冷壁主要分为以下两种情况。

（1）水冷壁与耐火材料交接处的磨损：大多数早期设计的循环流化床锅炉燃烧和吸热是

分开的，吸热主要是在对流烟道和外置换热器中完成的。因此整个炉膛都敷设耐火材料，这对水冷壁有很好的保护作用，对这类循环流化床锅炉而言，水冷壁管的磨损问题不大。后期设计的循环流化床锅炉为了增加蒸发受热面，在炉膛稀相区内的水冷壁不再敷设耐火材料，仅在炉膛下部浓相区的水冷壁管上敷设耐火材料。如 220t/h 循环流化床锅炉，其炉膛下部敷设耐火材料的高度通常为 5m 左右。这样在耐火材料与水冷壁的交界和过渡区域，气—固两相的正常流动发生变化，导致此区域的水冷壁磨损。浙江大学等单位通过冷态试验发现，转折区的凸台改变了下滑颗粒的流动方向，使该处磨损速率比壁面磨损速率高 5～10 倍，并且转折角越大磨损越严重。

图 8-2 为水冷壁管与耐火材料过渡区域的磨损示意图，可以看出磨损发生在炉膛下部耐火材料与水冷壁管的交界处。国内外早期循环流化床锅炉此处的磨损现象都比较严重，如图 8-3（a）是某国产循环流化床锅炉的过渡区域示意，采用该种结构时，耐火材料与水冷壁管交界处的磨损相当严重。国外主要循环流化床锅炉制造厂家如 Pyropower、ABB-CE、B & W、Lurgi 等生产的循环流化床锅炉也都出现过类似现象。Pyropower 公司生产的一台安装于美国加州 Stockton 的 49.9MW 循环流化床锅炉，炉膛下部耐火材料高度约为 4.6m，燃用低硫煤，其水冷壁管在耐火材料过渡区域焊有防磨盖板延伸至水冷壁管以上 100mm。在运行 8 天后就发现防磨盖板有明显的磨损，再继续运行 5 周以后已扩展至水冷壁管本身。所测得的最大磨损率高达 5.2mm/kh。图 8-4 为 Pyropower 公司早期循环流化床锅炉耐火材料与水冷壁过渡区域的示意，图 8-5 为循环流化床锅炉耐火材料与水冷壁过渡区域固体颗粒流动示意。

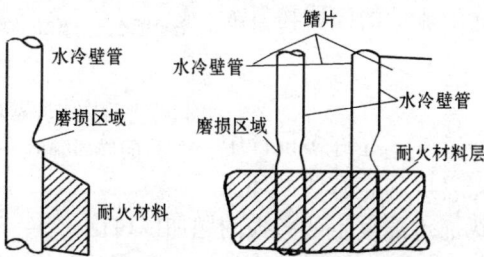

图 8-2　水冷壁管耐火材料过渡区域的磨损

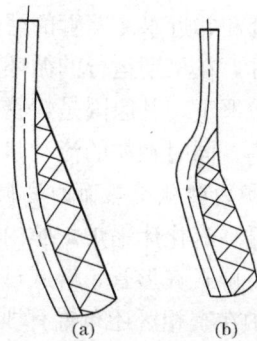

图 8-3　某锅炉厂第二代与
第三代 CFBB 过渡区示意

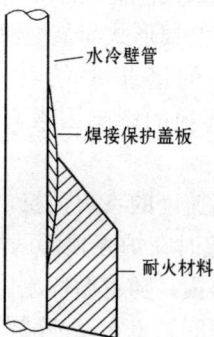

图 8-4　Pyropower 公司早
期 CFBB 耐火材料与水冷壁
过渡区域示意

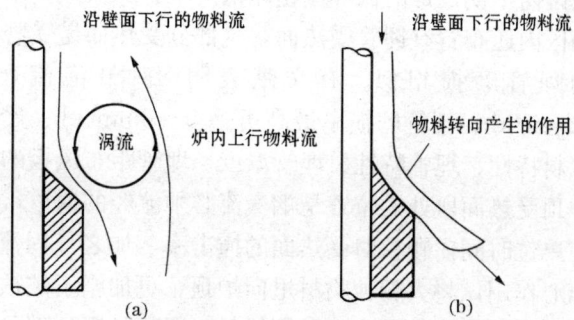

图 8-5　循环流化床锅炉耐火材料与水冷壁管
过渡区域的固体颗粒流动示意
（a）局部产生涡流；（b）流动方向改变

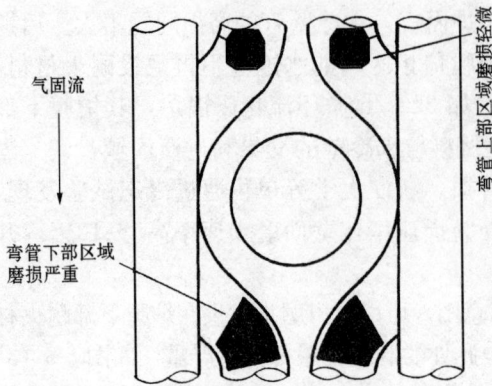

图 8-6　炉膛开孔处弯管的磨损区域

（2）不规则管壁的磨损：不规则管壁主要包括穿墙管、炉墙开孔处的弯管、管壁上的焊缝等，此外还有一些炉内测试元件，如热电偶等开孔处的管壁。运行经验表明，即使很小几何尺寸的不规则也可能引起局部的严重磨损。

炉膛部分设有的人孔门、观火孔等圆孔处是易磨损的部位之一。图 8-6 给出了炉墙开孔处弯管的磨损区域。在目前已投运的循环流化床锅炉中，绝大多数锅炉都在炉膛开孔处的弯管区域发生了不同程度的磨损，由于炉膛内循环的灰是贴壁下流的，因而导致弯头上部的弯管磨损较轻，而开孔下部的弯管磨损比较严重。

水冷壁的焊接处也是易磨损的部位之一。如图 8-7 所示的水冷壁焊缝的局部磨损。磨损首先发生在焊缝的上部，直到焊缝磨平以后才终止；而在炉膛的密相区，焊缝上面的管子也会发生磨损。

为测炉温，在炉内必须将热电偶插入足够深度，插入的热电偶会对局部颗粒的流动特性造成较大影响，因此颗粒产生的扰流会造成热电偶护套和邻近水冷壁管的磨损。

另外，在早期运行的循环流化床锅炉中，发现炉膛边角水冷壁管磨损比较严重，其原因是炉膛边角区域沿壁面向下流动的固体物料浓度比较高，同时颗粒的流动状况受到破坏。

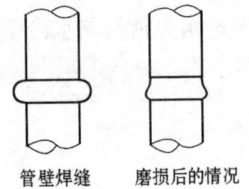

管壁焊缝　　磨损后的情况

图 8-7　对接水冷壁焊缝
的局部磨损

2. 炉内其他受热面的磨损

在循环流化床锅炉炉膛内，除布置炉膛水冷壁外，在许多设计中还布置有屏式翼形管、屏式过热器、水平过热器管屏等。有些循环流化床锅炉在密相区还布置有埋管。以下对各受热面可能发生的磨损问题加以讨论。

由于屏式翼形管、屏式过热器、水平过热器管屏与水冷壁同在炉膛内部，其磨损机理与水冷壁磨损机理相似，主要取决于受热面的具体结构和固体物料的流动特性等。

在国内早期设计的循环流化床锅炉中，二次风口以下的密相区属鼓泡流化床工况，而且在密相区内还布置有埋管受热面，这部分受热面易受磨损破坏，其磨损形式与鼓泡流化床锅炉内的埋管磨损相似。有文献表明，对鼓泡流化床内埋管的磨损率统计一般在0.2～2mm/kh，埋管磨损率最高可达 5～6mm/kh。密相区埋管磨损的影响因素有流化速度、床料特性、埋管特性、埋管温度、埋管距布风板的高度等。

炉顶受热面所处的位置是烟气流必须流经的通道，高浓度、高速度的飞灰颗粒，大大增加了在单位时间内颗粒对受热面的撞击率。加之气固流在离开炉膛时在炉膛顶部区域转弯，产生离心作用，将大颗粒物料甩向炉顶，更加剧了炉顶受热面的磨损。随着循环流化床锅炉容量的增大，炉膛高度也在逐渐增加，因而炉膛顶部受热面的磨损问题也在逐渐减弱。

3. 尾部对流烟道受热面的磨损

尾部对流烟道受热面包括过热器、省煤器和空气预热器，由于这些受热面处于旋风分离器之后，就其磨损特征而言，与煤粉锅炉没有太大区别。

国外一些循环流化床锅炉的运行经验表明，在良好的设计和运行管理条件下，锅炉对流烟道内的磨损相对于炉膛受热面来说要小得多。但从国内早期投运的一些循环流化床锅炉来看，也曾出现过一些磨损现象，磨损发生的主要部位是省煤器两端和预热器进口处。

造成对流烟道受热面磨损的主要原因是分离器的运行效率达不到设计值。由于省煤器和空气预热器均布置在旋风分离器之后，若分离器效率达不到设计值，会有较多的飞灰颗粒进入尾部对流受热面，烟气飞灰浓度太高而使其磨损加剧。另外设计上的考虑不周、安装时出现误差、受热面材质不好等，也是造成磨损的重要原因。

虽然循环流化床锅炉安装了分离器，尾部烟道的飞灰浓度要比沸腾炉低，但由于分离器将其收集到的飞灰送回炉膛，导致炉膛内灰浓度的增加。针对这一高灰浓度来设计的分离器，为了能维持正常运行所需的灰循环，分离器效率往往很高，一般在 95% 以上。尽管如此，由于炉内灰的浓度高，分离器未能收集而进入尾部烟道的灰量绝对值仍很高，尾部烟道中的灰浓度仍很大。在尾部烟道中，颗粒一边随烟气向下流动，一边受重力作用而被加速，颗粒的绝对速度是烟气速度加上颗粒的终端速度。较高的灰浓度及大的颗粒速度，将导致省煤器等尾部受热面产生磨损。若在省煤器等尾部受热面管束的弯头与壁面之间间隙较大，则会形成烟气走廊，磨损也将加速。研究与测试结果表明：金属壁面的磨损速率与颗粒速度呈立方关系，与颗粒直径呈平方关系，即有

$$\delta = k u_p^3 d^2$$

式中　δ——磨损速率；

　　　k——系数；

　　　u_p——颗粒速度；

　　　d——颗粒直径。

可见，当 u_p 与 d 都增大 1 倍，δ 增加 32 倍；当 u_p 与 d 都增大 0.5 倍，δ 增加 7.6 倍。如果在尾部烟道设计时充分考虑了上述因素，选择合适的烟速，结构设计合理，就可避免尾部受热面的磨损。

4. 外置式换热器的磨损

循环流化床锅炉的外置式换热器运行在鼓泡床工况，由于运行风速略高于临界流化速度，同时床内很少有燃烧发生，因此磨损问题与鼓泡流化床锅炉及炉内受热面相比要轻得多。

外置式流化床换热器的主要问题是由于微振造成的传热管壁的磨损。据有关文献介绍，早期曾有一台固体循环流化床锅炉的外置式换热器在运行 1000h 以后就发生传热管的磨穿。德国杜易斯堡 270t/h 循环流化床锅炉的外置式换热器也发生过两次传热管的磨穿。目前国内有独立知识产权设计运行的循环流化床锅炉，基本上都未设计外置式换热器。

三、循环流化床锅炉耐火材料的磨损

在循环流化床锅炉发展之初，人们对耐火材料并不十分关注。但到 20 世纪 80 年代中期以后，随着大量循环流化床锅炉的相继投运，耐火材料破坏造成的事故时有发生，耐火材料问题才开始引起人们的注意。循环流化床锅炉厂家和耐火材料厂家对耐火材料进行了大量尝试应用和研究，最终使循环流化床锅炉用耐火材料得到长足进展。

耐火材料的作用主要是防止锅炉高温烟气和物料对金属构件的高温氧化腐蚀和磨损，兼

有隔热作用。循环物料的磨损首先发生在耐火材料上，从而保证金属结构的使用寿命，这是保证循环流化床锅炉长期安全运行的主要措施之一，也是循环流化床锅炉的主要特色之一。耐火材料的使用对减少金属结构、降低造价、检修维护都具有十分重要的意义。耐火材料的外观一般呈平面或圆弧结构，与物料的运行方向基本一致，因而磨损普遍较为均匀。但由于其组成骨料较粗（粒度大约为0.5mm），其表面不可能相当光滑，所以仍具有一定的磨损速度。在某些部位，如旋风分离器的顶部，由于烟气及物料运动方向的改变，物料速度增加，有可能造成严重磨损，因此仍须引起足够重视。

循环流化床锅炉使用耐火材料的主要区域有：燃烧室、旋风分离器、外置式换热器、烟道及物料回送管路等，如图 8-8 所示。图中以粗黑实线表示关键耐火材料衬里区域。下面对耐火材料主要磨损区域的磨损情况进行分析、介绍。

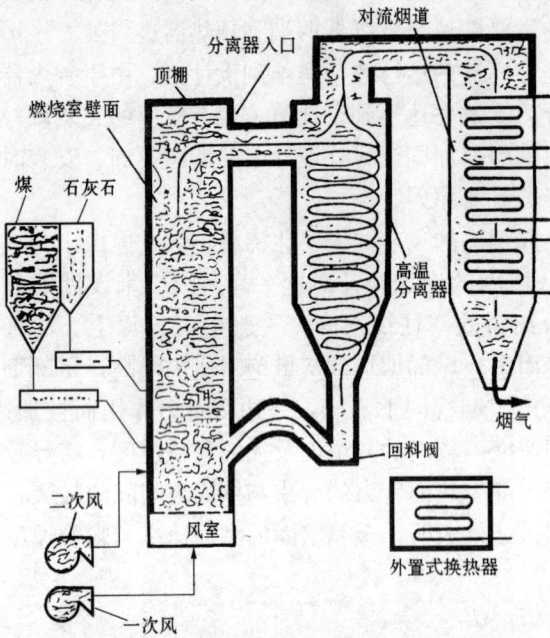

图 8-8　循环流化床锅炉耐火材料使用区域

（一）耐火材料磨损的原因

1. 热应力和热冲击造成的磨损

该磨损主要表现为温度循环波动和热冲击以及机械的应力致使耐火材料产生裂缝和剥落。温度循环波动时，由于耐火材料骨料和黏合料间热膨胀系数不同而形成内应力从而破坏耐火材料层，温度循环波动常常造成耐火材料内衬的大裂缝和剥落。温度快速变化造成的热冲击可使耐火材料内的应力超过抗拉强度而剥落。机械应力所造成的耐火材料的破坏则主要是由于耐火材料与穿过耐火材料内衬处的金属件间的热膨胀系数不同而造成的，因而在设计时若不考虑适当的膨胀空间就会造成耐火材料的剥落。

2. 固体物料冲刷造成的磨损

该磨损主要表现为物料对耐火材料强烈冲刷而导致的破损。循环流化床锅炉内耐火材料易磨损区域包括边角区、旋风分离器和固体物料回送管路等。一般情况下，耐火材料磨损随冲击角的增大而增加。

3. 耐火材料性质变化造成的磨损

该磨损主要表现为耐火材料变质、理化性能降低而导致的破坏。例如，因碱金属的渗透而造成耐火材料渐衰失效和渗碳而造成耐火材料的变质破坏，有些耐火材料与结合剂由于达不到养护要求或不能达到规定烧结温度而强度降低，还有由于缩短工期，没有达到烘炉要求，使材料中所含的水分未完全转化为水蒸气逸出，炉子点火运行后耐火材料中的水蒸气压力超过了材料的拉伸强度时引起衬里分层和崩溃。

（二）不同部位耐火材料的磨损

1. 燃烧室的磨损

在循环流化床锅炉中，正常运行时燃烧室温度常达到 850～950℃，为适应快速负荷变化或调峰的需求，经常会出现负荷波动而发生热和温度上下波动，或者由于调峰需求而进行启动或停炉。如有时燃烧室内温度的变化在几分钟内可达到数百度，一周之内甚至有十几次压火和启动，因此产生的热冲击和热应力会使耐火材料遭到破坏。

炉膛部分一般采用厚炉衬，该炉衬是由 75～150mm 的致密抗磨损浇注料或可塑料覆盖并以相似厚度的保温材料构成，通常毁坏都是由过度的裂缝和挤压剥落而引起的。干燥时的收缩、热震、应力下的塑性变形是产生裂缝的主要原因。不锈钢纤维有助于减少裂缝，但不能彻底解决问题。当床料被裂缝夹住时，炉衬反复的温度变化就会出现挤压剥落。

2. 旋风分离器的磨损

如图 8-9 所示为旋风分离器主要磨损区域的示意。一般炉膛顶部及分离器入口段，旋风筒弧面与烟道平面相交部位是可能磨损的主要部位。

在上述部位由于烟气发生旋转，物料方向改变，速度高且粒度粗、密度大，因此很容易发生磨损。同时，该部位耐火材料较厚，一般情况下又不均匀，温度梯度也不均匀，加之经受 900℃ 左右甚至还高的高温，因此过度的热冲击会引起衬里材料的裂缝，造成耐磨材料的破坏。另外，分离器筒体和锥体都承受着相当恶劣的工作条件，其中可能会承受几分钟之内温度变化 500～600℃ 的热冲击、温度循环变化及磨损等。对许多衬里来

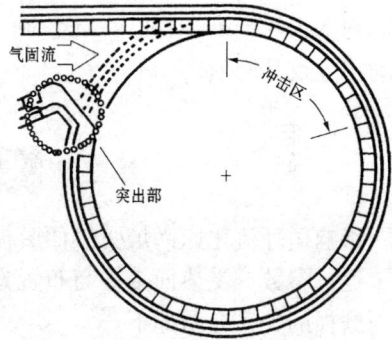

图 8-9　旋风分离器主要磨损区域示意

说，反复的热冲击、温度循环变化、磨损和挤压剥落等共同导致了大面积损坏。当裂纹或磨损发生时，表面更粗糙或有凸起，磨损速度将进一步加快。对于旋风分离器下部的锥体，由于面积逐渐缩小，物料汇集密度增大且粒度较大，加上物料下落速度较快，可能会造成快速磨损。

3. 立管及返料器

热冲击及颗粒循环变化常会导致立管和返料器的磨损。另外，也往往因为施工质量问题导致立管和返料器磨损，如模板之间不光滑过渡造成的内壁不光滑，直段与锥段的结合处的不光滑过渡、膨胀缝破坏处等。

4. 膨胀节的磨损

在循环流化床锅炉中，有两种重要的膨胀节（返料腿膨胀节和旋风分离器进口膨胀节），这是为了补偿膨胀差异而设置的。当膨胀节超过设计间隙或其间隙内进入高温物料时，会造成膨胀节处耐火材料摩擦或受力挤压而损坏，如果大量的高温物料进入膨胀节内，将加剧磨损，甚至直接烧坏金属物件，造成锅炉无法运行。

例如国内某循环流化床示范电站引进的芬兰奥斯龙公司 410t/h Pyroflow 型循环流化床锅炉，检修检查中曾经发现返料腿四个膨胀节几乎全部磨损完，大修时根据运行经验和膨胀核算，将原来耐火材料间隙由 10～15mm 扩展到 25～35mm，并用进口耐热不锈钢制作了专用的模具，并在耐火材料中加了耐磨钢针，效果较好。另外旋风分离器的两个进口膨胀节的耐火材料也有不同程度的损坏，对损坏的部位进行了修补，并对膨胀节内加硅酸盐材料进行

填充结实，另重新浇注了外层耐火材料后，取得了满意的运行效果。

四、循环流化床锅炉其他部件的磨损

1. 布风装置

循环流化床锅炉布风装置的磨损主要有两种情况：第一种是风帽的磨损，其中风帽磨损最严重的区域发生在循环物料入口附近。这主要是由于较高颗粒浓度的循环物料以较大的与布风板平行的速度分量冲刷风帽。另外，风从小孔出来带动床料会冲刷邻近风帽，锅炉压火期间会导致风帽不同程度的氧化烧损。第二种情况是风帽小孔的扩大，这种现象多发生在鼓泡流化床锅炉中，这类磨损将改变布风特性，同时造成固体物料漏至风室。

2. 二次风喷嘴的磨损

由于密相区内物料的脉动会将床料带入二次风喷嘴，从而产生二次风喷嘴磨损。如Stockton 的 49.9MW 循环流化床锅炉二次风喷嘴位于炉膛下部密相区的上方，每隔 10min便可观察到约 5min 时间内二次风喷嘴发红，这说明床料带入了二次风喷嘴，床料在喷嘴内流动将导致其磨损。

第二节　影响磨损的主要因素分析

影响循环流化床锅炉受热面磨损的因素较多，主要有燃料特性、床料特性、物料循环方式、运行参数、受热面结构与布置方式等，为便于改进锅炉设计和安全运行，现将各主要因素与磨损的关系介绍如下。

一、燃料特性的影响

众所周知，循环流化床锅炉重要的技术优点之一是燃料适应性广，因为循环流化床锅炉不仅可以燃烧优、劣质煤，还可以燃烧木材、煤矸石及固体垃圾废弃物等。因此，不同种类的燃料特性与受热面、耐火材料的磨损密切相关。奥斯龙公司总结其已投运的循环流化床锅炉的运行经验，根据燃用不同燃料对循环流化床锅炉受热面的磨损情况把燃料分为五类。

(1) 无磨损燃料：运行中受热面不产生可视和可测的磨损。

(2) 低磨损燃料：受热面防磨保护元件的局部维护不少于 2 年。

(3) 中等磨损燃料：受热面防磨保护元件的局部维护不少于 1 年。

(4) 高磨损燃料：受热面防磨保护元件每年必须进行维护和更换。

(5) 严重磨损燃料：受热面防磨保护元件甚至受热面本身的维护周期少于 12 个月。

目前，尽管尚未提出一套根据燃料分析特性来预测受热面磨损特性的成熟方法，但对于用户来说，可行的方法是将所用的燃料在循环流化床燃烧试验台上进行受热面磨损试验，以确定该种燃料对受热面的影响程度，从而为循环流化床锅炉的设计和生产运行提供参考依据。在生产实践中还应及时观察各部位的磨损情况，进行预测、修补，合理制定大修周期。

二、床料特性的影响

1. 床料粒径的影响

床料粒径、浓度与其磨损能力有密切关系，也直接关系到受热面磨损状况，当床料直径很小时，受热面所受的冲蚀磨损很小。随着床料直径的增大，磨损量随之增大，当床料直径大到某一临界值后（该临界值约为 0.1mm），受热面磨损量几乎不变或者变化十分缓慢。对于这种现象一般认为在相同的颗粒浓度下，颗粒直径越大，单位体积内颗粒数就越少，虽然大颗粒冲刷管壁的磨损能力较大，但由于冲刷管壁的总颗粒数下降，故材料的磨损量仍变化不大。

循环流化床锅炉的床料由不同的颗粒所组成，Lindsley 等人专门设计了一套循环流化床锅炉床料对金属壁面的磨损试验装置，试验结果表明金属壁面的磨损速率由床料分布中重量百分比最大的那部分床料的粒径所决定。

浙江大学对冲蚀磨损时磨损量和颗粒直径关系的数值试验结果如图 8-10 所示。

2. 颗粒形状的影响

通常认为，带有棱角的颗粒比近似球形的颗粒更具有磨损性，一些冷态试验的结果也证明了这一点。但是用砂做床料的鼓泡流化床锅炉的运行经验表明，尽管随时间的增长床料的球形度增加，但受

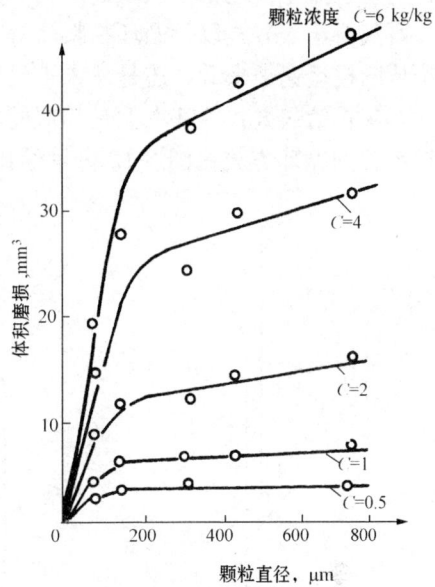

图 8-10　冲蚀磨损时磨损量
与颗粒直径的关系

热面的磨损速率并不随时间的增加而减小。不过在目前缺乏大量准确试验结果的情况下，可认为随着颗粒球形度的增加磨损量减小。

3. 床料硬度的影响

颗粒硬度对磨损影响的一般趋势如图 8-11 所示，当颗粒硬度接近或高于被磨材料的硬度时，磨损率迅速增加；此后，颗粒硬度再继续增加对磨损的影响并不显著。对于流化床锅炉，必须注意的是床料在炉内停留一段时间后其表面会生成一膜层，其硬度要大大高于新鲜床料的硬度，因此在循环流化床锅炉中，受热面的磨损将主要取决于床料表面膜层的硬度。

4. 颗粒成分的影响

床料成分不同，其破碎性、硬度就不同，所带来的磨损特性往往不同。循环流化床锅炉床料的主要成分为 Ca、Si、Al、S 等。试验研究表明，含 Si 和 Al 成分较高的床料比含 Ca 和 S 成分较高的床料对受热面的磨损性更强一些。其原因

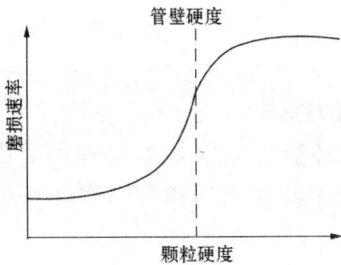

图 8-11　颗粒硬度对磨损的影响

是各种不同成分的床料其强度是不同的。含 Ca 和 S 成分高的床料，强度较低，撞击后易破碎，从而受热面的磨损较轻。此外，Ca 和 S 含量高的床料可使受热面表面产生较厚的保护层从而降低磨损。

三、物料循环方式的影响

在循环流化床锅炉中，不同的物料运行方式使受热面易磨损部位、磨损程度有较大差异，因此要彻底防范受热面的磨损，不仅要细致入微地分析局部流动特性，还要把握锅炉内物料的总体循环形式。炉内物料总体循环形式由锅炉系统的几何形状和各种射流方式所决

定，这些射流主要包括布风板送入的一次风、炉膛中部送入的二次风和三次风、燃料给入方式、石灰石给入方式以及循环物料流等。

从已投运锅炉来看，还是从未来设计角度考虑，锅炉系统的几何形状以及配风方式和燃料、石灰石给入方式等基本上是相似的，对循环流化床锅炉受热面的磨损影响最大的因素是返料系统的循环方式。图 8-12 分别给出了两种目前常见循环流化床锅炉炉内的总体气固流

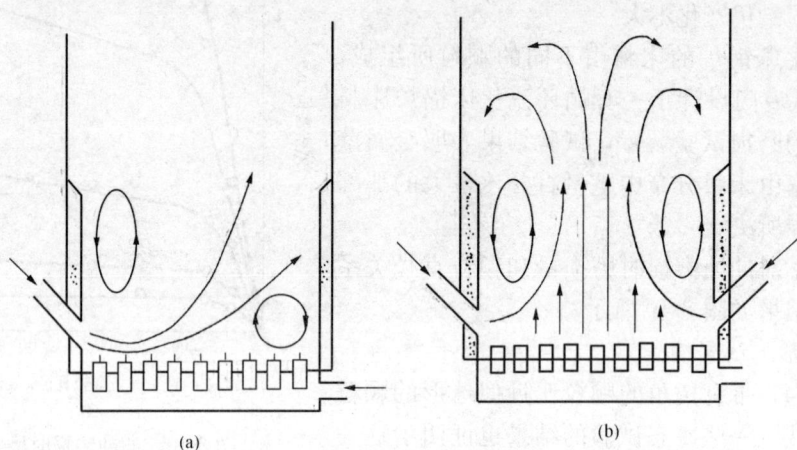

(a)　　　　　　　　　　(b)

图 8-12　循环流化床锅炉炉内的总体气固流动形式

(a) 单侧返料；(b) 双侧返料

动形式。从图 8-12 中我们可以看出，两种不同返料方式下循环流化床锅炉内的总体气固流动形式是完全不同的，由此也可推得其受热面的磨损情况也有很大差别。如图 8-13 所示是

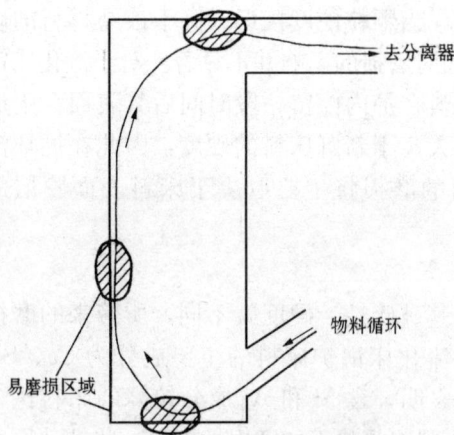

图 8-13　单侧返料循环系统
物料总体流动形式及易磨损区域

单侧返料循环流化床循环物料的总体流动形式，在循环物料的转弯处，大颗粒物料产生偏析，因而使图中剖面线部分的磨损较为严重，因此在设计循环流化床锅炉时，这些区域应加强防磨处理。

四、运行参数的影响

运行参数对循环流化床锅炉磨损有重要影响，下面分别讨论床温和烟气速度对受热面的影响。

1. 床温的影响

循环流化床锅炉运行床温直接影响着烟气的温度和受热面的温度，当运行床温升高时，烟气温度和受热面温度随之升高；反之亦然。

一般情况下，循环流化床锅炉的床温在 850～950℃之间，即使床温超出其运行温度上限，也不会超出飞灰颗粒的软化温度。也就是说，床温变化不会影响到飞灰的硬度，也不会影响其外形，因此飞灰本身的磨损性能基本不随床温的升高而发生变化。

虽然循环流化床锅炉床温的变化不会影响到飞灰的磨损性能，但温度的变化势必影响到

受热面管壁的温度，管壁温度的变化将在很大程度上影响到金属材料的机械强度。管壁温度对金属材料表面的影响主要表现为：管壁低于露点时，将产生酸腐蚀；在室温至350℃范围内，并有氧气存在时，产生氧化膜，该氧化膜在不同温度范围由含量不等的 $\gamma\text{-}Fe_2O_3$、Fe_3O_4、$\alpha\text{-}Fe_2O_3$ 分层组成；当壁温大于350℃以后，这些氧化层的相互厚度产生变化。显然，金属壁面的耐磨性与壁面形成氧化膜的厚度及其硬度有密切的关系，通常金属壁面形成的氧化膜为三层结构，和空气接触的最外层为 Fe_2O_3，该层很薄；中间层为 Fe_3O_4；而最里层为 FeO。三种氧化膜的硬度相差很大，其中 Fe_2O_3 硬度最高，为11450MPa；Fe_3O_4 次之，为6450MPa；硬度最低的是 FeO，为5500MPa。而管材的硬度大约为1400MPa。

运行经验表明，在绝大部分情况下，循环流化床锅炉受热面的壁温与磨损在管壁温度接近400℃一个很窄的范围内发生变化，如图8-14所示。当壁温低于此温度时，氧化膜还没有形成，磨损速率较大，但基本上不随温度而发生变化。达到此温度时，受热面的磨损急剧降低，这主要是因为在此管壁温度下，形成的氧化膜硬度急剧增加，致使磨损量降低。当壁温继续增加，由于热应力的产生，同时氧化膜和金属的热膨胀系数不同以及高温腐蚀的影响等，磨损量又会有所增加。

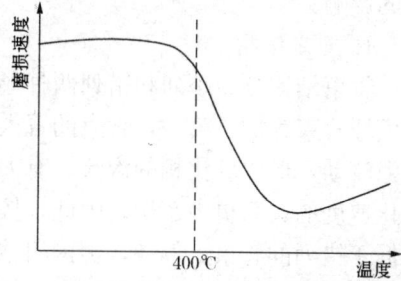

图8-14 受热面温度对磨损的影响

2. 烟气速度的影响

实验结果表明，冲蚀量正比于烟气速度 u_g 的 n 次方，其 n 值的大小与灰粒的性质、浓度和粒度等因素有关。表8-2列出了不同研究者对 n 值的实验结果。

表8-2　　　　　　　　　　不同研究者得出的 n 值的实验结果

研　究　者	n 值
浙江大学	$n=3.78$ （$d_p=50\mu m$）；$n=3.30$ （$d_p=100\mu m$）；$n=3.15$ （$d_p=200\mu m$）
古山雪和小村重德	$n=3.0\sim3.5$ （$u_g=10\sim20m/s$）；$n=4.2\sim4.3$ （$u_g=30\sim40m/s$）
Latitone	$n=3$ （数值计算）
三菱重工业公司	$n=3.52$ （$u_g=8\sim30m/s$）

综合上述资料，可以认为 $n>3$，一般烟气速度在 $9\sim40m/s$ 的范围内，$n=3.3\sim4.0$，低速时可取 n 值的下限。

冲蚀磨损之所以能产生，关键在于灰粒具有动能，颗粒动能与其速度的平方成正比，不但如此，磨损还与灰浓度（灰浓度又与速度的一次方成正比）、灰粒的撞击频率因子和灰粒对被磨损物体的相对速度有关。若近似认为烟气速度和颗粒速度相等，则磨损量就将和烟气速度的3次方成正比，烟气速度的提高，会促使上述有关因素的作用加强，从而导致冲蚀磨损的迅速增加，所以烟气流速越大，n 值也越大。

五、受热面结构与布置方式的影响

（一）受热面材质的影响

1. 材料硬度

被磨材料的磨损不仅与颗粒的硬度 H_p 有关，且与被磨材料的硬度 H_d 和颗粒的硬度 H_p

之间的比值有关，当 H_d/H_p 比值超过一定值后，磨损量便会迅速降低，即当 $H_d/H_p \leqslant$ 0.5～0.8时为软磨料磨损。如属这种情况，增加材料的硬度 H_d 便会迅速提高耐磨性。

2. 热物理性能

试验表明，材料的热物理性能与它们的抗冲蚀性能之间存在着内在联系，材料的抗冲蚀能力与其熔点有关。因高速粒子冲击到金属表面后会使局部表面强烈受热，所以除了应考虑材料熔点外，还应注意其他热物理性能（如热容量、热导率等）。

（二）受热面结构布置的影响

下面以循环流化床锅炉内密相区处于鼓泡流态化工况下管束结构和布置为例分析其对磨损的影响。

1. 管束结构

管束结构分为顺列和错列两种形式，它从两个相关的方面影响磨损过程。以密相床层中的横埋管束为例。第一，管束的置入将整个床层分割成若干小区域，乳化相必须穿过管束的空隙流动，形成乳化相的沟流。有人认为，管束的局部磨损速率与沟流速度的关系比与表观流化速度的关系更为密切。因此，按顺列布置的管束，流动截面宽，沟流速度低，磨损程度应低于错列的管束。例如，美国田纳西州的 20MW 常压流化床燃烧装置原采用 B & W 公司设计的错列蒸发管束，磨损严重，后经两次改造，最终采用了顺列方式，从而使磨损明显减轻。第二，由于管束的存在抑止了气泡的生长过程。一般认为顺列管束对气泡生长的影响相对要小，而错列管束更易于使大气泡破碎，但是当横向节距很小时，错列管束会限制固体颗粒的流动。Grimethorpe 的试验表明，采用小节距的错列管束时，床层上下温度梯度很大，这说明穿过管束的乳化相循环运行受到阻碍，管束磨损较轻，而增大管束节距时，上下温差减小，磨损量却增大。东南大学在常压流化床装置上所做的冷态模拟试验也表明，随着横向节距的增大，顺列管束的磨损速率经历了一个大于、等于、小于错列管束的变化过程。

通过试验研究和运行数据分析可得：横埋管宜采用顺列结构。

另外，横向节距 s_1 和纵向节距 s_2 也是影响管束磨损的重要结构参数。试验表明：s_1 增大有利于气泡绕过管子底部，相对降低了气泡与埋管碰撞的几率，导致管束底部一、二排管的磨损显著减轻；对上面各排管来说，则因前排管对气固两相流动的阻碍和扰动，造成流形的紊乱和气泡的生长受到抑制，从而使得 s_1 的影响逐渐减弱，而顶排管的磨损速率可能会变大，这给管束的维修带来不便。主要是因为气泡在管束中的纵向自由程随 s_2 的增加而变大，促使气泡继续长大和加速，从而加剧了磨损。

若管束的安装高度不变，纵向节距对底排管的磨损几乎没有影响；只有当 s_2 的增加幅度较大时，上面各排管的磨损才有明显地加剧。原因是气泡在管束中的纵向自由行程随 s_2 的增加而变大，促使气泡继续长大和加速，从而加剧了磨损。

2. 管束布置

大量试验表明，在管束布置中底排管距风帽小孔的距离（L）和管子的安装倾角（θ）是影响其磨损的两个关键参数，随着距离 L 的增加，磨损会显著加快。

第一，管束布置中底排管距风帽小孔的距离 L 对其磨损的影响。对管束布置而言，距离 L 的变化对底排管磨损的影响最大，尤其是对离开炉墙较远的底排管磨损的影响更为突出。显然，L 的增大意味着管束底部无埋管区的气泡自由上升行程变大，这使汽泡到达底排管时能够得到充分地长大和加速，且汽泡在上升过程中伴随着趋于床层中心的横向运行，故而出现上述磨损的变化情况。同样，L 的增大也会使上面各排管的磨损有所增加，但因管束对气泡生长的抑制作用，其影响逐排减弱。另外，在距离 L 较低和横向节距 s_1 不太小的情况下，由于尚未充分发展的小气泡容易绕流过底排管而继续上升、长大和加速，往往导致第二排或第三排（当 s_1 较小时）管件的磨损最为严重。

有关热态试验也证实了上述影响规律。如英国 Grimethorpe 的中试试验中，当距离 L 从 900mm 降至 600mm 时，底部管件的磨损明显减弱，而上部的管件基本上未受影响。据此，从防磨和充分利用流化床的传热空间来考虑，应尽可能降低管束的布置高度，但应避免处于风帽和各种底部喷口射流的有效射程之内，同时还要留有适当的检修空间。

第二，管束布置中管子的安装倾角对其磨损的影响。根据对气泡运动路径的观察发现，上升的气泡容易附着在倾斜或垂直的管件表面，并沿表面迅速地向上滑移，形成气泡在床层中的短路效应，结果往往造成管道的弯头和与垂直管件毗邻的横埋管磨损严重。试验表明，当倾角在 $30°\sim60°$ 范围内时，管件的安装倾角越大，短路效应越明显，气泡沿管件造成的磨损也就越明显；试验还发现，在有低频（$2\sim3Hz$）扰动的管束的垂直支撑件的表面，吸附气泡的滑移速度加快，频率升高。为了阻止气泡在倾斜或垂直管件表面的快速滑动，可沿管面横向加焊环形鳍片，同时增加支撑件的刚度，消除低频振动。实践证明，这样可以有效地降低磨损。

第三节　防磨的主要技术措施

循环流化床锅炉的固有特性决定了其对设备的磨损是不可避免的，但为了保证锅炉长期安全稳定运行，就必须采取可靠的防磨技术和措施，以延长设备的使用寿命和检修周期。多年来，国内外的研究人员对流化床各部位的防磨进行了许多切实可行的研究，采取了诸如选用合适的防磨材料、磨损部件结构合理设计，金属表面特殊处理技术、合理施工等。现将主要防磨技术措施介绍如下。

一、选择合适的防磨材料

材料防磨主要指选择适合于流化床锅炉使用的防磨材料，例如金属和非金属材料、耐火内衬材料及对金属表面进行喷涂处理的材料等，其中耐火内衬材料是最主要的防磨材料。

（一）选择适合于循环流化床锅炉使用的金属材料

设计锅炉时使用的材料既要成本低，又要满足锅炉运行的要求。与常规锅炉一样，循环流化床锅炉的设计人员在选择一种特定用途的材料时，不能过分保守而选用价格昂贵的材料；其次，对会产生严重后果、易出故障的部位则应当使用余量足够的材料。虽每个循环流化床锅炉厂家都有不同优化选材的方法，但都遵循以下通用的原则：

（1）低碳钢和合金钢用于氧化性气氛下的传热耐压件和其他结构件，如膜式壁、对流管束、悬挂屏等；

（2）对有腐蚀或还原气氛的区域采用在金属材料上加内衬或涂耐火材料的方法，如在燃烧室底部、旋风分离器入口和循环回路的返料阀等处；

（3）锅炉大型部件（例如旋风分离器和燃烧室）之间用有调节胀差性能的材料，如采用膨胀节等。

在循环流化床锅炉中，碳钢和合金钢最重要的用途是制作锅炉的承压管，这些管子通常以各种复杂的结构布置，包括：膜式水冷壁、过热器、再热器、省煤器对流管束，用于支撑管束的吊挂管，较特殊的管子，包括流化床换热器管束、燃烧室上部的悬挂屏、燃烧室的管屏（屏式受热面）、水冷风室、水冷或汽冷的旋风分离器等。

从大多数循环流化床锅炉的特点来看，还应该注重开发用于循环流化床锅炉的专用材料。

（二）选择合适的耐火材料

1. 对耐火材料的性能要求

对循环流化床锅炉耐火材料的性能分析要考虑下列四点：①锅炉系统特点和整体性能；②耐火材料敷设点的工作环境；③耐火材料敷设和锅炉性能相关的影响分析；④敷设耐火材料的目的和功能。

综合考虑上述因素后，对常规循环流化床锅炉选用耐火材料作内衬时应满足如下要求：①内循环涡流型湍流床内衬，要求高耐磨、高温和抗冲刷；②中高温外循环分离器人口段内衬，要求高耐磨、高耐温性；③中高温外循环分离器筒体，要求耐热、保温、热惰性小；④点火燃烧室烟道，要求抗热冲击；⑤悬浮室要求抗热冲击、耐磨、热惰性小。由于循环流化床锅炉物料循环倍率、燃料特性和燃烧方式对内衬磨损有直接影响，对以上参数有特殊要求的锅炉应采取相应的具体措施。此外，当锅炉燃用城市废弃物、化工废料及其他混合燃料时，应考虑其中腐蚀成分对耐火材料结构和性质的特殊影响。

影响耐火材料耐磨性的最直接的因素是抗压强度。B. Clavaud 等人曾做了 400 个样品的磨蚀试验，按 ASTM C704 法的磨蚀与冷态抗压强度之间的关系见图 8-15。由图 8-15 可知，冷态抗压强度高于 80MPa 时，磨损量较低；高

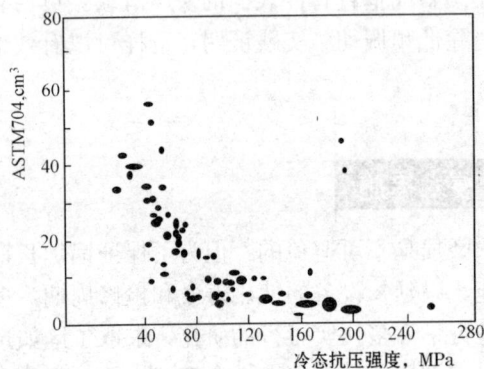

图 8-15　冷态磨损（ASTM C704）与冷态抗压强度的关系

于 120MPa 时，磨损量可确保低于 12cm³；高于 140MPa 时，磨损量可低于 4cm³。图 8-16 为 1000℃下热态磨损和 1000℃烧后冷态磨损之间的关系。人们认为：一般磨损部位，其材料的冷态抗压强度达到 80MPa 就足够了；对于磨损严重的部位（如旋风分离器入口处），其抗压强度最好能达到 140MPa 左右，这时按 ASTM C704 法试验的磨损量低于 4cm³；对于耐磨浇注料而言，强度应选得高些。

2. 耐火材料的选择

耐火材料的选择首先要考虑其物化性质（包括耐磨性、耐热性、耐蚀性、导热性、稳定性、热胀性、收缩性、抗压抗折性和容

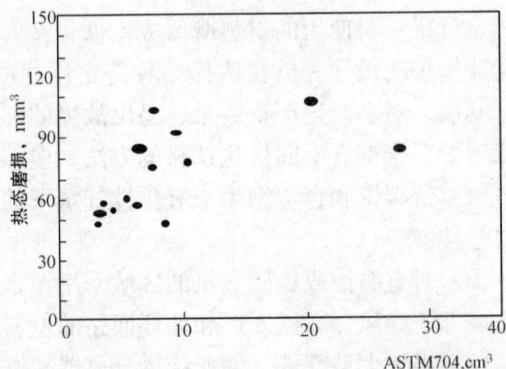

图 8-16　热态磨损（1000℃）与冷态磨损（ASTM C704）的关系

重），还要兼顾经济性。结合耐火内衬部位的特点、承载内衬的部件结构、耐温抗磨要求进行综合比较，做到技术先进、结构可靠和经济合理。因此，耐火材料一般都采用几种不同材料进行分部位敷设。

根据敷设点的环境合理选择，如在湍流床部位，内衬的工作条件恶劣，要求内衬材料应有高耐磨性、耐高温性好、抗折耐压性好以及导热系数低、容重小的特点。应主要着眼于满足耐磨和耐温这两个条件，再考虑能否满足适应温度频繁变化的抗热震稳定性，导热系数可定在 $15\sim20W/（m\cdot K）$ 范围内。满足这样条件的材料如 SiC 和黑体硅酸锆，二者材料性质基本相同，其缺点是比重都较大（$>2500kg/m^3$），价格较贵。由于湍流床区域内衬只占炉室内衬敷设总面积的 1/4 左右，使用这种材料寿命长，稳定性好，并可减少因炉衬事故而导致的停炉检修次数，节省运行费用，因此综合效果还是比较好的。

循环流化床锅炉分离器入口处是易磨损区，材料应选耐磨的，分离器筒体部分内衬要用耐高温的。因为对高温型分离器，有一部分未燃粒子有时会在这里继续燃烧。循环流化床分离灰大部分要参与再循环以控制床温和提高燃烧效率。灰入炉温度要求不大于炉膛出口烟气温度，与分离器灰出口温度差一般为 $\pm5℃$，实际运行温度差甚者高达 $10℃$，这也就要求该区域内衬结构既要耐热又要保温。要求耐热材料的导热系数$<2W/（m\cdot K）$，这种材料可选择高铝制品或其他相近材料。

3. 常用耐火材料制品分类与应用

耐火材料有定型制品与不定型制品，定型制品以预制品和砖为主，而砖在循环流化床锅炉中大面积的耐磨墙体中应用较多，如分离筒、返料器、尾部烟道等。常用的衬里材料有磷酸盐砖、硅线石砖、锆铬刚玉砖、氮化硅砖、碳化硅砖等。砖形结构设计时注意紧固件和膨胀缝的设置，一般在水平方向每 4 块标准砖节距设一紧固件，在垂直方向每层设置的紧固件应与上层错列布置，每一层砖中每间隔 $4\sim6$ 块标准砖铺设一定厚度陶纤纸，垂直方向每四块砖铺设一层的陶纤纸，以便热膨胀。

不定型制品有喷涂料、耐磨耐火可塑料、耐磨耐火捣打料、耐磨耐火浇注料等。

（1）喷涂料：有以高铝质等耐火骨料为基体掺和超细粉、铝酸盐结合剂等多种混合物组成的稠状体，使用时需专门制备风动机具或机械喷射设备，特别适用于循环流化床锅炉的复杂结构处的施工。

（2）耐磨耐火可塑料：是由耐火骨料、结合剂和液体组成的混合料。交货状态为具有可塑性的软坯状或不规则形状的料团，可以直接使用，主要结合剂为陶瓷、化学（无机、有机·无机、有机）结合剂。以捣打（手工或机械）、振动、压制或挤压方法施工，在高于常温的加热作用下硬化。

（3）耐磨耐火捣打料：其组成基本与耐磨耐火可塑料相同，所不同的是耐磨耐火捣打料一般根据用量现场调配，最适用于用量不大的修补；而耐磨耐火可塑料，不宜久存，特别是开封后极易硬化，故较适用于用量较大的批量施工。例如，悬吊在炉膛的受热管束，使用现存的可塑性软坯在管节距之间挤压，既密实又施工方便。

（4）耐磨耐火浇注料：是由耐火骨料和结合剂组成的混合料。交货状态为干态，加水或其他液体调配使用。主要结合剂为水硬化性结合剂，也可以采用陶瓷和化学结合剂，以浇注、振动的方法施工，无须加热即可凝固硬化。因此，在循环流化床锅炉中，一些不宜承受强烈热冲击的设备以及难以烘烤的部位如炉膛出口、汽冷式分离器、返料腿、尾部烟道等，利用专用的振动棒振实耐磨耐火浇注料，自然养护即可。

对于不同部位的衬里或耐火材料，具体材料和应用方式也是不同的。运行经验表明磷酸盐黏合的莫来石基耐火可塑料在作燃烧室衬里材料时经久耐用。这主要是由于该材料体积相对稳定（抗热膨胀及收缩）、抗磨特性良好。鉴于磷酸盐黏合剂与现成的材料结合力很好，目前常常用来修补有缺陷的区域。但在使用时应注意确保修补的区域有支撑，至少应使用两个销钉支撑。建议暴露在特高温区的可塑料炉衬使用陶瓷或铸造合金销钉。另外，也可以单独使用销钉来支撑保温层。

位于炉膛上部的稀相区，可用碳化硅（SiC）瓦来减少水冷壁管的磨损。在瓦的后面使用金刚砂灰浆来改进对管子的传热，碳化硅瓦一般用焊接的支撑件支撑在管子上。在水冷壁管子向下延伸到燃烧室底部这一段的设计中，衬里通常都包括有一层薄的、密实的、热导率高的、耐磨的可塑料或浇注料层。

通常在焊有销钉的管子上可使用碳化硅基浇注料，因为这些浇注料可以用磷酸盐黏合可塑料进行修补，尤其可取的是含碳化硅的填料热导率高。如果床料或循环灰含碱比较高的话，推荐使用磷酸盐黏合剂，因为铝酸钙水泥在高温下会与碱发生反应而毁坏。

一般情况下，对于炉膛顶部及分离器入口这两个部位的衬里均使用密实且含有不锈钢纤维丝的抗磨材料，这种材料具有令人满意的使用寿命。若由于热冲击、温度波动等原因造成过多的裂缝或损坏时，可以采用熔氧化硅基浇注料取而代之。

对于旋风分离器筒体和锥体，一般采用超强浇注料。当发生裂缝磨损时，修补方案之一是用耐磨莫来石砖覆盖的耐火砖或耐火预制块来代替浇注的厚衬里；也可以用磷酸盐黏结可塑料进行修补；还可选用热膨胀系数低的薄衬里，诸如熔氧化硅浇注料一类的材料作衬里等。但是，与磷酸盐黏结莫来石可塑料相比，大多数熔氧化硅抗磨性能差，因而使用寿命较短。分离器锥体所承受的工作条件与其筒体大致。推荐使用振动浇注使衬里具有足够强度和耐磨性能，锥体部分推荐使用热膨胀系数低的浇注料。

4. 国内常用耐火材料的性能

目前国内循环流化床锅炉用耐火材料一般按作用可分为三类：①耐磨耐火材料砖/浇注料、可塑料和灰浆；②耐火材料砖、浇注料和灰浆；③耐火保温材料砖、浇注料和灰浆。

国内常用的耐火材料品种有：磷酸盐砖和浇注料，硅线石砖和浇注料，碳化硅砖和浇注料，刚玉砖和浇注料，耐磨耐火砖和浇注料，最高档次的还有氮化硅结合碳化硅产品等品种。下面对其中部分品种作简单介绍。

磷酸盐砖是经低温（500℃）热处理的不烧砖，通常在1200~1600℃范围内使用，它在水泥窑上应用已有多年，早期的循环流化床的设计材料大部分采用磷酸砖和磷酸盐浇注料。当时国家建材行业制定了一种磷酸铝耐磨砖标准，而其他行业没有制定耐磨材料的标准，尤其循环流化床锅炉用耐火材料，更是很少有人知道和研究。由于循环流化床锅炉是在850~950℃范围内运行，在这种温度下，该耐火材料物理性能不稳定，耐磨性能得不到充分发挥。磷酸盐浇注料的物化性能与砖相同，所不同的是它的施工比较复杂，受环境限制。虽然磷酸盐材料在循环流化床锅炉上使用有它的不足，但是它的价格能使用户接受。

硅线石是一种优质耐火原料，通常加入到耐火材料中能使荷重软化温度提高100~150℃，耐火材料起变化的温度是1450~1600℃，硅线石砖成型烧结温度达到这一温度，因此硅线石砖在循环流化床锅炉上使用是一种理想的耐磨耐火材料。但是硅线石浇注料因为循环流化床燃烧达不到这个温度范围，硅线石的耐磨性就不能充分发挥出来。另外，硅线石材料价格较高，增加了使用者的成本，这些影响了硅线石浇注料在循环流化床锅炉上的推广应用。

碳化硅制品在高温无氧化气氛下使用具有较好的耐磨性和很好的热震稳定性，由于循环流化床燃烧中带有少量氧化气氛，所以在一定的温度下烧结其表面能形成一层釉面保护层，因此起到良好的耐磨性，但价格一般较高。

刚玉制品在循环流化床锅炉上的使用品种有白刚玉、高铝刚玉和棕刚玉。刚玉的主要性能是耐火度高、体积密度高、耐磨性能好，但它的热振稳定性差，这给循环流化床锅炉的使用带来困难。刚玉质浇注料在使用过程中经常出现塌落现象，原因就在于锅炉运行中压火、提火现象较多，较短时间内温度变化频繁，造成耐火材料使用寿命缩短。另一个因素是锅炉使用温度较低，采用的耐磨材料达不到烧结温度，耐磨性得不到充分发挥。

表 8-3 列出了国内某耐火材料厂生产的用于循环流化床锅炉的耐火材料的性能。其中耐磨耐火砖的成分为 33.06% SiO_2、1.23% Fe_2O_3、63.27% Al_2O_3；耐磨浇注料的成分为 11.02% SiO_2、1.18% Fe_2O_3、81.85% Al_2O_3；耐磨材料的成分为 11.44% SiO_2、0.88% Fe_2O_3、80.34% Al_2O_3。

表 8-3   **国内某厂生产的耐火材料的性能**

耐火材料	耐火度 （℃）	空隙度 （%）	体积密度 （g/cm³）	常温耐压强度 （MPa）	常温抗折强度 （MPa）
耐磨耐火砖	1770	19	2.46	96.3	
耐磨耐火浇注料	1750	20	2.73	71.9（1000℃，3h后）	15.3（1000℃，3h后）
耐磨耐火可塑料	>1790		2.85	113.6（1000℃，3h后）	22.5（1000℃，3h后）

耐火材料	热膨胀率 （%）	热震稳定性 （次）	耐磨性（1000℃，3h后） （cm³）	热导率 ［W（m·K）］
耐磨耐火砖	0.53（1000℃）	1100℃～空冷 31 次 无裂缝	9.5	1.278
耐磨耐火浇注料	0.32（1000℃）	1100℃～水冷 30 次 无破损碎裂现象	7.2	1.211
耐磨耐火可塑料	0.56（1000℃）	1100℃～水冷 30 次 无破损现象	5.4	1.271

二、采用合理的结构设计

针对燃料特性、锅炉运行状况及各部位磨损机理等的不同，对锅炉的不同部位进行优化设计。

1. 受热面防磨结构优化设计

（1）埋管受热面防磨鳍片。用于埋管受热面的防磨鳍片是我国工程技术人员在实践中首创的一种简单而有效的防磨方法，如图 8-17 所示。图 8-18 和图 8-19 是国外流化床锅炉所采用的一些类似鳍片的防磨构件及焊接方法。通过对鳍片管周围气—固相流动的研究发现，鳍片有两方面的防磨作用：①阻碍气泡与埋管表面的直接接触，减轻了气泡尾涡粒子对表面的冲击；②隔断了颗粒沿表面的滑动，导致埋管表面的颗粒流化强度

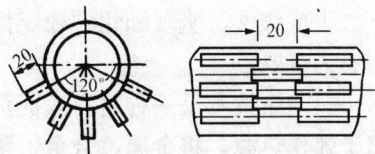

图 8-17　国内最早采用的流化床埋管防磨鳍片结构

减弱，部分地消除了表面的周期性气隙现象及由此产生的锤击效应。

（2）挡板。利用挡板可改变水冷壁近壁面向下流动的固体物料流，达到防磨的目的。

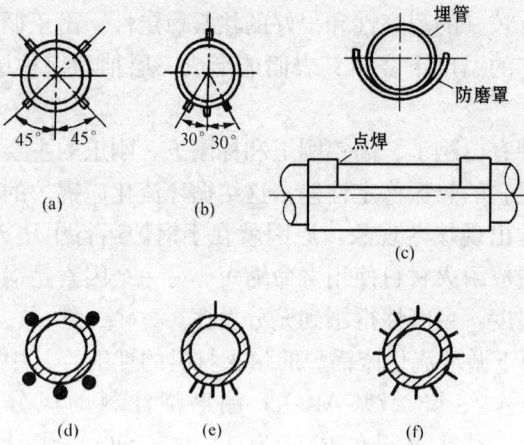

图 8-18　国外流化床锅炉所采用的埋管防磨结构

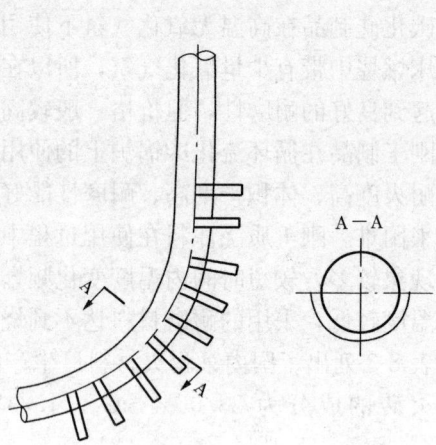

图 8-19　竖直埋管的一种鳍片焊接方式

另外还有防磨罩、防磨套管、迎流面采用的厚壁管，管束前加假管，过热器、省煤器特殊结构管等。如 Ω 形管很好地解决了锅炉大型化后不设外置换热器带来的换热面积不足的问题和管屏磨损问题。

2. 衬里结构设计

在循环流化床锅炉中主要采用三种不同形式的衬里设计：水冷壁衬里，薄的或厚的非水冷壁衬里。水冷壁衬里主要敷设在炉膛和高温旋风分离器区域，用短销钉将 25～50mm 厚的致密耐火材料支撑在烟气侧的锅炉管件上。外侧即非向火侧用常规保温材料来保持水/蒸汽的高温。薄衬里较厚衬里更能经得起快速热冲击。为增加其刚性和抗冲击能力，常在水冷壁衬里内添加金属纤维。

薄衬里的厚度一般为 150mm，通常分为两层，即致密的工作层和保温层。使用分层衬里比使用厚衬里更为经济，更易于维修。但是，对于较高温度的外壳体会因使用薄衬里散热多而降低锅炉效率。

厚衬里厚度一般为 300～400mm，由两层或三层构成。最里面是一层致密的耐热工作表面，由耐磨砖或耐磨塑料砌筑而成或由浇注料浇注而成，防止受热面受到高温高速运动物料颗粒的磨损。打底的保温材料可减少热损失，降低壳体温度，从而提高整台机组的效率。

三、对材料工作表面进行特殊处理

金属表面处理技术包括热喷涂、热处理、电镀、热浸镀等。其中热喷涂技术是一项有效的防磨措施，它能防止磨损和腐蚀的原因：①涂层的硬度较基体的硬度更大；②涂层在高温下会生成致密、坚硬和化学稳定性更好的氧化层，且氧化层与其基体的结合更牢。后一种原因更为重要。

热喷涂技术是一种材料表面保护和强化的新技术，它是以气体、液体燃料以及电弧、等离子弧作热源，将金属、合金、陶瓷、金属陶瓷、塑料等粉末或丝材、棒材加热到熔化或半熔融状态，借助于火焰推力或压缩空气喷射而黏附到预先经过表面处理的工件表面形成涂层，赋予工件以耐磨、耐蚀、抗高温、耐氧化、隔热、绝缘等特性，以达到提高工件性能·

延长设备使用寿命的一种技术。按热源的种类可分为火焰喷涂、电弧喷涂、等离子喷涂。

常用热喷涂方法的技术特性和技术经济指标对比见表8-4。

表 8-4 热喷涂方法的技术特性

热喷涂方法	粉末火焰喷涂	高速火焰喷涂	普通电弧喷涂	超音速电弧喷涂	粉末等离子喷涂	低压等离子喷涂
热 源	燃烧火焰	燃烧火焰	电弧	电弧	压缩电弧	压缩电弧
喷涂粒子飞行速度（m/s）	30～50	500～1000	160～240	340～400	200～350	200～350
喷涂材料	金属陶瓷复合材料	金属碳化物	金属复合材料	金属复合材料	金属陶瓷复合材料	活泼金属 MCrAlY
喷涂量（kg/h）	5～2.5（陶瓷）3.5～10（金属）	2～11（金属）2～7（碳化物）	6～20	8～30	3.5～10（金属）6～7.5（陶瓷）	5～15
结合强度（MPa）	10～30	60～80	10～50	可达68	40～60	>80
孔隙率（%）	5～20	<2	5～15	<2	3～15	<1
生产效率	低	低	高	高	较高	较高
生产成本	较高	较高	低	低	高	高

近年来随着热喷涂技术的深化研究与应用，不断推出新的热喷涂设备和材料，不少单位对锅炉金属工作表面采用超音速电弧喷涂 Ni-Al 复合丝、高铬镍基合金丝等取得了防磨、防腐的良好效果。

除金属表面热喷涂技术外，还可采用其他表面技术来达到受热面的防磨效果。如英国煤炭公司的煤炭研究所（CRE）曾对流化床埋管表面进行渗氮处理，经过1500h 的运行试验发现受热面没有产生磨损，目前 CRE 正在对渗氮处理金属表面的防磨特性进行更长运行时间的测试。

总之，对工作材料表面进行特殊处理也是一项重要的防磨技术措施，在循环流化床锅炉防磨措施中值得合理选择应用。

四、各类防磨措施的工程应用

（一）锅炉不同部位的防磨措施

1. 密相区埋管受热面的防磨

国内最早采用的埋管受热面防磨鳍片是在江门甘化厂流化床锅炉上应用的，如图8-18所示。经 6926h 的实际运行，埋管本身未受到磨损，此后在国内制造的鼓泡流化床锅炉和循环流化床锅炉上大量应用了防磨鳍片。图8-18所示的国外采用的埋管防磨结构中，图（a）为英国 Grimethorpe 的 PFBC 中试装置所采用，研究人员分别在45°的位置上沿埋管表面焊上4根10mm高的矩形鳍片，结果使得埋管磨损速率降低到原来的1/5～1/3；美国 FW 公司对鳍片的防磨作用也做过大量的研究，目前他们所采用的鳍片结构如图8-18（b）所示，顶部鳍片是起平衡作用的，以免管道受热时向上弯曲。在底部的三根鳍片之间还装有直径为10mm 的半球形销钉，其中心距约为14mm。装有球形销钉的管子最大的磨损速率为0.076m/kh，仅为光管的1/10；图8-18（c）为日本川崎重工所采用的埋管防磨结构，为埋管表面加防磨罩，在冷态试验的基础上，他们将加防磨罩的埋管在流化床锅炉中进行了

8000h 的热态试验，结果表明防磨效果良好，埋管表面本身仅产生轻微的磨损，8000h 最大磨损量为 0.1mm。图 8-18（d）～（f）为美国乔治城大学 45t/h 流化床锅炉所采用的结构，5000h 热态试验表明埋管防磨措施效果较好。另外，在实际应用中发现埋管的弯头部分磨损相对明显，因此可采用图 8-19 所示的环形鳍片。

浙江大学对鳍片管进行了防磨试验研究，采用石蜡管为模拟埋管。运行 8h 后，鳍片管与光管在距布风板不同高度处的磨损量如图 8-20 所示，其中试验床料粒径为 0.5～1.5mm，静止料层高度为 200mm，截面风速为 7m/s。从试验结果可知与光管相比鳍片管的磨损量明显下降。

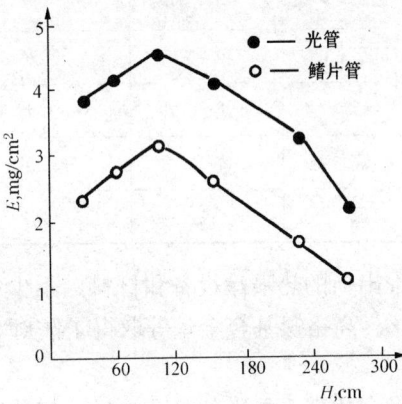

图 8-20　鳍片管和光管沿循环流化床
高度磨损量的变化规律

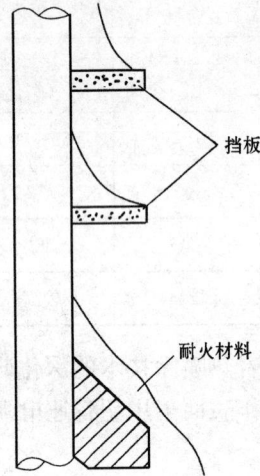

图 8-21　采用局部挡板改变物料流动来
实现交界处管壁的防磨

2. 炉膛水冷壁与耐火材料交接处的防磨措施

水冷壁与耐火材料交接处管壁的磨损是循环流化床锅炉磨损中最重要的问题之一。前面已介绍了其磨损现象和机理，下面介绍该区域采用的主要防磨措施。

（1）改变该区域的流体动力学特性来实现水冷壁管防磨。英国煤炭公司煤炭研究所（CRE）的冷态试验表明壁面处向下流动的高浓度固体物料对管壁磨损有重要影响，他们采用如图 8-21 所示的方法，即在水冷壁上加焊挡板改变固体物料流流向，以达到防磨的目的。采用该措施可使磨损速率大大降低，但还需定期维护和修补。

改变流体动力学特性的另一方法是改变该区域的几何形状，如图 8-22 所示。图 8-22（b）的措施是减小耐火层锥角使过渡区域平坦一些，而图 8-22（c）则使耐火层过渡区域加装一块挡板，而后依靠床料的自然堆积来改变物料流动方向。试验表明这些方法的实用效果不及图 8-21 的效果明显。

（2）改变水冷壁管的几何形状。耐火材料结合简易弯管使耐火材料与上部水冷壁保持平直（见图 8-23）。这样固体物料沿壁面平直下落，消除了局部产生的易磨区。国内外一些循环流化床锅炉制造公司几乎同时都提出了这种设计。

（3）适当增加卫燃带高度。高度增加后沿壁面向下的物料流数量大为减小，其中大颗粒也比较少，因而磨损减轻。但卫燃带高度减少了有效换热面积，这一点在锅炉设计时需权衡考虑。

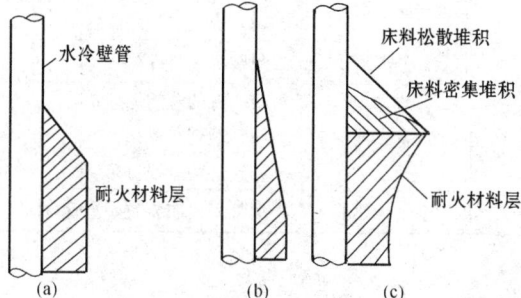

图 8-22　水冷壁与耐火材料交界区域的三种设计
(a) 初始设计；(b) 改进设计一；(c) 改进设计二

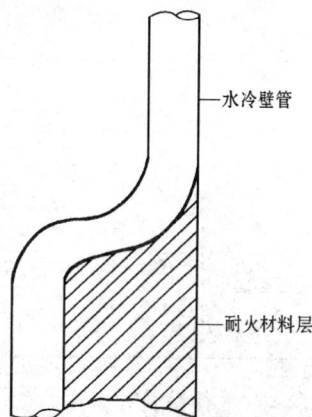

图 8-23　改变水冷壁管的
几何形状防磨

3. 炉内受热面的防磨

循环流化床锅炉炉内受热面有屏式翼形管、屏式过热器、水平过热器、省煤器等。这些受热面的磨损状况严重影响到机组的安全运行，应给予高度防范。奥斯龙公司研发的 Ω 管屏结构如图 4-24 所示，Ω 管屏由外壁为平面的管子以纵向连接焊接而成。除 Ω 管外，炉内受热面可采用的防磨管还有平底管、方型管等。

根据循环流化床锅炉的运行经验，在炉内受热面设计时要求尽量避免屏的进出汽（或水）管位于或接近炉膛至分离器的出口截面上，否则进出汽（或水）管的磨损会很严重。

4. 对流受热面的防磨

下面给出了受热面常采用的措施，针对具体的磨损问题，可选用其中的几个来解决。

（1）提高气固分离器装置的分离效率，或在炉内装飞灰除尘器，这样可降低烟气中的飞灰浓度从而减轻对流受热面的磨损；

（2）设计时应选择合理的烟速；

（3）在烟道转弯处加装导向挡板，降低烟气流动速度场和飞灰浓度场的不均匀性，以防止局部严重磨损；

（4）在受热面的管束布置结构上，尽量采用顺列布置而少采用错列布置；

（5）可采用上行烟气流动结构；

（6）可采用膜式省煤器受热面结构；

（7）可在管束前加假管；

（8）局部易磨损处采用厚管壁或加装防磨罩、防磨套管；

（9）采用管壁表面处理技术，如喷涂、渗氮等；

（10）应防止磨损和腐蚀同时发生。

5. 分离器的防磨

旋风分离器是目前循环流化床锅炉中最常用的气固分离装置，旋风分离器的易磨损区域以及破坏机理已在第一节中介绍。旋风分离器通常采用砖砌而不是采用常规的耐火材料浇注，或者在易磨区安装防磨瓦，该方法价格较低。

表8-5给出了某国产75t/h循环流化床锅炉的防磨措施。

表8-5　　　　　　　　　　　某国产75t/h循环流化床锅炉的防磨措施

易磨损部位		防　磨　措　施	易磨损部位	防　磨　措　施
炉膛	密相区	敷设耐磨砖和浇注料	转向室炉顶	(1) 气垫回流区，降低颗粒碰撞动量； (2) 敷设耐磨浇注料
	稀相区	采用厚壁管，管子不突出炉内	分离器	耐磨浇注料内衬
对流受热面		(1) 低的管间烟速； (2) 气固偏析区采用均流板； (3) 防磨盖板； (4) 厚壁管	省煤器	(1) 低的管间烟速； (2) 顺列布置； (3) 防磨盖板
			空气预热器	烟气入口加装防磨套管

（二）运行防磨

循环流化床锅炉燃料颗粒组分是影响其稳定运行的关键因素之一，对床层分布、燃烧效率、炉内温度、返料量、烟气粒子浓度等都有交互影响，进而对整个锅炉系统的各受热面及内衬材料的磨损产生影响。现对颗粒组分变化分析如下：

如果运行颗粒组分中粗颗粒较多，燃煤粒径分布达不到循环流化床锅炉的要求，粒子循环量小，粗颗粒将沉浮于燃烧室下部燃烧，造成密相床燃烧份额过大，还会使炉床超温结焦。运行中为防止粗颗粒煤沉底而引发事故，通常采用大风量运行，不仅在额定负荷下风门全开，而且在低负荷时也难以关小风门。这种大风量运行方式，不仅引起烟气量、烟温的变化，还会因大风量而造成扬析量增大、飞灰浓度增加等变化。同时，由于通过对流受热面的烟气流速上升，烟气中粒子尺寸增大，还会加速受热面的磨损。

如果运行颗粒组分中细颗粒较多，则床层不易建立，密相床的温度难以维持，即使能维持密相床的燃烧温度，较细的颗粒也被扬析，加大尾部受热面的磨损，同时也难以保证锅炉烟气出口的粉尘排放要求。

因此，在运行中应首先控制好床料及煤粒的筛分比，调整好风量，降低烟气的流速，降低烟气粒子浓度和粒子直径，以减少磨损。

（三）磨损部位安装施工问题

1. 燃烧带

炉膛布风板周围为四侧水冷壁，在布风板上部约3.5m高度范围内水冷壁的内外侧全部焊接销钉，整体浇注"耐高温耐磨浇注料"，外侧安装金属护板。向火面的浇注料层厚度通常为20~30mm，该区域就是"燃烧带"。燃烧带包围的空间为流化床的床体，它是循环流化床锅炉燃烧的中心，在此进行煤粒流化、燃烧、燃尽的全过程。该部位的磨损全部由耐高温耐磨浇注料来承担，浇注料的材质和施工质量是减小磨损的重点。首先是选择合适的材料，浇注料在不同温度下的耐磨度相差很大，有的材料在1400~1600℃范围内耐磨度最高，但在800~1000℃温度区耐磨度很低，故在施工前要特别注意材料的选用。循环流化床锅炉的燃烧温度为800~1000℃，因此要选用在这个温度区耐磨度最大的材料，同时在施工中需注意以下几点：

（1）水灰比必须控制好，要严格按材料使用说明书施工。有资料称加水量增加1%，浇注料强度降低20%左右。施工用水必须洁净，酸碱度要符合要求。

（2）搅拌要均匀，使用强制性搅拌机，搅拌至糊状。搅拌好的浇注料不可存放时间过长。

（3）使用小直径振捣棒或片式振捣棒，将浇注料振捣实。

（4）烘炉温升曲线严格按材料供应厂家提供的资料进行。

2. 水平烟道

水平烟道是烟气从炉膛进入旋风分离器的通道，结构一般为底面和两侧墙砌耐高温耐磨砖，顶部是耐高温耐磨浇注料。水平烟道入口四周的水冷壁，其向火面焊接销钉，敷设耐高温耐磨浇注料。高速烟气携带大量的未燃尽的煤粒和飞灰，旋转90°进入水平烟道，在入口处对水冷壁形成冲击，因此在入口处水冷壁向火面必须敷设400mm宽的浇注料。水平烟道通流面积小，烟气从炉膛进入水平烟道后流速增大。同时水平烟道截面为渐缩喷嘴状，烟气流速在水平烟道内逐渐增大，在旋风分离器进口风速达到20m/s左右，对四壁的磨损很大，也有可能引起振动。此处耐高温耐磨浇注料的选材和施工要求与燃烧带相同。耐高温耐磨砖和砌砖用耐火泥也存在选材问题，必须选用800～1000℃温度区耐磨度最大的材料。选材的失误会造成永久的后患，严重影响安全经济运行。

水平烟道侧墙不可砌筑成单墙，增加牵连砖往往也不能解决根本问题，长时间冲刷、振动会造成墙体倒塌。侧墙与护板之间要用耐热钢筋连接，可在高度方向每500mm连接一道。无护板的墙体要将相邻两墙连成整体，同样在高度方向每500mm连接一道。

3. 旋风分离器和料腿

旋风分离器上部圆顶和下部锥体为耐高温耐磨浇注料，中部直筒砌筑耐高温耐磨砖，旋风分离器外部安装护板。料腿为一圆筒状，内部打浇注料，中部为料腿保温层，外部安装护板。烟气夹带灰粒进入旋风分离器形成高速旋转气流，形成对分离器内壁的磨损，特别是水平烟道对面的部分筒壁，气流直冲，是磨损最严重的部位。旋风分离器在安装过程中需注意几点：

（1）分离器外部护板要保持同心度，托砖架、拉钩安装牢固且保证尺寸。

（2）耐高温耐磨砖和耐高温耐磨浇注料除保证内在质量外，安装尺寸也要保证。筒体、锥体和顶部任一截面都要保证同心度，表面整齐光滑，避免发生局部严重磨损。与料腿的连接部位要平滑过渡，避免发生喉部结焦，引起旋风分离器堵塞。

（3）膨胀缝整齐、尺寸正确、填料合适。膨胀缝太小，机组运行中因膨胀不畅，造成炉墙或浇注料脱落；膨胀缝太大，会从膨胀缝引起局部磨损。料腿内部敷浇注料，其选材和施工质量要求与其他部位相同。这里需特别指出的是，很多关于旋风分离器料腿处的立管和返料器的原始设计都使用厚的密实保温浇注料，不过因为实用中很难有足够的施工空间，这种材料也较难施工得当。目前常用振动浇注法进行保温层施工，在耐磨浇注料中可考虑添加不锈钢纤维丝，用保温砖或浇注料打底，上铺耐磨砖的衬里。因此对料腿部位浇注料的施工质量需特别注意。

4. 尾部烟道对流受热面

旋风分离器后部安装有过热器、省煤器等，管排与护板之间砌炉墙或浇筑耐火混凝土，管排与炉墙之间的间隙要严格控制。间隙过小影响受热面的正常膨胀，间隙过大会形成"烟气走廊"。"烟气走廊"内烟气流速比平均流速大3～4倍，磨损量与飞灰浓度成正比，与烟

气流速的 n（$n>3$，参考表 8-2）次方成正比。若一旦形成"烟气走廊"将带来严重后果。

因此在管排施工期间，应严格控制管排与立柱之间的间距、管排与护板之间的距离；在炉墙砌筑期间，控制托砖架、拉钩与管排之间的距离，最后控制炉墙与管排之间的距离。如果还有误差，可以把炉墙一层砖向内伸出一定距离，或加装防磨板，使各处烟气流通面积一致。

第九章

循 环 流 化 床 锅 炉 灰 渣 利 用

循环流化床锅炉以其在环保方面的突出优势，在国内外得到快速发展与广泛应用。循环流化床锅炉可以燃烧劣质燃料，如煤矸石、石煤、油页岩等，这类燃料在燃烧中将产生大量灰渣。研究发现，灰渣中含有很多有用的矿物质，甚至是一些贵重物质，对灰渣进行适当处理利用，不仅可以消除灰渣的危害，还可节约大量物质资源，变废为宝。在全球重视生态环境保护的今天，世界上很多国家都十分重视对灰渣综合利用的研究。

我国有丰富的劣质煤炭资源（如煤矸石的产量达原煤产量的 30%），以煤矸石和油页岩为例，目前我国煤矿每年排出矸石近 1.5 亿 t，加上历年来积存的 20 亿 t，数量相当大。我国东北、华北、西北各省的油页岩资源非常丰富，先已开采的矿区探明储量就达 100 亿 t 以上。这些劣质燃料应用于循环流化床锅炉的燃烧，将会产生相当数量的灰渣，因此在我国研究循环流化床锅炉灰渣的综合利用途径、开发灰渣综合利用新技术具有重要的现实意义。

第一节 循环流化床锅炉灰渣的基本特性

一、循环流化床锅炉的飞灰与炉底渣

循环流化床锅炉排出的灰渣（飞灰和炉底渣）不同于煤粉炉和链条炉，他们除了燃烧条件不同外，循环流化床锅炉还经常采用炉内燃烧脱硫技术，如在炉内加入大量的石灰石以吸收燃煤排放的 SO_x，因此，排出的灰渣中含有一定数量的生石灰和硫酸钙。循环流化床的灰渣量，包括燃料本身的含灰量和脱硫剂量或脱硫产物量，其近似计算式为

$$G_A = BA_{ar} + 3.125RS_{ar}B \tag{9-1}$$

式中 G_A——灰渣量，kg/h；

B——锅炉的给料量，kg/h；

R——Ca/S 摩尔比，mol（CaO）/mol（SO_2）；

A_{ar}、S_{ar}——燃料含灰量和含硫量；

3.125——$CaCO_3$ 与 S 的摩尔质量之比。

【例 9-1】 对一台年运行 6000h 的 75t/h 循环流化床锅炉，采用例 3-1 中的数据计算当 Ca/S 摩尔比为 2 时该锅炉的灰渣排放量。

解 利用式（9-1）得年灰渣排放量为

$G_A = （0.3248+3.125×2×0.0194）×13340×6000=3.57×10^4$（t/年）

其中煤中灰分占 72.8%，脱硫剂量约占 27.2%。因此，循环流化床锅炉用高硫煤作燃料时，脱硫剂对灰渣特性的影响很大。

循环流化床锅炉的灰渣分为由排渣口排出的炉底渣和由除尘器收集的飞灰两种，二者间

比例取决于煤种特性、煤和脱硫剂的磨损特性、分离器性能以及锅炉的运行条件等，其中以煤的特性影响最大。例如，对石煤、煤矸石等劣质煤，底渣量可达 60%～80%，而对烟煤、无烟煤底渣量可能仅为 10%～30%。

由于底渣和飞灰的燃烧路径不同，他们的特性也差别较大。如循环流化床锅炉的底渣中可燃物含量较少，一般低于 3%；而飞灰中的可燃物含量较大，一般为 2%～8%。底渣中不仅含碳量较低，且因在较均匀的温度场下经过反复循环而得到充分燃烧，其中的矿物质已充分分解，因此所有底渣都具有很好的火山灰活性。相比之下飞灰中不仅可燃物含量较高，且因细灰在炉内的停留时间较短，使部分黏土矿物来不及分解就飞出了炉外，导致其化学活性较差。

二、灰渣的物理化学特性

（一）灰渣的物理特性

1. 外观形态

燃料及锅炉运行条件不同，飞灰和底渣的外观形态也会有差别，然而飞灰一般呈灰白色至深灰色，底渣则是呈棕色至灰色的粒状物质，有经验的运行人员可直接根据灰渣的颜色判断燃料的燃尽率。

2. 粒度分布

通常排渣口排出的底渣较粗，大部分颗粒在 0.5～10mm 之间；除尘器收集的飞灰较细，其粒径波动于 0.001～0.1mm 之间。与粉质黏土及粉质砂土相比，飞灰的粒径分布范围较窄，是一匀质级材料。

粒度分布对建筑回填工程应用影响较大，研究表明粒度分布均匀时，易形成松散结构，当受到动载荷时，孔隙度降低，受到压密，造成表面沦陷，将造成工程破坏。而像流化床这样宽筛分的灰渣，颗粒大小混杂，易形成紧密结构，是建筑工程上的理想结构。

3. 水分

水分对灰渣的重量和力学性质影响较大，能使灰渣的结构强度增加或减少、紧密和疏松，并造成稳定性的变化。通常循环流化床锅炉排出热灰渣，如直接用水进行冷却，此时灰渣的水分可达 30%～50%。根据实验，循环流化床掺烧石灰石的灰渣压实后最佳含水量为 15.9%。

4. 密度

灰渣的密度决定了在堆放场地所占的体积，并影响灰的渗透性、硬度和强度。灰渣密度分为干密度和湿密度两种，干密度是工程设计和施工中的重要指标之一。一般干飞灰的堆积密度为 500～600kg/m³，而真实密度为 1500～1800kg/m³；干底渣堆积密度为 1000～1200kg/m³，真实密度为 2000～2400kg/m³。

在用做填料时，灰渣的湿密度对填料场设计影响较大，因为加水后灰渣要发生水解反应，灰渣中 CaO 变成 Ca（OH）₂，时间不同，水解度不同，灰渣的密度也发生变化。图 9-1 为典

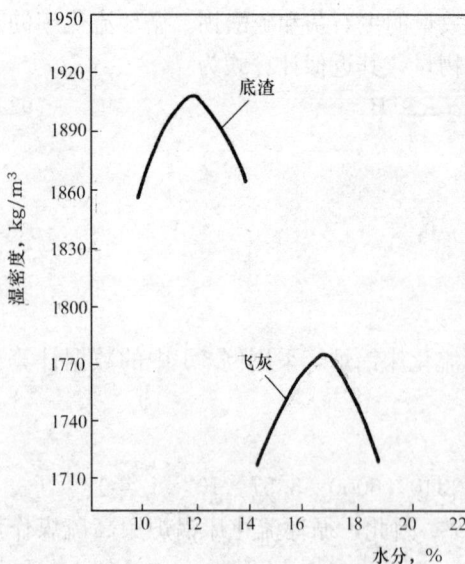

图 9-1　水分对灰渣密度的影响

型的灰渣水分和密度的关系。

5. 灰渣的渗透度

灰的渗透度可用渗透仪进行测量，灰被水化后在105℃下干燥，再水化至含20％水分，样品被放进55mm深的渗透管中，水经大直径渗透管从一窄管中流出，渗透系数由水位在窄管中的下降率确定。由此可估计通过灰渗透的水量。一般灰渣渗透度很小。

6. 抗压强度

灰渣特性、水分、保养条件和保养期都对抗压强度有影响（见图9-2），抗压强度的标准测量方法是将已水化的灰渣样品放进标准容器中24h，在100％湿度下保养75天后测量压缩强度，并用自由膨胀的方法测量自由扩张度，此值是标志灰渣具有水泥特性的重要参数。

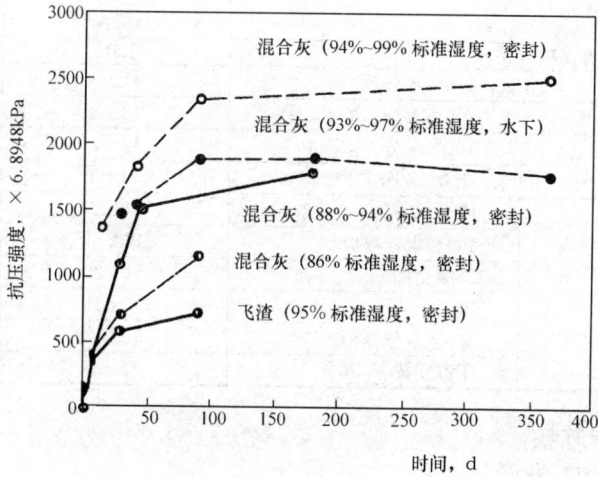

图 9-2　灰渣抗压强度变化

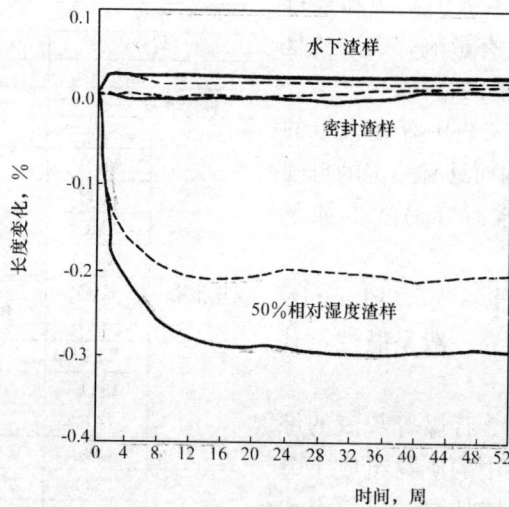

图 9-3　灰渣的稳定性

－－－飞灰　——底渣

7. 稳定性

灰渣样品经一段时间后的膨胀度和收缩率的变化大小可用来表征灰渣的稳定性。不同放置条件下，灰渣的稳定性不同（见图9-3），图中飞灰和预处理灰渣最大收缩率达0.2%和0.3%，远高于常规水泥混凝土的0.1%，所以灰渣水分保养期应合理控制。

典型循环流化床灰渣物理特性见表9-1。

表9-1　　　　　　　　　　　　　循环流化床灰渣物理特性

物 理 特 性		底 渣	飞 灰
松堆积密度（kg/m³）		1460	439
压实堆积密度（kg/m³）		1610	844
水分（%）		32	50
颗粒平均尺寸（mm）		0.65	0.012
密度（kg/m³）		2500	1900
渗透度（cm/s）		$3.1×10^{-4}$	$7.7×10^{-9}$
比表面积（m²/g）		1.08	23.8
抗压强度（×6.8948kPa）	1天，100%水分养护	41±6	＞63
	3天，100%水分养护	18±2	1028±556
	7天，100%水分养护	19±3	1962±326
	14天，100%水分养护	14±3	1137±150
	28天　风干	39±2	1356±24
	28天　100%水分养护	42±11	1695±90
	28天　干湿交替	54±20	1360±59
	56天　风干	93±15	1188±171
	56天　100%水分养护	81±18	623±94
	56天　干湿交替	51±8	1360±59

（二）灰渣的化学特性

灰渣的化学特性包括化学组成和矿物组成等。

一般，灰渣中氧化硅、氧化铝、氧化铁含量较高，但对高硫煤，灰渣中氧化钙含量是主要的。燃料种类特性、锅炉结构和运行参数都对灰渣的化学特性有影响，表9-2是某循环流化床锅炉排出灰渣的特性。

由于循环流化床锅炉灰渣中存在大量的CaO和$CaSO_4$及SiO_2，因而具有一定的自硬性能，而且向灰渣中加水时容易发生如下反应：

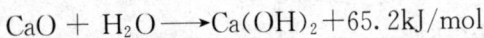

$$CaO + H_2O \longrightarrow Ca(OH)_2 + 65.2kJ/mol$$

因此，循环流化床灰渣一般呈碱性，其pH值在11.5～12.5之间。

对于劣质煤如煤矸石、石煤等灰渣的综合利用来说，定量确定煤中的矿物组成十分重要，因为研究表明，即使是同一化学组成的物质，由于它处于不同的矿物组成中，其灰渣活性也有很大的区别。以SiO_2为例，其

表9-2　　某循环流化床锅炉灰渣特性

成 分（%）		底 渣	飞 灰
水分		0.03	0.12
灰分		99.21	93.22
碳（总）		0.16	2.78
碳（矿物质中）		0.13	0.52
氧化物	SiO_2	10.36	18.40
	Al_2O_3	3.13	5.64
	CaO	48.15	40.51
	MgO	2.48	0.65
	Na_2O	0.20	0.50
	K_2O	0.45	0.84
	Fe_2O_3	3.81	14.88
	TiO_2	0.16	0.28
	P_2O_5	0.28	0.51
	SO_3	30.50	15.88
	CO_2	0.48	1.91
钙化物	CaO	51.85	26.97
	$CaSO_4$	26.20	27.00
	$CaCO_3$	1.08	4.33
灰渣量		20	80

存在形态可以是石英，也可以是黏土矿物（如高岭土、水云母、绿泥石等）中的一个组分。这种差别的存在导致它在灰渣中的活性有很大不同。因此定量地确定劣质燃料中的主要矿物形态是合理利用灰渣的一项基础工作。

煤矸石中常见的几种矿物为：非晶质硅和铝，高岭石和多水高岭石，蛭石，蒙脱石，伊利石，石英、长石，绿泥石。

循环流化床灰渣的物理化学特性不仅仅由燃料性质决定，它还决定于实际运行工况如燃烧条件等。他们共同决定了灰渣的物理化学特性。因此即使是同一燃料经不同的循环流化床锅炉燃烧后，其灰渣的活性也不尽相同，当然不同种类的燃料在同一锅炉中燃烧时，灰渣的性能也会有较大的差别。为了更好地综合利用循环流化床锅炉的灰渣，要求我们尽量控制好运行工况，使产生的灰渣具有较高的活性，并对不同性能的灰渣用于不同的目的。

第二节　循环流化床锅炉灰渣的综合利用

一、灰渣物理热的利用

随着循环流化床燃烧技术的发展，人们不仅要求它能广泛利用各种劣质燃料，而且要求它低污染排放并具有尽可能高的热效率。在探求提高流化床锅炉热效率的各种途径中，除加强炉内强化传热外，也越来越重视灰渣物理热的利用。这是由于我国蕴藏有大量的劣质燃料，这些燃料灰分含量一般在 70% 左右，而燃烧以后大部分灰分以溢流渣的形式在 800℃ 左右的高温下排出。这部分热损失不仅降低了锅炉的热效率，同时也给灰渣的综合利用带来了困难。如某厂一台 75t/h 的流化床锅炉，燃用低位发热值为 4572kJ/kg 的石煤，每小时排放约 14t 灰渣，其物理显热损失达 8% 以上。

近年来，投入运行的循环流化床锅炉越来越多，且其燃料大多为劣质燃料，如煤矸石和石煤等。这些劣质燃料的共同特点是发热量低，灰分高。所以其灰渣物理显热损失大。为了提高锅炉的热效率，有必要进行灰渣物理热的回收工作。

灰渣物理热的应用，在目前一般用于加热给水和加热空气两种形式，实际工程上使用应通过技术经济论证来决定。

二、灰渣用于建筑及建材工业

（一）灰渣在水泥及混凝土中的应用

循环流化床锅炉灰渣的主要化学成分是 SiO_2、Al_2O_3 和 CaO 等，可用做黏土质原料，提供硅铝成分，并有较高的活性，因此，灰渣是建材生产的一种重要原料，目前已广泛用于水泥等建材制造。

水泥是一种水硬性胶凝材料，品种繁多。按成分可分为硅酸盐水泥、铝酸盐水泥、硫铝酸盐水泥等，目前应用较多的为硅酸盐水泥。按国家标准，普通水泥可分 32.5、32.5R、42.5、42.5 R、52.5、52.5R 六个标号。目前应用较多的为 42.5 号水泥，42.5 号以下标号水泥一般用于非重要场合。水泥品质指标包括氧化镁（<5.0%）、三氧化硫（<3.5%）、烧失量（≤5.0%）、细度（0.08mm 方孔筛筛余量不得超过 10%）、凝结时间（初凝时间大于45min，终凝时间不得迟于 10h）、安定性、强度（分 3 天、28 天抗压强度和抗折强度）。制造硅酸盐水泥的主要原料为石灰质原料、黏土质原料和少量铁质校正原料。

水泥生产过程一般分为三个阶段：即生料制备阶段、熟料煅烧阶段及水泥的粉磨阶段。

石灰质原料、黏土质原料与少量铁质校正原料经破碎后按一定的比例配合磨细，并调配成成分适当、质量均匀的生料，称为生料的制备；生料在水泥窑（立窑，回转窑）内煅烧至部分熔融，得到以硅酸钙为主要成分的水泥熟料，称为熟料的煅烧；熟料添加适量石膏，有时还有一部分混合材料或外加剂共同磨细成为水泥，称为水泥的粉磨。

在生产水泥时，为改善水泥的性能、调节水泥标号，必须掺加一定的活性混合材料。同时，在拌制低标号水泥混凝土时，也需要添加活性混合材料。

武汉理工大学通过对煤矸石的研究发现，黏土矿物含量高于 40% 的煤矸石，经流化床锅炉燃烧后的灰渣均具有较高的火山灰活性，是一种较好的活性混合材料。他们收集了国内有代表性的 18 种煤矸石，经矿物分析表明，有 14 种煤矸石（占 78%）的黏土矿物含量大于 40%，亦即我国大部分煤矸石燃烧后的灰渣，均有可能成为较好的活性混合材料。

1. 用流化床煤矸石灰渣配制火山灰水泥

广东省煤炭工业研究所和广东省茂名矿务局建材厂用石鼓褐煤灰渣配制 32.5 号火山灰水泥。

由于石鼓褐煤灰渣的火山灰活性很好，灰渣掺入量高达 40% 时，并不降低水泥熟料的标号。当采用 32.5 号熟料时，可掺加 40% 的灰渣来配制 32.5 号火山灰水泥。

为应用萍乡煤矸石灰渣配制 32.5 号火山灰水泥，湖南省煤炭科学研究所测定了萍乡流化床锅炉排放的各种灰渣的火山灰活性，选用了 C_3S 和 C_3A 矿物含量较高的 42.5 号硅酸盐水泥熟料，试验结果表明，选用 C_3S 和 C_3A 矿物含量较高的 42.5 号硅酸盐水泥熟料，适当控制水泥粉磨细度，掺加少量减水剂或选用二次灰渣，均可用高于 30% 的灰渣掺量配制出 32.5 号火山灰水泥。

哈尔滨建筑工程学院和鸡西市矿务局建材总厂的科研人员经研究发现，用 32.5 号硅酸盐水泥熟料，掺入 20%~40% 的灰渣，可以生产 32.5 号火山灰水泥；用 52.5 号硅酸盐水泥熟料掺 30% 灰渣可生产 42.5 号火山灰水泥。

清华大学的研究表明，用 30% 的灰渣（SO_3 含量为 5%~8%）与 42.5 号硅酸盐水泥熟料，可以生产 32.5 号水泥。

2. 煤矸石灰渣加气混凝土

一般认为，循环流化床锅炉排出的煤矸石灰渣不能用于生产加气混凝土系列制品。为了开发利用这一资源，研究人员经过多年研究发现，只要采取适当的技术措施，此类灰渣可以用于生产加气混凝土。采用措施集中在以下几个方面。

（1）采用增强剂。增强剂的加入可以提高物料的反应速度，缩短反应时间，降低物料粒度对制品产生的不良影响。

（2）提高搅拌速度，延长搅拌时间。在搅拌过程中由于颗粒的摩擦，可以增大灰渣的均匀性。

（3）控制养护压力和养护时间。每种压力条件均有一个最佳恒温时间，且随养护压力的提高，最佳恒温时间相应缩短。生产实践中发现，制品的抗碳化强度随恒温时间的延长而提高，而较高压力下的恒温制品的抗碳化强度普遍高于较低压力下的恒温制品，因此较高的养护压力和较长的恒温时间对制品的抗碳化性能有利。

哈尔滨建筑工程学院试制了加气混凝土。原材料为磨细鸡西煤矸石灰渣、磨细生石灰、水泥、石膏、发气剂。

根据各项试验结果，综合了各种影响因素及经济指标，选定的鸡西煤矸石灰渣加气混凝土的配合比为：

石灰，20%左右（以有效钙计14%）。

水泥，15%（32.5号普通硅酸盐水泥）。

石膏，3%（SO_3含量34%左右）。

灰渣，62%。

水料比，0.63。

折算铝粉量，4%。

在最佳配比条件下根据生产蒸压条件（1.2MPa下8h），密度700kg/m³的加气混凝土强度可达到6.4MPa。

目前一般定型生产加气混凝土的工艺设备就可以生产该种类型的灰渣加气混凝土。从发展灰渣加气混凝土生产来看，可以做到原材料就地供应，就地生产，就地销售产品，经济效益较好。

（二）灰渣作为生产水泥熟料的原料

利用循环流化床锅炉排出的灰渣作为生产水泥熟料的原料，是一个重要的应用方向。

循环流化床锅炉灰渣的主要化学组分有SiO_2、Al_2O_3、Fe_2O_3及CaO等，因此，从化学组成上看，它可以作为生产水泥熟料的原料，用于配制普通硅酸盐水泥，也可以利用高氧化铝含量的灰渣配制快硬水泥。

1. 煤矸石灰渣配制32.5号普通硅酸盐水泥

煤炭工业部煤炭科学研究院重庆研究所和永荣矿务局合作，用永荣煤矸石灰渣替代黏土研制了32.5号普通硅酸盐水泥，利用高氧化硅、低氧化铝含量的煤矸石灰渣配制大坝水泥、抗硫酸盐水泥和低热微膨胀水泥。

永荣灰渣来源充足，化学成分较为稳定并与黏土相近，具有比较好的活性，但灰渣可塑性较差。采用永荣煤矸石灰渣替代黏土配制生产水泥时，其生料的配方为石灰石74%，灰渣12.5%，无烟煤10.5%，萤石1.7%，石膏0.8%，铁粉0.5%，并控制相应的生料制备工艺条件，目前已生产了大量合格水泥，经济效益显著。

2. 用低铝劣质煤灰渣试制大坝水泥、抗硫酸盐水泥及低热微膨胀水泥

C_3A含量要尽可能低是大坝和抗硫酸盐水泥熟料及低热微膨胀水泥的主要特点，为了尽可能地降低Al_2O_3含量，要少掺入煤灰，采用低热耗烧成。因此，应将热耗控制在$3470\sim3637kJ/kg$，采用全黑生料统料煅烧，烧成中严格掌握浅暗火操作，保证料球颗粒均匀，尽可能用大风。国家建材研究院水泥所采用煤矸石灰渣试制成了32.5号大坝水泥、抗硫酸盐水泥及低热微膨胀水泥。

对三种水泥熟料物理力学性能试验表明，三种水泥凝结时间和安定性都符合要求，但其强度与回转窑熟料相比普遍偏低，原因是石灰饱和系数KH（又名石灰饱和比，表示熟料中氧化硅被氧化钙饱和成硅酸三钙的程度）低，如果把扣除了f·CaO和硫分影响后的KH控制在0.87～0.90以上，则可确保强度达到32.5号水泥要求。此外三种水泥水化热都比较低，耐蚀系数多在1左右，因此都具有良好的抗硫酸盐侵蚀性能。

3. 试制快硬水泥

凡以硅酸盐水泥熟料和适量石膏磨细制成的，以3天抗压强度表示标号的水硬性胶凝材

料，称为快硬硅酸盐水泥，简称快硬水泥。

生产硅酸盐矿物为主的快硬水泥，要注意三个方面：

一是合理的矿物组成，$C_3S+C_3A>60\%$

其中　C_3S 为 $50\%\sim55\%$ 或 $55\%\sim60\%$

　　　C_3A 为 $10\%\sim15\%$ 或 $5\%\sim10\%$

二要确定石膏掺量，控制 SO_3 在 3% 以下。由于熟料本身 SO_3 高或钾钠含量不同等因素，应以水泥中的 SO_3 控制石膏加入量。

三是控制适当的粉磨细度。水泥细度高，早期强度高，但相应的粉磨电耗增加。因此要根据性能要求和经济分析控制细度。通常比表面积控制在 $4000cm^2/g$ 左右。

对于立窑熟料，要加入少量火山灰活性混合材料，如流化床灰渣，以与生烧料（立窑在正常煅烧时允许有 $1\%\sim2\%$ 的生烧料）中的 $f\cdot CaO$ 反应，这样既能利用早期水化热加速化学反应，又可得到后期强度较好的水化硅酸钙。当高 KH 料煅烧不当，而使 $f\cdot CaO$ 超过 $2.5\%\sim3.0\%$ 时，少量灰渣的掺入有助于保证其稳定合格。

快硬水泥一般用于高速高架公路、铁路、城市道路及混凝土道路的快速修筑，同时还可用于码头、机场桥梁和隧道等混凝土的抢修工程。

国家建材研究院水泥研究所用萍乡煤矸石灰渣在萍乡水泥厂的立窑上采用全黑生料煅烧，实际热耗为 $3768kJ/kg$，加入 4% 的石膏，成功配制出符合要求的快硬水泥。

（三）用于生产建材制品

1. 灰渣制砖

（1）蒸压煤矸石灰渣砖。蒸压煤矸石灰渣砖的原材料采用鸡西煤矸石灰渣、磨细生石灰、石膏、骨料。胶结料的配比为石灰 19%，石膏 $5\%\sim7\%$，其余为煤矸石和灰渣。骨料与胶结料比为 2.5。

拌合料经 $20min$ 沉化后压制成型（成型压力为 $21.7MPa$），脱模静停 $9h$ 后蒸压养护。其蒸压养护要求为：制品釜前抽真空大约 $0.5\sim1h$，然后是 $2.5h$ 升温，$8h$ 时 $1.6MPa$ 恒温（约 $190℃$）蒸压，$2.5h$ 降温和制品出釜。

从制品性能测试结果来看比较理想，对所要求的主要指标：强度、抗冻性、碳化系数等，完全能满足要求。

（2）烧结砖。循环流化床锅炉排出的飞灰，由于其 SO_3 含量高而影响了它在水泥、混凝土中的应用。而烧结砖的技术指标中没有对 SO_3 含量的要求，只有抗折强度和抗压强度两项。在把循环流化床飞灰用于研制烧结砖的试验中发现，该煤灰烧结砖可以达到普通烧结砖的性能要求，并且有一定的性能指标调节幅度。这为利用循环流化床飞灰提供了一条很好的途径。但是由于 SO_3 含量高，所以在制定焙烧工艺和配方时要特别注意。

烧结煤灰砖是以煤灰（灰渣）和黏土为主要原料，再掺加其他工业废渣，经配料、混合、成型、干燥及焙烧等工序而成的一种新型墙体材料。

根据掺入煤灰量的多少，烧结煤灰砖可分为低掺量（掺合量 $\leqslant50\%$）和高掺量（掺合量 $>50\%$）两类。

低掺量烧煤灰结砖在我国技术成熟，生产厂家多，其生产工艺较简单，仅将煤灰按比例掺入黏土中，搅拌均匀后，即可按照普通黏土砖的成型和焙烧技术生产，所以非常适合于旧厂改造，投资省，上马快，与我国国情相适应。高掺量的烧结煤灰砖在我国除少数几条引进的生产线外，基本上还处于探索研制阶段。其原因主要是我国坯体成型机械设备落后，对于塑性较差的高掺量煤灰混合料（掺合量＞80％）难以控制成型，另外在生产工艺上也不十分成熟。

现在国内用煤矸石和煤矸石灰渣生产烧结砖（包括内燃砖）的技术已经比较成熟。其中需注意的是要控制 CaO 和 MgO 的含量，因为 CaO 和 MgO 太高时其再水化产生的体积膨胀容易造成制品膨胀破坏。

掺入灰渣作内燃砖的原料，从试验结果表明，工艺并不复杂，产品性能好，无论在技术上还是经济上都是可行的。从目前所用的土质条件来看，其配比是：黏土：灰渣：矸石粉为（45～50）：（30～40）：（15～20），产品性能可以达到普通水泥要求。只要严格控制工艺，注意操作，产品质量要求就可以达到。如按砖厂的年生产能力为 6000 万块计算，年耗灰渣量为 8500m³。

（3）免烧砖。国内某公司研制开发了一种高掺量的免烧砖技术。它的主要原料为煤矸石、煤矸石灰渣及来源于石料厂、钢铁厂的工业废渣，其他辅料为石灰、水泥、石膏、添加剂等。由于它的免烧技术又称自养废渣砖。它的成型机理是：灰渣、煤矸石、炉渣等含有较高氧化硅、氧化铝、氧化铁的工业废渣，经原料混合轮辗后，充分水化形成硅、铝型玻璃体，这种玻璃体与水化后的氧化钙化合，产生化学反应，称为"火山灰反应"。化学反应中的水化硅（铝）酸钙是一种胶状玻璃体，这种胶状玻璃体并不稳定，但在添加剂的作用下，随时间的延续反应，逐渐凝固，形成一种高强度的网络结构，加之原料合理调配及养护，从而形成了自养砖的强度。

自养废渣砖的生产工艺比较简单，流程如下：

原料→轮辗机→压砖机→砖坯→养护→成品

经中国建筑科学研究院工程材料及制品研究所检测，自养废渣砖性能优良，外观质量为一等品。

北京某技术开发中心开发了用煤矸石、矸石灰渣及其他尾矿、砂石，生产免烧普通标砖新型墙体材料的技术。他们把煤矸石、灰渣及其他废料相配合，增加一定数量的黏结材料、填加剂，经机械加工制造成型，生产规格尺寸为 240mm×115mm×53mm 实心免烧普通砖，是一代新的利废型墙体材料。

（4）煤灰水浸砖。煤灰水浸砖是以 80％左右的煤灰为原料，加入 20％左右的石灰作胶结料，另少量的石膏为外加剂。经过混合、搅拌、沉化、成型、晾干后再经化学浸液、加温浸渍而成的一种新型墙体材料。其中的关键是浸渍液的配制。一般来说，它是由一种强碱弱酸盐和一种卤化物两种化学外加剂按一定比例配制而成的水溶液。其中，前者的作用是提高它的水溶液温度或加入强电解质，促使它分解，电离成两种物质：一是可与半成品中的煤灰剩余的活性 SiO_2、Al_2O_3 进一步反应的强碱，并形成 SiO_3^{2-} 离子和 AlO_3^{3-} 离子；二是胶体物质。煤灰砖坯经该溶液处理后，强度变化得到飞跃。另一种是极易溶解于水的卤化物，它的作用体现在如下几个方面：促使胶体凝聚成凝胶；促进石灰水化；有助于水化硅酸钙的生成；提高产品的抗冻融性能。

该种水浸砖对灰的含碳量和 SO_3 含量没有很高的要求，一般循环流化床锅炉的灰渣就可以应用。

（5）硅酸钙板。硅酸钙板以 30％水泥为原料，加入 32％硅酸基原料，8％煤灰，10％珍珠岩，5％纸浆，并添加15％其他无机活性混合飞灰材料，经混合调配、加水、搅拌、成型，硬结及干燥过程而获得。该板具有耐火、阻燃，隔热及轻质等优点。

2. 流化床灰渣直接烧制低标号水泥

湖南省煤炭科学研究所、中国建材研究院和浙江大学合作研究后发现：多灰分劣质煤在流化床中的燃烧和生料在水泥窑中的煅烧过程既有共同性又有其特殊性，使物料中可燃质在炉或窑内充分燃烧，最大限度地利用热能是它们的共同之处；所不同的是在流化床中，一般燃料在900℃以上的床温下燃烧放出热能，排出的大量灰渣即为难以利用的废渣。在水泥窑中燃料燃烧所放出的热能使原料物质间发生化学反应形成具有水硬性的熟料矿物，因此通常的煅烧温度高达1400℃以上。由此可见，要达到流化床锅炉联产热、电、水泥熟料，一方面要调整入炉的物料组成，使排出的灰渣化学成分与水泥矿物的化学成分相类似，另一方面要提高流化床床温和降低矿物烧成温度，寻求最佳床温，使床内不结焦但又能使形成熟料矿物的化学反应得以进行，并且应保证这些物料在流化床内的停留时间满足可燃物燃尽和形成熟料矿物的需要。

因此，他们采用在高灰分的劣质煤中加入适量劣质石灰石组成混合生燃料的方法进行实验研究，该石灰石的粒度与燃煤相近并经过复合矿化剂处理。在实验室流化床中的燃烧试验表明，在床温为1000±20℃的条件下燃烧15min，得到的熟料配入少量矿渣和石膏粉磨后可获得普通低标号水泥。经半工业性试验和工业性试验证明，这条技术路线与已开发的利用流化床锅炉的灰渣掺到高标号水泥熟料中来生产砌筑水泥的工艺路线相比，具有工艺简单、投资省、占地面积少、能耗低、经济效益显著等优点。

3. 灰渣用于制造轻骨料

轻骨料除用于土木建筑工程，耐火、过滤等传统应用领域外，近年来它的应用有更深、更广的趋势，如成功地用于公路声屏障和牛仔服装加工等新领域，在民用建筑墙体中也从大型墙板转向空心砌块。轻骨料混凝土在高层建筑中的应用也越来越广泛。

煤矸石的可燃物质和菱铁矿掺加流化床灰渣在焙烧过程中析出的气体起膨胀作用，同时其中又含有大量的硅铝物质，因此是生产轻骨料的理想原料。

化学成分、矿物组成、物料细度和焙烧条件是造成煤矸石膨胀的四个因素。矸石中R_2O（K_2O+Na_2O）和CaO、MgO、Fe_2O_3、FeO总量在15％以上者，均有较好的膨胀性，这些成分在物料加热过程中起助熔和发泡作用。为了提高矸石料的膨胀性能，可在其中加入总量不超过4％工业纯氧化铁。组成煤矸石的页岩成分极细，它能满足膨胀的要求。

选定物料后，焙烧成为决定膨胀的关键因素，一般都要求快速升温，效果较好的有三段升温制，如950℃前以50℃/min速度升温；950～1050℃间以10℃/min的速度升温；1050～1250℃间以50℃/min的速度升温。

煤矸石轻骨料一般经烧制而成，将物料破碎、粉磨后制成球状颗粒入窑焙烧，或破碎至一定粒度直接焙烧。成球法是国内生产煤矸石轻骨料的主要方法。

煤矸石陶粒是一种典型的轻骨料，它是以绿页岩、煤矸石和流化床炉渣为原料，经不同配合比混合搅拌、成球、干燥、高温焙烧（1200～1300℃）而制得的一种圆球状、表面坚硬、内部呈现微细膨胀气孔的人造轻骨料。其特点是容重轻、强度大、热导率低、耐高温、化学稳定性好，可配制质轻而强度要求不太高的混凝土，吸水率比粉煤灰陶粒小，有利于抗冻。

吉林省建材设计研究院的研究人员历经 1 年的时间，对以舒兰褐煤煤矸石为主要掺量，加入其他少量辅助原料，烧制成的超轻煤矸石陶粒进行了研究，发现其各项性能指标均达到国家规定标准。

（四）灰渣在其他建筑材料方面的应用

除上述各用途以外，利用煤矸石灰渣及其煤矸石还可以生产陶瓷、耐火材料、渣棉等。根据热值的不同，以黏土矿为主的煤矸石及灰渣的用途见表 9-3。

表 9-3   以黏土矿为主的煤矸石及灰渣用途

煤矸石的热值（kJ/kg）	合 理 用 途	说　　明
<2095	回填、建筑、造地、制骨料	制骨料以砂岩类未燃矸石为宜
2095～4190	烧内砖	CaO 含量要求低于 5%
4190～6285	烧石灰	渣可作混合材料和骨料
6285～8380	烧混合材料、制骨料、节煤烧水泥	用于小型流化床锅炉供热产汽
8380～10475	烧混合材料、制骨料、代煤、节煤烧水泥	用于大型流化床锅炉供热发电

三、灰渣用于化学工业

（一）高分子材料填充剂

在塑料、橡胶等高分子材料制品中，为了降低成本，提高某一方面的性能，常常加入一定量的填充剂。一般要求填充剂价格低廉，相对密度小，易加工，与底材的混合性能好，能与制品形成特殊功效等。

无脱硫剂循环流化床灰渣基本具备填充剂的所有功能，当前世界各国都对此做了大量研究，并应用到生产实践中。

1. 作 PVC 的填充料

灰渣作为 PVC（聚氯乙烯）的填充料，不仅可以降低制品成本，同时也是一种改性剂，提高了 PVC 的某些性能。比如，灰渣粒度越小，它在 PVC 中分散越均匀，被 PVC 包埋较好，与 PVC 间的黏接力增强，从而制品的拉伸强度、伸长率、弯曲模量、弯曲程度及冲击强度都呈增加趋势。

2. 作橡胶填料

无脱硫剂循环流化床灰渣也可以作为橡胶填料。其原因是灰渣中的组分与通常橡胶中常用的填料基本相同，只是在含量上有差别。例如灰渣中的 SiO_2 在橡胶中可起到增强、补强作用，代替常用的黏土、白炭黑；Al_2O_3 起增量作用，可代替特种碳酸钙；CaO 可起增量补强作用，作用相当于轻质碳酸钙、重质碳酸钙、特种碳酸钙；SO_3 可代替通常加入的硫起硫化剂的作用；未燃尽的可燃物起到炭黑的作用。

研究和应用发现，灰渣补强性能与半补强炭黑的性能相当，并具有永久变形小、相对密度小、弹性好的优点。并且混炼、压出工艺性能良好。同时它还具有煤制填料的性质。可燃物的固体凝胶物在橡胶填充时，细小粒子进入到橡胶分子链中与煤粒毛细孔结网，可以起到补强的作用。灰渣制橡胶填料生产工艺与煤制橡胶填料完全相同，而且灰渣比煤更容易研磨。

（二）石煤和煤矸石灰渣中提取钒

钒是一种稀有金属，具有许多可贵的物理化学特性和机械特性，广泛地应用于近代工程技术中。它可用于原子能工业作各种薄壁和内管材料及燃料包套管等，并且钒也是超导材料的原料。五氧化二钒是制造各种钒合金的原料，也可作为催化剂，广泛用于硫酸厂、炼油厂、合成氨厂及有机合成工艺。

我国石煤资源丰富，其中伴生有许多有用元素，且以钒的含量较高，分布广泛。有些矿区的石煤钒的品位较高，一般在 0.5% 以上。湖南西部、浙江西部山区和湖北的西北部等地，都含有丰富的含钒石煤。因而从含钒石煤灰渣中提取五氧化二钒是综合利用灰渣资源的一个重要方面。

石煤的矿物组成以石英、含钒云母、煤和长石为主，另含有少量的黄铁矿、方解石、赤铁矿、石膏和含钒高岭石等。其中有 90% 左右的钒赋存在云母中，7% 左右在含钒高岭石中。根据对含钒云母的电子探针定点分析，五氧化二钒含量为 1.87%～6.31%。

从石煤灰渣中提取 V_2O_5 的方法很多，有盐焙烧法、酸法、碱法、复合法和氯化法等。目前比较流行的是盐焙烧法。盐焙烧法的流程主要包括焙烧、浸出、沉淀。其中焙烧是首要和关键的工序。焙烧的过程实质上是钒的钠化、氧化反应。钠化作用与氧化作用是密不可分的，只有在钠化条件下，钒的氧化才能有效地进行。当钒从低价转为五价时，其离子半径发生变化，促使云母结构破坏。含钒的云母结构破坏后更促使钒的氧化，这样导致石煤或石煤灰渣中的钒大部分转变成水溶性的钒酸盐。

浙江大学、浙江省煤炭局、浙江省冶金研究所和浙江省化工研究所经合作研究，将流化床燃烧钠化提钒工艺成功地用于生产 V_2O_5。他们将含钒石煤、氯化钠和流化床焙烧炉集灰斗下的烟尘，按一定比例混合，送入球磨机磨细到 80～100 目，借助制球机制成 7mm 以下的球团，通过皮带输送机加入到焙烧炉中。这些刚加入焙烧炉的料球迅速地和灼热料层中的大量粒子混合，料球中的可燃物很快着火，在富氧作用下燃烧，产生的热量使焙烧过程维持在 816～834℃这一较佳温度水平上。料球中的含钒云母在富氧气氛中，在钠质和氧化硅的作用下，变为钾钠长石，同时置换出钒与钠结合生成的易溶于水的偏钒酸钠结晶，偏钒酸钠呈柱状或棒状分布在钾钠长石的边缘。

（三）生产结晶氯化铝

用含铝高的煤矸石在流化床燃烧脱碳后，经过灰渣粉磨、酸浸、沉淀、浓缩和脱水等生产工艺可以提取结晶氯化铝。结晶氯化铝在精铸工业中可取代氯化铵作硬化剂，消除氨对人体的危害和设备的腐蚀，同时可以显著提高型壳强度，降低成本。以结晶氯化铝为原料，可以生产固体聚合氯化铝。聚合氯化铝是一种新型高效无机高分子净化剂，其净水性能特别优越，将取代传统的铝盐净水剂。

四、灰渣用于农业

灰渣在农业中的应用，实际上是通过改良土壤、覆土造田等手段，促进其发展的，以便达到提高农作物产量、优化生态环境等目的。农业利用灰渣的特点主要表现在：投资少、容量大、需求平稳、波动少，且大多对灰渣的要求不高，是一条符合我国国情的综合利用灰渣的有效途径。

（一）对土壤的改良

1. 循环流化床脱硫灰渣对土壤的改良

对含脱硫产物和脱硫剂较高的循环流化床灰渣，因自由 CaO 和 H_2O 反应生成 $Ca(OH)_2$，使灰渣呈碱性，因此，此种灰渣可用于农田、恢复酸性矿地、中和工业废料等方面。有研究表明，用美国 TVA20MW 流化床锅炉灰渣代替农用石灰石撒在水稻田里，可以明显提高水稻产量。灰渣用量为 10t/亩时最有效，即使灰渣量达到 50t/亩，也无反作用，但灰渣量达到 250t/亩时，产量明显减少。

石煤渣也是强碱性物质，pH 值在 10～12 以上，所以直接施用石煤渣后可以不同程度地提高土壤的碱度。石煤渣很适合在南方酸性土壤中施用，特别是在南方缺钾需硅的酸性水稻田里施用，更有良好的作用。一般情况下，施用 0.5t/亩的石煤渣，土壤 pH 值可以提高 0.2～0.4。施用石煤渣后可降低土壤中还原性亚铁和硫化氢（H_2S）的含量，有利于提高土壤的气化性能，促进水稻根系发育，增强根系的氧化力，为水稻的苗壮生长和根系吸收创造了条件。

2. 促进土壤中有机质的分解

石煤渣含有钙、镁等盐基离子，由于碱性强，盐基离子多，能促进土壤有机质的分解，对改善土壤的供肥和保肥能力有一定的作用，但同时要注意的是要配合施用有机质肥料，以保持土壤中有足够的有机质。

3. 提高土壤温度

石煤渣是热性材料，遇水后有一个放热过程，并且由于石煤渣多为灰黑色和黑色，有吸收太阳光能的作用，因此可以提高土壤温度。调查发现，施用石煤渣后土温一般能提高 0.25～0.5℃，水温提高 0.5～0.75℃。

4. 可以不同程度地供给作物的各种营养需要

研究表明，燃烧后的石煤渣中含 Si 40%～50%，P 0.5%，Mg 1%～2%，K 2%～4%。硅是水稻需要最多的一种元素，镁是构成作物叶绿素不可缺少的元素，钾能促进作物对氮的吸收，故而增强抗病性和抗倒伏性。

（二）灰渣制化肥

1. 利用石煤渣制钙镁磷肥

石煤渣本身含有一定的钙和镁，只要再加入适量的磷矿粉，并利用白云石作助熔剂，就可调节整个体系的钙、镁含量，然后通过适当的生产工艺进行加工，便可获得符合质量要求的钙镁磷肥。

2. 制作灰渣磁化肥

利用灰渣磁化后可以生产灰渣磁化肥，实用结果表明灰渣磁化肥具有增产作用，研究认为磁化肥增产作用的机理主要在于：

（1）物理效应。磁化灰渣施入土壤后，在铁磁性颗粒周围形成一个附加的局部磁场，使土壤颗粒发生"磁性活化"而逐步团聚，从而改良了土壤结构，改善了土壤的通气透水性，有利于营养成分的输送及植物根的吸收。

（2）化学效应。灰渣中的铁被土壤吸附成铁膜发生化学变化，Fe^{2+} 向 Fe^{3+} 的转换将加快土壤中其他成分的氧化还原过程，促进农作物的呼吸和新陈代谢。

（3）生物效应。磁场在一个很宽的范围内从强磁到弱磁的变化，可对植物、微生物和酶的生命活动产生促进或抑制作用，使土壤和蛋白质中顺性磁过度金属原（离）子活化度增加，加速土壤中有效成分的形成。

可见，磁化灰渣是通过磁效应和微量元素的作用而使农作物增产的。

科技工作者综合考虑了磁化灰渣和复合肥的特点后，研制开发了磁化灰渣复合肥。它是将灰渣磁化后再掺加一定比例的氮、磷、钾及微量元素后，按一定工艺制成的新型优质农肥。它的特点是肥效高、后劲大，肥料不易挥发；增加土壤通透性和持水性，调节土壤酸碱度，增加地温，有利于农作物的生长。

五、灰渣在其他方面的应用

1. 用于矿山和矿井治理

露天开采是目前我国开采煤矿比较常见的一种方式，开采后容易留下大量的露天坑洞和废尾矿，这些尾矿往往会造成土壤的酸化，而矿井则成为酸性污水的储藏所。由于循环流化床灰渣具有自硬性，可以作为废坑井的填充材料，又由于其呈碱性，故可以作为类似石灰材料来中和矿井中的酸性污水，达到有效治理酸性污水溢流问题的目的。另外循环流化床灰渣还可以作为灌浆材料，与这些废尾矿混合，彻底固化废尾矿，防治环境污染。为了增加固化强度，可以适当加入其他激发材料或胶凝材料。可见，循环流化床灰渣可以减轻土壤酸化，恢复露天剥离开采后的土地。

2. 用于城市环境治理

流化床灰渣具有较高的 pH 值、高吸水性和一定的自硬性能，所以它可以有效地应用在城市垃圾固化和酸性废弃物的中和方面。

在处理城市管道污泥方面，流化床灰渣可以发挥高吸水性和自硬性能方面的优势，稳定污泥不到处流淌；并且由于它含有大量的 CaO 和 $CaSO_4$，遇水容易发生如下发热反应：

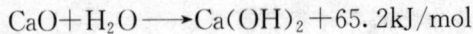

$$CaO + H_2O \longrightarrow Ca(OH)_2 + 65.2 kJ/mol$$

$$CaSO_4 + 2H_2O \longrightarrow CaSO_4 \cdot 2H_2O + 17.6 kJ/mol$$

由上述反应式可见：灰渣不仅水化放热，而且还创造了碱性环境，起到杀菌除臭的作用。这样经过流化床灰渣处理后的污泥就可以像普通泥土一样用于农业生产和土地回填方面。

在处理城市酸性废液方面，流化床灰渣也有明显的优势，由于它的 pH 值高达 11.5～12.5，可以将酸性废液的 pH 值提高，析出其中溶解的金属水化物，然后再中和废液，并将剩下的污泥脱水处理成固体。

3. 在交通工程中的应用

循环流化床灰渣具有一定的火山灰活性和自硬性，因而可以应用到交通工程的回填、路堤和路基中。

另外，由于循环流化床灰渣 70%～80% 的颗粒在砂的细度范围，现在我国很多地方的交通工程中缺少砂资源，因此可以利用循环流化床灰渣代替天然砂。研究表明，循环流化床灰渣代替天然砂配制道路混凝土从力学性能上看是可行的，且在对折强度上相对天然砂具有优势，但其他性能有待进一步研究。

参 考 文 献

1　岑可法，倪明江等著. 循环流化床锅炉设计与运行，北京：中国电力出版社，1998.

2　刘德昌，陈汉平等编著. 循环流化床锅炉运行事故及处理，北京：中国电力出版社，2006.

3　韩效鸿等. 工业锅炉维护与保养. 北京：中国建筑工业出版社，1987.

4　上海电力建设局技工学校编. 锅炉设备安装工艺学. 北京：水利电力出版社，1982.

5　高伟主编. 计算机控制系统. 北京：中国电力出版社，2000.

6　山西省电力工业局编. 锅炉设备检修（高级工）. 北京：中国电力出版社，1997.

7　华东电业管理局编. 锅炉运行技术问答. 北京：中国电力出版社，1997.

8　山西省电力工业局编. 锅炉设备运行（中级工）. 北京：中国电力出版社，1997.

9　章名耀等著. 增压流化床联合循环发电技术. 南京：东南大学出版社，1998.

10　路春美，王永征编著. 煤燃烧理论与技术. 北京：地震出版社，2001.

11　赵毅，李守信主编. 有害气体控制工程. 北京：化学工业出版社，2001.

12　钟秦编著. 燃煤烟气脱硫脱硝技术及工程控制. 北京：化学工业出版社，2002.

13　林宗虎，魏敦崧等编著. 循环流化床锅炉. 北京：化学工业出版社，2004.

14　郝吉明，马广大等编著. 大气污染控制工程. 北京：高等教育出版社，1989.

15　毛健雄，毛健全等编著. 煤的清洁燃烧. 北京：科学出版社，1998.

16　屈卫东，杨建华等编著. 循环流化床锅炉设备及运行. 郑州：河南科学出版社，2002.

17　刘德昌主编. 流化床燃烧技术的工业应用. 北京：中国电力出版社，1999.

18　辽宁省电力工业局编. 锅炉运行. 北京：中国电力出版社，1995.

19　卢啸风编著. 大型循环流化床锅炉设备与运行. 北京：中国电力出版社，2006.

20　李广超主编. 大气污染控制技术. 北京：化学工业出版社，2001.

21　刘德昌，阎维平. 流化床燃烧技术. 北京：水利电力出版社，1995.

22　冯俊凯，岳光溪等主编，循环流化床燃烧锅炉. 北京：中国电力出版社，2004.

23　四川电力工业局编. 循环流化床燃烧技术. 北京：中国电力出版社，1998.

24　林宗虎，徐通模编. 实用锅炉手册. 北京：化学工业出版社，1999.

25　邵荷生，曲敬信，许小棣等. 摩擦与磨损. 北京：煤炭工业出版社，1992.

26　韩怀强，蒋挺大编著. 粉煤灰利用技术. 北京：化学工业出版社，2001.

27　王幅元，吴正严主编. 粉煤灰利用手册. 北京：中国电力出版社，1997.

28　刘焕彩. 流化床锅炉原理与设计. 武汉：华中理工大学出版社，1988.

29　谌玉良，张同，张春柳，李子明. 循环流化床锅炉的磨损及防磨技术. 2000. Vol. 15，No. 86：187～188.

30　邱智威. 循环流化床锅炉磨损机理及防磨技术. 锅炉技术. 2000. Vol. 31，No. 3：10～12、23.

31　任功德. 循环流化床锅炉运行缺陷分析与正确安装. 华北电力技术. 2001. No. 1：44～46.

32　于龙，孙永力，龚正春，程义. 循环流化床锅炉耐火材料的现状与选材. 发电设备. No. 1：29～32.

33　傅守志，傅德强，徐守华，杨春惠. 高压中和喷涂 CFB 锅炉三管防磨新工艺. 大连铁道学院学报. 2001. Vol. 22，No. 4：73～76.

34　胡昌华. 循环流化床锅炉磨损规律. 四川电力技术. 1999. No. 6：7～11.

35　张春柳，张同，王爱喜. 循环流化床锅炉的几项防磨措施. 山东电力技术. 1999. No. 5：74～75.

36　王非吾. 防止循环流化床锅炉磨损损坏的探讨. 余热锅炉. 2000. No. 1：25～29.

37 何祥义，郭森魁，姚本荣. CFB锅炉旋风分离器内衬磨损机理分析及选材建议. 锅炉技术. 1998. No. 12：16～18.

38 刘青，吕俊复，张建胜等. 循环流化床锅炉的大型化及其耐火材料问题. 电站系统工程. Vol. 19, No. 1：1～5.

39 郑洪伟，王智，董孟能. 流化床燃煤固硫灰渣的综合利用. 粉煤灰综合利用. 2000. No. 4：53～56.

40 王亚芬，张显奎. 循环流化床的脱硫、脱氮. 应用能源技术. 2001. No. 2：17～18.

41 冯立斌，张衍国，吴占松，郭亮. 城市生活垃圾焚烧中的气体污染与防治. 环境保护. 1999. No. 2：16～18.

42 锅炉房实用设计手册编写组编. 锅炉房实用设计手册. 北京：机械工业出版社，2001.

43 彭波，魏刚，杨子林，郭睿. YG-755.29-M3型循环流化床锅炉的调试. 河北电力技术. 1999. No. 5：25～28.

44 杨则安. 循环流化床锅炉的运行故障及原因分析. 化肥工业. 1997. No. 3：29～33.

45 王玉玲，张晓东，姜丘陵. 35t/h循环流化床锅炉冷态试验和启动运行工况的分析. 电站系统工程. 1997. No. 4：19～23.

46 王勤辉，骆仲泱，方梦祥. 循环流化床锅炉旋风分离及回送的热态试验研究. 动力工程. 1998. No. 1：48～53.